Biologie für Gymnasien
Band 1

NATURA

5. und 6. Schuljahr

von
Roman Claus
Hans-Jürgen Dobler
Roland Frank
Gert Haala
Volker Lauer
Bernd Mura
Frithjof Stephan
Helmut Strecker
Günther Wichert

Ernst Klett Verlag
Stuttgart Düsseldorf Leipzig

Gedruckt auf Papier aus
chlorfrei gebleichtem Zellstoff,
säurefrei.

1. Auflage
1 12 11 10 9 8 | 2001 00 99 98 97

Alle Drucke dieser Auflage können im Unterricht nebeneinander benutzt werden. Die letzte Zahl bezeichnet das Jahr dieses Druckes.

Redaktion: Wolfgang Wiemers

Dieses Werk folgt der reformierten Rechtschreibung und Zeichensetzung.

Repro: Rolf Maurer, Tübingen
Satz und Druck:
KLETT DRUCK H. S. GmbH, Korb

ISBN 3-12-042100-6

Autoren
Roman Claus; Konrad-Duden-Gymnasium, Wesel: Fachberater Biologie beim Regierungspräsidium Düsseldorf
Dr. Hans-Jürgen Dobler; Carlo-Schmid-Gymnasium, Tübingen
Roland Frank; Gottlieb-Daimler-Gymnasium, Stuttgart-Bad Cannstatt
Gert Haala; Konrad-Duden-Gymnasium, Wesel; Studienseminar Oberhausen
Volker Lauer; Gymnasium in der Taus, Backnang
Bernd Mura: Ville-Gymnasium, Erftstadt-Liblar
Frithjof Stephan; Friedrich-Eugens-Gymnasium, Stuttgart
Helmut Strecker; Gymnasium St. Michael, Schwäbisch Hall
Günther Wichert; Theodor-Heuss-Gymnasium, Dinslaken

Pädagogische Fachberatung
Prof. Dr. Friedrich Bay; Pädagogische Hochschule Schwäbisch Gmünd
Prof. Dr. Helmut Schneider; Pädagogische Hochschule Schwäbisch Gmünd

Medizinische Fachberatung
Dipl.-Biol. Erich Klemme; Gesundheitsamt Siegburg

Gestaltung des Bildteils
Prof. Jürgen Wirth; Fachhochschule Darmstadt (FB Gestaltung)

Typografische Gestaltung
Kurt Schneider

Einbandgestaltung
Hitz und Mahn; Stuttgart, unter Verwendung eines Fotos von T. Angermayer (H. Reinhard)

Bildnachweis
Siehe Seite 256

Regionale Fachberatung
Berlin: Hartmut Ulrich; Walter-Gropius-Gesamtschule, Berlin 47
Hessen: Prof. Dr. Wilhelm Beier; Johann-Wolfgang-Goethe-Universität, Frankfurt
Niedersachsen: Hans-Werner Dobias; Lutherschule, Hannover
Rheinland-Pfalz: Dr. Benno Duhr; Gymnasium am Kurfürstlichen Schloss, Mainz
Saarland: Willi Hammer; Mannlich-Gymnasium, Homburg
Schleswig-Holstein: Eckhard Fister; Ricarda-Huch-Schule, Kiel

Biologie — ein neues Unterrichtsfach

Du hast jetzt die Grundschule verlassen und bist an einer neuen Schule. Manches ist mit dem Schulwechsel anders geworden. Auf deinem Stundenplan stehen nun Fächer, die du bisher noch nicht gehabt hast. Eines davon ist **Biologie**.

Das Fach Biologie beschäftigt sich mit den *Lebewesen.* Genau das drückt das Wort „Biologie" aus. Es stammt aus der griechischen Sprache. *Bios* heißt Leben und *logos* bedeutet Lehre. Biologie kann man demnach mit „Lehre von der belebten Natur" übersetzen.

Wenn du dein neues Biologiebuch durchblätterst, wirst du feststellen, dass manche Themen behandelt werden, von denen du im Sachunterricht der Grundschule schon einmal gehört hast. Die ersten Seiten des Buches befassen sich mit der Menschenkunde oder *Humanbiologie.* Hier lernst du den menschlichen Körper kennen und erfährst, wie du deinen Körper gesund erhalten kannst. In der Tierkunde oder *Zoologie* werden Haustiere und viele wild lebende Tiere mit ihrem Körperbau und ihren Lebensweisen behandelt. In einem dritten Teil des Buches erfährst du Interessantes aus der Pflanzenkunde oder *Botanik.* Auch die Lehre vom Zusammenleben der Menschen, Tiere und Pflanzen, die *Ökologie*, ist ein wichtiges Thema, das in diesem Buch angesprochen wird.

Die hier abgebildeten, **farbigen Symbole** stehen jeweils kennzeichnend für ein Kapitel. Du findest diese Symbole im Inhaltsverzeichnis und auf den einführenden Motivationsseiten wieder. Sie sollen dir helfen, die einzelnen Themen schneller aufzufinden.

Beim Durchblättern des Buches werden dir bestimmt noch einige Dinge auffallen. Regelmäßig ergänzen **Aufgaben** die einzelnen Themen. Durch die Aufgabenstellungen wirst du angeleitet, über das Gelesene nachzudenken und weitere Beobachtungen oder Versuche durchzuführen. Je mehr Aufgaben du bearbeitest, desto genauer weißt du hinterher Bescheid.

Außerdem gibt es ab und zu Seiten, die mit **Praktikum** überschrieben sind. Sie sollen dir helfen, einen Sachverhalt durch eigene Untersuchungen zu erforschen. Sie geben Anregungen und Hinweise, dich einmal praktisch mit wichtigen Einzelfragen zu beschäftigen. Allerdings wird das in manchen Fällen nur mit Hilfe deines Lehrers möglich sein.

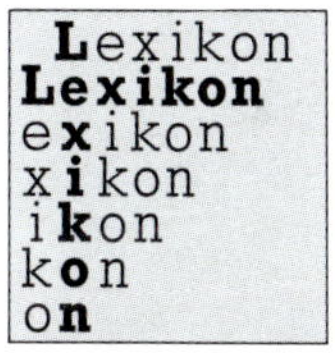

Eine ganz andere Aufgabe erfüllen die **Lexikon-Seiten**. Hier erhältst du zusätzliche Informationen zu bestimmten Unterthemen. Diese Seiten sind zum Nachschlagen und Schmökern gedacht.
Wie du siehst, bietet dein neues Biologiebuch viele Möglichkeiten, den Menschen, die Tiere und die Pflanzen kennen zu lernen. Die Hauptsache ist jedoch, dass es dir Spaß macht in dem Buch zu lesen und damit zu arbeiten.

Inhaltsverzeichnis

Wechselwarme Wirbeltiere

Blütenpflanzen — Bau und Leistung

Vielfalt und Nutzen der Blütenpflanzen

Lebewesen in ihrer Umwelt

Wege in die Biologie

Arbeitsmethoden im Fach Biologie

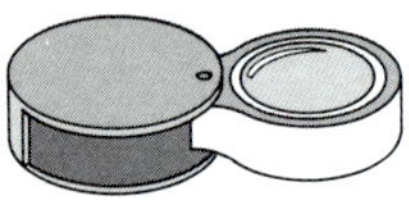

Lupe

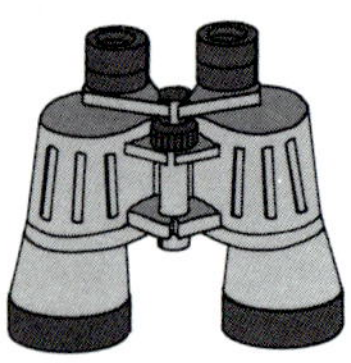

Fernglas

Weisst du, wie das Tier auf dem Foto heißt? Es ist ein *Steinmarder*. Aber weißt du auch, wo er lebt und was er frisst, wie groß oder wie alt er wird? Solche Fragen werden im Biologieunterricht häufig gestellt. Es ist aber oft gar nicht so einfach, sie alle zu beantworten. Manche wichtige Information findet man in Büchern und kann das Gesuchte dort nachlesen. Andere Dinge lassen sich nur durch sorgfältige *Beobachtung* erforschen. Deshalb müssen Biologen manchmal bestimmte Hilfsmittel einsetzen. Mit einem *Fernglas* lassen sich z. B. viele scheue Tiere im Freien besser beobachten. Manche Tiere oder Pflanzen werden zur genaueren Beobachtung und für Versuche in der Obhut des Menschen gehalten. Dann müssen sie artgerecht gepflegt und versorgt werden.

Manchmal wird auch etwas *gesammelt*. Das können Blätter verschiedener Pflanzen oder auch Vogelfedern sein. Die Gegenstände lassen sich auf diese Weise gut *vergleichen* und unter bestimmten Gesichtspunkten *ordnen*. Will man mehr als Einzelheiten an einem Lebewesen erkennen, so können *Lupe* oder *Mikroskop* weiterhelfen.

Bei ihren Untersuchungen wenden Biologen diese und noch weitere Arbeitsmethoden an. In den nächsten Jahren wird es auch in eurem Biologieunterricht nicht viel anders sein. Durch Beobachtungen und Untersuchungen werdet ihr zu neuen Erkenntnissen gelangen, die es euch in einigen Fällen auch erlauben, gedanklich die Wege eines Forschers nachzuvollziehen.

Versuche sind Fragen an die Natur

Ausgangspunkt für einen Versuch, ein *Experiment,* kann eine ganz alltägliche Beobachtung sein. Zum Beispiel welken Schnittblumen ohne Wasser recht schnell. In einer wassergefüllten Vase halten sie sich dagegen eine längere Zeit frisch. Diese Beobachtung kann zu der Frage führen, ob die Pflanze das Wasser aufnimmt und auf welchem Weg das geschieht. Damit ist der erste von mehreren Schritten, die zu einem Versuch gehören, getan: Man hat eine *Frage*, die sich nicht ohne weiteres beantworten lässt.

Zur Lösung des Problems muss man sich eine geeignete *Versuchsanordnung* ausdenken. In deinem Biologiebuch werden in den Aufgaben manchmal Vorschläge zur Durchführung von Experimenten gemacht. Für die vorliegende Frage könnte das so aussehen:

Aufgabe

① Stelle einige Schnittblumen (*Tulpe, Nelke* oder *Fleißiges Lieschen*) zwei Tage lang in ein wassergefülltes Becherglas. Färbe das Wasser vorher mit einigen Tropfen blauer Tinte an. Gib dann einige Tropfen Öl dazu. Die sich auf dem Wasser bildende Ölschicht verhindert die Verdunstung. Notiere deine Beobachtungen.

Wenn der Versuch beendet ist, wird das *Ergebnis* festgehalten. In unserem Beispiel könnten es folgendermaßen lauten: Der Wasserspiegel ist um 2,4 cm gefallen. Im Inneren des Stängels und der Blätter sind blau gefärbte Bahnen zu erkennen.

Am Schluss muss man sich überlegen, wie das Versuchsergebnis für die gestellte Frage zu *deuten* ist. Man könnte sagen: „Pflanzen nehmen Wasser auf. Das geschieht durch feste Leitungsbahnen." Ob das für alle Pflanzen richtig ist, weiß man aber nicht. Es sind ja nur einige Pflanzen untersucht worden. In der Tat gibt es Pflanzen, die diese Leitungen nicht besitzen. Deshalb ist es wichtig, Versuchsergebnis und Deutung sauber zu trennen.

An dieses Ergebnis können sich weitere Fragen anschließen. Bleibt das Wasser in den blau gefärbten Pflanzenteilen oder verlässt es die Pflanze wieder? Woraus bestehen diese Leitungsbahnen und wie sehen sie aus? Dann werden weitere Beobachtungen, beispielsweise mit dem Mikroskop, oder neue Versuche notwendig.

Jeder Versuch ist also eine Frage an die Natur. Die Antwort wird umso eindeutiger ausfallen, je genauer das Experiment geplant und je sauberer es ausgeführt wird.

Zu jedem Versuch gehört ein *Versuchsprotokoll.* Das ist eine genaue Beschreibung aller Versuchsabschnitte. Es wird häufig durch eine beschriftete *Zeichnung* oder durch ein *Foto* ergänzt.

1 Versuchsprotokoll im Schülerheft

Lebewesen haben bestimmte Kennzeichen

Biologie ist die *Wissenschaft von den Lebewesen und den Lebenserscheinungen.* Diese Aussage scheint auf den ersten Blick völlig klar zu sein, denn jeder weiß doch, was ein Lebewesen ist. Wirklich? Woran ist eigentlich zu erkennen, ob etwas lebt oder nicht?

1 Ein Kind spielt mit seinem Hund

Wenn man das Bild des Kindes, das mit seinem Hund spielt, betrachtet, könnte man zum Beispiel sagen: Lebewesen bewegen sich, sie atmen, nehmen Nahrung auf und wachsen. Doch wenn das stimmt, gehören dann eigentlich die Pflanzen auf der Wiese und die Büsche im Hintergrund zu den Lebewesen? Man sieht doch nicht, dass sie sich bewegen. Ob sie atmen oder Nahrung aufnehmen, lässt sich ebenfalls nicht erkennen. Aber sie wachsen! Also könnten wir sagen: Alles, was wächst, ist ein Lebewesen. – Oder? – Kristalle und Tropfsteine sind im Laufe der Zeit auch gewachsen; sie sind dennoch keine Lebewesen. So einfach, wie es anfangs schien, ist die Frage nach den *Kennzeichen des Lebens* also doch nicht zu beantworten.

Allerdings, ganz falsch sind die bisherigen Antworten nicht. Sie müssen nur etwas allgemeiner gefasst werden. **Bewegung** und **Wachstum** haben wir als erste Kennzeichen des Lebendigen erkannt. Doch Menschen und Tiere müssen auch essen, trinken und atmen. Pflanzen können das sicher nicht in der gleichen Weise. Aber sie nehmen Wasser mit ihren Wurzeln auf. Außerdem benötigen sie einige weitere Stoffe aus dem Boden und der Luft, um zu gedeihen. Lebewesen nehmen also aus ihrer Umgebung Stoffe auf und verarbeiten sie. Diese Eigenschaft bezeichnet man als **Stoffwechsel**. Er ist ein weiteres Kennzeichen aller Lebewesen.

Wenn man einem Hund einen Stock hinhält, so springt er danach. Das Tier hat eine Veränderung in seiner Umgebung – einen *Reiz* – wahrgenommen und reagiert darauf. Diese Fähigkeit, auf einen Reiz hin zu reagieren, nennt man **Reizbarkeit**. Auch Pflanzen sind in der Lage, auf Veränderungen in ihrer Umgebung zu reagieren. Viele Blüten öffnen sich bei Sonnenschein und schließen sich bei Dunkelheit oder Regen wieder. Reizbarkeit ist ein weiteres Merkmal aller Lebewesen.

Die einzelnen Tierarten kann man an ihrer äußeren Gestalt erkennen. Im Laufe ihres Lebens kann sich diese Gestalt verändern, weil junge Tiere wachsen und sich entwickeln. Wenn sie erwachsen sind, können sie Nachkommen zeugen, die den Elterntieren sehr ähnlich sind. Auch Pflanzen besitzen diese Fähigkeit. Ein Kirschbaum wächst und bildet Früchte. Aus den Samen entwickelt sich ein neuer Baum, der wieder dieselben Früchte trägt. Wir können also sagen, alle Lebewesen haben die Fähigkeit zur **Fortpflanzung**.

2 Wachstum von Kristallen

1 Tropfsteine

2 Familie

3 Usambaraveilchen

4 Fliegender Maikäfer

5 Keimende Eichel

6 Maus mit Jungen

7 Meeresbrandung

Aufgaben

① Schreibe alle Kennzeichen der Lebewesen in dein Heft. Ordne jedem Bild auf dieser Seite so viele dieser Kennzeichen zu wie möglich.

② Welche Bilder zeigen Dinge, die nicht lebendig sind? Begründe.

③ Dein Biologiebuch heißt Natura. Das ist lateinisch und bedeutet „Geburt". Auf welches Kennzeichen von Lebewesen weist dieser Name hin?

④ „Jeder dumme Junge kann einen Käfer totschlagen, aber sämtliche Professoren der Welt können keinen herstellen." Erläutere, was dieser Satz mit dem Thema dieser Doppelseite zu tun hat.

⑤ Jemand behauptet, ein ferngesteuertes Spielzeugauto sei lebendig. Welche Antwort gibst du ihm?

⑥ Gib in einen Standzylinder oder ein hohes Einmachglas zwanzig Blütenköpfchen des Löwenzahns. Ein zweites, gleich großes Gefäß bleibt leer. Verschließe beide Gläser luftdicht mit Haushaltsfolie und stelle sie an einen abgedunkelten Platz. Am nächsten Tag wird die Folie entfernt. Führe in jedes Gefäß eine kleine brennende Kerze ein. Beschreibe deine Beobachtungen. Welches Kennzeichen eines Lebewesens wird durch diesen Versuch nachgewiesen?

Das Mikroskop lässt uns kleine Dinge größer sehen

Wenn wir den Aufbau von Lebewesen genauer untersuchen wollen, benutzen wir Lupe und Mikroskop als Vergrößerungsgeräte. Der Umgang mit der Lupe ist noch einfach. Es fällt dabei nicht schwer, den Zusammenhang zwischen dem betrachteten *Original* und dem *vergrößerten Bild* herzustellen.

Anders ist es beim Mikroskop. Dies ist ein empfindliches Gerät, mit dessen Aufbau man sich vertraut machen muss, bevor man damit arbeiten kann. Folgende Teile gehören zum Mikroskop:

Das *Okular* ist eine auswechselbare Linse, die wie eine Lupe vergrößert.
Der *Tubus* hält das Okular.
Das *Objektiv* enthält weitere Vergrößerungslinsen.
Der *Objektivrevolver* ist drehbar und trägt Objektive mit unterschiedlicher Vergrößerung.
Der *Objekttisch* besitzt eine Öffnung, über die mit einem Objektträger das Präparat gelegt wird.
Mit *Kondensor* und *Blende* wird die Helligkeit reguliert, damit man ein kontrastreiches Bild erhält.
Das *Triebrad* bewegt mit *Grob-* und *Feintrieb* den Objekttisch auf und ab, wodurch das Bild scharf eingestellt wird.
Die Beleuchtung kann durch einen beweglichen *Spiegel* oder durch eine *Lampe* erfolgen.
Das *Stativ* verbindet alle Teile des Mikroskops miteinander und gibt festen Halt.

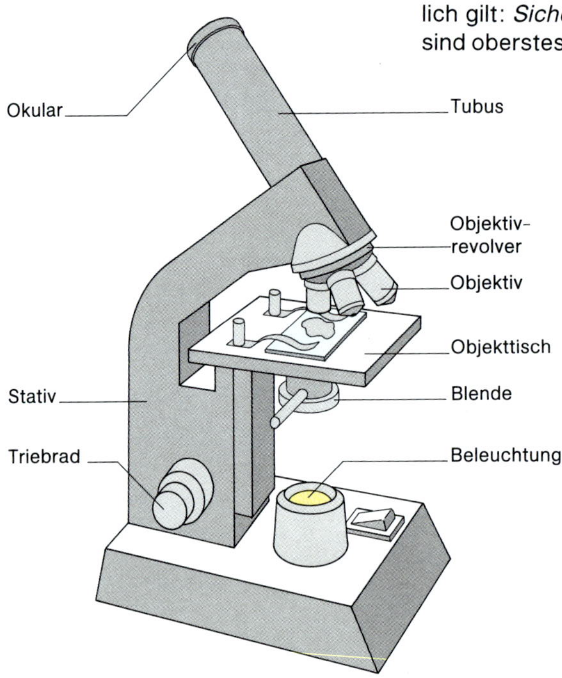

Das Arbeiten mit dem Mikroskop bedarf einiger Übung, um zu guten Ergebnissen zu kommen. Deshalb sollte man sich an feste Arbeitsregeln halten und immer schrittweise vorgehen.

- Die Untersuchung beginnt stets mit der schwächsten Vergrößerung. Dazu verwendet man das kürzeste Objektiv.
- Unter seitlichem Hinsehen wird das Triebrad betätigt. Damit bewegt man das Objektiv so weit wie möglich an den Objektträger heran.
- Dann erst schaut man durch das Okular und vergrößert durch Drehen am Grobtrieb den Abstand zwischen Objektiv und Präparat wieder, bis ein Bild erscheint.
- Danach wird das Bild mit dem Feintrieb scharf eingestellt.
- Erst wenn man sich einen Überblick verschafft hat, wird die nächste Vergrößerung benutzt.

Es gibt viele Fehlerquellen beim Mikroskopieren. Häufig wird zu hastig gearbeitet oder die Glasgeräte und die Linsen sind verschmutzt. Beim Arbeiten mit Farblösungen, mit spitzen Pinzetten und Pipetten oder beim Schneiden mit der Rasierklinge muss man besonders vorsichtig sein. Grundsätzlich gilt: *Sicherheit, Sorgfalt* und *Sauberkeit* sind oberstes Gebot.

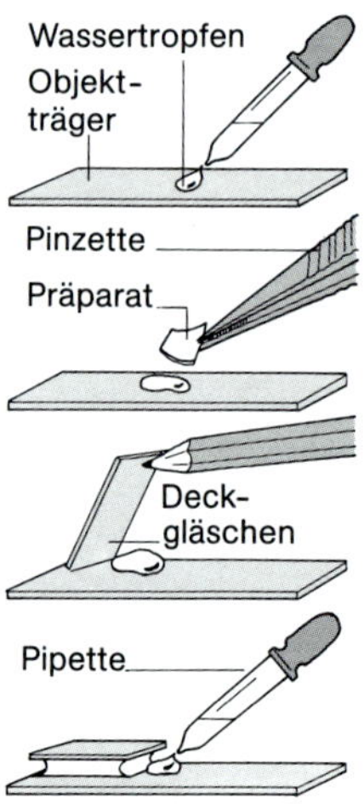

Aufgaben

① Vergleiche den Aufbau deines Schulmikroskops mit unserer Abbildung. Benenne die Teile. Bewege vorsichtig Triebrad, Objektivrevolver und Blende.

② Wenn man die Vergrößerungen von Objektiv und Okular multipliziert, erhält man die Gesamtvergrößerung.
   a) Berechne für dein Schulmikroskop die möglichen Vergrößerungswerte.
   b) Versuche die Länge eines Millimeters maßstabsgetreu für die berechneten Vergrößerungen zu zeichnen.

③ Mache einen Punkt auf ein Stückchen Millimeterpapier und lege es auf den Objekttisch. Stelle bei kleinster Vergrößerung dieses Objekt scharf ein.

④ Miss mithilfe des Millimeterpapiers bei verschiedenen Vergrößerungen die Breite deines Beobachtungsfeldes aus.

⑤ Lege ein Haar auf das Millimeterpapier und schätze, wie dick es ist.

⑥ Bei vielen biologischen Objekten ist ein vorheriges *Aufbereiten* notwendig. Stelle entsprechend der nebenstehenden Abbildung ein *Nasspräparat* von einem Blättchen der Wasserpest her. Mikroskopiere und versuche zu zeichnen, was du siehst.

Die Zelle — Grundbaustein aller Lebewesen

England im Jahr 1664. Der Naturforscher ROBERT HOOKE sitzt vor einem einfachen Mikroskop. Das Licht einer Öllampe wird durch eine wassergefüllte Glaskugel gebündelt und fällt auf sein Untersuchungsobjekt, den dünnen Span eines Flaschenkorkens. Er stammt von der Borke einer Korkeiche. Was HOOKE bei etwa 300facher Vergrößerung erkennt, hat vor ihm noch kein Mensch gesehen und beschrieben. Wabenförmige Gebilde liegen wie kleine Schachteln dicht nebeneinander. Sie erinnern HOOKE an die Zellen einer Bienenwabe. Deshalb nennt er sie einfach *Zellen*. ROBERT HOOKE hat damit etwas erkannt, was viele Forscher nach ihm bestätigt haben:
Pflanzen sind aus Zellen aufgebaut.

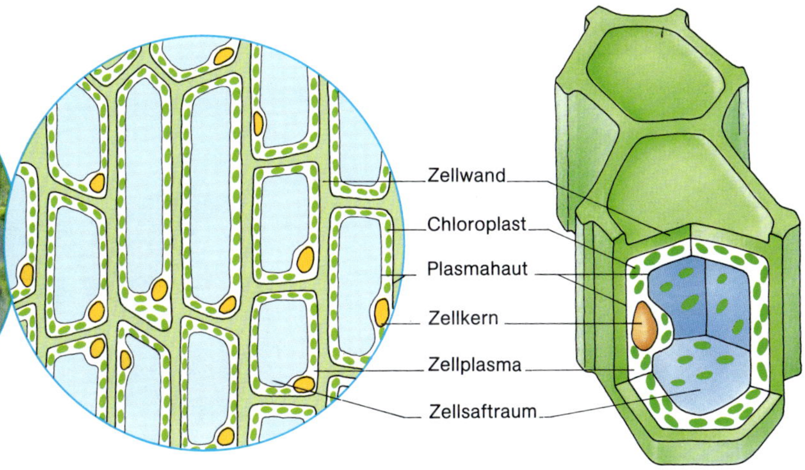

1 Wasserpestzellen (Mikrofoto ca. 400× vergr., Schema und Modell)

Bau einer Pflanzenzelle

Ein Blättchen der *Wasserpest* soll unser erstes Untersuchungsobjekt sein. Die länglichen Zellen sind von einer festen *Zellwand* umschlossen. Im Inneren erkennt man ein rundliches Gebilde, den *Zellkern*. Er ist in jeder Zelle vorhanden und steuert alle Lebensvorgänge. Der Zellkern liegt in einer farblosen, körnigen Masse, dem *Zellplasma*. Die hellere Zone in der Mitte der Zelle ist der *Zellsaftraum*. Er ist mit einer wässrigen Flüssigkeit angefüllt. Sehr dünne Häute, die *innere* und die *äußere Plasmahaut*, grenzen das Zellplasma zum Zellsaftraum bzw. zur Zellwand hin ab.

Im Zellplasma befinden sich viele grüne Körnchen. Sie enthalten Blattgrün, das *Chlorophyll,* und heißen deshalb Blattgrünkörner oder *Chloroplasten*. Sie liegen nur im Zellplasma, nicht im Zellsaftraum, auch wenn es im mikroskopischen Bild manchmal so aussieht.
Eine Zelle ist nämlich nicht flach wie ein Blatt Papier, sondern man muss sie sich als räumliches Gebilde vorstellen. Sie gleicht einem durchsichtigen Behälter, in dem die Zellinhalte übereinander aufgeschichtet sind. Mit dem Mikroskop kann man aber, besonders bei starker Vergrößerung, nur eine ganz dünne Schicht scharf erkennen. Wenn man am Feintrieb dreht, werden daher nacheinander verschiedene Ebenen sichtbar. Aus den unterschiedlichen Bildern kann man dann ein *räumliches Modell* der Wasserpestzelle wie in unserer Abbildung entwickeln.

Zellen bei Mensch und Tier

Wenn man mit einem Löffel leicht über die *Mundschleimhaut* schabt und von den Hautteilchen ein Nasspräparat herstellt, erkennt man ebenfalls Zellen mit einem Zellkern. Im Unterschied zur Pflanzenzelle besitzen sie aber keine feste Zellwand, sondern nur eine Plasmahaut als äußere Begrenzung. Das gesamte Zellinnere ist von Zellplasma ausgefüllt. Ein Zellsaftraum ist nicht vorhanden.

Nicht nur die Haut, sondern alle Organe von Mensch und Tier bestehen aus Zellen. Die Zelle ist also der *Grundbaustein aller Lebewesen.* Überraschend ist, dass die Größe der meisten Zellen bei allen Lebewesen ungefähr gleich ist. Die Zellen eines Baumes oder eines Elefanten sind im Allgemeinen nicht größer als die Zellen eines Gänseblümchens oder einer Maus.

Viele Jungen und Mädchen betreiben außer in der Schule auch in ihrer Freizeit Sport. Die Sportarten können sehr unterschiedlich sein. Ob es sich um Fußball, Radfahren, Turnen, Schwimmen oder Tanzen handelt, stets ist das Zusammenspiel von allen Teilen des Körpers erforderlich. Die *Muskeln* entwickeln Kraft und bewegen den Körper, die *Knochen* geben ihm den inneren Halt und die *Sinnesorgane* ermöglichen die Wahrnehmung dessen, was in der Umgebung geschieht. Zugleich ist bei sportlicher Anstrengung spürbar, dass die Atmung schneller wird und im Körper Wärme entsteht. Nach langer Anstrengung ist man hungrig, durstig und müde. Dies zeigt, dass auch die *inneren Organe* unseres Körpers dabei beansprucht werden.

Der Mensch – Bau und Leistungen unseres Körpers

In diesem Kapitel wird dargestellt, wie der menschliche Körper aufgebaut ist und wie die einzelnen Organe zusammenarbeiten. Für viele Organe des Körpers drohen Gefahren, wenn sie auf Dauer falsch belastet werden oder schädlichen Einflüssen ausgesetzt sind. Auch die notwendige Körperpflege darf nicht vernachlässigt werden. Wenn man die Arbeitsweise und den Aufbau von Organen kennt, dann ist es in vielen Fällen möglich, Schädigungen vorzubeugen.

1 Bewegung — Zusammenspiel von Knochen und Muskeln

1 Phasen des Hochsprungs

Der Hochsprung erfordert einen besonderen Bewegungsablauf

Es gibt kaum ein Tier, das hinsichtlich der Bewegungsmöglichkeiten die Vielseitigkeit des Menschen aufweist. Das liegt daran, dass viele Tiere, entprechend ihrer Lebensweise, auf bestimmte Bewegungsleistungen spezialisiert sind. Der Mensch hingegen ist wenig spezialisiert, dafür aber vielseitig! Dies wird an der Ergebnissen eines Zehnkämpfers deutlich, der an zwei Wettkampftagen hintereinander Läufe über verschiedene Strecken sowie unterschiedliche Sprung- und Wurfleistungen erbringen muss.

Nicht nur die lange Dauer des Wettkampfes, sondern vor allem der Wechsel der Wettkampfarten zeigt, wie vielseitig und leistungsfähig der menschliche Bewegungsapparat ist. Doch schon bei einer Disziplin wird erkennbar, welche körperlichen Vorgänge notwendig sind, um eine sportliche Höchstleistung zu vollbringen.

Betrachten wir einmal den *Bewegungsablauf* beim Hochsprung. Der Springer konzentriert sich. Dabei werden bewusst und unbewusst alle notwendigen Organe auf den Sprung vorbereitet. Auch zahlreiche Vorgänge im Körperinneren werden auf die zu erwartende Belastung eingestellt; Atmung und Herzschlag werden schneller.

Dann der Anlauf: vor der ausgemessenen Anlaufmarke bis zum Absprung macht der Springer seine vielfach trainierten Schritte und Bewegungen fast automatisch. Seine ganze Aufmerksamkeit gilt nur dem Absprung, bei dem er förmlich „explodiert". In Sekundenbruchteilen muss er den Schwung des Anlaufes in eine Sprungbewegung umsetzen. Er schnellt sich in die Höhe, dreht sich mit dem Rücken zur Latte, fliegt mit dem Oberkörper darüber, reißt die Beine hoch und klappt in der Hüfte wie ein Taschenmesser ein. Geschafft!

Um den Fall zu dämpfen, macht er bei der Landung auf der Matte Abrollbewegungen. Im nächsten Augenblick springt er, aus Freude über den gelungenen Versuch, mit hochgereckten Armen von der Matte. Es ist schon erstaunlich, welche Vielfalt von Bewegungen innerhalb von Sekunden abgelaufen sind und welche Abstimmungen von Vorgängen dafür notwendig waren.

Aber nicht nur Sportler sind besonders beweglich und wendig. Jeder von uns kann seine eigene, vielseitige Beweglichkeit bei verschiedenen Tätigkeiten täglich beobachten. Allerdings muss man regelmäßig üben, um gelenkig zu bleiben.

Jahresweltbestleistung im Zehnkampf 1987
(SIGGI WENTZ, Bundesrepublik Deutschland)

100-m-Lauf	10,85 s
Weitsprung	7,49 m
Hochsprung	2,05 m
Speerwurf	65,50 m
Kugelstoßen	15,82 m
Diskuswurf	48,20 m
Stabhochsprung	4,80 m
400-m-Lauf	47,55 s
110-m-Hürdenlauf	13,90 s
1500-m-Lauf	4:34,58 min

Das Skelett — innere Stütze unseres Körpers

Wenn man das Gestänge eines Zeltes entfernt, stürzt das weiche, biegsame Zelttuch zusammen. Das Gestänge bildet also die innere Stütze des Zeltes und gibt ihm seine Form. Die innere Stütze des menschlichen Körpers ist das Knochengerüst, das *Skelett*. Es hält den menschlichen Körper aufrecht und bestimmt seine Gestalt. Das Skelett besteht aus einer Vielzahl von *Knochen*. Diese dienen als Ansatzstellen für die Sehnen der Muskeln und sind zum Schutz für die inneren Organe und Weichteile wichtig.

Die **Wirbelsäule** bildet die Längsachse des Skeletts. Sie besteht aus zahlreichen *Wirbeln*: 7 Hals-, 12 Brust-, 5 Lenden-, 5 verwachsenen Kreuzbein- und 3 Steißbeinwirbeln. Zwischen den knöchernen Wirbeln liegen die *Bandscheiben* aus nicht so hartem Knorpelgewebe. Von der Seite gesehen ist die Wirbelsäule doppelt-s-förmig gekrümmt. Diese Form ermöglicht es, Erschütterungen und Stöße abzufedern.

Auf dem obersten Halswirbel, dem *Atlas*, sitzt der **Schädel**. Die flachen Schädelknochen sind fest miteinander verwachsen und bilden eine schützende Kapsel, in der das Gehirn liegt *(Gehirnschädel)*. Der *Gesichtsschädel* wird von Ober- und Unterkiefer, Nasen- und Jochbein gebildet.

Die *Brustwirbel*, 12 Paar bogenförmige *Rippen* und das *Brustbein* bilden den **Brustkorb**. Er ist eine Schutzeinrichtung für die Organe im Brustraum. Schlüsselbeine und Schulterblätter bilden den *Schultergürtel*, an dem die Arme gelenkig mit dem Rumpf verbunden sind. Der *Beckengürtel* ist schalenförmig und schützt, wie der Brustkorb, innere Organe. Über die Hüftgelenke sind die Beine beweglich mit dem Becken verbunden.

Arme und *Beine* bezeichnet man als **Gliedmaßen**. Ihr Skelett besteht aus zahlreichen, unterschiedlich großen Knochen, die durch Gelenke miteinander verbunden und dadurch gut beweglich sind.

Aufgaben

① Ertaste an deinem Körper möglichst viele der abgebildeten Knochen und präge dir die Lage und ihren Namen ein.

② Vergleiche Anordnung und Zahl der Arm- und Handknochen mit der von Bein und Fuß. Nenne Gemeinsamkeiten und Unterschiede.

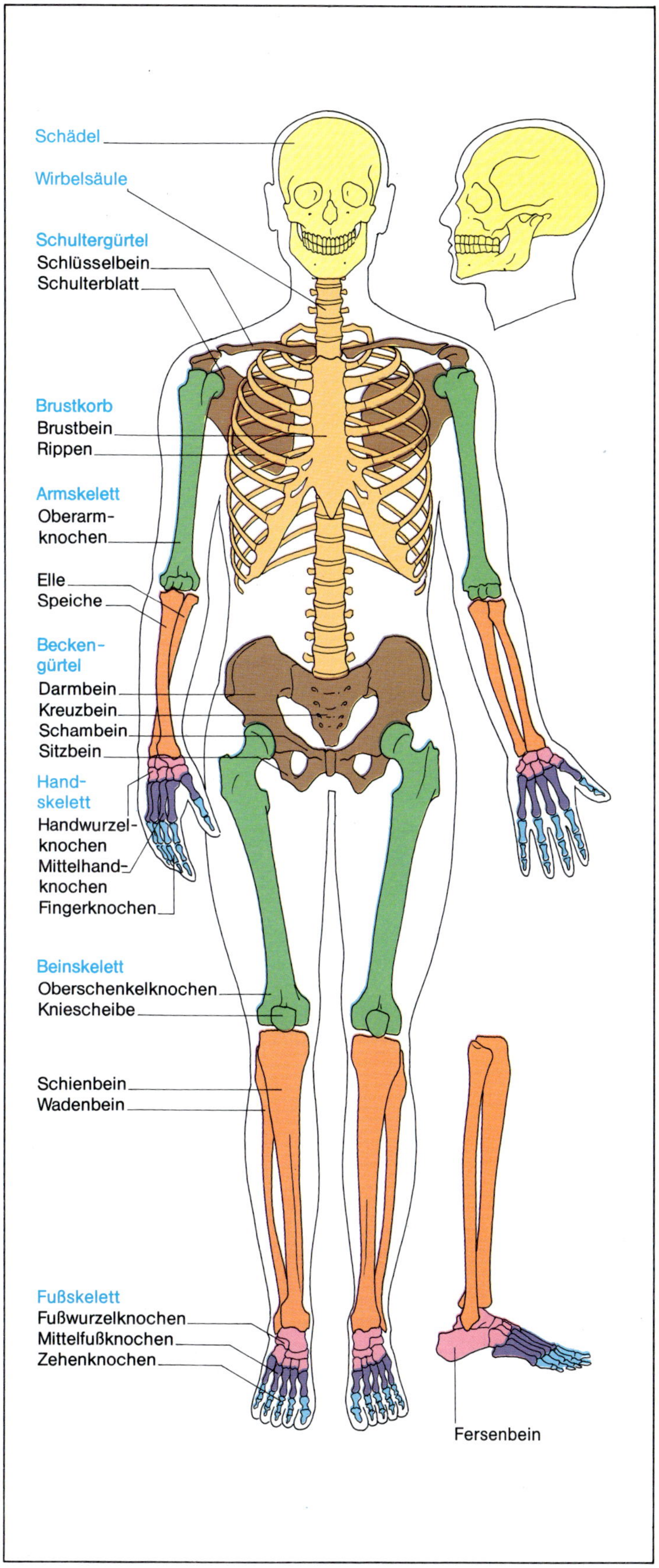

Gelenke machen das Skelett beweglich

Mit unseren Händen können wir viele verschiedene Tätigkeiten ausführen: einen Bleistift beim Schreiben halten, einen Hammerstiel fest packen, mit den Fingern über Klaviertasten gleiten, die Hand zudrücken oder mit den Fingern ein Papierkügelchen formen. Jedesmal wird dabei die Hand ganz unterschiedlich bewegt. So sind wir in der Lage, feine und grobe Tätigkeiten auszuführen. Man sagt deshalb: „Unsere Hände sind Universalwerkzeuge!“ Diese Fähigkeiten der Hand werden durch eine Vielzahl von einzelnen Knochen ermöglicht, die gegeneinander bewegt werden können. Solche beweglichen Verbindungsstellen zwischen zwei Knochen heißen **Gelenke**.

Alle Gelenke sind trotz unterschiedlicher Bewegungsfähigkeit ähnlich aufgebaut. Die Enden zweier Knochen, die mit glattem *Gelenkknorpel* überzogen sind, passen jeweils zusammen. Das eine Knochenende bildet die *Gelenkpfanne*, das andere den *Gelenkkopf*. Die häutige *Gelenkkapsel* umschließt Kopf und Pfanne fest und scheidet nach innen *Gelenkschmiere* aus. Diese vermindert, zusammen mit dem Gelenkknorpel, die Reibung, die bei jeder Knochenbewegung entsteht. Zähe *Bänder* und *Knorpelscheiben* geben den Gelenken zusätzlich Halt und Führung. An die Bänder des Kniegelenks könnten etwa 300 kg (das Gewicht von vier erwachsenen Menschen) angehängt werden, ohne dass sie zerreißen.

Vergleicht man die Bewegungsmöglichkeiten von Ellbogen- und Hüftgelenk, so fällt auf, dass das Ellbogengelenk nur in einer Ebene, das Hüftgelenk aber in verschiedenen Ebenen bewegt werden kann. Dies lässt sich aus ihrem unterschiedlichen Bau begründen. Beim Gelenk zwischen Elle und Oberarmknochen ist der Gelenkkopf walzenförmig und bewegt sich in einer rinnenförmigen Gelenkpfanne; hierbei handelt es sich um ein *Scharniergelenk*. Das Hüftgelenk ist dagegen ein *Kugelgelenk*, bei dem ein kugeliger Kopf in einer vertieften Pfanne sitzt.

Ein weiterer Gelenktyp ist das *Sattelgelenk* am Daumengrund. Hier greifen Gelenkkopf und Gelenkpfanne versetzt ineinander, vergleichbar einem Reiter im Sattel auf einem Pferd. Eine weitere Sonderform ist das *Drehgelenk* zwischen den beiden oberen Halswirbeln. Bei ihm dreht sich ein Knochen um den anderen.

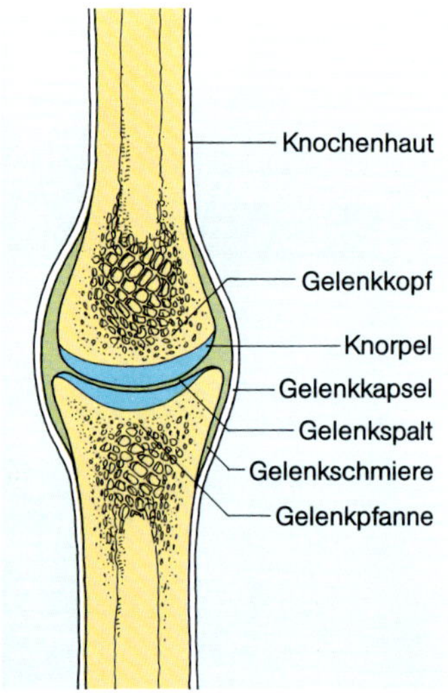

1 Bau eines Gelenks (Schema)

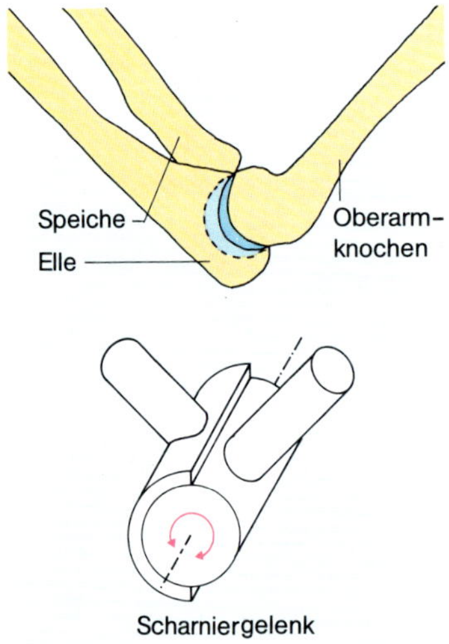

2 Scharniergelenk

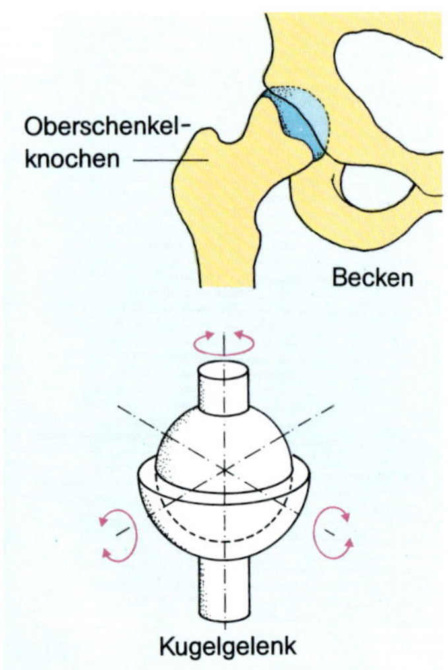

3 Kugelgelenk

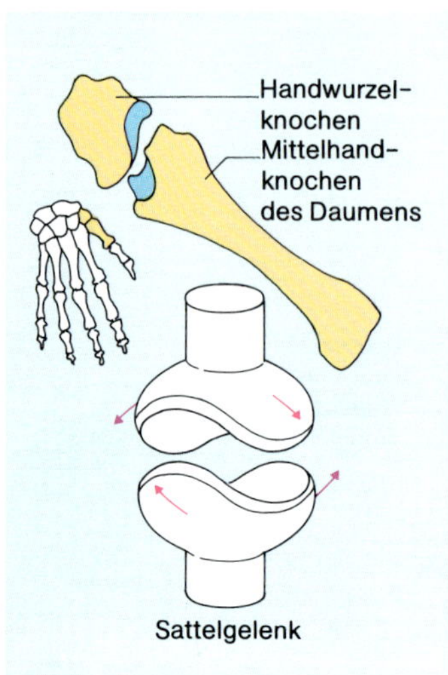

4 Sattelgelenk

Aufgaben

① Überprüfe, an welchen Stellen dein Körper beweglich ist.

② Benenne anhand der Skelettabbildung von Seite 15 Knochen, die durch Gelenke verbunden sind. Versuche den jeweiligen Gelenktyp herauszufinden.

③ Nenne Gegenstände deiner Umgebung, an denen du die beschriebenen Gelenkarten finden kannst. Beschreibe die Aufgaben dieser Gegenstände.

④ Ordne einzelnen Gelenkteilen die folgenden Aufgaben zu:
a) schützt das Gelenk;
b) hält Stöße ab;
c) verringert Reibung.

Knochen und Gelenke

① Betrachte einen längs aufgesägten Röhrenknochen (z. B. Oberschenkelknochen vom Schwein). Trage in eine einfache Umrissskizze alle erkennbaren Bestandteile ein.

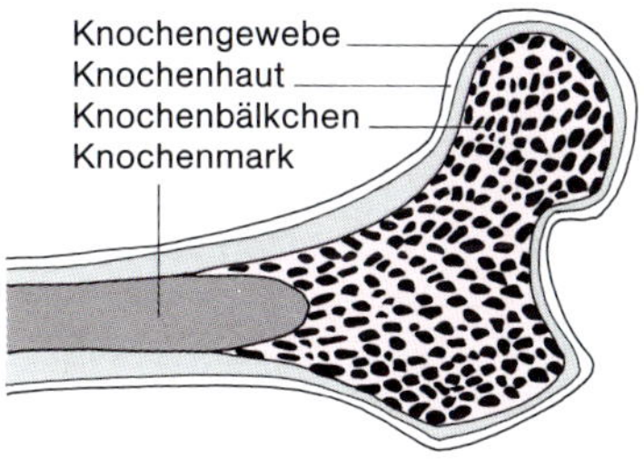

② Betrachte die Anordnung und den Verlauf der Knochenbälkchen im Inneren. Welchen Sinn hat diese Konstruktion?

③ Nun fragen wir nach dem Baumaterial des Knochens. Lege für jeden der drei folgenden Versuche ein Protokoll an. Gliedere es in: Versuchsfrage, Material, Versuchsaufbau, Durchführung, Beobachtung, Ergebnis und Deutung.

a) Halte den Oberschenkelknochen eines Hähnchens mit einer Tiegelzange unter dem Abzug in die Flamme eines Bunsenbrenners, bis sich der Knochen verfärbt. Vergleiche nun den ausgeglühten und abgekühlten Knochen mit einem frischen.

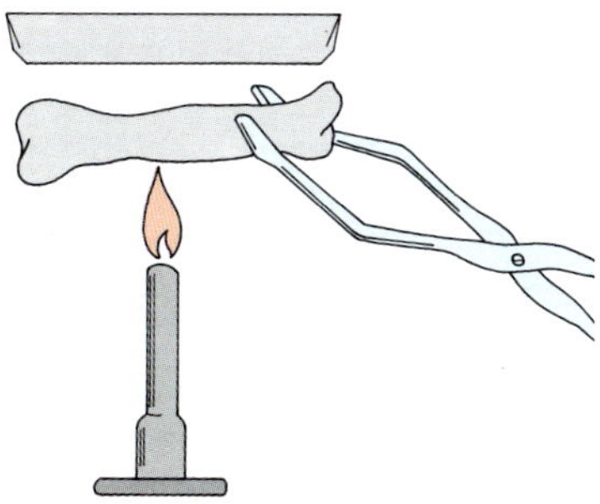

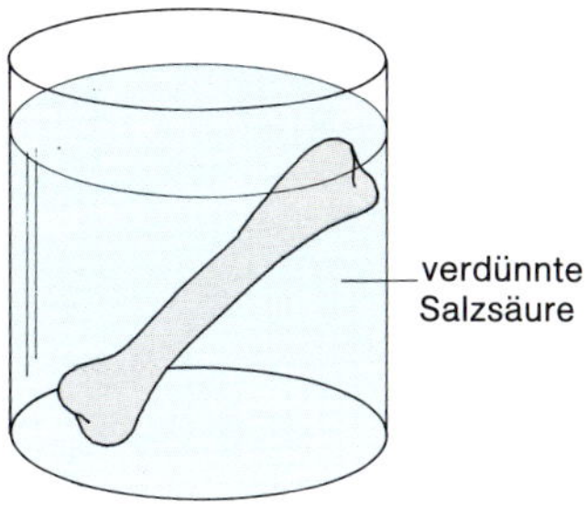

b) Der Oberschenkelknochen eines Hähnchens wird vom Lehrer über Nacht in verdünnte Salzsäure gelegt. Am nächsten Morgen wird der so behandelte Knochen sorgfältig mit Wasser abgespült. Beschreibe Aussehen und Festigkeit des Knochens. Was ist mit dem Knochen geschehen?

c) In drei Glasschalen mit verdünnter Salzsäure, die auf dem Tageslichtprojektor stehen, gibt der Lehrer nacheinander ein Kalkstückchen, ein Knochenstückchen, ein Holzstückchen. Beobachte und beschreibe. Welche Wirkung hat die Salzsäure auf einen Knochen? Was bleibt nach der Behandlung mit Salzsäure vom Knochen übrig?

d) Fasse nun in einem kurzen Merksatz zusammen, was du über das Baumaterial des Knochens erfahren hast.

④ Der Mensch besitzt neben den großen Röhrenknochen noch anders aussehende Knochen. Ermittle am Skelett Aussehen und Vorkommen dieser Knochen. Welche Aufgabe haben sie?

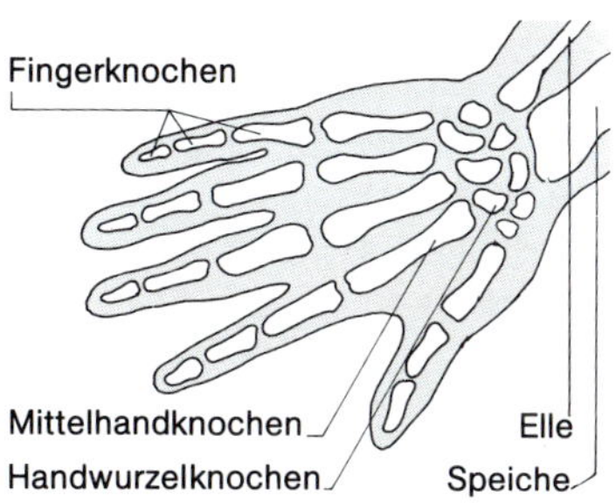

⑤ Die Schemazeichnung der Hand zeigt dir, dass viele unterschiedlich große Knochen das Handskelett bilden. Ermittle, an welchen Stellen deine Hand beweglich ist. Übertrage das Schema in dein Heft und zeichne alle Gelenke farbig ein.

⑥ Führe den nachfolgend gezeigten Versuch mit unterschiedlichen Gewichten durch. Schildere deine Beobachtungen und vergleiche mit der Funktion des menschlichen Fußgewölbes.

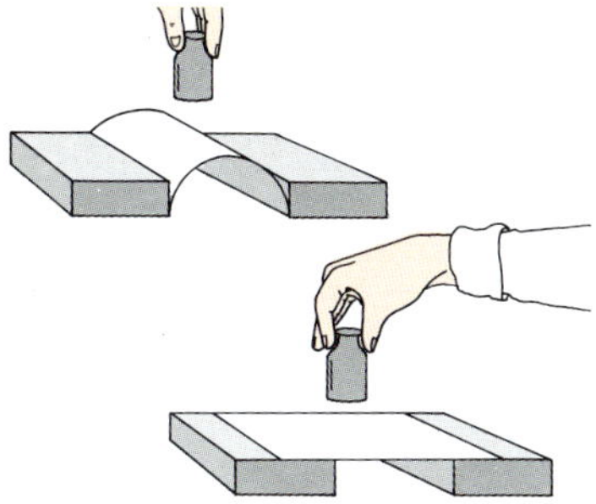

⑦ Biege dir Drahtstücke entsprechend der Skizze zurecht. Hänge an diese *Wirbelsäulenmodelle* gleiche Gewichte (z. B. Glasmurmeln in Plastiktütchen, Stücke von Gardinenbleiband). Beschreibe das Versuchsergebnis.

a) Welches Modell ist am stärksten belastbar?

b) Welche Modellform entspricht der menschlichen Wirbelsäule am besten?

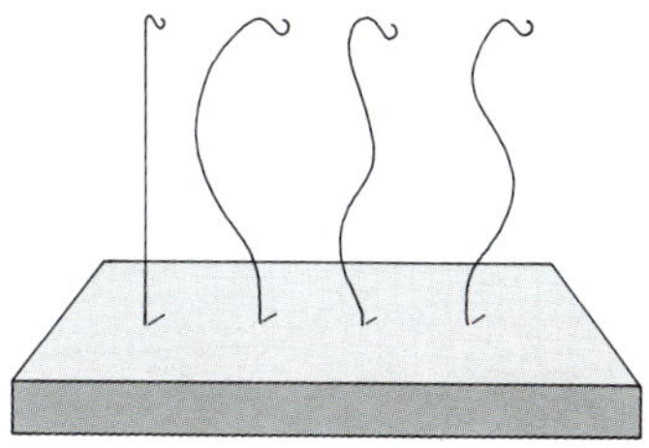

⑧ Vergleiche den Schädel eines neugeborenen Kindes mit dem eines Erwachsenen.

a) Welche Unterschiede erkennst du in der nachfolgenden Abbildung?

b) Welchen Sinn könnte die besondere Schädelkonstruktion des Kindes haben?

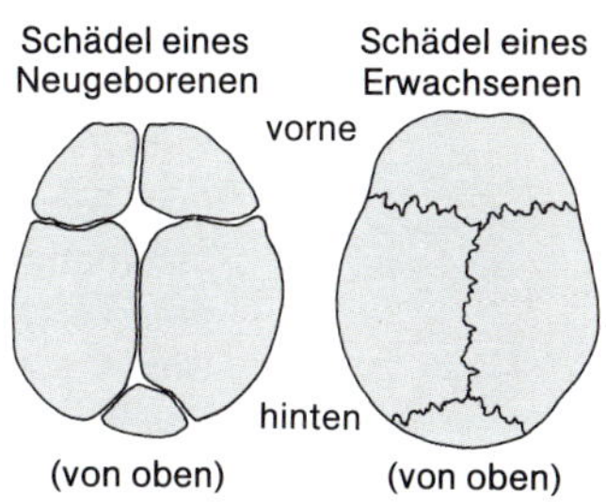

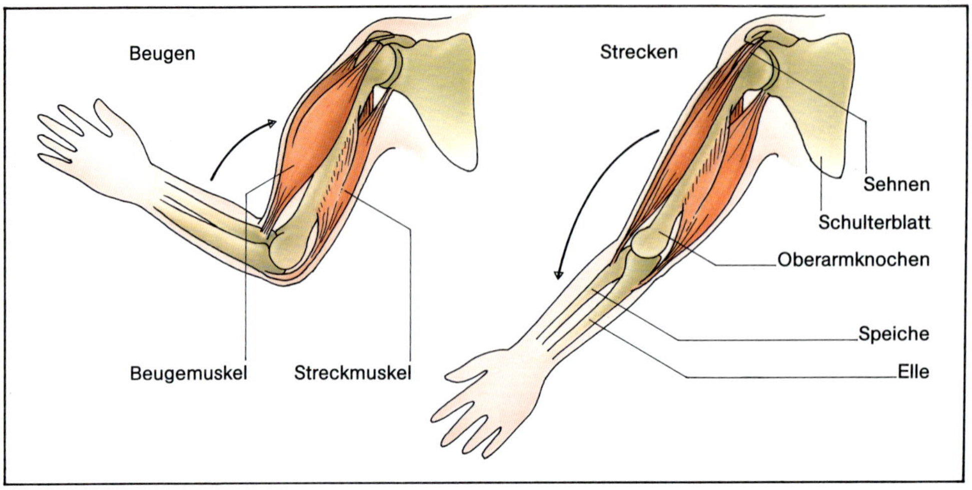

1 Bewegung des Unterarmes als Beispiel für das Gegenspielerprinzip

Muskeln ermöglichen Bewegungen

Bewegung ist ein Kennzeichen des Lebendigen. Beim Menschen machen *Knochen* und *Gelenke* das Skelett beweglich. Von selbst können diese Bewegungen jedoch nicht ablaufen. *Muskeln* erzeugen Kraft, mit der wir alle Bewegungen des Körpers ausführen.

Bei einem Klimmzug spürt man deutlich, wie die Muskeln arbeiten. Beim Anwinkeln der Arme wird ein Oberarmmuskel fester und dicker. Beim Strecken der Arme geht diese Verdickung wieder zurück.

Die Arbeitsweise von Muskeln wollen wir uns am Beugen und Strecken des Armes verdeutlichen. Beim Beugen des Armes zieht sich der *Beugemuskel* oder *Beuger* zusammen. Er liegt auf der Vorderseite des Oberarmes und wird durch diese Verkürzung sichtbar dicker. Beim Strecken des Armes verkürzt sich der Muskel auf der Rückseite des Oberarmes. Dieser heißt *Streckmuskel* oder *Strecker*. Gleichzeitig mit der Anspannung des Streckers erschlafft der Beuger. Man sagt deshalb: Beuger und Strecker sind Gegenspieler.

Zur Bewegung an einem Gelenk gehören also mindestens zwei Muskeln. Dieses *Gegenspielerprinzip* gilt auch für alle übrigen Bewegungen unseres Körpers. Dazu muss man wissen, dass ein Muskel sich nur zusammenziehen und dabei verkürzen kann. Kein Muskel kann sich jedoch selbstständig wieder strecken! Mit straffen *Sehnen* ist der Muskel an den Knochen, die bewegt werden sollen, angewachsen.

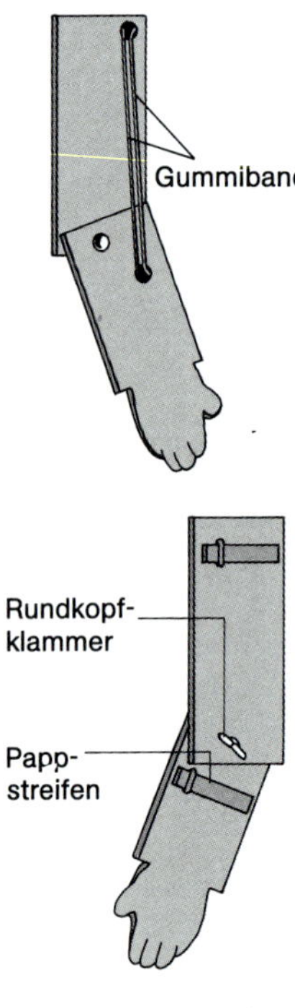

Aufgaben

① Formuliere einen Merksatz, der das Gegenspielerprinzip erklärt.

② Versuche die auf dieser Doppelseite dargestellten und besprochenen Muskeln an deinem Körper zu ertasten. Wo gelingt dies leicht, wo nicht?

③ Versuche zu ertasten, welche Muskeln für die Bewegung des Fußes wichtig sind. Benenne sie mithilfe der Abbildung 19.1.

④ Bewege einzelne Finger und beobachte dabei den Handrücken. Was kannst du auf diese Weise erkennen?

⑤ Spiele mit den Fingern einer Hand auf dem Tisch kräftig „Klavier". Fühle, wo die dazugehörigen Muskeln liegen und beobachte die Sehnenbewegungen an Handgelenk und Unterarm. Berichte.

⑥ Baue das in der Randspalte dargestellte Modell. Dazu brauchst du: Pappe, Gummiband, Rundkopfklammer, Locher, Schere. Lege das Modell vor dir auf den Tisch und winkle das Modell des Unterarms verschieden stark an. Beobachte den Gummi. Was zeigt das Modell gut und was stimmt nicht mit den tatsächlichen Gegebenheiten am menschlichen Arm überein?

⑦ Ein Schüler springt mit geschlossenen Beinen über ein am Boden liegendes Buch.
   a) Welche Bewegungen kannst du beobachten?
   b) Was lässt sich beobachten, wenn die Arme beim Sprung ausgestreckt nach unten gehalten werden?

Die Muskulatur

Ein Mensch hat ungefähr 600 verschiedene Muskeln. Etwa die Hälfte unserer Körpermasse besteht aus Muskulatur. In der nebenstehenden Abbildung sind nur diejenigen Muskeln zu sehen, die direkt unter der Haut an der Oberfläche des Körpers liegen. Darunter befindet sich noch eine Reihe weiterer wichtiger Muskeln. Unter den großen *Brustmuskeln* liegen z. B. zwischen den Rippen viele kleinere, die in ihrer Gesamtheit die *Zwischenrippenmuskulatur* bilden. Durch diese können die Rippen beim Einatmen angehoben werden. Alle diese Muskeln gehören zur **Skelettmuskulatur**, die auch als *willkürliche Muskulatur* bezeichnet wird. Diese Muskeln können sich zusammenziehen, wenn wir es wollen.

Ein typischer *Skelettmuskel* ist in der Mitte dick. Zu den Enden hin wird er allmählich dünner und geht in kurze, zähe Sehnen über. Diese Form nennt man *Spindelform.* Mit den Sehnen ist der Muskel an Knochen befestigt. Der Oberarmbeuger beispielsweise hat seinen Ursprung am Schulterblatt, seinen zweiten Ansatz unterhalb des Ellbogengelenkes an der Speiche. Ein Skelettmuskel besteht aus Fasern, die von feinen Hüllen zu Bündeln zusammengefasst werden. Die *Muskelfasern* sind nur mithilfe des Mikroskops zu erkennen.

Durch ständige Bewegung bei Arbeit oder Sport können die Muskeln kräftiger werden. Das bedeutet, dass die Muskulatur leistungsfähiger wird. Bei längerem Nichtgebrauch wird die Muskulatur schwächer. Dies geschieht, wenn zum Beispiel nach einem Beinbruch das Bein mehrere Wochen lang in Gips liegt. Deshalb benötigt man in solchen Fällen gezieltes Kräftigungstraining für die Muskeln, damit sie wieder ihre ursprüngliche Stärke erreichen.

Es gibt aber auch zahlreiche Muskeln, die ohne unseren Willen arbeiten. Dazu zählen die Muskeln der inneren Organe (z. B. in der Magen- und Darmwand). Diese Muskulatur wird als **Eingeweidemuskulatur** bezeichnet. Auch das Herz besteht zum größten Teil aus Muskeln, die unbeeinflusst von unserem Willen arbeiten.

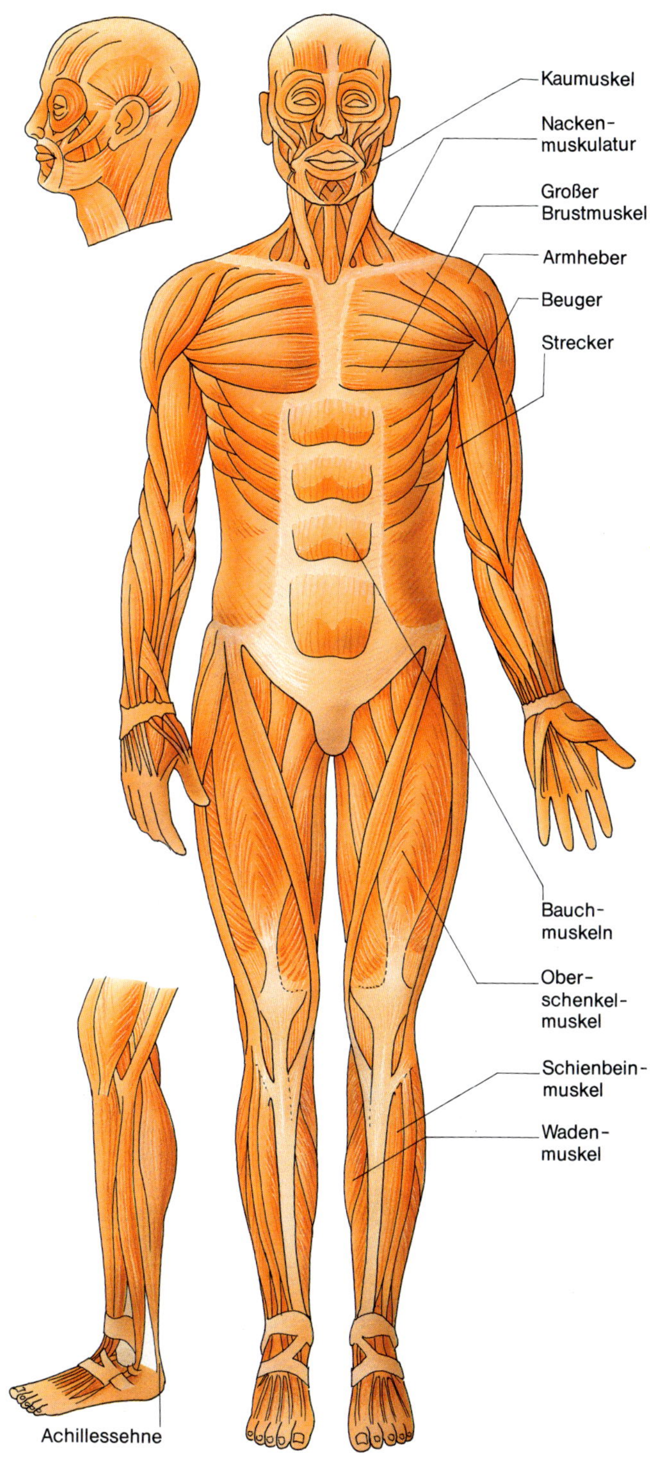

Aufgabe

① Stelle fest, welcher Muskel die Streckung des Unterschenkels bewirkt (Lage, Name). An welchen Knochen setzt dieser Muskel an?

Training stärkt die Muskulatur

Je weniger die Muskulatur trainiert ist, desto schneller ermüdet sie. Das kannst du leicht feststellen, wenn du versuchst, mit einem trainierten Mitschüler in einer für dich ungewohnten Sportart mitzuhalten. Ein gezieltes Trainingsprogramm zeigt schon nach wenigen Wochen deutliche Wirkung.

Belastet man einen Teil seiner Körpermuskulatur regelmäßig, so führt dies bereits zur Leistungssteigerung von Muskeln, Herz, Kreislauf und Atmung. Deshalb ist Ausdauertraining, wie Jogging, Rad fahren oder Skilanglauf, gesünder als einseitiges Krafttraining wie das Bodybuilding. Ganz gleich aber, welches Muskeltraining man macht, in jedem Fall kommt es auf ein angemessenes Training und die richtige Vorbereitung an.

Dazu gehört vor allem, dass man den gesamten Bewegungsapparat durch richtiges *Aufwärmen* auf die bevorstehende Belastung vorbereitet. Dabei beginnt man am besten mit leichten Laufübungen, dem Warmlaufen. Dann folgen gymnastische Übungen zur Lockerung und Dehnung der Muskulatur und Gelenke (z. B. Rumpfkreisen, Ausschütteln der Arme und Beine, Dehnen verschiedener Muskelbereiche). Abgeschlossen wird das Aufwärmen meist mit Übungen, die der nachfolgenden Belastung entsprechen, etwa kurze Sprints bei einem Leichtathleten oder Teile einer Turnübung. Das gesamte Aufwärmen soll etwa 15 Minuten dauern. Dadurch erhöht sich die Muskeltemperatur um bis zu 2 °C und die Verletzungsanfälligkeit nimmt ab.

1 Sportler beim Aufwärmen

In den arbeitenden Muskeln entstehen *Wärme* und den Muskel hemmende *Abbaustoffe*. Die Wärme spüren wir bei körperlicher Betätigung deutlich: uns wird warm, wir schwitzen. Bei besonderen Anstrengungen (z. B. bei einem Wettkampf) bilden sich in der Arm- und Beinmuskulatur große Mengen dieser Abbaustoffe. Sie vermindern die Leistungsfähigkeit der Muskulatur und sind die Ursache für körperliche Erschöpfung. Danach braucht die Muskulatur Erholung, um verbrauchte Energiereserven zu ergänzen. Für einen Sportler bedeutet das: einige Tage Ruhe, nur leichtes Bewegungstraining und richtige Ernährung.

2 Erschöpfte Sportlerinnen nach dem Wettkampf

Aufgaben

① Mache folgendes Trainingsprogramm: Am ersten Tag einmal so viel Liegestützen, wie du schaffst. An den drei darauf folgenden Tagen morgens und abends dieselbe Anzahl. An den nächsten drei Tagen jeweils zwei Liegestützen mehr. Führe nun dieses Programm mit entsprechender Steigerung insgesamt zwei Wochen lang fort. Schreibe deine Leistungen in ein Protokoll.

② Balle die Finger einer Hand, so fest du kannst, zur Faust und halte diese dann so lange wie möglich. Beobachte Hand und Arm während der Übung genau. Was stellst du fest, nachdem du die Faust geöffnet hast?

③ Betrachte die Abbildungen in der Randspalte. Nenne die dargestellten Sportarten und erkläre, welche Muskeln besonders stark beansprucht werden.

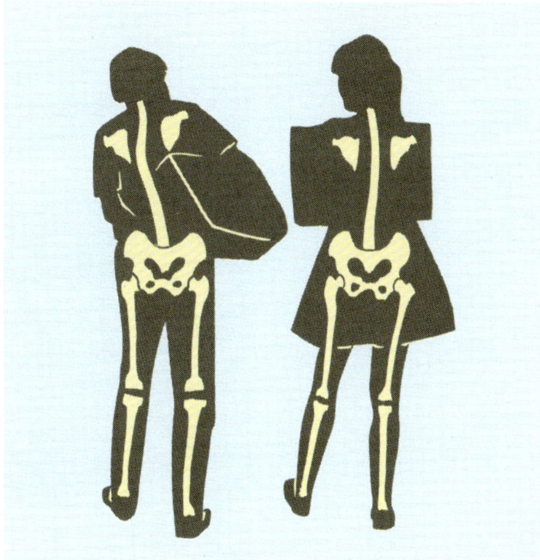

1 Falsche und richtige Tragehaltung (im Schema werden die Auswirkungen auf die Wirbelsäule sichtbar)

Schäden am Bewegungssystem lassen sich vermeiden

So ist's richtig!

Ärzte stellen immer wieder fest, dass ein großer Teil unserer Bevölkerung „bewegungsfaul" ist. Wir sitzen uns förmlich krank! In der Schule, bei den Hausaufgaben, den Mahlzeiten, am Arbeitsplatz und in der Freizeit beim Fernsehen – einen großen Teil des Tages verbringen wir sitzend. Darüber hinaus verändern *Fehlhaltungen* häufig die natürliche Form der Wirbelsäule. Dadurch werden Skelett und Muskulatur falsch belastet. Das kann zu Kopf-, Rücken- und Fußschmerzen führen. Die Bewegungsfähigkeit der Muskulatur wird so erheblich herabgesetzt. Schwere Veränderungen an den Bandscheiben vermindern die dämpfende Wirkung der Wirbelsäule und verursachen bei bewegungsarmen Erwachsenen häufig Schmerzen.

Betrachten wir zunächst, wie sich das falsche Tragen eines schweren Schulranzens auf die Wirbelsäule auswirkt. Die Wirbelsäule wird verbogen. Bei ständig einseitiger Belastung kann so eine *seitliche Wirbelsäulenverkrümmung* entstehen. Die Folgen sind bei Kindern, deren Knochen noch wachsen, besonders schwer. Häufig kommt jedoch auch der *Rundrücken* vor. Er entsteht bei falscher Sitzhaltung an flachen, zu niedrigen Schul- und Arbeitstischen oder auf ungeeigneten Stühlen.

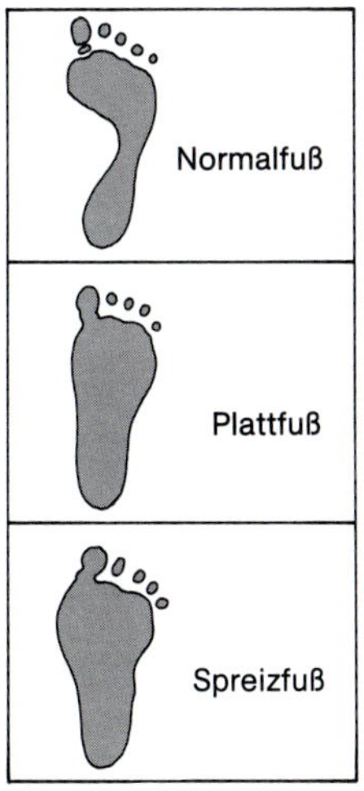

Besonderen Belastungen sind unsere Füße ausgesetzt. Nur gesunde Füße können die Last des Körpers ohne Beschwerden tragen. Veränderungen des natürlichen Fußgewölbes (*Senk-, Platt-* oder *Hohlfuß*) verursachen Schmerzen und beeinträchtigen die Stützfunktion der Füße. Durch modische Schuhe mit zu hohen Absätzen wird das Fußgewölbe falsch belastet. Das kann zur Ausbildung eines *Spreizfußes* führen. Viele Fußschäden bei Kindern entstehen durch zu enge oder falsch geformte Schuhe.

Auch Gelenkverletzungen sind häufig. Knickt man z. B. auf unebenem Boden mit dem Fuß um, so wird die Gelenkkapsel überdehnt, das Gelenk schwillt an und schmerzt. Diese Verletzung nennt man *Verstauchung*. Springt der Gelenkkopf ganz aus der Gelenkpfanne heraus, spricht man von einer *Verrenkung*. Auch die Gelenkbänder können überdehnt werden und sogar zerreißen *(Bänderriss)*. Muskelverletzungen wie *Muskelzerrung, Muskelfaserriss* oder *Muskelriss* entstehen oft schon dadurch, dass die Muskulatur stark belastet wird, ohne vorher richtig aufgewärmt worden zu sein.

Besondere Verletzungen sind die *Knochenbrüche,* etwa ein Beinbruch. Durch einen Gipsverband wird das Bein ruhig gestellt. Dann braucht der Knochen Zeit, um wieder zusammenzuwachsen.

Solche Schäden lassen sich vermeiden, wenn du einige Regeln beachtest:

1. Achte stets auf aufrechte Sitzhaltung!
2. Trage schwere Gegenstände nie lange auf einer Seite!
3. Sorge regelmäßig für ausreichende, angemessene Bewegung!
4. Lasse dich von einem Arzt untersuchen, wenn du Schmerzen an Knochen und Gelenken hast!

1 Im Supermarkt

Die Vielfalt der Lebensmittel

Beim Einkauf von Lebensmitteln richten wir uns meist danach, was wir gerne essen. Das Angebot in den Läden ist reichhaltig. Es verführt häufig dazu, nur nach dem jeweiligen Geschmack auszusuchen. Aber nicht jede Zusammenstellung von Lebensmitteln zu Mahlzeiten ist gesund. Für eine gesunde Ernährung muss aus dem großen Angebot richtig ausgewählt und sinnvoll zusammengestellt werden. Damit diese Auswahl getroffen werden kann, muss man wissen, was in den Lebensmitteln enthalten ist.

Unsere Nahrung setzt sich aus *pflanzlichen* und *tierischen Produkten* zusammen. Zu den pflanzlichen Produkten gehören Gemüse, Salat und Obst. Außer diesen frischen Waren gibt es viele weitere Lebensmittel, die erst durch die Bearbeitung landwirtschaftlicher Produkte entstehen. So wird aus Weizen oder Roggen Mehl ausgemahlen, aus dem Brot und andere Teigwaren hergestellt werden. Tierische Produkte sind Fleisch, Eier und Milch. Durch Weiterverarbeitung dieser Lebensmittel entstehen unter anderem Wurst, Quark, Sahne und Käse.

Beinahe täglich verzehren wir Teigwaren oder Kartoffeln. Diese Nahrungsmittel bilden in den Ländern Mitteleuropas den Hauptbestandteil der Nahrung. Sie gehören zu unseren *Grundnahrungsmitteln.* In Afrika, Asien und Südamerika werden andere Nutzpflanzen angebaut als in Europa. Statt Weizen und Kartoffeln wachsen dort Reis, Hirse und Sojabohnen. Entsprechend sind dies Grundnahrungsmittel für die dortige Bevölkerung.

Einheit in der Vielfalt: Die Nährstoffe

Beispiel für eine Nährwertanalyse

100 g Eiernudeln enthalten:
72 g Kohlenhydrate
14 g Eiweiß
2 g Fett

Bei vielen Lebensmitteln findet man auf der Verpackung Angaben zu den jeweils enthaltenen Bestandteilen. Diese Aufstellung der Nahrungsbestandteile nennt man *Nährwertanalyse*. Vergleicht man die Nährwertanalysen verschiedener Lebensmittel miteinander, so fällt auf, dass drei Nährstoffe immer wieder auftreten:
Kohlenhydrate, *Eiweiße* und *Fette*.

Zu den **Kohlenhydraten** gehören *Zucker* und *Stärke*. In süß schmeckenden Nahrungsmitteln befindet sich meist viel Zucker, der in der Natur vor allem in Früchten vorkommt. Viel Stärke ist in Kartoffeln und in Getreidekörnern enthalten. Deshalb sind auch alle Mehlprodukte kohlenhydratreich.

Auch *Zellulose* gehört zu den Kohlenhydraten. In allen Pflanzen gibt es diesen Stoff, der für den Menschen aber keinen Nährwert hat. Dies erkennt man daran, dass grüner Salat, der zu einem großen Teil aus Zellulose besteht, kaum satt macht. Dennoch ist Zellulose für die Verdauung wichtig. Sie ist nämlich ein *Ballaststoff*, der die Tätigkeit der Verdauungsorgane anregt.

Ballaststoff
Unverdauliche Nahrungsbestandteile

Eiweiße bilden ebenfalls eine Nährstoffgruppe. Fleisch und Fisch sind besonders reich an Eiweiß. Eiklar im Hühnerei besteht nahezu vollständig daraus. Weitere eiweißreiche Nahrungsmittel sind Milchprodukte wie Jogurt und Quark. Auch pflanzliche Produkte, wie Erbsen, Mais oder Sojabohnen, enthalten Eiweiße.

Fette sind eine weitere Nährstoffgruppe. Sahne, Butter, Käse, Wurst und Speck enthalten tierisches Fett. Pflanzliche Fette werden meist als Öle oder Margarine in den Handel gebracht. Manche Früchte, wie Oliven oder Erdnüsse, besitzen besonders viel Fett.

Aufgabe

① Vergleiche die Nährstoffgehalte von Milch, Knäckebrot, Cornflakes und Schokolade-Brotaufstrich anhand der Angaben auf den Verpackungen.
   a) Welches Lebensmittel enthält besonders viel Fett, welches viele Kohlenhydrate? Vergleiche auch den Eiweißgehalt.
   b) Weshalb ist es bei diesem Vergleich nötig, dass man sich immer auf dieselbe Menge (z. B. 100 Gramm) bezieht?

1 Zuckerhaltige Nahrungsmittel

2 Stärkehaltige Nahrungsmittel

3 Eiweißhaltige Nahrungsmittel

4 Fetthaltige Nahrungsmittel

Einfache Nährstoff-nachweise

Die folgenden Versuche kannst du selbst ausführen, wenn du einige Regeln beachtest:
a) Arbeite nie mit Hast.
b) Unterlasse während der Versuche jegliche Spielereien mit deinen Mitschülern.
c) Stelle die Chemikalien und den Brenner nie an den Rand des Arbeitstisches.
d) Übe besondere Vorsicht bei der Arbeit mit offener Flamme.
e) Verwende für die Versuche nur geringe Mengen der zu untersuchenden Lebensmittel, da diese nach der Behandlung mit Chemikalien nicht mehr zu genießen sind.
f) Reinige gebrauchte Geräte und Gefäße so bald wie möglich.
g) Räume nach den Versuchen alle benötigten Materialien auf und verlasse einen sauberen Arbeitsplatz.

Nachweis von Kohlenhydraten

A. Stärke

Nachweismethode:
Eine Spatelspitze lösliche Stärke wird in ein Reagenzglas gebracht, das 3 cm hoch mit heißem Wasser gefüllt ist.

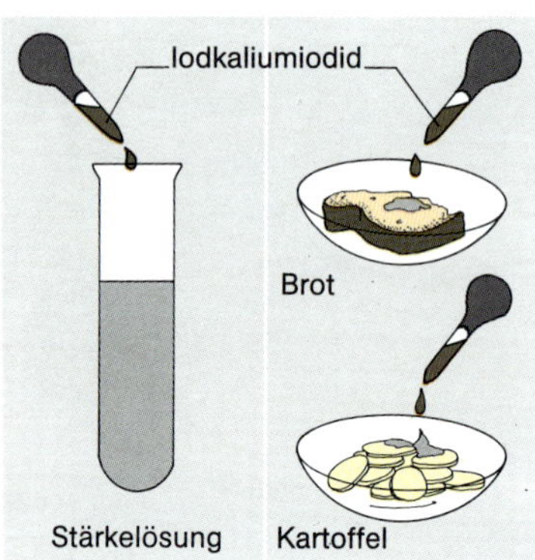

Durch kräftiges Schütteln des Reagenzglases wird die Stärke im Wasser gelöst. Gib nun einen Tropfen der gelbbraunen Iod-Kaliumiodidlösung zu. Beobachte die sich einstellende Verfärbung der Lösung. Diese ist der Nachweis für Stärke.
Notiere hierzu einen Merksatz in deinem Heft.

Lebensmitteluntersuchung:
Tropfe jetzt ein wenig Iod-Kaliumiodidlösung auf die folgenden Nahrungsmittel:
Kartoffel-, Apfel-, Bananenscheibe, Weißbrot, trockene Nudeln, gekochten Reis, zerriebenen Kopfsalat.

Erstelle eine Tabelle nach folgendem Muster:

Lebensmittel	Stärkenachweis
Stärke	+
Kartoffel	

Trage in die rechte Spalte ein +- oder ein —-Zeichen ein, je nachdem, ob Stärke nachweisbar war oder nicht.

B. Traubenzucker

Nachweismethode:
Fülle ein Reagenzglas 3 cm hoch mit blauer fehlingscher Lösung I. Gib nun gleich viel von der farblosen fehlingschen Lösung II dazu. Das Flüssigkeitsgemisch im Reagenzglas nimmt jetzt eine tiefblaue Farbe an.

Löse in einem weiteren Reagenzglas, in dem sich 2 cm hoch Wasser befindet, eine Spatelspitze Traubenzucker.

Gib hierzu etwa 1 cm hoch von der tiefblauen Lösung. Stelle das Reagenzglas mit dem Gemisch aus den drei Lösungen in ein 250-ml-Becherglas, das mit mehr als 50 °C heißem Wasser gefüllt ist.

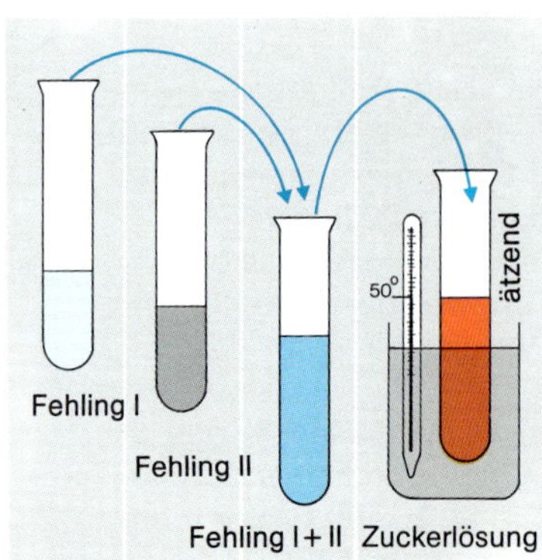

Nach etwa 3 Minuten kann im Reagenzglas eine Veränderung beobachtet werden. Diese Veränderung zeigt an, dass Traubenzucker enthalten ist. Notiere in deinem Heft, welche Veränderung der Flüssigkeit der Nachweis für Traubenzucker ist.

Lebensmitteluntersuchung:
Untersuche jetzt mit einem Gemisch der beiden fehlingschen Lösungen in derselben Weise folgende Lebensmittel und Getränke:
Farblose Limonade, Sprudel, Honig, Obst- und Gemüsesäfte, verdünnte Milch.

Bei welchen Lebensmitteln und Getränken zeigt die Fehlingprobe, dass Traubenzucker enthalten ist?
Erstelle hierzu eine entsprechende Tabelle (vergleiche Stärkenachweis).

Nachweis von Fetten

Nachweismethode:
Bringe einen Tropfen Wasser und einen Tropfen Salatöl nebeneinander auf ein Blatt Pergamentpapier. Halte das Papier gegen das Licht, sobald das Wasser verdunstet ist.
Beschreibe das Versuchsergebnis und notiere, wie man damit Fett nachweisen kann.

Lebensmitteluntersuchung:
Drücke, reibe oder tropfe folgende Nahrungsmittel auf ein Blatt Pergamentpapier: Vollmilch, Wurst, Käse, Schokolade, Brot, Kuchen, Äpfel, Nüsse.
Betrachte das Papier genau und notiere, welche Nahrungsmittel viel, wenig oder fast kein Fett enthalten.

Nachweis von Eiweiß

Nachweismethode:
Haare bestehen größtenteils aus Eiweiß. Halte mit einer Zange einige Tierhaare oder abgeschnittene Nägel kurz in eine Brennerflamme (Vorsicht!). Rieche nach dem Abkühlen an den Haaren. Der Geruch ist typisch für erhitztes Eiweiß.

Lebensmitteluntersuchung:
Halte kleine Mengen der folgenden Nahrungsmittel mit der Zange oder einem Löffel für kurze Zeit in die Flamme:
Fleisch, hart gekochtes Eiklar, Quark, gekochte Erbsen, Banane.
Prüfe und notiere, bei welchem Stoff der typische Geruch für Eiweiß wahrnehmbar ist.

1 Obst und Gemüse enthalten wichtige Vitamine und Mineralstoffe

Nährstoffe allein genügen nicht

In früheren Jahrhunderten fürchteten sich Seefahrer vor langen Seereisen. Viele von ihnen bekamen nach einigen Monaten *Skorbut*. Diese damals geheimnisvolle Krankheit verlief meist tödlich. Ihre ersten Anzeichen waren das Bluten des Zahnfleisches und das Lockerwerden der Zähne. Oft erkrankte die gesamte Mannschaft daran.

Es dauerte lange Zeit, bis ein erstes Mittel gegen Skorbut gefunden wurde: Regelmäßig rohes Sauerkraut essen. Heute wissen wir, dass in rohem Kraut sowie in Obst und Gemüse *Vitamin C* enthalten ist. Dieser Stoff stärkt die Körperabwehr und schützt vor der Mangelkrankheit Skorbut. Eingesalzenes Sauerkraut war früher das einzige Gemüse, das bei langen Seereisen für mehrere Monate gelagert werden konnte.

Beispiele für den täglichen Vitaminbedarf:
Vitamin A:
1,3 mg = 0,0013 g
Vitamin C:
75 mg = 0,075 g
Vitamin D:
0,01 mg = 0,00001 g

Insgesamt kennt man heute etwa 20 lebensnotwendige **Vitamine**. Die meisten sind in Obst und frischem Gemüse enthalten. Jedes hat im Körper eine bestimmte Aufgabe. Zur Erhaltung unserer Gesundheit und Leistungsfähigkeit benötigen wir täglich von jedem Vitamin nur geringe Mengen.

Beispiele für den täglichen Mineralstoffbedarf:

Kalzium:	1 g
Phosphor:	1 g
Eisen:	15 mg = 0,015 g

Mit der Nahrung und in Getränken nehmen wir auch lebensnotwendige **Mineralstoffe** in unseren Körper auf. Dazu gehören unter anderem *Kalzium, Phosphor* und *Eisen*. Kalzium und Phosphor sind wesentliche Bestandteile der Knochen und Zähne. Eisen ist für die Blutbildung nötig. Einige Stoffe werden nur in äußerst geringen Mengen benötigt. Daher bezeichnet man sie als *Spurenelemente*.

Auch die regelmäßige Aufnahme von Flüssigkeit ist unbedingt notwendig, denn unser Körper besteht ungefähr zur Hälfte aus **Wasser**. Täglich scheiden wir etwa 2,5 Liter aus. Diesen Flüssigkeitsverlust müssen wir durch Wasseraufnahme aus Getränken und der Nahrung ausgleichen. Je mehr man körperlich arbeitet und je höher die Temperatur ist, desto mehr schwitzt man und desto größer wird der Flüssigkeitsbedarf. In tropischen Gebieten kann er bei schwerer körperlicher Arbeit bis zu zehn Liter täglich betragen. Ungenügende Wasseraufnahme führt zur Entwässerung des Körpers. Ein Wasserverlust, der etwa ein Fünftel des Körpergewichts ausmacht, ist tödlich.

Für die Gesundheit, das richtige Körpergewicht und das Wohlbefinden ist es wichtig, dass man sich richtig ernährt. Auf diese Dinge sollte man dabei achten:
1. Auf Essgewohnheiten, die dem Körper die Verdauungsarbeit erleichtern.
2. Auf die richtige Nahrungsmenge. Man darf weder mehr noch weniger essen als der Körper Nahrung benötigt. Über- und Untergewicht gefährden die Gesundheit.
3. Auf die Zusammenstellung der Mahlzeiten. Unser Körper benötigt alle drei Nährstoffe. Bei Mahlzeiten sollten sie folgendermaßen aufgeteilt sind: viel Kohlenhydrate, davon aber wenig Zucker, wenig Fett und ausreichend Eiweiß. Der tägliche Eiweißbedarf eines Jugendlichen beträgt etwa 1,5 g für jedes Kilogramm Körpergewicht.

Regeln für eine gesunde Ernährung:

1 Iss nicht zu viel, aber abwechslungsreich.
2 Fünf kleinere Mahlzeiten am Tag sind besser als drei große.
3 Iss langsam und kaue gut.
4 Iss regelmäßig frisches Gemüse, frisches Obst oder Salat.
5 Ballaststoffe dürfen bei keiner Mahlzeit fehlen.
6 Achte stets auf ausreichende Flüssigkeitszufuhr.

Aufgaben

① Schreibe einen Tag lang auf, was du isst. Vergleiche mit den Regeln für eine gesunde Ernährung.
② Versuche, die Bedeutung der einzelnen Ernährungsregeln zu erklären.

1 Radrennfahrer erhält eine Erfrischung

2 Radrennfahrer trinken beim Rennen

Energie macht's möglich

Zum Arbeiten benötigt man Energie!

Radrennfahrer verrichten Schwerstarbeit. Ständig müssen sie kraftvoll in die Pedale treten, um in der Ebene ihre Geschwindigkeit zu halten. Bergauf wird es noch schwerer. Hier müssen ihre Muskeln besonders viel Kraft entwickeln. Als Zuschauer kann man deutlich sehen, wie die Fahrer sich anstrengen.

Damit sie ein Rennen durchhalten, das mehrere Stunden dauert, müssen sie zwischendurch *Flüssigkeit* und *Nahrung* zu sich nehmen. Die Nahrung liefert dem Körper *Energie*, die er zum Arbeiten benötigt. Die Nahrungsmittel enthalten Energie; sie sind *Energieträger*. Ebenso wie ein Bagger zum Arbeiten Treibstoff benötigt, ist unser Körper auf die Zufuhr von Energie durch Nahrungsmittel angewiesen. *Hunger* ist ein Zeichen des Körpers, wenn er Nahrung und damit auch Energie benötigt.

Der *Energiebedarf* des Körpers hängt von der Arbeit ab, die man verrichtet. Ein Maurer, der körperlich schwer arbeitet, hat einen größeren Energiebedarf als ein Büroangestellter. Die Beispiele unserer Abbildung zeigen, welche Energiemengen der Körper eines Erwachsenen bei verschiedenen Tätigkeiten benötigt. Bei Kindern ist der tägliche Energiebedarf je nach Alter geringer.

Für alle Größen, die man messen kann, gibt es eine Maßeinheit. So ist es auch bei der Energie; Energiemengen werden in der Einheit *Kilojoule* (Abkürzung: kJ) angegeben.

3 Energiebedarf von Erwachsenen bei verschiedenen Tätigkeiten

Lebensmittel	100 g Lebensmittel enthalten (in g): Eiweiß	Fett	Kohlenhydrate	Mineralstoffe	Wasser	Energiegehalt
Rindfleisch, mittelfett	15	18		1	ca. 67	1000 kJ/100 g
Hering	17	19		1	ca. 64	1070 kJ/100 g
Magerkäse	37	3	4	1,5	ca. 54	800 kJ/100 g
Hühnereier	11	10	1	1	ca. 78	620 kJ/100 g
Butter	1	80	1	1	ca. 18	3240 kJ/100 g
Roggenbrot	6	1	51	1	ca. 42	1060 kJ/100 g
Kartoffeln	2		19	1	ca. 79	360 kJ/100 g
Linsen	24	1	56	1	ca. 19	1480 kJ/100 g
Walnüsse	15	63	14	1	ca. 8	2950 kJ/100 g
Äpfel	1		12	1	ca. 87	210 kJ/100 g
Tomaten	1		3	1	ca. 96	75 kJ/100 g

1 Nährstoff- und Energiegehalt einiger Lebensmittel

Wie viel Energie ist in der Nahrung?

Nahrung braucht der Körper für Betrieb und Aufbau.

Der Körper benötigt ständig Energie und Aufbaustoffe. Deshalb muss regelmäßig Nahrung aufgenommen und zu körpereigenen Stoffen umgebaut werden. Nicht genutzte Stoffe werden wieder abgebaut und dann ausgeschieden. Diesen Vorgang nennt man **Stoffwechsel**.

Unser Körper benötigt auch Energie, wenn wir nichts tun. Sogar im Schlaf setzen wir Energie um. Diejenige Energiemenge, die der menschliche Körper bei völliger Ruhe benötigt, heißt *Grundumsatz*. Er beträgt etwa 6000 – 7000 kJ pro Tag bei einem Erwachsenen. Alle Zellen unseres Körpers benötigen fortwährend Energie zum Leben. Geistiges Arbeiten wie Lesen, Vokabeln lernen oder Rechnen oder auch die Erzeugung von Wärme zur Erhaltung der Körpertemperatur von 37 °C erfordern zusätzliche Energie.

Der *Energiegehalt* unserer Nahrungsmittel ist recht unterschiedlich. Dies hängt einerseits vom Wassergehalt, andererseits von den enthaltenen Nährstoffen ab. Der energiereichste Nährstoff ist Fett. 100 g Fett enthalten etwa 3800 kJ Energie. 100 g Kohlenhydrate liefern dem Körper dagegen ungefähr 1650 kJ, 100 g Eiweiß etwa 1700 kJ Energie. Die Zusammenstellung von Abbildung 1 zeigt, welche Energiemengen in einigen Lebensmitteln enthalten sind und welche Nährstoffzusammensetzung sie aufweisen. Die Angaben gelten für je 100 g.

Der menschliche Körper besitzt auch *Energiespeicher* mit Energiereserven. Dies ist daran erkennbar, dass der Mensch ohne weiteres einige Tage hungern kann. Im Körper werden Nährstoffe, die gerade nicht benötigt werden, als Fett gespeichert. In Hungerzeiten wird dem Körper täglich weniger Energie zugeführt, als er benötigt. Dann wird das gespeicherte Körperfett abgebaut und zur Deckung des Energiebedarfs herangezogen. Dabei sinkt das Körpergewicht.

Von der aufgenommenen Nahrung werden Fette und Kohlenhydrate zur Deckung des Energiebedarfs eingesetzt. Eiweiß wird für den Körperaufbau verwendet. So bestehen das Zellplasma, aber auch Haare und Horn aus diesen wichtigen Aufbaustoffen. Fuß- und Fingernägel sowie Haare wachsen ständig, der gesamte Körper nur bis etwa zum 20. Lebensjahr. Alle für den Körperbau nötigen Stoffe stammen aus der Nahrung. Beim Wachstum kann Eiweiß nicht durch andere Stoffe ersetzt werden. Deshalb ist der Eiweißbedarf bei Jugendlichen während der Wachstumsphase größer als bei Erwachsenen.

Nahrungsstoffe werden also für zwei Aufgaben eingesetzt: *Betrieb* und *Aufbau*.

Aufgaben

① Beschreibe die Bedeutung der drei verschiedenen Nährstoffe für den Körper.

② a) Wie viel Kilojoule Energie benötigt man mehr, wenn man statt zu schlafen einen ganzen Tag körperlich schwer arbeitet?
b) Wofür wird diese zusätzliche Energie im Körper verwendet?

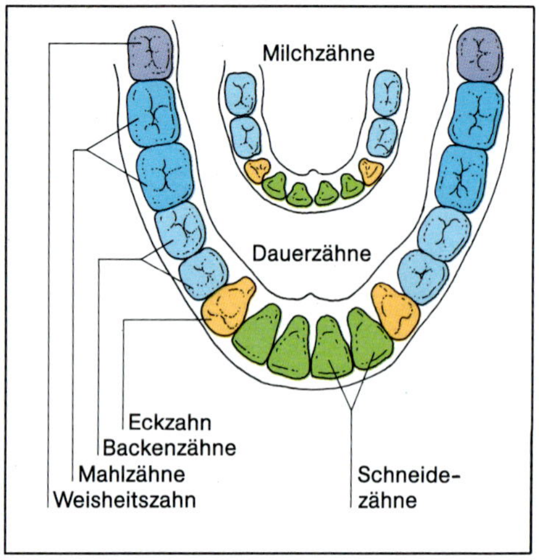

1 Gebiss eines Kindes und eines Erwachsenen

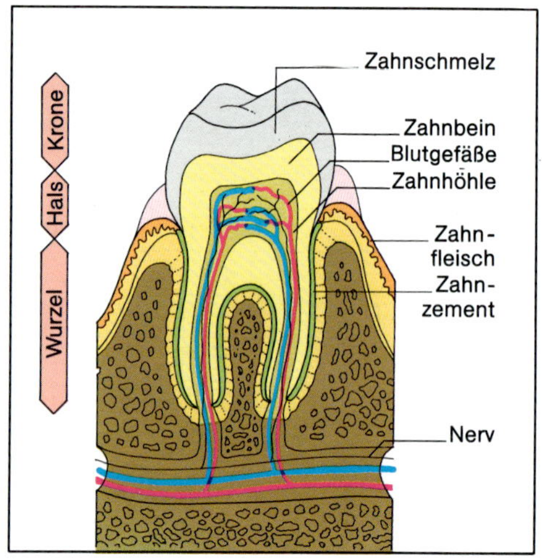

2 Längsschnitt durch einen Zahn

Zähne und Zahnpflege

So hält man die Zähne gesund:
Nach jeder Mahlzeit Zähne putzen, halbjährlich zum Zahnarzt!

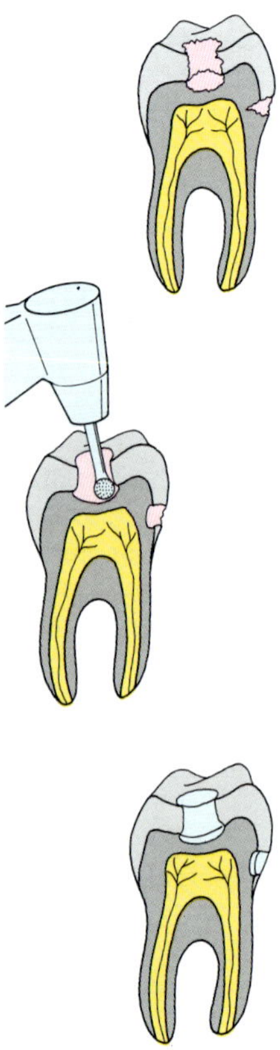

Zahnbehandlung bei Kariesbefall

Mit den *Zähnen* beißen wir unsere Nahrung ab und zerkauen sie. Zähne sind aber nicht die robusten und unverwüstlichen Kauwerkzeuge, für die sie oft gehalten werden. Sie bestehen zu einem großen Teil aus lebenden, empfindlichen Zellen.

Alle Zähne zeigen einen gleichartigen Aufbau aus drei Abschnitten: *Zahnkrone, Zahnhals* und *Zahnwurzel*. Der *Zahnschmelz*, eine sehr harte Schicht, umgibt die gesamte Zahnkrone. Darunter liegt das weichere *Zahnbein*. Im Wurzelbereich ist das Zahnbein vom *Zahnzement* umgeben. Die Wurzelhaut verbindet den Zahn mit dem Kieferknochen. In der *Zahnhöhle* befinden sich Blutgefäße und Nerven. Sie verlaufen durch die Wurzelspitzen in die Zahnhöhle. Bei Beschädigung des Zahns werden die Nerven gereizt. Dies verursacht dann Zahnschmerzen.

Neugeborene bekommen ihren ersten Zahn im Alter von 6 bis 7 Monaten. Zwei Jahre nach der Geburt ist das *Milchgebiss* mit seinen 20 Zähnen meist vollständig entwickelt. In Ober- und Unterkiefer befinden sich dann jeweils 4 *Schneidezähne,* 2 *Eckzähne* und 4 höckrige *Backenzähne*.

Zwischen dem 6. und 12. Lebensjahr wird das Milchgebiss durch die bleibenden Zähne ersetzt. Nach dem Zahnwechsel enthält das vollständige Gebiss 32 Zähne. Unsere Abbildung zeigt deren Anordnung im Dauergebiss. Die hintersten *Mahlzähne* sind die *Weisheitszähne*, die häufig erst nach dem 20. Lebensjahr oder bei manchen Menschen auch gar nicht herauskommen.

Beim Kauen bleiben oft kleine Nahrungsteilchen in den Zahnzwischenräumen zurück. Auf den Zähnen bilden sich mit der Zeit dünne Beläge. Besonders Zucker führt zu starker Belagsbildung. Darauf und an den verbliebenen Nahrungsteilchen können sich *Bakterien* vermehren, deren Ausscheidungen zuerst den harten Zahnschmelz und dann das weichere Zahnbein zersetzen. Diese Zahnfäule *(Karies)* muss vom Zahnarzt behandelt werden. Er bohrt die beschädigte Stelle aus und füllt die Höhlung mit einer Plombe (vgl. Randspalte).

Um das Gebiss gesund zu erhalten, müssen die Zähne regelmäßig und richtig gepflegt werden. Damit wenig Belagsbildung eintritt und keine Speisereste in den Zwischenräumen bleiben, sollten die Zähne nach jeder Mahlzeit geputzt werden, mindestens jedoch zweimal am Tag. Hierbei sind alle Zahnflächen und Zwischenräume gründlich mit kreisenden Bewegungen vom Zahnfleisch zur Zahnkrone hin zu reinigen. Damit Zahnschäden rechtzeitig erkannt werden, sollte man regelmäßig zweimal im Jahr zum Zahnarzt gehen und sein Gebiss kontrollieren lassen.

Aufgaben

① Stelle dich mit geöffnetem Mund vor einen Spiegel und suche die verschiedenen Zahntypen in deinem Gebiss.
② Welche Aufgabe haben die Eckzähne beim Essen?
③ Weshalb sind Süßigkeiten besonders schädlich für die Zähne?

Der Weg der Speisen im Körper

Damit die Nahrung von den *Verdauungsorganen* aufgenommen und in alle Bereiche des Körpers befördert werden kann, muss sie in kleinste Bestandteile zerlegt werden. Diesen Vorgang nennt man **Verdauung**. Sie setzt bereits im *Mund* ein. Beim Kauen wird die Nahrung zerkleinert, mit Speichel gemischt und zu einem Bissen geformt. Dieser wird von der Zunge gegen den Gaumen gedrückt und dann geschluckt. Der Bissen gelangt in die *Speiseröhre*. Sie besitzt auf ihrer gesamten Länge ringförmige Muskeln. Diese ziehen sich abschnittsweise nacheinander zusammen. So entstehen wellenartige Bewegungen, die von oben nach unten verlaufen und den Bissen in den *Magen* befördern.

Die muskulöse Magenwand bewegt und durchmischt den angesammelten Nahrungsbrei. Zellen der Magenwand scheiden dabei *Magensaft* aus, der Eiweiß zersetzt. Im Magensaft ist auch Salzsäure enthalten. Diese bewirkt, dass eingedrungene Krankheitserreger abgetötet werden. Nach einiger Zeit wird der Speisebrei durch den verschließbaren Magenausgang, den *Pförtner*, schubweise in den *Dünndarm* gepresst.

Im Dünndarm sind verschiedene *Verdauungssäfte* wirksam. Sie spalten alle Nährstoffe in kleinste Bestandteile. Die Verdauungssäfte kommen aus Zellen der Dünndarmwand und von der *Bauchspeicheldrüse*. Gallenflüssigkeit aus der *Gallenblase* zerteilt Nahrungsfette in viele kleine Tröpfchen. Dadurch kann Fett rascher verdaut werden. Wellenförmige Bewegungen der Darmwandmuskulatur transportieren den Nahrungsbrei durch den etwa 4 m langen Dünndarm.

Die Innenseite des Dünndarms ist vielfach gefaltet und besitzt unzählige winzige *Darmzotten,* in denen ein Geflecht aus feinsten Blutgefäßen verläuft. Die kleinsten Bestandteile der Nährstoffe, die beim Verdauungsvorgang entstanden sind, gelangen durch die Darmwand hindurch in diese Blutgefäße. Der Blutstrom verteilt sie im ganzen Körper. Beim Stoffwechsel werden sie entweder zu körpereigenen Stoffen aufgebaut oder zur Energieversorgung der Organe und Zellen verwendet.

Am Übergang vom Dünndarm zum *Dickdarm* befindet sich der *Blinddarm* mit dem *Wurmfortsatz*. Dieser ist aber kein Verdauungsorgan, sondern dient zur Abwehr von Krankheitserregern. Der stark verflüssigte Nahrungsbrei tritt dann vom Dünndarm in den Dickdarm über.

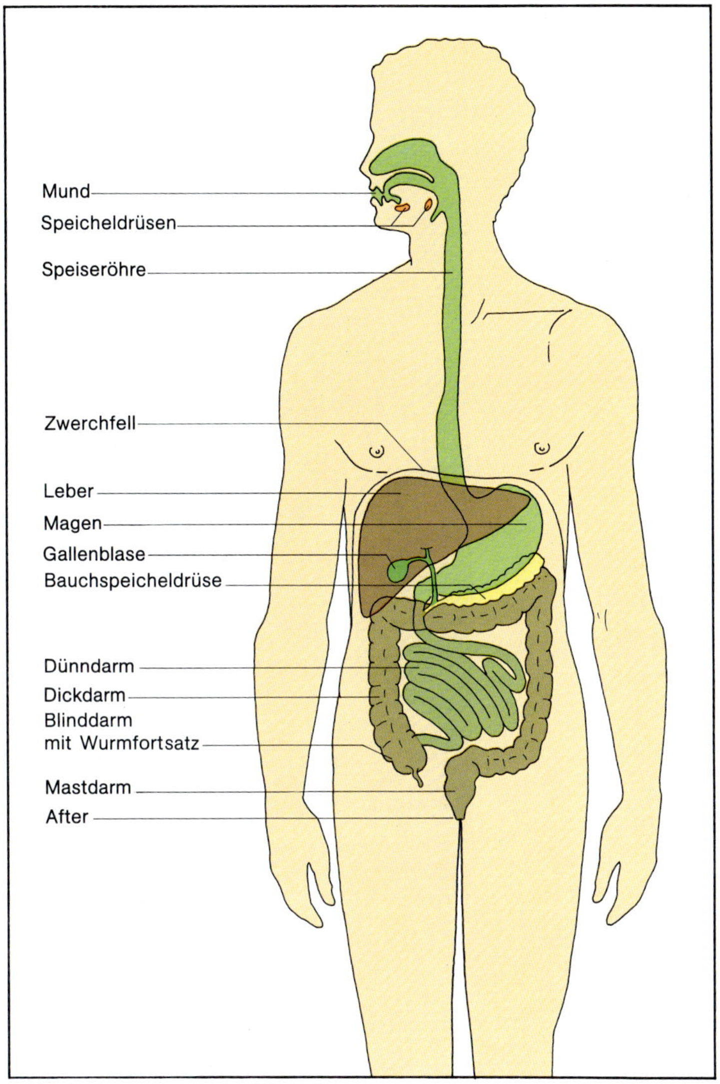

1 Verdauungsorgane des Menschen

Hier werden dem Nahrungsbrei Mineralstoffe und etwa 8 Liter Wasser täglich entzogen. Die in diesem Darmabschnitt lebenden Bakterien zersetzen unverdauliche Reststoffe. Es bleibt nur der eingedickte *Kot* übrig. Dieser besteht im Wesentlichen aus nicht zersetzbaren Nahrungsresten, Ballaststoffen, abgestorbenen Zellen der Verdauungsorgane und Bakterien. Der Kot gelangt in den letzten Teil des Dickdarms, den *Mastdarm*, und wird durch den *After* ausgeschieden.

Aufgaben

① Wo werden Kohlenhydrate, Fette und Eiweiße hauptsächlich verdaut?

② Was geschieht mit der unverdauten Nahrung im Körper?

1 Sporttaucher mit Atemgerät

Atmung ist lebensnotwendig

Ein Sporttaucher beobachtet am Meeresgrund Fische. Er gleitet langsam durchs Wasser und vermeidet rasche Bewegungen, um die Tiere nicht zu stören. Damit er längere Zeit unter Wasser bleiben kann, führt er Atemluft in einer Pressluftflasche mit sich. Der Taucher atmet gleichmäßig. Beim Ausatmen steigen jedesmal Luftblasen im Wasser empor.

Ohne den Luftvorrat in der Pressluftflasche müsste der Taucher nach 1 – 2 Minuten an die Oberfläche zurückkehren und atmen. Unterbleibt die *Atmung* beim Menschen für mehr als 3 bis 4 Minuten, so tritt Bewusstlosigkeit ein. Atemstillstand kann durch Krankheit oder Unfall ausgelöst werden. In solchen Fällen ist jedermann verpflichtet, *erste Hilfe* zu leisten. Dies geschieht durch *Mund-zu-Nase-Beatmung.* Der Helfer bläst dabei regelmäßig Luft durch die Nase in die Lunge des Bewusstlosen und ersetzt dadurch dessen Atmungsvorgang.

Der Weg der Atemluft

Sieht man das Atmen auch, wenn der Körper nicht mehr im Wasser ist? Bei einem Menschen, der sich gerade körperlich nicht anstrengt, ist die Atmung nur schwer zu beobachten. Anders bei einem Sportler nach einem langen Lauf. Er hat einen großen Atemluftbedarf. Deutlich hebt und senkt sich sein Brustkorb, wenn er ein- und ausatmet. Weil er dabei viel rascher und tiefer atmet als im ausgeruhten Zustand, hört man auch das Strömen der Atemluft.

Beim Atmen gelangt die Atemluft durch die *Nasenöffnung* in einen Hohlraum, die *Nasenhöhle.* Sie ist nicht gleichmäßig gewölbt, sondern hat Ausbuchtungen, *Nasenmuscheln,* die von der stets feuchten *Nasenschleimhaut* überzogen sind. Hier werden Staubteilchen, die mit der Atemluft eingesogen werden, abgefangen und vom Nasenschleim festgehalten. In der Schleimhaut befinden sich Zellen, an deren Oberfläche viele winzige Härchen sitzen. Sie bewegen sich ständig hin und her. Diese *Flimmerhärchen* befördern die eingedrungenen Fremdkörper zu den Nasenöffnungen. Weitere Aufgaben der gut durchbluteten Schleimhaut sind das Anfeuchten und Anwärmen der Atemluft sowie das Wahrnehmen von Gerüchen mithilfe besonderer *Riechzellen.*

Von der Nasenhöhle strömt die Luft in den *Rachenraum* und von dort in die *Luftröhre.* Atmet man durch den Mund, so gelangt die Luft direkt in den Rachenraum. Die Luftröhre liegt vor der Speiseröhre. Der Kehlkopfdeckel am oberen Ende der Luftröhre verschließt beim Schlucken deren Öffnung und verhindert so, dass Nahrung eindringt.

Die Luftröhre ist beim Erwachsenen etwa 12 cm lang. Auf ihrer gesamten Länge besitzt sie 15 bis 20 elastische *Knorpelspangen.* Diese versteifen die Luftröhre und sorgen so dafür, dass sie immer weit geöffnet bleibt. Die Innenseite der Luftröhre ist mit einer Schleimhaut ausgekleidet, deren Zellen wie die der Nasenschleimhaut Flimmerhärchen besitzen. Durch die Flimmerhärchen werden Fremdkörper, die bis hierher vorgedrungen sind, zurück in den Rachenraum befördert. An ihrem unteren Ende gabelt sich die Luftröhre in zwei Äste. Diese werden als *Bronchien* bezeichnet. Über jede Bronchie wird einer der beiden *Lungenflügel* mit Atemluft versorgt.

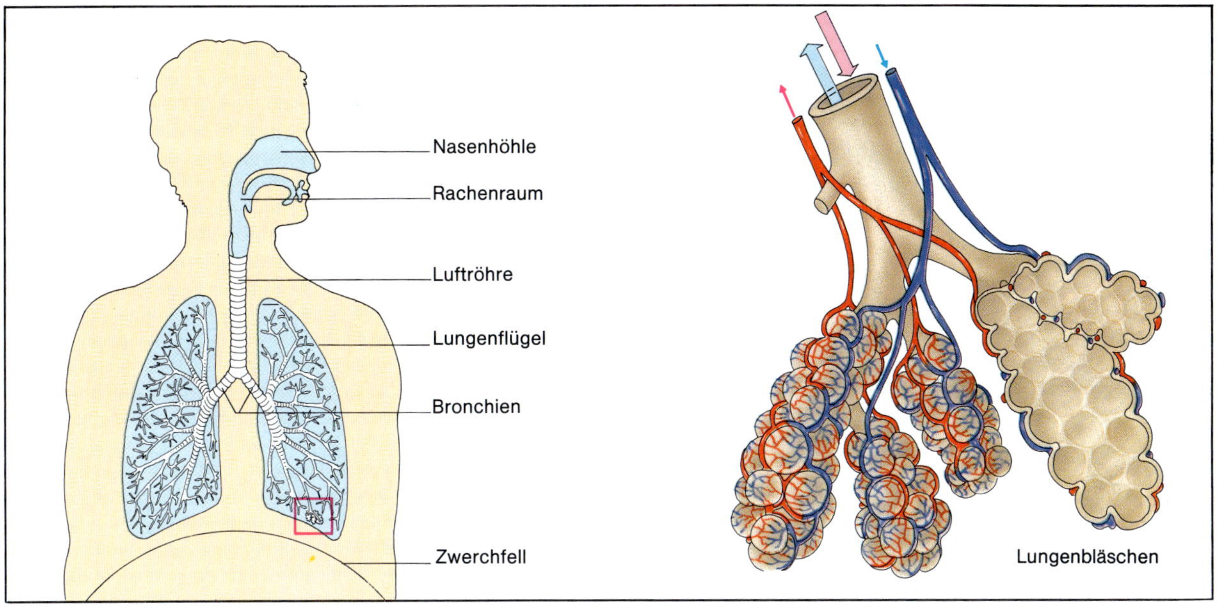

1 Die Atmungsorgane und der Bau von Lungenbläschen

Bau der Lunge und Vorgänge bei der Atmung

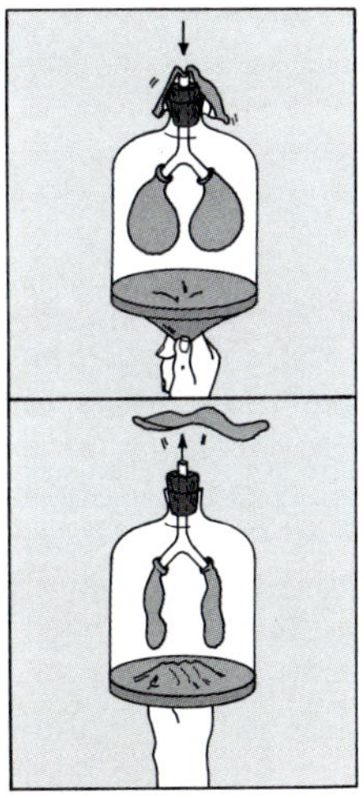

Glasglockenmodell zur Bauchatmung

Im Brustraum befinden sich zwei Lungenflügel. Die Bronchien, in denen die Atemluft strömt, verzweigen sich im Inneren der Lungenflügel in immer dünnere Röhrchen. Feinste Verästelungen durchziehen das gesamte Lungengewebe. Sie enden in kleinen *Lungenbläschen,* die traubenförmig beieinander sitzen. Ihr Durchmesser beträgt etwa 0,2 mm. In beiden Lungenflügeln zusammen befinden sich mehrere hundert Millionen dieser Lungenbläschen. Ihre gesamte innere Oberfläche beträgt etwa 200 m^2. (Zum Vergleich: Die Hautoberfläche beim Erwachsenen ist etwa 2 m^2 groß.) Die Bläschen sind von einem Geflecht feinster Blutgefäße umsponnen. Blut und Atemluft sind hier nur durch die dünnen Wände der Lungenbläschen und Blutgefäße voneinander getrennt, also nur etwa ein tausendstel Millimeter voneinander entfernt.

Beim Atmen wird der Brustraum regelmäßig vergrößert und verkleinert. Dieser Vorgang wird bei geringer körperlicher Belastung nur durch die Bewegungen des *Zwerchfells* verursacht. Das Zwerchfell ist eine kuppelförmig gewölbte Muskelschicht, die Brust- und Bauchraum voneinander trennt. Beim Einatmen zieht sich das Zwerchfell zusammen. Dabei flacht es ab, vergrößert den Brustraum und erzeugt Unterdruck. So wird die Lunge gedehnt. Über die Luftröhre und die Bronchien strömt jetzt Luft in die Lungenflügel. Beim Ausatmen entspannt sich das Zwerchfell und wird durch die Bauchmuskulatur wieder nach oben gewölbt. Der Brustraum wird verkleinert und die Luft hinausgedrückt.

Der Atmungsvorgang bei dieser *Bauch-* oder *Zwerchfellatmung* lässt sich mithilfe eines Experiments, das auf der Randspalte abgebildet ist, veranschaulichen. Die Gummihaut an der Unterseite der Glasglocke stellt das Zwerchfell dar. Durch Ziehen oder Pressen der Gummihaut lässt sich der Atmungsvorgang nachahmen. Die Luftballons in der Glocke, die die Lungenflügel darstellen, werden mit Luft gefüllt beziehungsweise geleert. Ein Papiertaschentuch an der oberen Öffnung zeigt die Luftströmung an.

Neben der Bauchatmung gibt es noch die *Brustatmung.* Dabei werden die Rippen des Brustkorbes von der Zwischenrippenmuskulatur angehoben. Durch dieses Anheben wird der Brustkorb ebenfalls vergrößert und Luft kann in die Lungen einströmen. Bei entgegengesetzter Bewegung wird die Luft wieder ausgeatmet.

Aufgaben

① Beschreibe den Weg der Atemluft im Körper anhand von Abbildung 1 und benutze dabei die dort angeführten Bezeichnungen.

② Erkläre, weshalb man nicht tief atmen kann, wenn man auf dem Bauch liegt.

Was geschieht in den Lungen?

Sauerstoff
wird aus der Luft ins Blut aufgenommen

Kohlenstoffdioxid
wird vom Blut an die Luft abgegeben

Atmung ist lebensnotwendig, doch wozu benötigt der Körper eigentlich die eingeatmete Luft? Betrachten wir zunächst einmal die Zusammensetzung der Luft. Sie besteht aus verschiedenen *Gasen*: ein Fünftel ist *Sauerstoff,* knapp vier Fünftel sind *Stickstoff.* Außerdem enthält Luft noch andere Gase in geringen Mengen, darunter auch *Kohlenstoffdioxid.* Für den Menschen ist der Sauerstoff lebensnotwendig, denn diesen benötigt unser Körper für alle Stoffwechselvorgänge. In den Lungenbläschen kann Sauerstoff durch die dünne Bläschenwand in die umgebenden Blutgefäße eintreten.

Zur Untersuchung der ausgeatmeten Luft führen wir zwei Experimente aus:
Erster Versuch: Es werden zwei Gaswaschflaschen mit Kalkwasser gefüllt und, wie die Abbildung zeigt, miteinander verbunden. Über das Mundstück atmet eine Person vorsichtig ein und aus. Nach wenigen Atemzügen wird das Kalkwasser, das von der ausgeatmeten Luft durchströmt wird, trübe. Das von der eingeatmeten Luft durchströmte Kalkwasser in der anderen Flasche bleibt fast klar. Die ausgeatmete Luft scheint also anders zu sein als die eingeatmete.

Wodurch die Trübung verursacht wurde, untersuchen wir in einem *zweiten Versuch*: Aus einer Gasflasche wird Kohlenstoffdioxid in Kalkwasser, eine zunächst klare Flüssigkeit, eingeleitet. Es bildet sich ein weißlich-trüber Niederschlag.

Das Experiment zeigt, dass in der ausgeatmeten Luft viel Kohlenstoffdioxid enthalten ist. Dieses Gas ist bei der Verarbeitung der

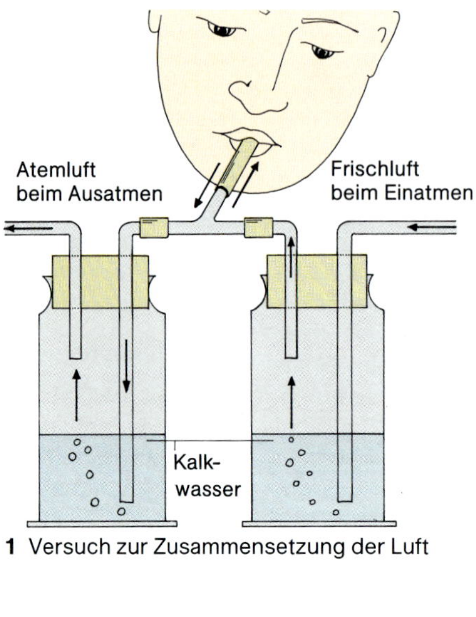

1 Versuch zur Zusammensetzung der Luft

Nährstoffe in den Körperzellen entstanden. Es wird im Blut zur Lunge transportiert, tritt hier aus den feinen Blutgefäßen in die Lungenbläschen über und wird ausgeatmet.

Gefahren für die Atmungsorgane

Unsere Atmungsorgane müssen vor Stoffen, die sie schädigen können, geschützt werden. *Luftverschmutzungen,* hervorgerufen durch Abgase von Fahrzeugen, Industrie, Kraftwerken und Haushalten, reizen und gefährden die Atemwege. Zur Luftverschmutzung tragen auch feste Stoffe wie Staub und Ruß bei, die sich in unseren Lungen festsetzen können. Verschmutzte Lungen aber sind anfälliger für Krankheiten.

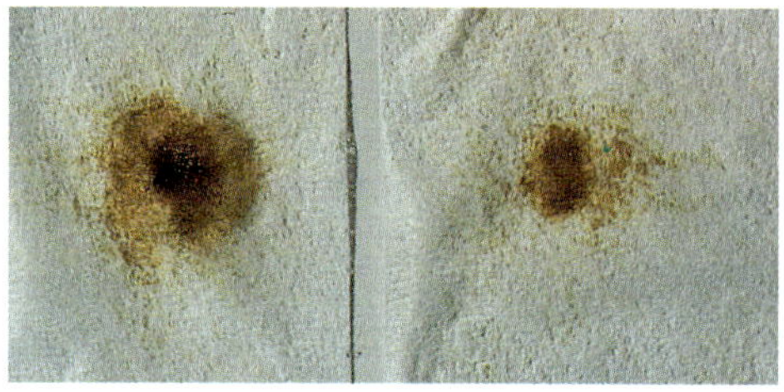

2 Teernachweis im Zigarettenrauch

Eine besondere Gefahr ist das *Rauchen.* Das Foto zeigt ein Taschentuch, durch das ein Raucher zweimal Zigarettenrauch geblasen hat. Beim ersten Mal wurde der Rauch nur in den Mund eingesogen und danach durch das Taschentuch geblasen. Es bildete sich ein brauner Fleck, hervorgerufen durch *Teerstoffe*, die im Tabakrauch enthalten sind. Beim zweiten Mal hat der Raucher den Tabakrauch bis in die Lunge eingesogen („Lungenzug"). Der braune Fleck, der sich beim Ausblasen bildet, ist wesentlich schwächer. Er enthält weniger Teer. Wo ist die fehlende Teermenge geblieben?

Beim Lungenzug bleibt ein Teil des Teers in der Lunge zurück. Dies führt nach jahrelangem Rauchen zur „Raucherlunge". Teerstoffe, die sich in den Lungenbläschen ablagern, behindern dann den Übergang der Atemgase zwischen Lunge und Blut. Außerdem können die Teerstoffe *Krebs* auslösen. Von den etwa 25 000 Menschen, die jährlich in der Bundesrepublik Deutschland an Lungenkrebs sterben, sind 90 % Raucher. Außerdem wurde in wissenschaftlichen Untersuchungen festgestellt, dass Raucher durchschnittlich früher sterben als Nichtraucher.

Atmung

Messung der Atemlufttemperatur

① Stelle mit einem Thermometer die Temperatur der Luft im Biologiesaal fest. Notiere den Messwert.
② Halte beide Hände so vor die Nase, dass sie einen Hohlraum bilden. Atme eine Minute lang durch den Mund ein und durch die Nase aus. Ein Mitschüler hält das Thermometer in den Hohlraum. Nach einer Minute wird die Temperatur abgelesen und der Messwert notiert.

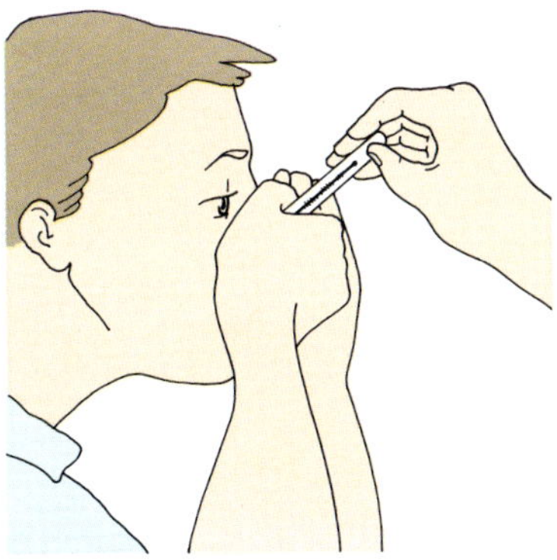

③ Vergleiche die beiden Messwerte miteinander und erkläre das Ergebnis.

Wir atmen nicht nur Luft aus

④ Halte ein Glasscheibchen (Größe etwa 5 cm×5 cm) oder einen Taschenspiegel dicht vor deinen Mund und hauche dagegen. Welche Veränderung kannst du an der Glasoberfläche beobachten? Erkläre, wie sie zustande kommt.

Änderung des Brustkorbumfangs beim Atmen

⑤ Atme tief ein und miss mit einem Maßband deinen Brustkorbumfang. Wiederhole die Messung, wenn du vollständig ausgeatmet hast. Vergleiche die beiden Messwerte. Weshalb sind sie unterschiedlich?
⑥ Wiederhole den Versuch bei fünf deiner Klassenkameraden. Lege in deinem Heft eine Tabelle nach folgendem Muster an und trage dort die Messdaten ein.

Name	*eingeatmet*	*ausgeatmet*	*Unterschied*
Jörg	69 cm	63 cm	6 cm
Sven	......	......	......

Weshalb unterscheiden sich die Messwerte der verschiedenen Personen voneinander? Nenne mögliche Gründe.

Messung des Atemvolumens

⑦ An einer Glasglocke (Volumen mindestens 5 Liter) werden mit folgender Methode Volumenmarkierungen angebracht: In die große Öffnung werden 500 ml Wasser eingefüllt und der Wasserstand am Glas markiert. Wiederhole den Vorgang so oft, bis 5 Liter eingefüllt und entsprechende Markierungen angebracht sind.
Stelle die Glocke auf drei Klötzchen in eine wassergefüllte Wanne. Verschließe die obere Öffnung mit einem Hahn. Fülle die Glocke vollständig mit Wasser. Sauge dazu die Luft durch die obere Öffnung ab.

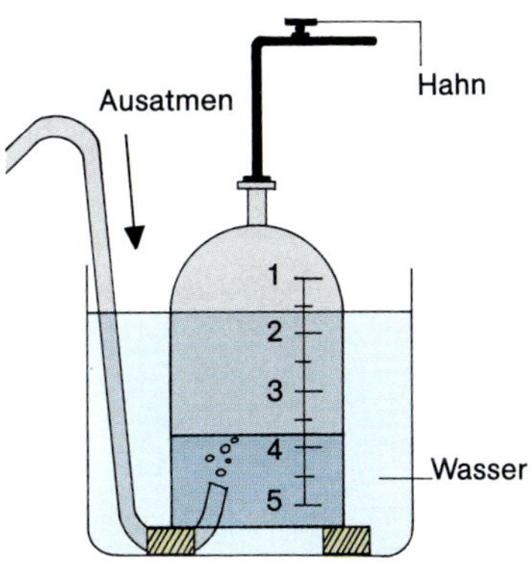

⑧ Atme tief ein und blase mithilfe eines gekrümmten Glasrohres deine gesamte Atemluft in die Glocke. Lies an den Markierungen ab, wie viel Luft du aus deinen Lungen in die Glocke ausgeatmet hast.
⑨ Wiederhole diesen Versuch mit denselben Mitschülern, die bereits beim Versuch „Brustkorbmessung" beteiligt waren.
⑩ In welchem Zusammenhang stehen die Umfangsänderungen am Brustkorb und das Atemvolumen der Versuchsteilnehmer? Formuliere und notiere einen Ergebnissatz.

Atmung und körperliche Arbeit

⑪ Sitze entspannt auf deinem Stuhl und zähle die Anzahl deiner Atemzüge in einer Minute. Notiere den Wert. Mache 15 Kniebeugen und ermittle wieder die Anzahl deiner Atemzüge in einer Minute. Was fällt beim Vergleich der beiden Werte auf?
⑫ Vergleiche deine Werte mit denen deiner Mitschüler. Welche Unterschiede ergeben sich?

Untersuchung von Zigarettenrauch

⑬ Eine Zigarette wird in ein 3 cm langes Schlauchstück gesteckt. Ein 5 cm langes Glasrohr wird mit Kochsalz gefüllt, an den Enden mit Watte verstopft und in das Schlauchstück geschoben. Das andere Ende des Glasrohrs ist mit einer Gummiluftpumpe verbunden. Die Zigarette wird angezündet und der Rauch durch das Glasrohr gesaugt. Betrachte das Salz und notiere deine Beobachtungen. Welcher Stoff im Rauch kann die Veränderungen hervorgerufen haben?

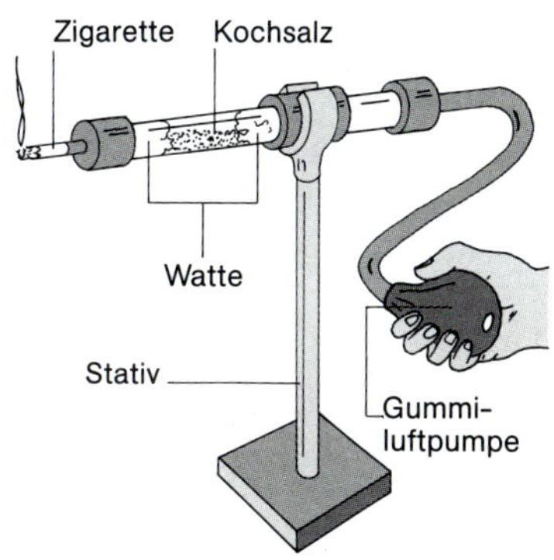

⑭ Nimm das Glasrohr aus der Versuchsanordnung, entferne die Wattepfropfen mit einer Pinzette (nicht in die Hand nehmen). Fülle ein 200-ml-Becherglas mit Wasser und schütte das Salz aus dem Glasröhrchen ins Wasser. Rieche an der Wasseroberfläche und beschreibe den Geruch.

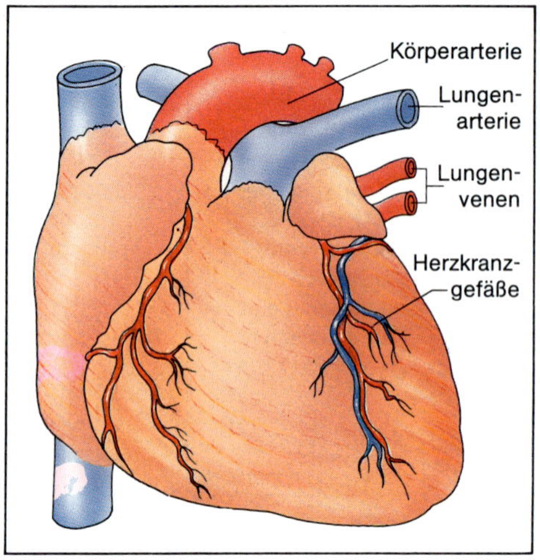

1 Herz in Aufsicht

Das Herz — Arbeit ohne Pause

Nach einem langen, anstrengenden Dauerlauf geht der Atem schneller und man spürt ein regelmäßiges Klopfen im Körper. Es ist der *Herzschlag*, der bei körperlicher Betätigung immer besonders kräftig wird. Im Ruhezustand spüren wir ihn meist nicht, es sei denn, man legt den Zeigefinger der einen Hand auf die Unterseite des Handgelenks am anderen Arm. Der Herzschlag ist jetzt am fühlbaren Klopfen, dem *Puls*, zu bemerken. Ein Arzt kann den Herzschlag auch mit einem Hörapparat, dem *Stethoskop*, an der Brust des Patienten abhören.

Das Herz ist etwa faustgroß und befindet sich in der linken Hälfte der Brust. Es ist ein *Hohlmuskel*, der sich regelmäßig zusammenzieht. Dabei wird Blut in den Körper und über besondere Blutgefäße in die Herzmuskulatur gepumpt. Ein Teil dieser Blutbahnen, die *Herzkranzgefäße*, verlaufen an der Herzoberfläche.

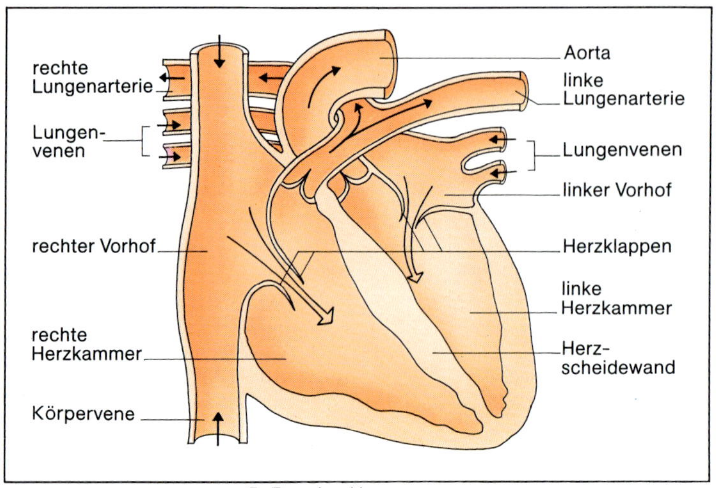

2 Bau des Herzens

Das Herz wird im Innern durch die *Herzscheidewand* in zwei Hälften geteilt. Jede Hälfte besteht aus einem *Vorhof* und einer *Herzkammer*, die durch *Herzklappen* voneinander getrennt sind. Die Herzklappen wirken wie Ventile. Sie lassen Blut nur vom Vorhof zur Herzkammer fließen. Bei Umkehr der Strömungsrichtung werden sie aneinander gepresst und verschließen die Öffnung. Dort, wo das Blut aus den Herzkammern wieder austritt, befinden sich ebenfalls Klappen. Sie verhindern das Zurückfließen von Blut in das Herz.

Ein Pumpvorgang des Herzens besteht aus zwei Arbeitstakten:

1. Der Herzmuskel erschlafft. In die Vorhöfe fließt Blut. Diese ziehen sich nun zusammen und pressen durch die geöffneten Herzklappen das Blut in beide Herzkammern. Die Herzkammern werden dabei gedehnt und nehmen Blut auf.
2. Die Herzkammern ziehen sich zusammen. Blut wird aus den beiden kleiner werdenden Herzkammern in große Blutgefäße gepresst. Die Herzklappen zwischen den Vorhöfen und den Herzkammern sind geschlossen. Die verhindern, dass Blut in die Vorhöfe zurückströmt.

Ohne körperliche Anstrengung schlägt das Herz jede Minute etwa 70-mal. Bei Kindern liegt dieser Wert höher, bei älteren Menschen niedriger. Dabei werden etwa sechs Liter Blut pro Minute in den Körper gepumpt. Das Herz arbeitet unaufhörlich während des gesamten Lebens. Bei Herzstillstand tritt nach wenigen Minuten der Tod ein.

Das Blut kommt auf seinem Weg durch den Körper stets wieder ins Herz zurück. Es liegt ein *geschlossener Blutkreislauf* vor. Die Blutgefäße, die das Blut zu den Körperorganen führen, sind die *Arterien*. Als *Venen* bezeichnet man diejenigen Blutgefäße, in denen das Blut zum Herzen zurückfließt.

Aufgabe

① Fühle deinen Pulsschlag am Inneren des Handgelenks. Zähle die Schläge pro Minute. Mache dasselbe, nachdem du 15 Kniebeugen gemacht hast. Vergleiche die Werte und erkläre.

Der Blutkreislauf

Verfolgen wir einmal das Blut auf seinem Weg durch den Körper: Von der *linken Herzkammer* wird das Blut in die größte Körperarterie, die *Aorta*, gepumpt. Sie verzweigt sich in kleinere *Arterien*, die Kopf, Arme und Beine mit Blut versorgen. Die elastischen Arterien werden durch jede Druckwelle des Herzschlags geweitet. Hält man einen Finger auf eine knapp unter der Haut verlaufende Arterie, so sind diese Druckwellen als *Pulsschlag* zu fühlen.

Die Arterien verzweigen sich immer weiter, bis sie sehr viele ganz feine Verästelungen bilden, die alle Teile des Körpers erreichen. Diese kleinsten Blutgefäße heißen *Kapillaren*. Ihr Durchmesser beträgt nur 0,008 mm. Durch ihre sehr dünnen Wände tritt aus dem Blut Sauerstoff in das umgebende Gewebe über. Kohlenstoffdioxid, das im Gewebe bei Stoffwechselvorgängen entsteht, tritt in die Kapillaren ein. Diese vereinigen sich wieder und bilden schließlich größere Blutgefäße, die *Venen*. In den Venen fließt das sauerstoffarme Blut zum Herzen zurück. Taschenartige Ventile, die *Venenklappen*, verhindern einen Rückfluss. Das Blut gelangt über die *Körpervene* in den rechten Vorhof. Damit ist der **Körperkreislauf** geschlossen.

Das zum Herzen zurückgeführte sauerstoffarme Blut strömt nun in einen zweiten, kleineren Kreislauf, den **Lungenkreislauf**. Von der *rechten Herzkammer* wird es in die *Lungenarterie* gepresst. Diese gabelt sich und leitet das Blut in die beiden Lungenflügel. Hier verzweigen sich die Arterien bis zu den Kapillaren, die ein dichtes Geflecht um die Lungenbläschen bilden. An ihnen erfolgt der *Gasaustausch*. Sauerstoff geht in das Blut über, Kohlenstoffdioxid wird in die Lungenbläschen abgegeben. Die Kapillaren vereinigen sich zur *Lungenvene*, die das sauerstoffreiche Blut zum *linken Herzvorhof* leitet. Von dort gelangt es über die linke Herzkammer wieder in den Körperkreislauf.

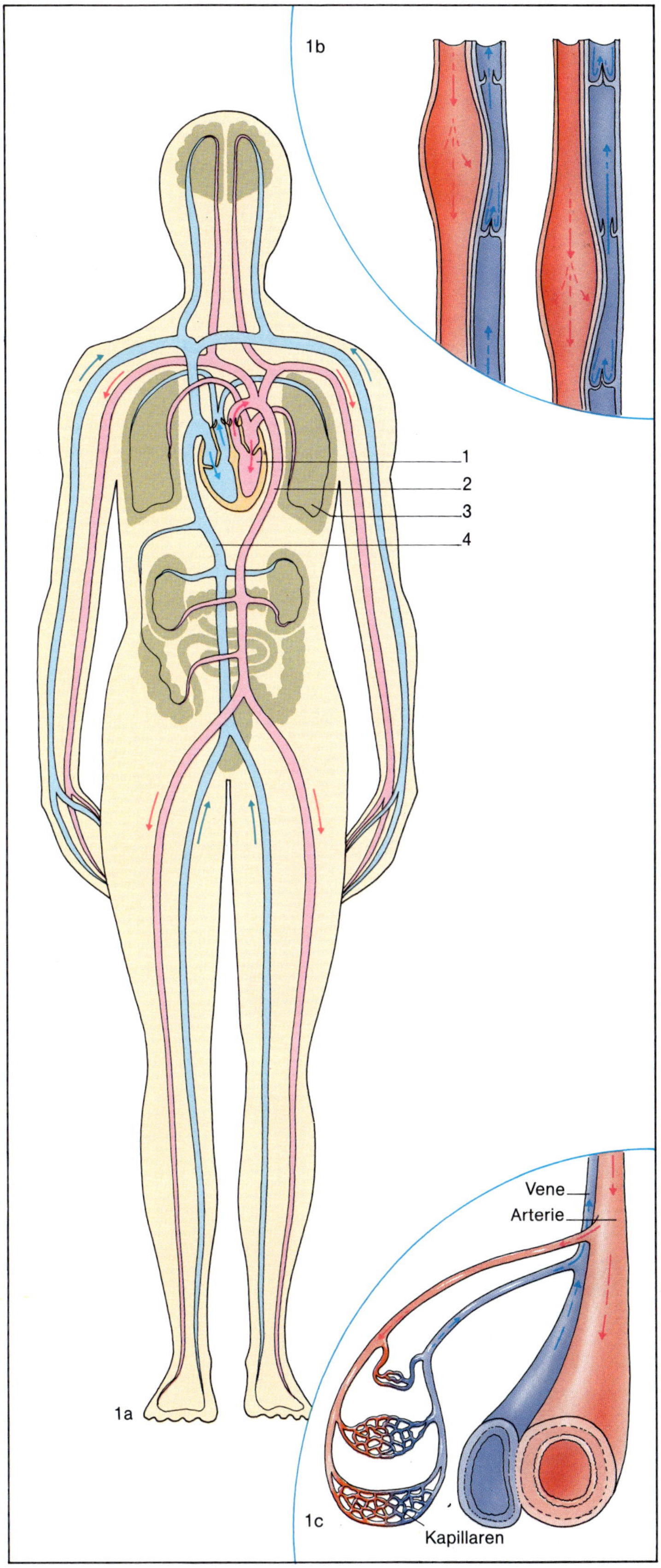

Aufgaben

① Ordne in deinem Biologieheft den Ziffern von Abbildung 1a die entsprechenden Bezeichnungen zu.

② Venen und Arterien verlaufen oft direkt nebeneinander. Wie wird dabei das Blut in den Arterien, wie in den Venen vorwärtsgetrieben (▷ 1b und c)?

③ Beschreibe anhand der Abbildung 1b die Arbeitsweise der Venenklappen.

Zusammensetzung und Aufgaben des Blutes

1 Feste und flüssige Bestandteile des Blutes

Die Zusammensetzung des Blutes lässt sich durch einen Versuch zeigen. Frisches Blut von einem Schlachttier wird durch Zusatz eines Salzes gerinnungsunfähig gemacht. Wenn man es stehen lässt, verändert es sich nach einiger Zeit. Es bildet sich ein dunkler Bodensatz, über dem eine helle, leicht trübe Flüssigkeit steht. Mikroskopiert man eine Probe des Bodensatzes, so findet man drei verschiedene Bestandteile: *rote Blutzellen*, die den roten Blutfarbstoff enthalten und die Farbe des Blutes bestimmen, *weiße Blutzellen* und *Blutplättchen*. Die helle darüber stehende Flüssigkeit, die etwa die Hälfte der Blutmenge ausmacht, ist das *Blutplasma*. Es besteht vorwiegend aus Wasser, in dem verschiedene Stoffe gelöst sind.

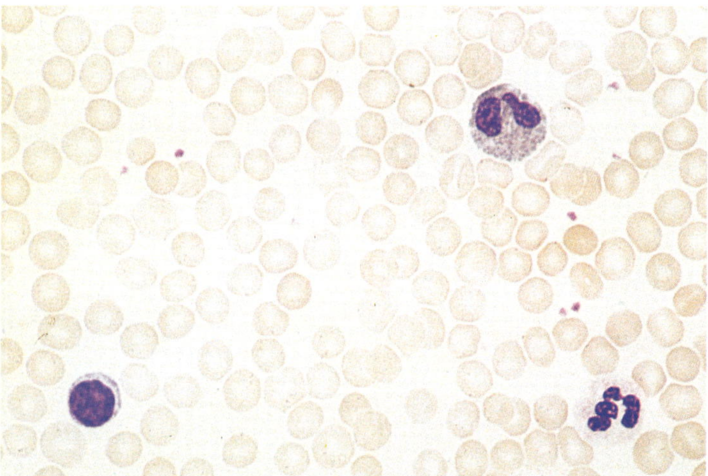

2 Blutausstrich (Mikrofoto ca. 740× vergrößert)

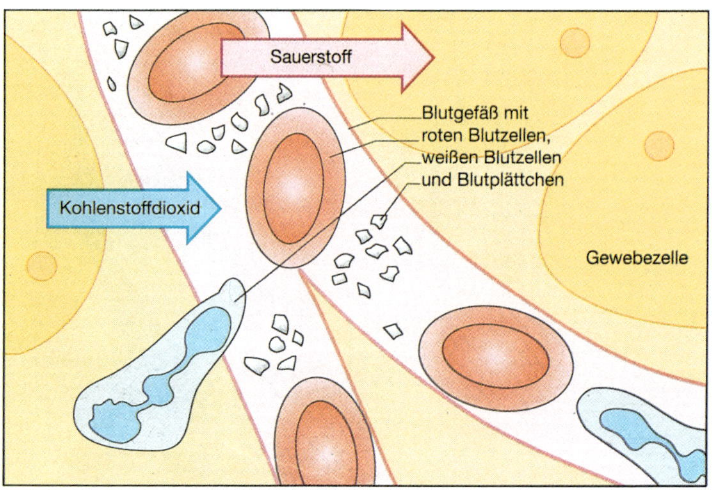

3 Die verschiedenen Blutzellen und der Gasaustausch im Gewebe

Das Blut erfüllt wichtige *Transportaufgaben* im Körper: Die roten Blutzellen transportieren den lebensnotwendigen Sauerstoff von den Lugen in alle Organe und Muskeln unseres Körpers, die ständig Sauerstoff verbrauchen. Das dabei gebildete Kohlenstoffdioxid wird im Gegenzug vom Blut zur Lunge transportiert.

Die kleinsten Bestandteile der Nährstoffe sowie Mineralsalze und Vitamine, die durch die Darmwand in den Blutkreislauf gelangen, sind im Blutplasma gelöst. Mit dem Blutstrom gelangen sie in alle Bereiche des Körpers und stehen den Körperzellen als Energieträger oder Baustoffe zur Verfügung. Außerdem werden verschiedene Abfallprodukte, die bei der Verwertung von Stoffen aus der Nahrung und bei der Herstellung von körpereigenen Stoffen entstehen, in gelöster Form im Blutplasma zu den Ausscheidungsorganen, den *Nieren*, befördert.

Die weißen Blutzellen gehören zum *Abwehrsystem* des Körpers und haben die Aufgabe, eingedrungene Krankheitserreger zu vernichten. Sie können ihre Form stark verändern und sogar durch die Wände der Kapillargefäße hindurch den Blutkreislauf verlassen. Trifft eine weiße Blutzelle auf einen Krankheitserreger, so stülpt sie sich über den Fremdling, schließt ihn ein und frisst ihn regelrecht auf.

Bei einer Verletzung von Blutgefäßen werden die Blutplättchen benötigt. An der Wunde zerfallen sie und bewirken damit, dass austretendes Blut *gerinnen* kann. Dadurch wird die Wunde verschlossen und die Blutung kommt zum Stillstand.

Zugleich mit dem Stofftransport ist das Blut auch an der *Einstellung der richtigen Körpertemperatur* beteiligt. Bei der Verarbeitung von Stoffen entsteht in den Körperzellen Wärme, die an das Blut abgegeben wird. Mit dem Blutstrom wird die Wärme im Körper verteilt. Überschüssige Wärme wird über die Haut an die Luft abgegeben.

Aufgaben

① Beschreibe die Form der verschiedenen Blutzellen (▷ 2 und 3) und erkläre deren Aufgaben.

② Beschreibe den Weg, auf dem Körperzellen mit den lebensnotwendigen Stoffen aus der Nahrung versorgt werden.

Gesundheit durch aktive Vorsorge

Durch die Fortschritte in der Medizin hat sich die *Lebenserwartung* des Menschen in den Industrieländern während der vergangenen Jahrzehnte beträchtlich erhöht. Ein Blick auf die Todesursachenstatistik zeigt, dass Erkrankungen des *Herz-Kreislaufsystems* an erster Stelle stehen. Diese Erkrankungen entstehen nicht plötzlich, sondern entwickeln sich über Jahre hinweg. Sie können mehrere Ursachen haben: Bewegungsmangel, zu fettreiche Ernährung, Rauchen, Alkoholmissbrauch, andauernde Hektik oder Unruhe.

Die Erkrankung beginnt damit, dass der Blutstrom zu den inneren Organen und der Muskulatur durch *Ablagerungen* in den Blutgefäßen behindert wird. Solche verengten Arterien vermindern die Leistungsfähigkeit von Herz und Kreislauf. Bei andauernder körperlicher Belastung tritt dann *Sauerstoffmangel* im Körper auf.

In besonders schweren Fällen kann es vorkommen, dass die Arterien, die den Herzmuskel mit Blut versorgen, fast undurchlässig sind. Wird nun durch einen kleinen Blutpfropf eine Herzarterie *(Herzkranzgefäß)* verstopft, so wird dadurch der Blutstrom unterbrochen. Die Folge ist, dass Teile des ständig arbeitenden Herzmuskels nicht mehr ausreichend mit Sauerstoff versorgt werden und absterben. Das führt dann zu einem *Herzinfarkt*.

Zur frühzeitigen *Vorbeugung* gegen Herz-Kreislauf-Erkrankungen sind gesunde Ernährung und regelmäßiges sportliches Training geeignete Mittel. Joggen, Schwimmen und Rad fahren sind Sportarten, die fast jeder ausüben kann. Mehrmals in der Woche, am besten täglich, sollte man sich wenigstens eine halbe Stunde sportlich betätigen. Dies steigert die Abwehrkräfte des Körpers gegenüber Krankheitserregern und führt darüber hinaus zu körperlichem Wohlbefinden. Ein geregelter Tagesablauf mit genügend Schlaf leistet einen weiteren wichtigen Beitrag zur Vorbeugung.

Zur Behandlung von Herz-Kreislauf-Erkrankungen sind die gleichen Maßnahmen wie bei der Vorbeugung anzuwenden. Gefährdete Personen erhalten allerdings zusätzlich Medikamente, die die Gerinnungsfähigkeit des Blutes vermindern. Wenn ein Patient seine falsche Ernährungs- und Lebensweise umstellt, kann selbst ein Herzinfarkt ausheilen.

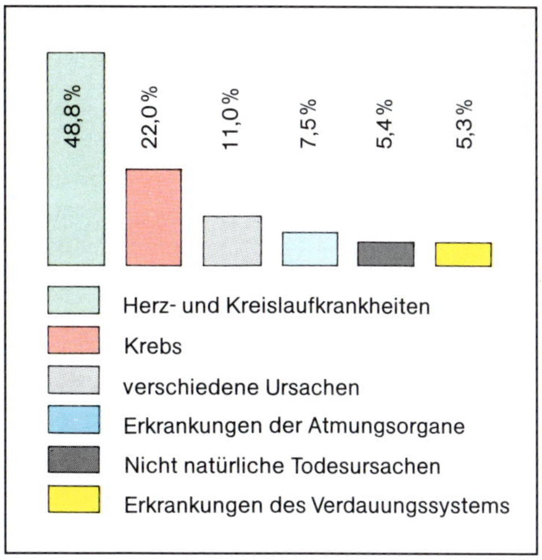

1 Todesursachen in der Bundesrepublik Deutschland 1988

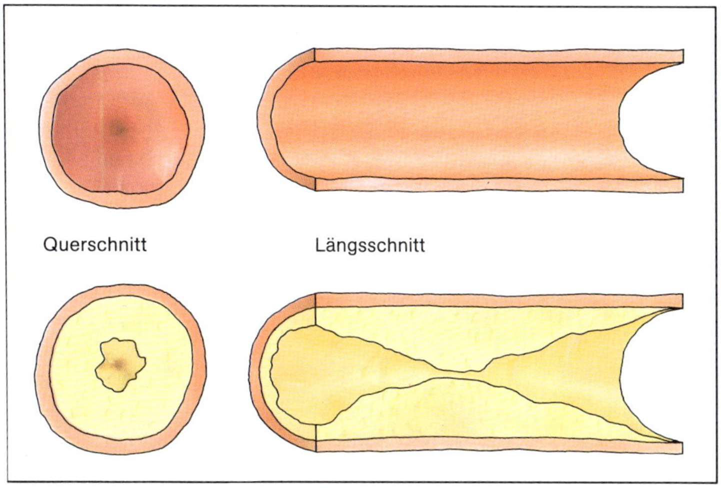

2 Gesunde und durch Ablagerungen verengte Arterie

3 Familie beim Jogging

Sinnesorgane sind die Antennen des Körpers

Ein Mensch muss ständig darüber informiert sein, was in seiner Umgebung abläuft. Nur so kann er stets angemessen handeln und damit überleben. Solche Informationen liefern unsere **Sinnesorgane**.

Die Leistungen unserer Sinnesorgane lassen sich mit dem *Senden* und *Empfangen* bei Radio oder Fernseher vergleichen. Die über das ganze Land verteilten Sender geben *Signale* ab. Diese werden von den Antennen auf den Häusern aufgenommen, umgewandelt und über Antennenkabel zu den Radio- oder Fernsehgeräten geleitet. Hier entstehen auf dem Bildschirm Bilder, durch den Lautsprecher Töne.

Auch wir empfangen ständig Signale aus unserer Umwelt. Als Antennen besitzt der menschliche Körper seine Sinnesorgane: *Augen, Ohren, Nase, Zunge* und *Haut*. Die von den Sinnesorganen aufgenommenen Meldungen nennen wir *Reize*. Je nach Art der Reizquelle sind das Lichtstrahlen, Schallwellen, Geruchs- oder Geschmacksstoffe, Berührung, Druck, Wärme oder Kälte. Sie alle sind für uns Mitteilungen, *Informationen*.

Die ankommenden Reize können nicht in ihrer ursprünglichen Form weitergeleitet, sondern müssen in den Sinnesorganen umgewandelt werden. Dazu besitzen die Sinnesorgane besondere Einrichtungen, die *Sinneszellen*. Hier werden die Reize in elektrische Signale umgewandelt. Die Sinnesnerven leiten diese Signale zum **Gehirn**, wo sie verarbeitet, teilweise gespeichert und beantwortet werden. Erst im Gehirn entsteht also die *Wahrnehmung*, das „Bild“ unserer Umwelt.

Es gibt allerdings auch zahlreiche Meldungen aus der Umwelt, für die unsere Sinnesorgane unempfänglich sind. Wir können diese Reize nicht so ohne weiteres wahrnehmen und manches Tier ist uns dadurch überlegen, dass es dafür die entsprechenden „Antennen“ besitzt.

Es fehlt uns beispielsweise ein Sinnesorgan zur Wahrnehmung von *magnetischen Erscheinungen*. Viele Zugvögel hingegen können sich am Magnetfeld der Erde orientieren, sie besitzen gewissermaßen einen inneren Kompass. Der Mensch muss ein technisches Gerät, den *magnetischen Kompass* benutzen, um sich am Magnetfeld der Erde orientieren zu können. Auch Lufttemperatur, Luftdruck und Luftfeuchte sind Bestandteile unserer Umwelt, die wir mit keinem Sinnesorgan direkt registrieren können. Die Auswirkungen dieser Umwelteinflüsse spüren wir zwar manchmal *(Wetterfühligkeit)*, doch zur genaueren Registrierung brauchen wir wieder besondere Messgeräte, nämlich *Thermometer, Barometer* und *Hygrometer*.

Solche technischen Messeinrichtungen erweitern den menschlichen Wahrnehmungsbereich, indem sie zunächst nicht erfassbare Reize in eine für die menschlichen Sinnesorgane verständliche Form übersetzen.

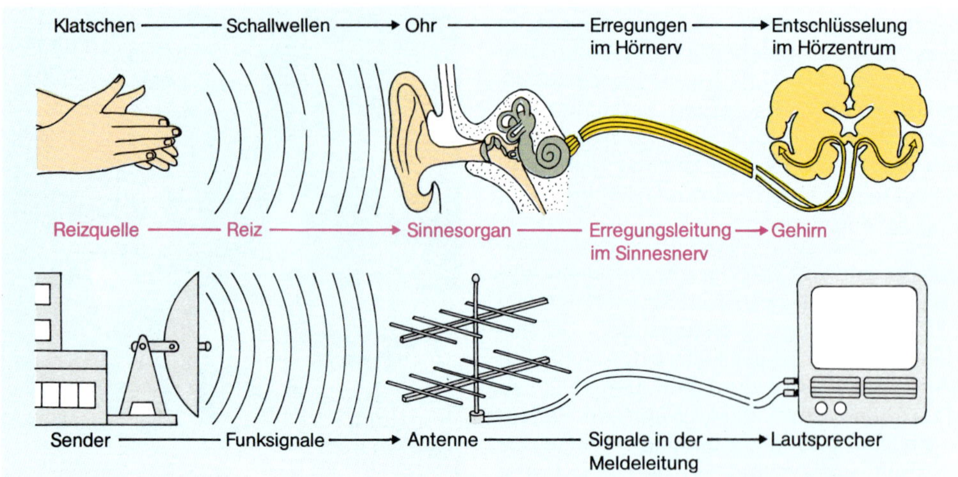

1 Reize werden ausgesendet und empfangen, dann als Signale weitergeleitet und verarbeitet

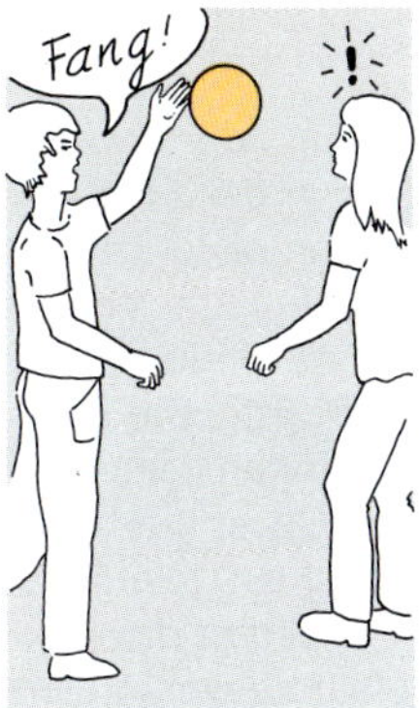

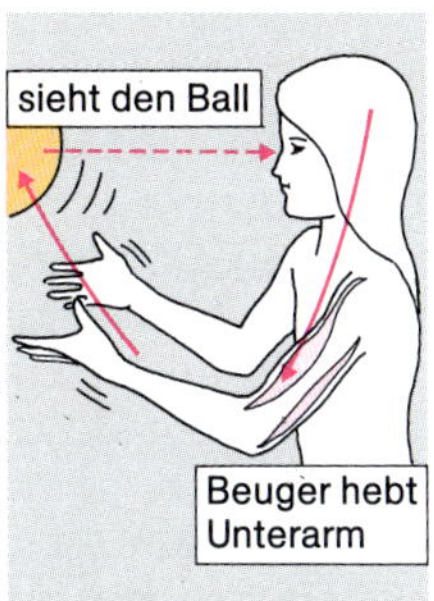

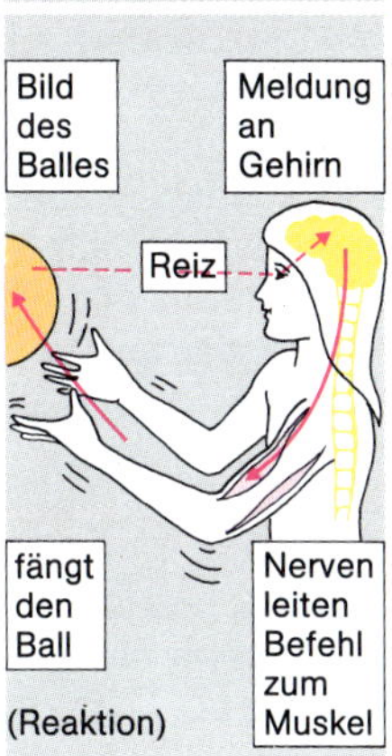

Vom Reiz zur Reaktion

Schon bei einer einfachen *Bewegung*, die wir als Antwort auf einen *Reiz* ausführen, sind viele Organe unseres Körpers beteiligt. Auf den Zuruf „Fang"! oder beim Sehen eines heranfliegenden Balls empfangen wir über Ohren und Augen Reize. Sofort erfolgt die *Reizumwandlung* und *Leitung der Signale* ins Gehirn. Dort wird die ankommende Information „verstanden": Wir haben gelernt und im Gedächtnis behalten, was ein solcher Zuruf beim Ballspiel bedeutet. Es erfolgt eine *Reaktion*. Blitzschnell laufen die Befehle an die Armmuskeln, die sich daraufhin zusammenziehen und die Arme anwinkeln. Kaum hat der Ball die Fingerspitzen berührt, erfolgen erneute Muskelbewegungen der Arme und Hände, der Ball wird ergriffen und festgehalten. Wir haben auf einen Reiz reagiert!

Alle Bewegungen, die vom Gehirn bewusst veranlasst werden, die wir also ausführen wollen, nennt man *willkürliche* Bewegungen. Daneben gibt es auch *unwillkürliche* Bewegungen. Wenn wir am Strand barfuß auf eine spitze Muschelschale treten, zuckt unser Bein sofort zurück. Die Reaktion ist erfolgt, noch ehe uns der Reiz bewusst wurde. Solche Reaktionen nennen wir unwillkürliche Bewegungen oder *Reflexe*.

Viele *Nervenbahnen*, die Signale von den Sinnesorganen zum Gehirn oder Signale vom Gehirn zu den Muskeln leiten, laufen durch das *Rückenmark*. Rückenmark und Gehirn bilden das Schaltzentrum des menschlichen **Nervensystems**. Dort laufen alle *Nerven* zusammen. Diese Nervenbahnen durchziehen den gesamten Körper wie ein Netz. Dadurch ist jede Stelle des Körpers mit den zentralen Schaltstellen verbunden.

Ist die Welt so, wie wir sie wahrnehmen? Du wirst denken: Wenn ich nichts höre oder rieche, dann sind auch keine Töne oder Gerüche vorhanden. Dass das nicht so ist, leuchtet dir allerdings sofort ein, wenn du an die Leistungen eines Hundes denkst. Er ist in der Lage, einer Duftspur zu folgen, wenn ein Mensch schon lange nichts mehr riecht. Den Ton einer Hundepfeife nimmt das Tier wahr; du kannst ihn nicht hören.

Die Leistungsfähigkeit der Sinnesorgane ist sehr unterschiedlich. Der Vergleich mit dem Hund macht deutlich, dass auch wir nur einen Teil der Signale aus unserer Umwelt wahrnehmen. Die Riechwelt des Hundes bleibt uns verschlossen. Jedes Lebewesen nimmt also nur einen Teil der „wirklichen" Welt wahr.

Tabelle zu Aufgabe 3

Fallweg in Zentimetern	Reaktionszeit in Sekunden
5	0,10
10	0,14
15	0,17
20	0,20
25	0,22
30	0,24

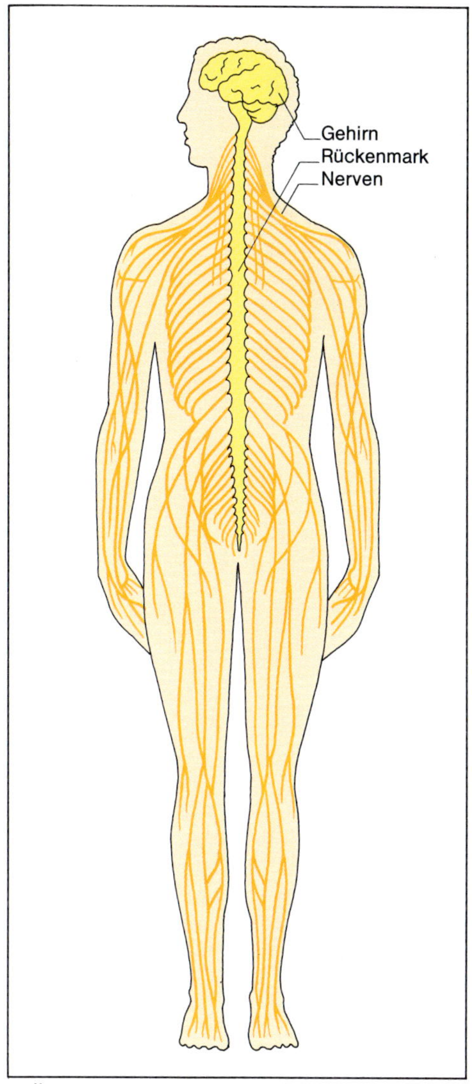

1 Übersicht zu Gehirn, Rückenmark und Nerven

Aufgaben

① Stelle zusammen, mithilfe welcher Sinnesorgane wir welche Reize wahrnehmen können.

② Erkläre mithilfe der Abbildung in der Randspalte, welche Vorgänge im Körper eines Menschen ablaufen, wenn er auf einen Reiz reagiert.

③ Testet eure Reaktionszeit: Ein Schüler hält ein 30 cm langes Lineal am oberen Ende senkrecht. Ein anderer Schüler hält Daumen und Zeigefinger ohne zuzugreifen an das untere Ende. Wenn das Lineal vom ersten Schüler losgelassen wird, muss der zweite möglichst schnell zugreifen. Die Strecke, die das Lineal heruntergefallen ist, ist ein Maß für die Reaktionszeit (vergleiche mit der Tabelle).

1 Blinde Frau mit Blindenhund

Die Augen — unsere Fenster zur Umwelt

Was in unserer Umwelt vor sich geht und wie sie beschaffen ist, das erfahren wir vor allem durch unsere Augen. Mit den Augen allein nehmen wir mehr Informationen auf als mit allen anderen Sinnesorganen zusammen: es ist das für uns Menschen wichtigste Sinnesorgan. Jeder, der einmal versucht, sich mit geschlossenen Augen in seiner Umgebung zurechtzufinden, wird das am eigenen Leib erfahren. So werden einem schnell die Schwierigkeiten deutlich, mit denen ein Mensch, der durch Unfall oder Krankheit *blind* geworden ist, in seinem Leben fertig werden muss.

Das nahezu kugelförmige Auge ist aus mehreren Schichten aufgebaut. Die harte Außenhülle wird von der weißen *Lederhaut* gebildet. An ihr setzen die *Augenmuskeln* an, die das Auge in verschiedene Richtungen bewegen können. Dann folgt die *Aderhaut.* Sie ist von einem dichten Geflecht aus Blutgefäßen durchzogen, über die das Auge mit Nährstoffen versorgt wird. Die innerste Schicht ist die *Netzhaut.* In ihr liegen Millionen von lichtempfindlichen *Sehsinneszellen.* Durch das auftreffende Licht werden in diesen Sinneszellen Signale erzeugt. Der hinten am Augapfel austretende *Sehnerv* leitet diese Signale an das Gehirn weiter. Dort erfolgt ihre Verarbeitung. So sehen wir Bilder und erkennen die Dinge in unserer Umwelt.

Die glasklare, gewölbte *Hornhaut* schließt das Auge nach außen ab und lässt Lichtstrahlen leicht durch. Hinter ihr liegt ein flüssigkeitsgefüllter Raum, der nach innen durch die *Regenbogenhaut* oder *Iris* begrenzt wird. Diese besitzt in der Mitte ein Loch, welches *Pupille* genannt wird. Die farbige Regenbogenhaut kann sich zusammenziehen oder ausdehnen. Dadurch verändert sich die Größe der Pupille. Die Lichtmenge, die in das Auge gelangen kann, wird auf diese Weise reguliert. So entsteht auf der Netzhaut ein stets richtig ausgeleuchtetes Bild. Zu grelles Licht schädigt die empfindlichen Sinneszellen, fällt zu wenig Licht auf die Netzhaut, können wir nichts mehr erkennen.

Hinter der Pupille befindet sich die *Linse.* Sie ist elastisch und über Bänder mit einem ringförmigen Muskel verbunden. Durch die Veränderung der Linsenwölbung können wir unser Auge auf verschieden weit entfernte Gegenstände einstellen und diese dadurch scharf sehen. Der Augeninnenraum ist mit einer gallertigen, klaren Masse, dem *Glaskörper,* ausgefüllt. Er gibt dem Augapfel die Form und lässt das Licht ungehindert auf die Netzhaut gelangen.

Die Augen liegen gut geschützt in den knöchernen Augenhöhlen des Schädels. In zusätzliche Fettpolster eingebettet sind sie gut gegen Stoß und Schlag abgesichert.

Aufgabe

① Zeiche einen Längsschnitt durch das Auge in dein Heft (▷ 2). Ersetze die Zahlen durch die richtigen Begriffe.

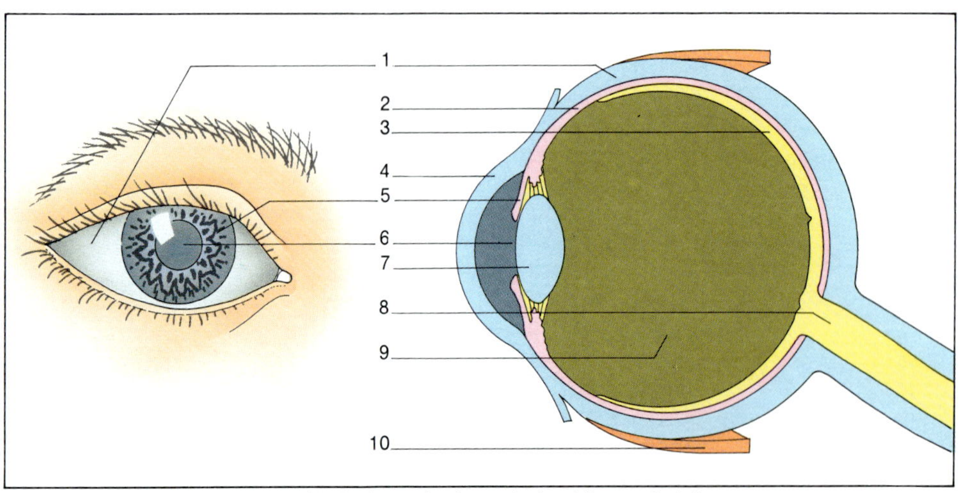

2 Bau des menschlichen Auges (Aufsicht und schematischer Längsschnitt)

Die Augen müssen geschützt werden

Im geschwärzten Gesicht eines Bergmannes fallen die weißen, sauberen Augen auf. Das Auge muss also in der Lage sein, sich vor Verunreinigungen zu schützen. Die *Augenbrauen* fangen Staub und Ruß auf und verhindern, dass Schweiß von der Stirn ins Auge gelangt. Wenn Staub oder Sand die *Wimpern* berührt, wird das *Lid* schnell geschlossen und der Fremdkörper abgehalten. Fliegt ein Staubkorn so schnell ins Auge, dass das Lid nicht mehr rechtzeitig geschlossen werden kann, so geben die *Tränendrüsen* vermehrt Flüssigkeit ab. Diese schwemmt den Fremdkörper über *Tränenkanal* und *Nase* hinaus. Bei größeren, heftig aufgeprallten Fremdkörpern sowie bei Metall- oder Glassplittern muss sofort ein Arzt aufgesucht werden!

Zum Schutz vor Austrocknung wird über die Hornhaut durch den regelmäßigen Lidschlag ständig Tränenflüssigkeit verteilt. Bei verschiedenen Berufen und Tätigkeiten muss das Auge durch künstliche Hilfseinrichtungen geschützt werden: die Schutzbrille bei Schweißern gegen zu grelles Licht und glühende Eisenteilchen, bei Motorradfahrern gegen Wind und Insekten oder bei Skiläufern gegen Eis und Schnee; Sonnenbrillen schützen vor zu grellem Licht.

Aufgaben

① Ein Mitschüler hält die Hände vor die geschlossenen Augen. Nach etwa 30 Sekunden nimmt er die Hände weg, öffnet die Augen und blickt gegen ein helles Fenster. Betrachte seine Augen aus kurzer Entfernung. Notiere, was du beobachtest und gib eine Erklärung dafür.

② Wenn du weinst, musst du dir bald darauf die Nase putzen. Erkläre.

③ Vergleiche die Bildentstehung im Auge und auf einem Bildschirm (▷ 3). Weshalb ist das Gehirn zum Sehen unbedingt notwendig? (Beachte, wie die Kerze jeweils abgebildet wird.)

④ Du kannst den Versuch von Abbildung 3 b leicht nachmachen. Nimm als Bildschirm ein weißes Papier und als Lichtquelle statt einer Kerze ein helles Fenster.
   a) Fertige eine Zeichnung deines Versuchsaufbaus an und beschrifte.
   b) Wie wird das Fenster auf dem Papier abgebildet?
   c) Welche Schicht im Auge entspricht dem Bildschirm?

1 Bergmann unter Tage

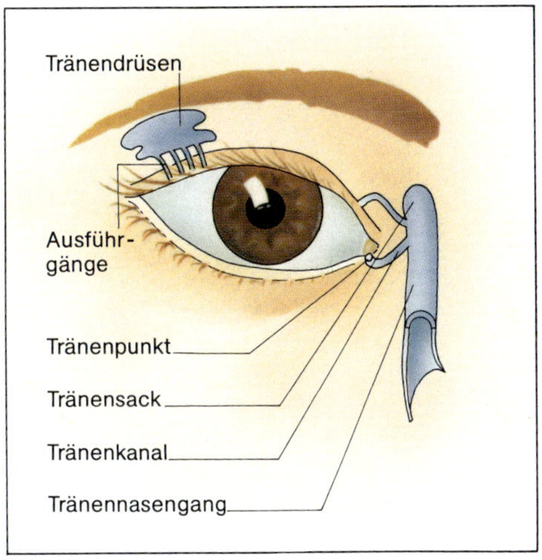

2 Lage der Tränendrüsen

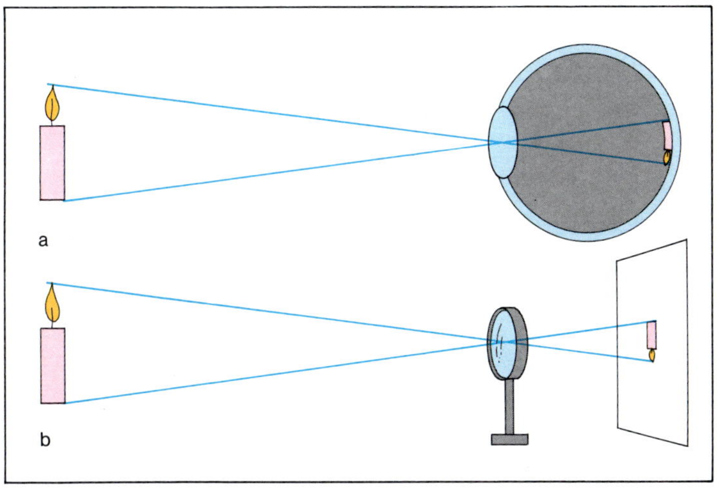

3 Vergleich der Bildentstehung im Auge und auf dem Bildschirm

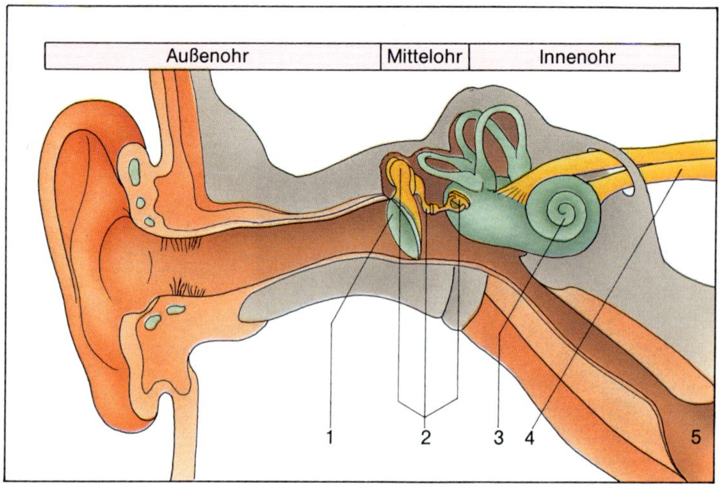

1 Bau des menschlichen Ohres

Die Ohren nehmen Geräusche auf

Viele Tiere gehen erst in der Dämmerung oder bei Dunkelheit auf Nahrungssuche, sie sind *nachtaktiv*. Einige, wie Katze und Eule, besitzen dafür besonders leistungsfähige Augen. Die überwiegende Anzahl nächtlicher Jäger hat jedoch schwache Augen, dafür aber ein äußerst empfindliches Gehör. Zu dieser Gruppe gehören Igel, Fuchs und Fledermaus. Es gibt Töne, die so tief oder so hoch sind, dass der Mensch sie nicht mehr hören kann. Einige Tiere aber können auch solche Töne noch hören. Die hohen Töne einer Hundepfeife hört der Hund, nicht aber der Mensch.

Für den Menschen ist das *Gehör* nach dem Auge das zweitwichtigste Sinnesorgan. Bei Blinden wird es zum führenden Sinnesorgan mit erstaunlicher Leistungsfähigkeit. Das Gehör ist darüber hinaus einer der wichtigsten Voraussetzungen, damit wir uns untereinander verständigen können. Ohne Gehör gäbe es keine Lautsprache.

Am Ohr unterscheidet man drei Teile: das *Außen-*, *Mittel-* und *Innenohr*. Zum Außenohr gehört der Bereich zwischen *Ohrmuschel* und *Trommelfell*. Ankommende Schallwellen werden von den Ohrmuscheln aufgefangen und über den *Gehörgang* zum Trommelfell geleitet. Dieses gerät dadurch in Schwingungen. Am Eingang des Gehörganges sitzen Härchen. Sie halten wie eine Reuse Fremdkörper ab. Eingedrungener Staub wird vom Ohrschmalz verklebt, das aus Drüsen in der Gehörgangwand ausgeschieden wird. Durch die Kieferbewegungen beim Kauen wird das Ohrschmalz zur Gangöffnung transportiert.

Hinter dem Trommelfell liegt das Mittelohr, ein etwa 5 mm breiter Spalt. Er ist luftgefüllt und über einen Gang, die *Ohrtrompete*, mit dem Nasen-Rachen-Raum verbunden. Im Mittelohr nehmen drei winzige *Gehörknöchelchen* alle Schwingungen des Trommelfells auf und leiten sie verstärkt zum Innenohr weiter.

Das Innenohr ist mit Flüssigkeit gefüllt und liegt gut geschützt in einer Ausbuchtung des Schädelknochens. In der *Schnecke* befindet sich das eigentliche *Hörorgan*, das die ankommenden Schallwellen verarbeitet und in Signale umsetzt. Diese werden über den *Hörnerv* in das Gehirn geleitet. Jetzt erst hören wir.

Große Lautstärke schädigt das Gehör. Deshalb ist an bestimmten Arbeitsplätzen für die Arbeitnehmer das Tragen eines *Gehörschutzes* Vorschrift. Auch laute Musik aus Radio, Fernseher oder Walkman ist auf die Dauer schädlich für unsere Ohren!

Aufgaben

① Ordne in deinem Biologieheft den Zahlen von Abbildung 1 die richtigen Begriffe zu.
② Presse bei zugehaltener Nase vorsichtig Luft in den Mund- und Nasenraum. Beschreibe deine Wahrnehmungen.
③ Warum darf man beim Ohrenputzen niemals spitze Gegenstände benutzen?
④ Ordne den Teilen des Schnurtelefons (Randspalte) die entsprechenden Bauteile des Ohres zu.
⑤ Welche Erkrankungen des Ohres kennst du? Berichte.

2 Hier ist ein Gehörschutz notwendig

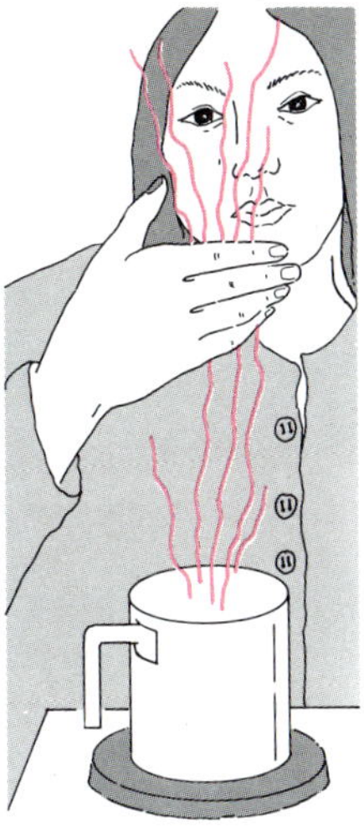

Geruch und Geschmack

Die **Nase** ist ein Teil des Atemweges. In ihr wird die Atemluft gereinigt, erwärmt und befeuchtet. Am Naseneingang befinden sich feine Härchen, die Staubteilchen abhalten. Der Naseninnenraum ist mit einer Schleimhaut ausgekleidet, die durch Tränenflüssigkeit feucht und durch starke Durchblutung stets warm gehalten wird.

Im oberen Teil jeder *Nasenhöhle* liegt ein etwa briefmarkengroßes *Riechfeld* mit den *Geruchssinneszellen.* Sie sprechen auf gasförmige Geruchsstoffe an, die mit der Atemluft in die Nase gelangen. Wahrscheinlich sind diese Sinneszellen nur auf einige Gerüche spezialisiert, wie brenzlig, faulig, blumig, würzig, scharf. Durch die Kombination dieser Grundgerüche können wir etwa 350, Spezialisten bis zu 1000 verschiedene Düfte auseinander halten. Bei übel riechenden Düften warnt der Geruchssinn vor möglichen Gefahren und ruft Ekelgefühle hervor.

Wollen wir etwas genauer riechen, so ziehen wir die Luft mehrmals ein, wir schnüffeln. Wirkt jedoch ein Duftstoff über längere Zeit ein, so kann die Empfindung dafür ganz verschwinden. Deshalb merkt man oft nicht, wie die Luft im Klassenzimmer allmählich schlechter wird. Es gibt aber auch Gase, die wir nicht riechen können. Dazu gehört das giftige *Kohlenstoffmonooxid*, das in den Autoabgasen enthalten ist.

Der menschliche Geruchssinn ist im Vergleich zu dem vieler Tiere nur gering ausgebildet. Die meisten Säugetiere sind viel bessere Riecher. So kann z. B. ein Hund einer Duftspur sicher folgen. Sein Riechfeld ist allerdings auch etwa 30-mal so groß wie das des Menschen.

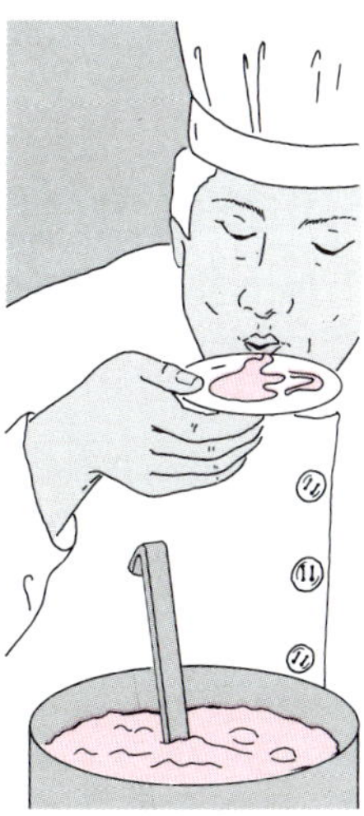

Betrachtet man die eigene **Zunge** im Spiegel, so erkennt man auf der rauhen Zungenoberfläche warzenförmige Erhebungen und Falten. Hier sitzen die *Geschmackssinneszellen.* Die Zunge ist nicht an allen Stellen für jeden Geschmack gleich empfindlich, sondern in verschiedene *Geschmackszonen* eingeteilt. Jede dieser Zonen ist auf eine der 4 Grundgeschmacksrichtungen süß, salzig, sauer und bitter spezialisiert. In jedem Bereich liegt dafür eine andere Sorte von Geschmackssinneszellen. Da von unseren Speisen auch Duftstoffe ausgehen, wird beim Essen immer der Geruchssinn mit angeregt. So erst entsteht der Gesamtsinneseindruck, wenn wir unser Leibgericht essen.

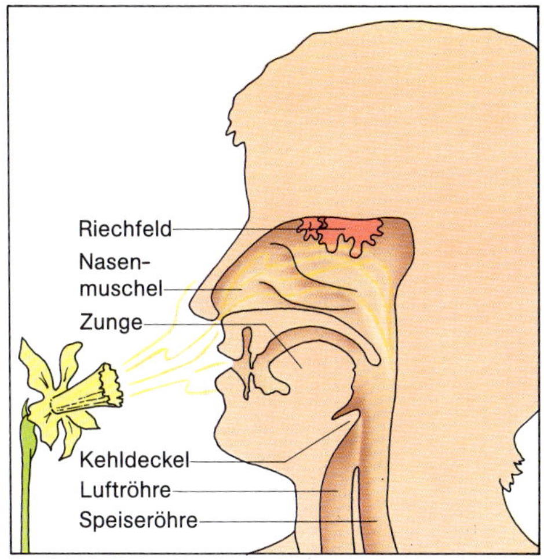

1 Aufnahme eines Geruchsstoffes

Aufgaben

① Wir prüfen verschiedene Duftstoffe (Parfüm; Backaromen wie Bittermandel, Zitrone, Rum) nacheinander bei
a) verschlossener Nase und Mundatmung,
b) geöffneter Nase und angehaltenem Atem,
c) tiefer Einatmung durch die Nase (Schnüffeln).
Beschreibe die jeweiligen Geruchsempfindungen.

② Weshalb schmeckt das Essen weniger gut, wenn wir einen Schnupfen haben?

③ Nenne Berufe, die ein besonders empfindliches Geruchs- bzw. Geschmacksempfinden erfordern.

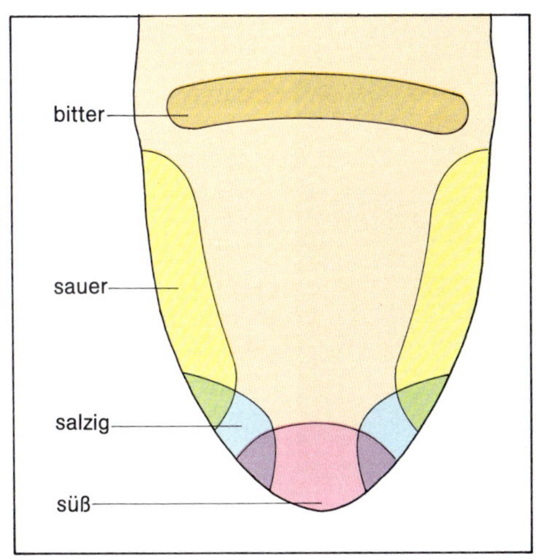

2 Geschmacksfelder der Zunge

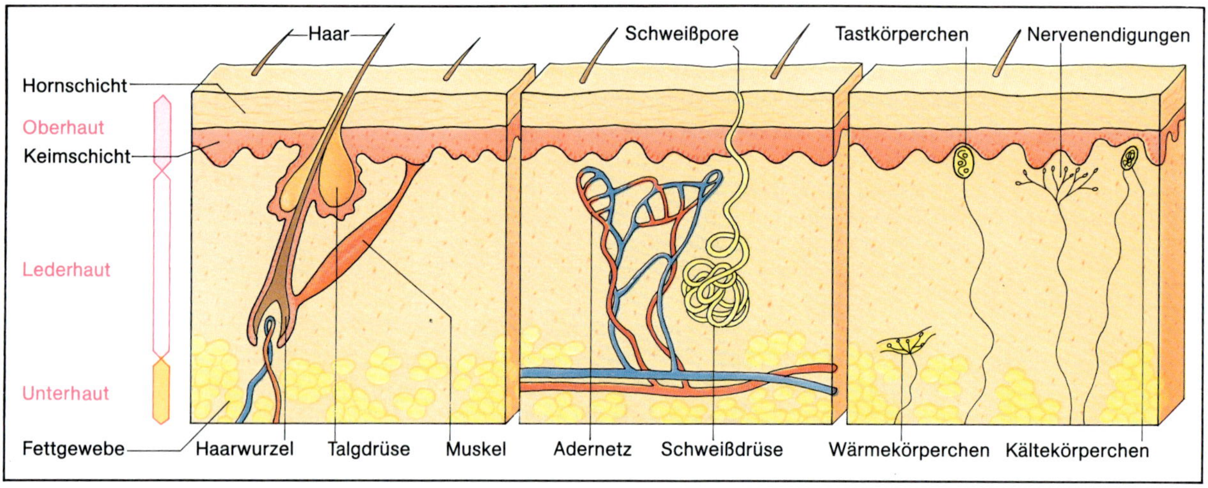

1 Aufbau der Haut (das Blockbild zeigt drei verschiedene Ausschnitte)

Die Haut — ein Organ mit vielen Aufgaben

Die Haut ist unser größtes Organ: Sie ist etwa 2 m^2 groß, durchschnittlich 4–8 mm dick und wiegt rund 10 kg. Sie ist elastisch und zäh, geschmeidig und glatt und über ihrer Unterlage verschiebbar. Die gesunde Haut schützt uns vor vielen schädlichen Einflüssen aus der Umwelt, wie Strahlung, Trockenheit, eindringendem Schmutz und zahlreichen Krankheitserregern.

Ein Schnitt durch die Haut zeigt, dass sie aus mehreren Schichten aufgebaut ist. Die oberste Schicht, die *Oberhaut*, ist etwa so dünn wie eine Buchseite. Ihre äußerste Lage, die *Hornschicht*, besteht aus abgestorbenen, verhornten Zellen. Die Hornschicht ist auf Abnützung eingerichtet und wird von der darunter liegenden *Keimschicht* ständig nachgebildet. Die Hornschicht schützt den Körper vor Verletzung und Austrocknung. Die Keimschicht ist verschieden tief in die darunter liegende *Lederhaut* eingesenkt. Sie bildet auch die Haare sowie Finger- und Zehennägel aus Horn. An jedem *Haar* setzt ein kleiner Muskel an, der bei Kälte, Angst oder Zorn das Haar aufrichtet — wir bekommen eine „Gänsehaut". An jedem Haar mündet eine *Talgdrüse*, deren Fett Oberhaut und Haar geschmeidig erhält.

In der Lederhaut liegen zahlreiche *Schweißdrüsen*. Sie geben bei Hitze oder bei großer, körperlicher Anstrengung durch kleine Poren an der Hautoberfläche salzhaltigen *Schweiß* ab. Dieser verdunstet und entzieht dabei dem Körper Wärme. In der Lederhaut befindet sich außerdem ein dichtes Geflecht von *Blutgefäßen*. Sie erweitern sich bei Hitze. So wird die Haut stärker durchblutet und kann mehr Wärme nach außen abgeben.

In der Lederhaut liegen verschiedene Sinneskörperchen, je nach Körperregion unterschiedlich dicht. Heiß und kalt werden von den *Wärme-* bzw. *Kältekörperchen* festgestellt und als Meldungen zum Temperaturregelzentrum des Gehirns übermittelt. Andere Sinneskörperchen, die *Tastkörperchen,* nehmen Berührungsreize wahr. Diese Sinneskörperchen sind an den Fingerspitzen besonders zahlreich. Bis zu 50 Sinneskörperchen liegen hier in 1 cm^2 Haut. Mit ihnen ertastet ein Blinder die Buchstaben der Blindenschrift, er kann also mit dem Tastsinn lesen. Außerdem gibt es frei endende *Nervenfasern*, die bis in die Oberhaut hineinziehen und für die Wahrnehmung des Schmerzes zuständig sind.

In der *Unterhaut* ist viel Fett eingelagert. Es ist Energiespeicher und wirkt zugleich als Polster. Die Unterhaut schützt die darunter liegenden Körperteile vor Schlag, Stoß und Auskühlung.

Nur eine gesunde Haut kann ihre vielfältigen Aufgaben erfüllen. Dazu muss sie entsprechend gepflegt werden. Regelmäßiges, gründliches Waschen verhindert unangenehmen Köpergeruch, beseitigt Schmutz und entzieht Krankheitserregern den Nährboden. Bei der Verwendung von Seife ist allerdings darauf zu achten, dass man diese entsprechend seinem Hauttyp auswählt.

2 Bakterien (grün) in Schweißpore (ca. 1200× vergr.)

Normale Haut ist unempfindlich. Trockene Haut ist dagegen fett- und wasserarm. Sie ist deshalb empfindlich, zeigt Rötungen und Schuppenbildung. Solcher Haut darf durch Seife nicht zusätzlich Fett entzogen werden. Man pflegt trockene Haut deshalb besser mit einer Reinigungsemulsion. Fettige Haut ist schwach durchblutet, derb, blass und grau, zeigt große Poren und Unreinheiten. Mit entsprechend ausgewählter Reinigungsemulsion werden die Öffnungen der Talgdrüsen gründlich gesäubert.

Entzündungen und Pusteln müssen manchmal sogar ärztlich behandelt werden. Ein reiches Angebot an *Hautpflegemitteln* erfordert es, dass man sich eventuell auch einmal von einem Hautarzt oder einer Kosmetikerin sorgfältig beraten lässt, denn: „Ungesunde Haut wird vom Abdecken mit allzu reichlich verwendeten Kosmetika nicht besser, sondern eher noch mehr geschädigt!“

Auch die Bekleidung spielt eine wichtige Rolle für die Haut. Eng anliegende, luftundurchlässige Kleidung und Schuhwerk stauen Wärme und Feuchtigkeit und bilden so auf der Haut ein Treibhausklima. Darin können Krankheitserreger, wie Bakterien und Pilze, besonders schnell wachsen und sich ausbreiten. Abhärtung der Haut erreicht man durch abwechselndes heißes und kaltes Duschen und kräftiges Frottieren. Dadurch fördert man die Hautdurchblutung und damit auch die Widerstandskraft.

Gefährlich für die Haut kann zu starke Sonnenstrahlung werden. Ihr sollte man sich nicht über längere Zeit ungeschützt aussetzen. Bei langsamer Sonnengewöhnung, unterstützt von Sonnenschutzmitteln mit geeignetem Lichtschutzfaktor, bildet sich in der Oberhaut ein Schutzfilter aus dunklen Farbstoffen *(Pigmenten)*. Wir werden braun. Damit werden die Strahlen gehindert, tiefer in die Haut einzudringen. Verbrannte Haut bedeutet Gefahr, denn Krankheitserreger können dann den natürlichen Schutzwall der Hautschichten leichter überwinden und Infektionen hervorrufen.

Aufgaben

① Reibe die Haut deines Unterarms mit einem schwarzen Tuch kräftig ab. Beschreibe und erkläre deine Beobachtungen.

② Stecke deine Hand in eine durchsichtige Plastiktüte und dichte am Handgelenk mit einem Gummi ab. Beobachte und erkläre.

1 Hautpflegemittel

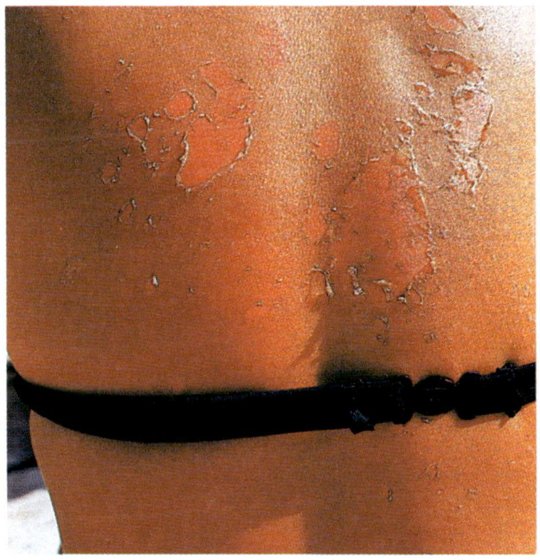

2 Sonnenbrand

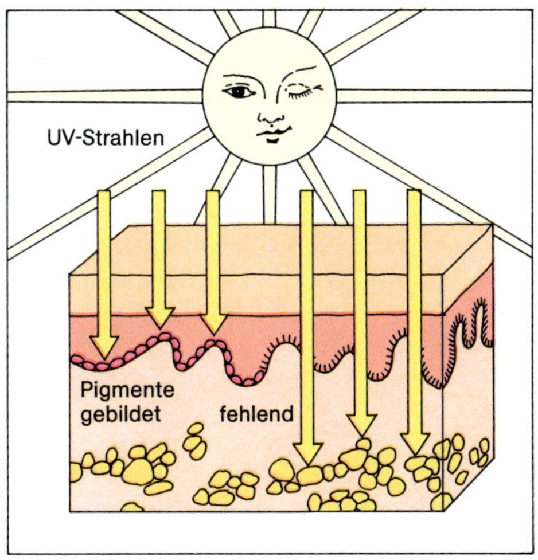

3 Pigmente bilden einen Schutzfilter gegen Sonnenstrahlen

Unterschiede der Geschlechter

Meist können wir schon von weitem erkennen, ob eine Person ein Mann oder eine Frau ist. Die Kleidung, die Figur und oftmals auch die Art des Gehens geben Hinweise auf das *Geschlecht* eines Menschen. Die Unterschiede werden umso deutlicher, je näher wir der Person kommen. Kräftige Gestalt, kantige Gesichtszüge und Bartwuchs kennzeichen den Mann, rundere Körperformen und Brüste die Frau.

Bei Kleinkindern kann es oft recht schwer sein, Junge und Mädchen zu unterscheiden — es sei denn, sie sind ohne Kleidung. Dann fallen die unterschiedlichen *Geschlechtsorgane* auf. Die äußerlich sichtbaren Geschlechtsorgane sind schon bei der Geburt vorhanden. Sie bilden das erste Merkmal, an dem Junge und Mädchen zu unterscheiden sind. Man nennt sie deshalb *primäre Geschlechtsmerkmale*.

Erst im Alter von 10 bis 13 Jahren zeigen sich in der Entwicklung der Kinder weitere deutliche Unterschiede. Die Jungen bilden eine kräftigere Muskulatur aus, sie bekommen eine tiefere Stimme, die Schultern werden breit und das Becken bleibt schmal. Zudem setzen Bartwuchs und Brustbehaarung ein. Achsel- und Schambehaarung werden bei Jungen und Mädchen ausgebildet. Bei den Mädchen entwickeln sich zudem die Brüste, die Schultern bleiben schmal und das Becken wird breiter. Diese Unterschiede werden als *sekundäre Geschlechtsmerkmale* bezeichnet.

Die Ausbildung dieser Merkmale geschieht nicht von heute auf morgen. Es ist eine jahrelange *Entwicklungsphase*, die man **Pubertät** nennt. Sie beginnt bei den Mädchen durchschnittlich mit 11 Jahren, bei den Jungen mit ungefähr 13 Jahren und ist erst mit 17 bis 19 Jahren abgeschlossen. Allerdings ist das von Mensch zu Mensch ganz unterschiedlich. Es ist durchaus normal, wenn die Pubertät beispielsweise schon mit 10 oder auch erst mit 14 Jahren beginnt.

Die Veränderungen in der Pubertät sind meist mit einem starkem *Wachstumsschub* verbunden. Während der Pubertät werden die Geschlechtsorgane voll funktionsfähig. Mädchen können dann Kinder gebären — sind also Frauen, Jungen können Kinder zeugen — sind also Männer.

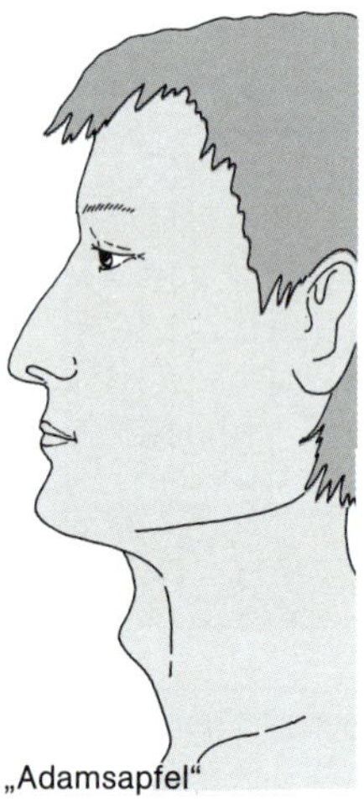

Gleichzeitig mit dieser körperlichen Entwicklung erfolgen *Veränderungen im Verhalten* der Jugendlichen. Im Kindesalter werden die Anweisungen der Eltern oder Lehrer meist widerspruchslos befolgt, oft auch ohne Überlegung für gut befunden. In der Pubertät aber will sich der Jugendliche deutlich von seinen Eltern absetzen. Er erprobt, anders zu sein und will seine eigenen Ideen und Vorstellungen durchsetzen. Außerdem will er alles einmal besser machen. Deshalb kann es oft zu Streitigkeiten zwischen den Jugendlichen und ihren Eltern und zu Problemen in der Schule kommen. Aus guten Grund nennen die Eltern die Zeit der pubertären Entwicklung ihrer Kinder auch die Flegeljahre. Diese Zeit ist für alle Beteiligten schwierig. Sie ist aber normal und gehört zum Erwachsenwerden dazu.

Auch das Verhalten gegenüber dem anderen Geschlecht ist in dieser Zeit sehr unsicher. Man muss erst lernen, mit den sich bildenden Gefühlen umzugehen. Die Jugendlichen suchen Zuneigung und Zärtlichkeit und wollen geliebt werden. Sie sind aber oft nicht in der Lage, dies selbst auszudrücken. Dadurch sind sie häufig launisch und aggressiv. Diese Probleme der seelischen Reifung und die Entwicklung einer Beziehung zum anderen Geschlecht müssen durchlebt werden. So entsteht mit der Zeit ein ganz natürliches Verhältnis zum anderen Geschlecht. Zwischen Jungen und Mädchen entwickeln sich Freundschaften, die aber auch wieder gelöst werden können, wenn man sich nicht so gut versteht.

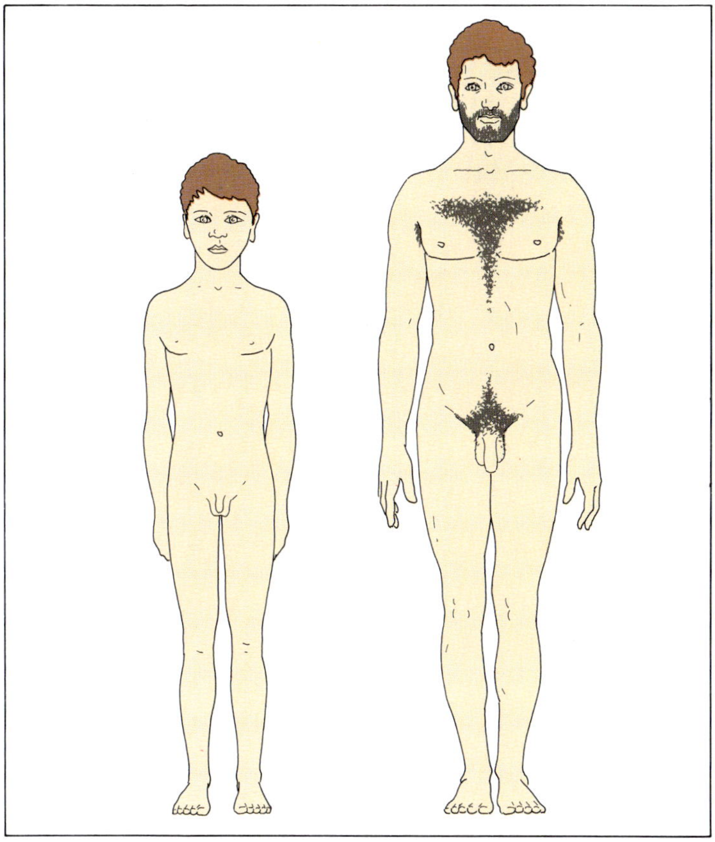

1 Körperliche Entwicklung: Vom Jungen zum Mann, vom Mädchen zur Frau

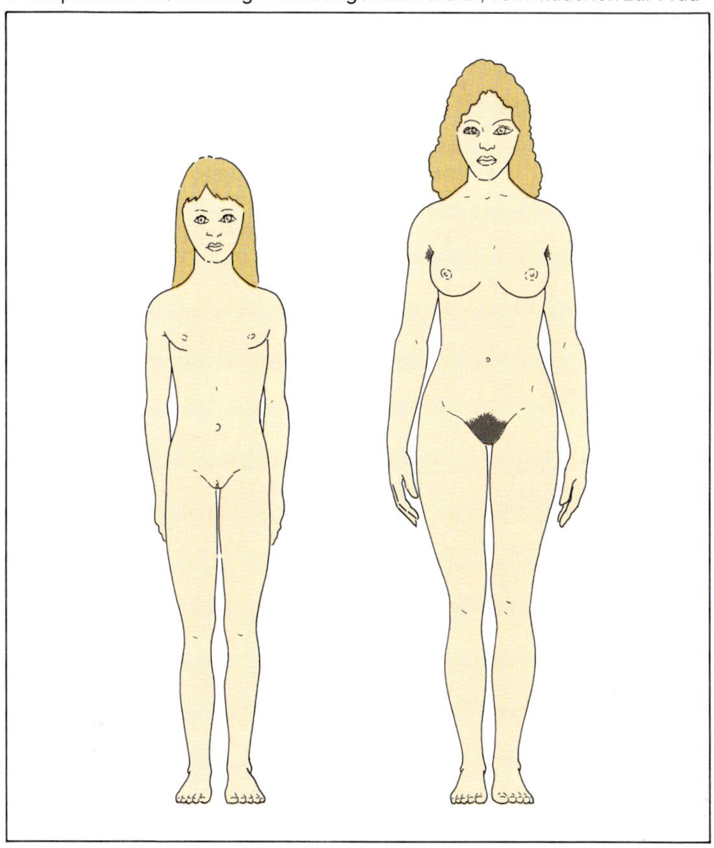

Aufgaben

① Erkläre mit eigenen Worten die Entwicklung vom Jungen zum Mann und vom Mädchen zur Frau. Welche Veränderungen sind bei Jungen und Mädchen gleich, wo gibt es Unterschiede?

② Beim Stimmbruch verändert sich die Stimme des Jungen von der hohen, kindlichen zur tiefen, männlichen Stimme. Welche äußerlich sichtbare Veränderung ist die Ursache dafür?

③ Außer den primären und sekundären Geschlechtsmerkmalen, die körperlich bedingt sind, gibt es meist noch weitere Möglichkeiten, Mann und Frau zu unterscheiden. Man nennt sie *tertiäre Geschlechtsmerkmale.* Dazu zählt beispielsweise die Frisur.

a) Suche nach weiteren Beispielen für tertiäre Geschlechtsmerkmale.

b) Weshalb sind die tertiären Merkmale nicht eindeutig?

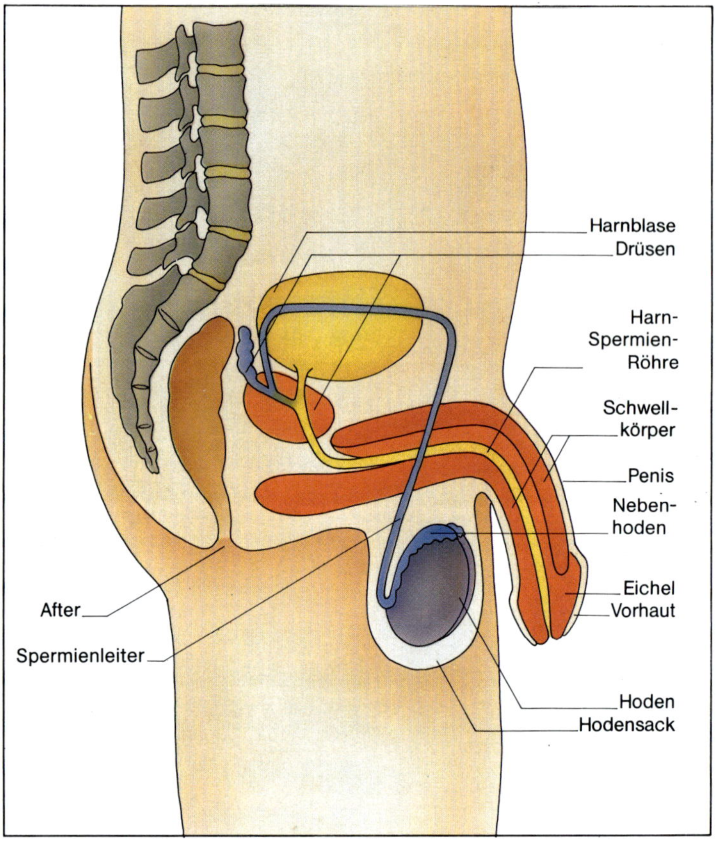

1 Die Geschlechtsorgane des Mannes

Die Geschlechtsorgane des Mannes

Die äußerlich sichtbaren Teile der männlichen Geschlechtsorgane sind der *Penis* und der *Hodensack* mit den beiden *Hoden*. Der Penis, auch Glied genannt, besteht aus einem *Schaft* mit *Schwellkörpern* und der *Eichel*, die von der verschiebbaren *Vorhaut* bedeckt wird. Durch das Glied zieht sich die *Harn-Spermien-Röhre*. Unter der Vorhaut liegen zahlreiche Talgdrüsen, die fettende Stoffe abgeben. Deshalb sollte das Glied in die tägliche Körperpflege mit einbezogen werden. Wird es nicht gewaschen, so kann es zwischen Vorhaut und Eichel zu Entzündungen kommen. Zum Waschen wird die Vorhaut zurückgezogen und die Eichel und der übrige Teil des Gliedes werden mit warmem Wasser und Seife gewaschen.

Im Hodensack befinden sich die zwei eiförmigen Hoden, in denen die *Spermien* gebildet werden. Das sind die *männlichen Keimzellen,* die etwa 0,05 mm lang sind und aus einem *Kopfstück mit Zellkern* und einem *Schwanzfaden* bestehen. Spermien können diesen Schwanzfaden hin und her schlagen und dadurch mit einer für ihre geringe Größe recht hohen Geschwindigkeit vorankommen. Ein Mann bildet sein ganzes Leben lang ständig Millionen solcher Keimzellen. Diese Spermien werden in den *Nebenhoden* gespeichert.

Von den Nebenhoden führt je ein *Spermienleiter* zur Harn-Spermien-Röhre. Zwei besondere *Drüsen* geben Flüssigkeiten ab, die man zusammen mit den Keimzellen als *Spermienflüssigkeit* oder *Sperma* bezeichnet. Bei Versteifung des Glieds kann ein *Spermienerguss* erfolgen. Dabei wird das Sperma ausgeschleudert.

Der erste Spermienerguss findet in der Pubertät manchmal unbewusst im Schlaf statt *(Pollution)*. Das ist ein völlig natürlicher Vorgang, der zeigt, dass der Junge geschlechtsreif geworden ist. Die Spermienabgabe kann vom Jungen durch Reizung des Penis auch selbst herbeigeführt werden. Dies nennt man *Selbstbefriedigung*.

Wenn die Schwellkörper im Penis mit Blut gefüllt sind, ist dieser ganz steif. Dann kann der Mann mit dem Penis in die *Scheide* der Frau eindringen und dort, im Körper der Frau, das Sperma ausstoßen. Scheide und Penis sind so gebaut, dass sie genau zueinander passen. Beim Eindringen in die Scheide entsteht ein angenehmes Gefühl bei Mann und Frau. Den Höhepunkt dieser gefühlsmäßigen Erregung während des Geschlechtsverkehrs nennt man *Orgasmus*. Die Vereinigung von Mann und Frau und das Erleben des Orgasmus verstärkt die gegenseitige Zuneigung und Liebe der Partner.

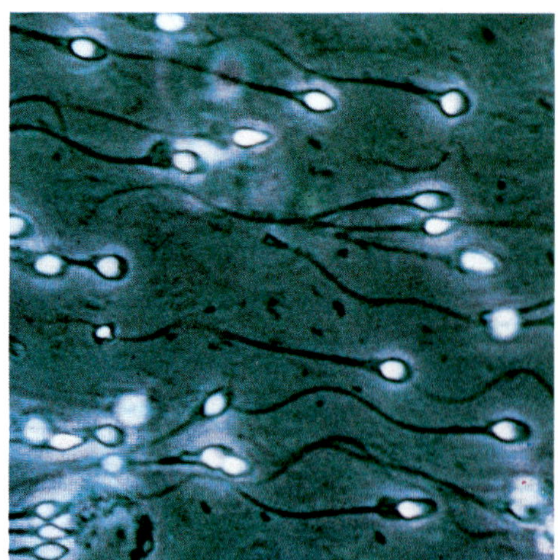

2 Menschliche Spermien (1000× vergr.)

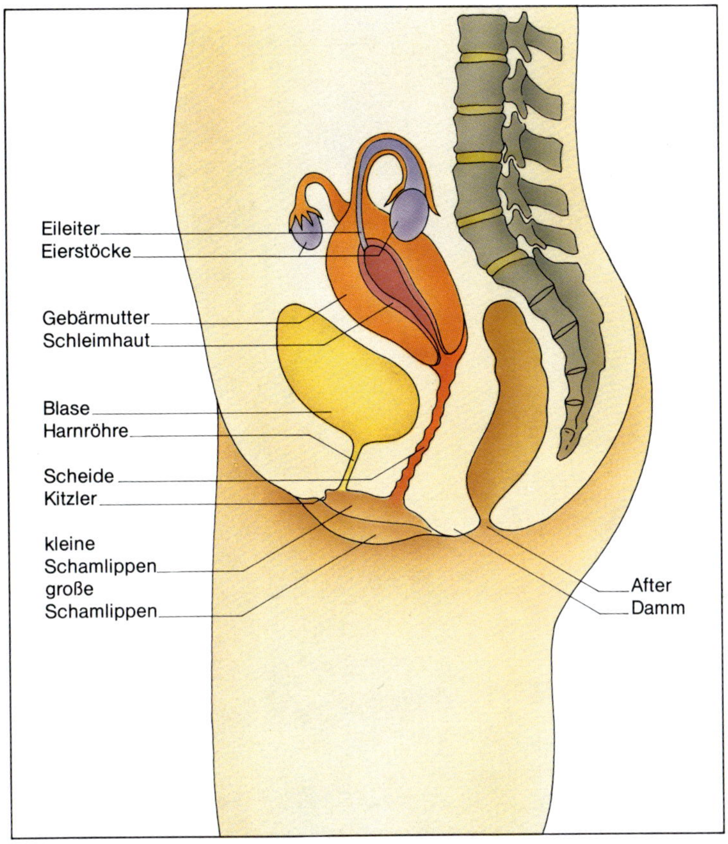

1 Die Geschlechtsorgane der Frau

Die Geschlechtsorgane der Frau

Von den Geschlechtsorganen einer Frau sind nur die *Schamlippen* äußerlich sichtbar. Diese umschließen die Scheide, die Harnröhrenöffnung und den *Kitzler*. Zwischen den Schamlippen führt die Scheide nach innen zur *Gebärmutter*. Die jeweils paarigen *Eileiter* und *Eierstöcke* schließen sich daran an. Die Gebärmutter ist ein faustgroßer Hohlmuskel, der so dehnbar ist, dass sich in ihm ein Kind bis zur Geburt entwicklen kann. Vor den Eierstöcken erweitert sich jeder Eileiter zum *Eitrichter*.

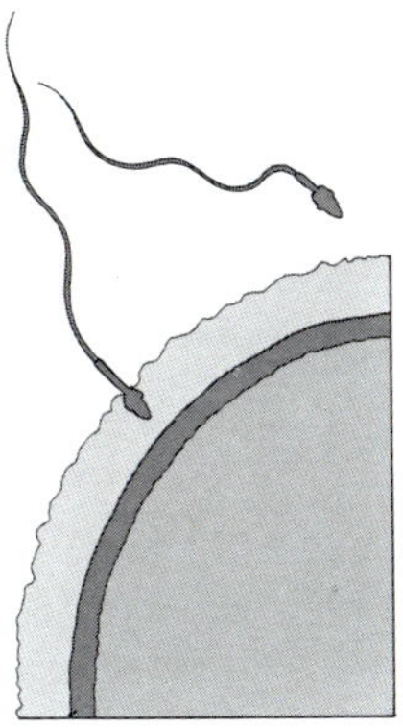

In den Eierstöcken liegen die *Eizellen*, die *weiblichen Keimzellen*. Schon vor Geburt an sind etwa 400 000 Eizellen vorhanden, von denen nur 400 – 500 im Laufe des Lebens heranreifen können.

Eine Eizelle ist mit einem Durchmesser von 0,2 mm wesentlich größer als ein Spermium. Sie enthält viele Nährstoffe und einen großen Dotterkern. Im Gegensatz zu den Spermien kann sie sich nicht selbst fortbewegen. Sie wird durch feinste Härchen an der Innenwand des Eileiters in Richtung Gebärmutter transportiert. Wenn das Ei auf diesem Weg von einem Spermium befruchtet wird, kann es in die Schleimhaut der Gebärmutter einwachsen. Aus dem befruchteten Ei entsteht dann ein Kind.

Beim Mädchen ist der Scheidenausgang von einem dünnen Häutchen (*Jungfernhäutchen* oder *Hymen*) fast vollständig verschlosssen. Die inneren Teile werden so vor dem Eindringen von Schmutzstoffen und Krankheitserreger besser geschützt. Dieses Häutchen reißt aber spätestens beim ersten Geschlechtsverkehr auf.

Daneben gibt es noch andere Schutzeinrichtungen für die weiblichen Geschlechtsorgane: Die Scheidenwände sind sehr elastisch und ziehen sich zusammen, sodass sie aufeinander liegen. Sie sind mit einer *Schleimhaut* versehen, deren Schleim eingedrungene Bakterien abtöten kann. Zusätzlich sitzt vor der Gebärmutter noch ein *Schleimpfropfen*, der ebenfalls eine Schutzfunktion hat. Die Absonderungen der Schleimdrüsen erfordern auch bei der Frau eine gründliche Reinigung der äußeren Geschlechtsorgane. Täglicher Wechsel der Unterwäsche sollte ebenfalls selbstverständlich sein.

Aufgabe

① Es gibt Menschen, die Jungen und Mädchen zu geschlechtlichen Handlungen zwingen. Solche Menschen sind krank. Diskutiert, wie man sich verhalten sollte, um solchen Triebtätern keine Chance zu lassen.

2 Menschliche Eizelle im Eileiter (270× vergr.)

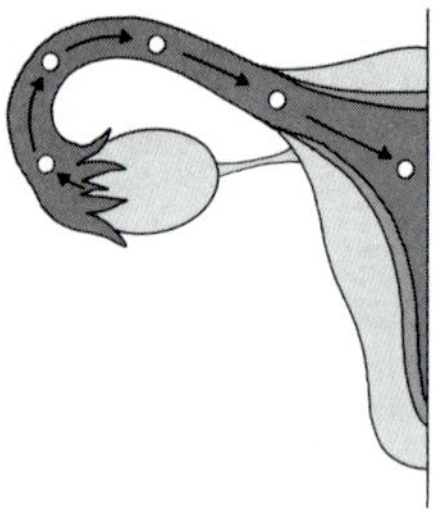

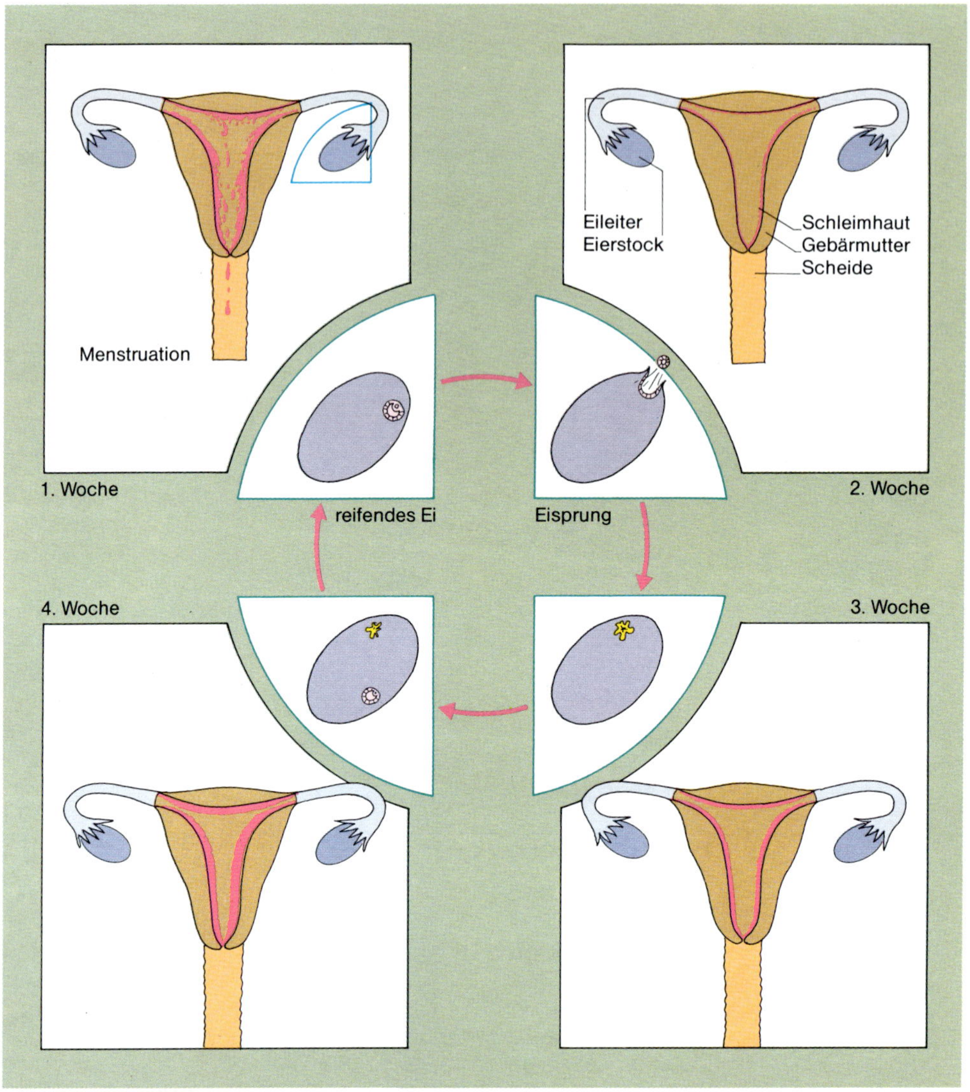

1 Schema der Vorgänge beim weiblichen Zyklus

Der weibliche Zyklus

Zwischen dem 11. und 14. Lebensjahr bekommen Mädchen ihre erste *Regelblutung*. Sie dauert etwa 3 bis 5 Tage und wiederholt sich später in regelmäßigen Abständen. Mit dem Auftreten dieser monatlichen Blutung *(Menstruation, Periode)* ist das Mädchen geschlechtsreif geworden.

Alle vier Wochen reift nun abwechselnd in einem der beiden Eierstöcke innerhalb eines *Eibläschens* eine Eizelle heran. Die Eireifung dauert 14 Tage. Dann platzt das Eibläschen auf und die Eizelle wird freigesetzt. Diesen Vorgang nennt man *Eisprung*. Die Eizelle wird vom Eileiter aufgenommen und in Richtung Gebärmutter transportiert.

Während der Eireifung ist die *Gebärmutterschleimhaut* gewachsen. Sie ist bereit zur Aufnahme einer befruchteten Eizelle. Erfolgt keine Befruchtung, löst sich die Schleimhaut etwa zwei Wochen später wieder ab. Das Ablösen der Schleimhaut hat Blutungen zur Folge. Blut und Schleimhautreste werden durch die Scheide abgegeben. Die Blutmenge ist gering, es sind etwa 50 – 150 ml Blut in drei bis fünf Tagen.

Schon während die Schleimhaut abgelöst wird, reift ein neues Ei in einem der Eierstöcke heran, sodass der ganze Ablauf von neuem beginnt. Man nennt diesen sich immer wiederholenden Kreislauf den *weiblichen Zyk-*

April

Mo		4	11	18	25
Di		5	12	19	26
Mi		6	13	20	27
Do		7	14	21	28
Fr	1	8	15	22	29
Sa	2	9	16	23	30
So	**3**	**10**	**17**	**24**	

Mai

Mo		2	9	16	23	30
Di		3	10	17	24	31
Mi		4	11	18	25	
Do		5	12	19	26	
Fr		6	13	20	27	
Sa		7	14	21	28	
So	**1**	**8**	**15**	**22**	**29**	

Juni

Mo		6	13	20	27
Di		7	14	21	28
Mi	1	8	15	22	29
Do	2	9	16	23	30
Fr	3	10	17	24	
Sa	4	11	18	25	
So	**5**	**12**	**19**	**26**	

lus. Zu Beginn der Pubertät ist der Zyklus meist unregelmäßig. Es gibt auch unterschiedliche Zykluslängen. Bei manchen Frauen bleibt der Zyklus sogar immer unregelmäßig. Es ist deshalb zu empfehlen, einen *Menstruationskalender* zu führen. Man kennzeichnet zumindest den ersten Tag der Blutung. So kann normalerweise leicht der Zeitpunkt der nächsten Regelblutung vorausberechnet werden. Vom ersten Tag einer Blutung bis zum Tag vor der nächsten Blutung dauert es durchschnittlich 28 Tage.

Vor allem in jungen Jahren können die Menstruationsblutungen mit Schmerzen und Unwohlsein verbunden sein. Bei starken Schmerzen ist es empfehlenswert, einen Arzt zu befragen.

Die Gebärmutter ist in der Zeit zwischen den Monatsblutungen durch einen Schleimpfropf vor eindringenden Krankheitserregern geschützt. Während der Menstruation ist dieser Schutz nicht vorhanden. In dieser Zeit muss deshalb besonders auf gründliche *Hygiene* geachtet werden, da Blut und Schleimhautreste ein guter Nährboden für Krankheitserreger sind. Das ausfließende Blut kann mit saugfähigen *Binden* oder *Tampons* aufgefangen werden. Die Binden werden in die Unterwäsche eingelegt, die Tampons in die Scheide eingeführt.

Während der Menstruation kann zur Reinigung der äußeren Geschlechtsorgane ohne Bedenken geduscht werden. Man sollte jedoch nicht baden oder schwimmen, weil dabei Krankheitserreger in den Körper eindringen können.

Wie kommt es nun zur Entwicklung eines Kindes? Dazu müssen zwei Keimzellen, die Eizelle einer Frau und ein Spermium eines Mannes, zusammenkommen. Dies kann bei der körperlichen Vereinigung von Mann und Frau *(Beischlaf, Koitus)* geschehen. Beim Geschlechtsakt gelangen viele Millionen Spermien in die Scheide. Diesen Vorgang nennt man *Begattung*.

Die Lebensdauer eines reifen Eies nach dem Eisprung beträgt etwa 12 Stunden. Wenn in diesem Zeitraum Spermien zum Ei gelangen, kann dieses befruchtet werden. Die Spermien haben eine Lebensdauer von durchschnittlich 48 Stunden. Sie bewegen sich mithilfe ihres Schwanzfadens auf das Ei zu. Es kann allerdings immer nur ein Spermium in die Eizelle eindringen und mit ihr verschmelzen. Diesen Vorgang nennt man *Befruchtung*.

Eine derart befruchtete Eizelle teilt sich noch während des Transportes im Eileiter mehrere Male. Nach fünf Tagen kommt ein *vielzelliger Keim* in der Gebärmutter an. Dort nistet er sich in die vorbereitete Schleimhaut ein, die dann die Versorgung des Keimes übernimmt. Die Frau ist in diesem Fall *schwanger*. In der Gebärmutter entwickelt sich ein Kind. Die Schleimhaut wird nun nicht abgestoßen: Die Regelblutung bleibt aus.

Bis zu den *Wechseljahren* im Alter von etwa 45 Jahren wiederholt sich die Menstruation regelmäßig. Dann verlaufen die Blutungen unregelmäßiger und hören schließlich auf. Es reifen keine neuen Eizellen heran. Die Frau kann keine Kinder mehr bekommen.

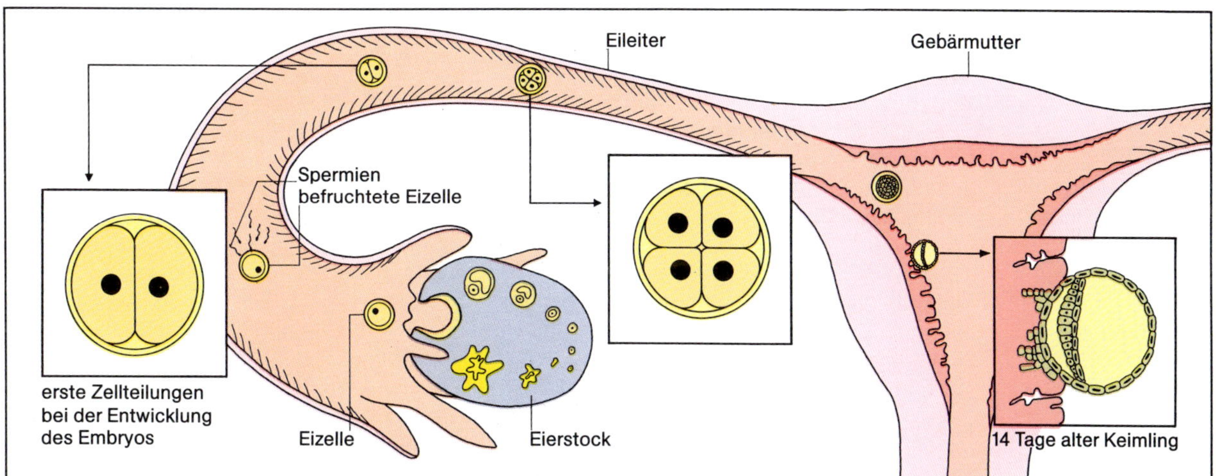

1 Befruchtung einer Eizelle und Einnistung des Keimes

Entwicklung im Mutterleib

Die *Schwangerschaft* der Frau beginnt mit der Befruchtung und dauert durchschnittlich 280 Tage oder 40 Wochen. Ist der Beginn der letzten Menstruation bekannt, kann der Arzt den voraussichtlichen Geburtstermin berechnen. Die befruchtete Eizelle teilt sich auf ihrem tagelangen Weg zur Gebärmutter einige Male. Dabei muss sie von außen keine Stoffe aufnehmen, da sie in dieser Zeit auch nicht wächst. Mit der Einnistung des vielzelligen Keimes beginnt seine Versorgung durch die Mutter und anschließend auch sein Wachstum.

Teile des Keimes, die *Keimzotten*, dringen in die Schleimhaut der Gebärmutter ein und verwachsen mit ihr zum Mutterkuchen *(Plazenta)*. Über die *Nabelschnur* ist der weiter entwickelte Keim, der in diesem Stadium *Embryo* genannt wird, mit der Plazenta verbunden. Alle Nährstoffe und auch Sauerstoff erhält der Embryo vom mütterlichen Blut und dorthin gibt er auch Abfallstoffe und Kohlenstoffdioxid wieder ab. Im Mutterkuchen findet dann der Stoffaustusch zwischen mütterlichem und kindlichem Blut statt.

Embryo
Kind im Mutterleib in den ersten zwei Monaten

Der Embryo wächst schnell heran. Er liegt geschützt in einer *Fruchtblase*, die mit *Fruchtwasser* gefüllt ist. Schon im ersten Monat bildet sich der Kopfbereich mit den Anlagen des Nervensystems aus, dann folgen Lunge, Herz und Gliedmaßen. Em Ende des zweiten Monats sind auch Leber, Nieren und Gehirn entwickelt. Der Embryo ist jetzt etwa 4 cm lang und 1 g schwer.

Im Laufe des dritten Monats werden Augen, Ohren, Nase und Mund weiter ausgebildet und die Geschlechtsorgane werden erkennbar. Es sind jetzt alle Organe vorhanden, die ein erwachsener Mensch auch besitzt. Sie werden in der Folgezeit nur größer und funktionsfähig. Ab dem dritten Monat, der eigentlichen Wachstumszeit, nennt man das rasch heranwachsende Kind *Fetus*. Nach fünf Monaten ist der Fetus etwa 26 cm lang und 500 g schwer.

Fetus
Kind im Mutterleib vom 3. bis 9. Monat

Obwohl im Fetus schon alle Organe vorhanden sind, ist er noch nicht selbstständig lebensfähig. Erst mit sieben Monaten könnte das Ungeborene außerhalb des Mutterleibs überleben. Jetzt wird es nur noch größer und schwerer. Nach neun Monaten ist die Entwicklung abgeschlossen. Der Fetus ist dann etwa 50 cm groß und wiegt 2500 bis 4000 g.

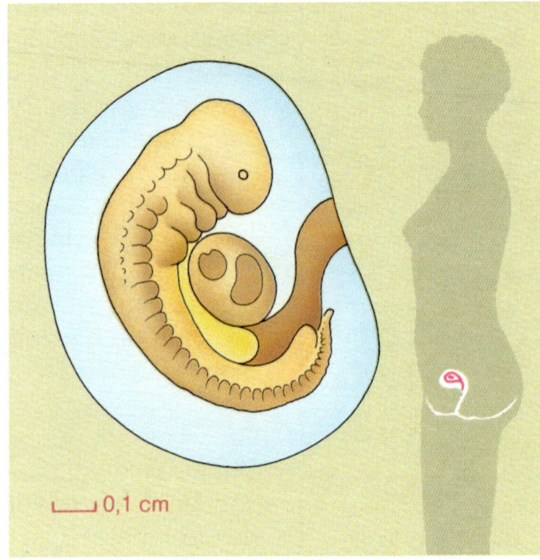

1 Embryo im ersten Schwangerschaftsmonat

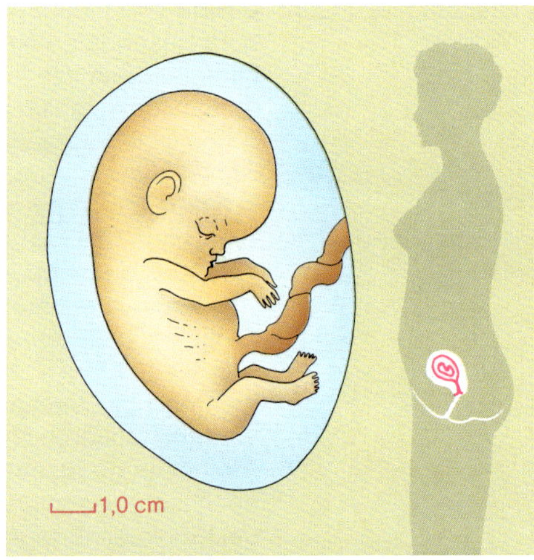

2 Fetus im dritten Schwangerschaftsmonat

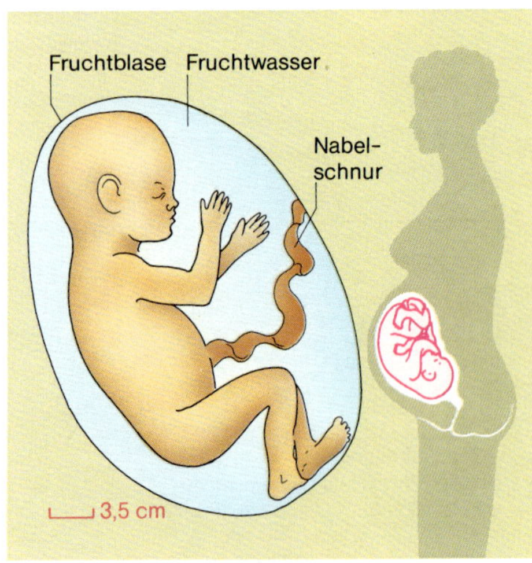

3 Fetus im siebten Schwangerschaftsmonat

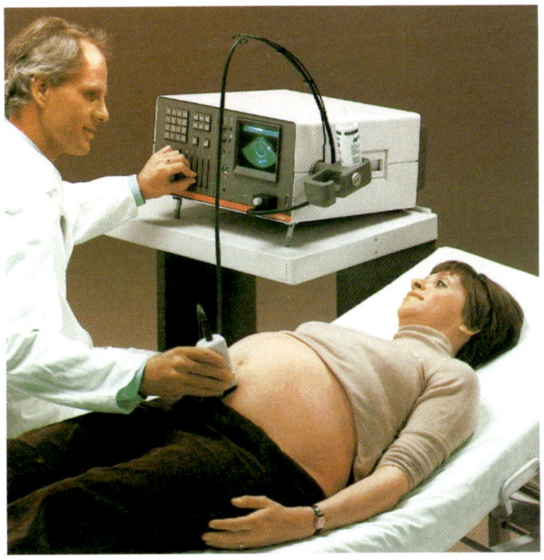

1 Vorsorgeuntersuchung

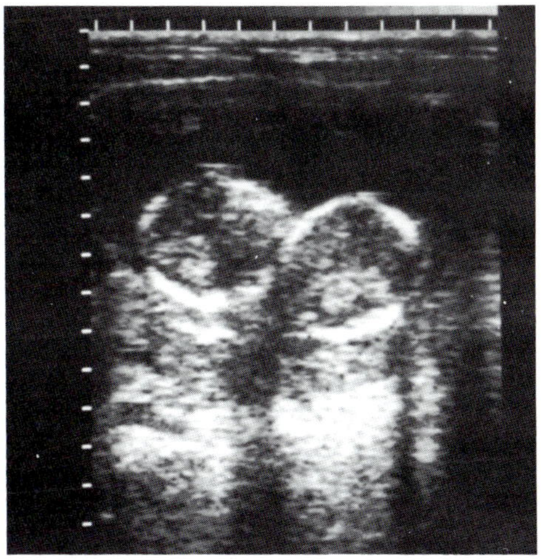

2 Ultraschallbild von Zwillingen

Schwangerschaft bedeutet Verantwortung für das Kind

Die Schwangerschaft bringt für die Frau körperliche und seelische Veränderungen mit sich, die sie auf die Geburt und das Leben mit ihrem Kind vorbereiten. Im Verlauf dieser Zeit können auch Probleme auftreten. Der Frauenarzt gibt hier Rat, kann Schwierigkeiten erkennen und meist Abhilfe schaffen. Selbst wenn keine Probleme auftreten, ist die regelmäßige Untersuchung wichtig.

Bei solchen *Vorsorgeuntersuchungen* können viele Erkenntnisse über den Verlauf der Schwangerschaft gewonnen werden. Durch *Ultraschalluntersuchungen* kann man den Fetus sogar beobachten. Er kann sich bewegen, lutscht am Daumen und reagiert auf Geräusche. Die Bewegungen kann die Mutter gut spüren, oft sind sie auch von außen am Bauch der Mutter zu ertasten.

Schwangere Frauen müssen ihre Lebensweise verantwortungsbewusst gestalten, wenn sie kein Risiko für ihr Kind eingehen wollen. Das heißt nicht rauchen, keinen Alkohol trinken, keine Drogen nehmen und Medikamente nur nach ärztlicher Verordnung einnehmen, denn dies alles kann für den Embryo eine starke Gefährdung darstellen. Bei einer Rötelnerkrankung der Mutter kann der Embryo sogar so schwer geschädigt werden, dass später ein behindertes Kind zur Welt kommt. Daher sollten sich alle Mädchen noch vor der Pubertät gegen Röteln impfen lassen.

Günstig für die Gesundheit der Mutter und das Gedeihen des Kindes sind ausgewogene Ernährung, viel frische Luft und Spaziergänge. Bei spezieller Schwangerschaftsgymnastik kann sich die Frau durch verschiedene Atem- und Entspannungsübungen auf die Geburt vorbereiten.

Mit dem wachsenden Fetus wird auch die Gebärmutter immer größer. Dabei nimmt auch der Leibesumfang der werdenden Mutter zu. Etwa ab dem fünften Monat kann man von außen erkennen, dass sie schwanger ist. In den letzten Monaten wird dadurch das Leben für die Frau immer beschwerlicher. Besonders in dieser Zeit sollte man Rücksicht gegenüber einer werdenden Mutter üben und ihr, wenn möglich, behilflich sein.

Manchmal stellt sich im Verlauf der Schwangerschaft heraus, dass nicht nur ein Kind heranwächst, sondern sogar zwei. Meistens sind dies dann *zweieiige Zwillinge*. Das bedeutet, dass ausnahmsweise gleichzeitig zwei Eizellen ausgereift sind, befruchtet wurden und sich in der Gebärmutter entwickeln.

Noch seltener sind *eineiige Zwillinge*. In diesen Fällen wurde nur eine Eizelle befruchtet. Diese hat sich aber nach der Befruchtung vollständig geteilt und beide Hälften haben sich voneinander getrennt. So sind zwei Keime entstanden, die genau gleich aufgebaut sind. Eineiige Zwillinge sehen sich deshalb sehr ähnlich und haben immer dasselbe Geschlecht. Zweieiige Zwillinge sind einander in dem selben Maße ähnlich wie andere Geschwister auch. In seltenen Fällen können auch Drillinge oder Vierlinge entstehen.

Die Geburt

Schon einige Tage vor der Geburt spürt die werdende Mutter ein verstärktes Ziehen im Rücken und im Bauchraum. Das sind die *Vorwehen*. Sie rühren daher, dass sich die Gebärmuttermuskulatur zusammenzieht. Dadurch wird der *Geburtskanal* geweitet. Er führt durch den Gebärmuttermund und die Scheide nach außen und ist vom knöchernen Becken umgeben.

Kurz vor der Geburt setzen die eigentlichen *Wehen* ein: In regelmäßigen, zunächst etwa 10-minütigen Abständen wird das Kind von der Muskulatur der Gebärmutter kräftig mit dem Kopf in Richtung Scheidenausgang gedrückt. Die Fruchtblase platzt auf und das Fruchtwasser läuft aus. Die Wehen werden dann noch stärker und häufiger. Die Mutter hilft in der anschließenden *Austreibungsphase* mit, indem sie die Bauchmuskulatur anspannt. So wird das Kind mit dem Kopf voran aus dem Körper gepresst.

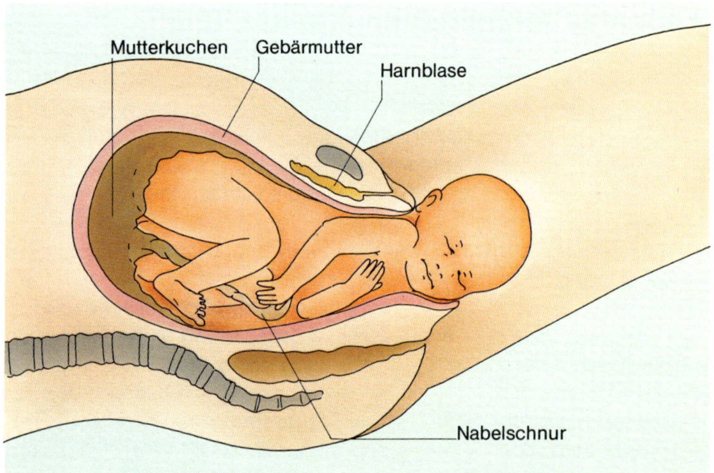

1 Austreibungsphase der Geburt

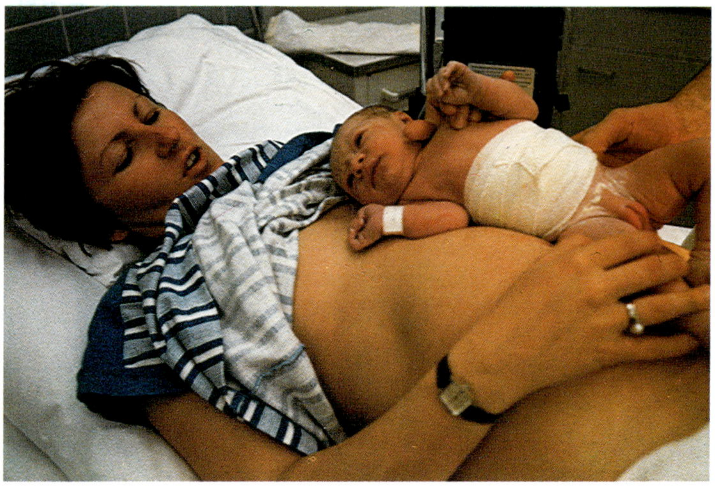

2 Mutter mit Neugeborenem

Arzt und Hebamme helfen mit, bis das Kind geboren ist. Es hängt noch an der Nabelschnur, durch die nun aber kein Blut mehr fließt. Die Sauerstoffversorgung durch die Mutter hört auf. Das Neugeborene macht seinen ersten Atemzug, oftmals ausgelöst von einem kleinen Klaps auf den Po, und schreit.

Das Abtrennen der Nabelschnur bereitet dem Kind keine Schmerzen. Sie wird an zwei Stellen abgebunden und dazwischen durchgeschnitten. Die eigentliche *Entbindung* findet statt. Die Plazenta wird bald darauf als *Nachgeburt* abgestoßen.

Das Kind wird gewaschen und vom Arzt untersucht. Sein Gewicht und seine Länge werden gemessen und dann wird der Säugling der Mutter in die Arme gelegt. Das Neugeborene kann sofort Suchbewegungen nach der Mutterbrust ausführen. Sobald die Lippen die Brustwarzen berühren, beginnt es zu saugen. Die *Brustdrüsen* der Mutter sind schon während der Schwangerschaft angeschwollen und beginnen bald nach der Geburt Milch zu bilden. Die *Muttermilch* ist für das Kind zunächst die einzige Nahrung.

Der Kontakt zur Mutter ist aber nicht nur der Ernährung wegen wichtig. Das Kind spürt die körperliche Wärme und nimmt den Herzschlag der Mutter und die vertraute Stimme wahr. Es fühlt sich geborgen. Auch für die Mutter ist dieser Kontakt wichtig, denn auf diese Weise wird eine enge Beziehung zum Kind hergestellt.

Heute werden die meisten Entbindungen in Krankenhäusern vorgenommen. Der Arzt kann dann bei eventuell auftretenden Schwierigkeiten schnell helfen. Wenn beispielsweise der Geburtskanal zu eng ist oder das Kind quer liegt, muss durch *Kaiserschnitt* entbunden werden. Dazu öffnet man die Bauchdecke und die Gebärmutter und holt das Kind mit der Fruchtblase und der Plazenta aus dem Mutterleib. Für die Mutter kann in einem solchen Fall im Krankenhaus am besten gesorgt werden.

Die Entwicklung des Kindes

Ein *Säugling* kann saugen, lächeln, weinen, sich anklammern und schreien. Er ist jedoch noch völlig hilflos und unselbstständig und bedarf der ständigen Pflege durch die Eltern. Er wird gebadet und gewickelt. Die Eltern reden mit ihm und liebkosen ihn. Diesen Kontakt braucht ein Kind unbedingt. Eine dauernde, gleich bleibende *Bezugsperson* ist besonders wichtig.

Schon Säuglinge lernen eine ganze Menge. Nach einigen Monaten erkennen sie ihre Eltern. Mit etwa acht bis neun Monaten beginnen sie gegenüber anderen Menschen zu fremdeln. Sie haben auch gelernt, gezielt nach Gegenständen zu greifen. Sie ahmen ihre Eltern nach und geben Laute von sich. Dabei werden sie von den Eltern immer wieder beim richtigen Aussprechen bestätigt. Auf diese Weise lernen sie Verstehen und Sprechen.

Kleine Kinder sind neugierig und wollen alles ausprobieren. Gegenstände werden mit den Händen und meistens auch mit dem Mund untersucht. Auf diese Weise lernen sie spielend neue Dinge kennen. Dafür brauchen sie aber auch geeignete Bedingungen. Richtig spielen können sie nur, wenn sie ausgeschlafen und satt sind und wenn genügend Abwechslung vorhanden ist.

Später, etwa mit drei oder vier Jahren, kommt das Kind in den Kindergarten. Dort trifft es viele andere Kinder und lernt viel Neues kennen. Ganz entscheidend ist dabei, dass es sich in der Gruppe behaupten lernt. Andererseits gehört auch Rücksicht nehmen zum Spielen und Lernen in der Gruppe.

Die Schulzeit beginnt. Das Lernen kann auch hier Spiel sein. Manchmal aber ist es auch Übung. Ohne Übung kann man nicht schreiben lernen und ohne Übung prägt man sich auch das Einmaleins nicht ein. Es kommt darauf an, die Schnelligkeit im Schreiben, Lesen und Rechnen zu steigern. Auch Jugendliche müssen noch lernen. Sie tun es manchmal durch Ausprobieren, manchmal durch Üben. Auch die Neugierde bleibt erhalten.

Jetzt haben wir die Entwicklung eines Menschen von der befruchteten Eizelle aus verfolgt: Die Entwicklung im Mutterleib, die Geburt, die Kindheit und die Pubertät. Das Erwachsensein, das Altern und der Tod sind weitere Abschnitte im Leben eines jeden Menschen.

Durchschnittsgrößen und -gewichte von Mädchen und Knaben

Jahre	Mädchen cm	kg
0	50,0	3,3
1/4	60,4	5,7
1/2	67,2	7,4
3/4	71,9	8,9
1	75,6	10,0
1 1/2	82,5	11,5
2	87,8	12,8
3	96,5	14,9
4	104,2	16,9
5	110,9	18,9
6	117,3	20,8
8	129,0	25,8
10	139,1	31,3
12	151,0	39,7
14	161,2	49,8
16	165,4	55,8
18	166,3	58,2

Jahre	Knaben cm	kg
0	51,0	3,5
1/4	61,6	5,9
1/2	68,5	7,9
3/4	73,3	9,3
1	77,0	10,5
1 1/2	83,8	12,1
2	88,9	13,3
3	97,5	15,6
4	105,0	17,6
5	111,4	19,4
6	117,8	21,2
8	129,6	26,2
10	139,8	31,4
12	149,6	37,9
14	161,3	47,8
16	173,1	59,7
18	177,6	66,2

1 Die Mutter stillt den Säugling

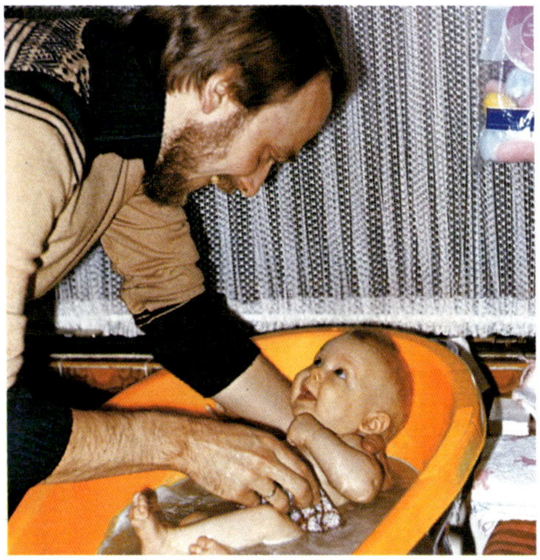

2 Der Vater badet den Säugling

3 Kleinkind beim Spiel mit Holzbausteinen

Die Säugetiere bilden eine sehr vielgestaltige und vielseitige Tiergruppe. Ein Maulwurf wiegt höchstens 100 Gramm, während die größten Wale viele Tonnen schwer werden können. Außer in ihrer Größe und ihrem Gewicht unterscheiden sich beide in vielen anderen Merkmalen. Das hängt mit ihrer ganz unterschiedlichen Anpassung an verschiedene Lebensräume zusammen. Die meisten Säugetiere sind Landtiere, manche sind aber auch in den Luftraum oder in das Meer vorgedrungen. Fledermäuse sind gewandte Flieger, Wale ausdauernde Schwimmer.

Säugetiere

Einige Säugetiere hat der Mensch durch *Züchtung* für sich nutzbar gemacht. So stammen unsere *Haustiere* von *Wildtieren* ab. Wildschweine, die auch heute noch in größeren Waldgebieten häufig sind, sind die Urahnen unserer Hausschweine. Diese werden in großer Zahl als Fleischlieferanten gemästet. Auch viele andere Haustiere, wie Rinder, Schafe und Ziegen, werden vom Menschen für seine Ernährung genutzt. Neben dem Fleisch liefern sie zum Beispiel Milch. Hund und Katze dagegen werden als Begleiter und Hausgenossen des Menschen gehalten.

1 Deutscher Schäferhund

Der Hund als Beispiel für ein Säugetier

Welpe
Junger, noch nicht ausgewachsener Hund

Zitzen
Austrittsöffnungen der Milchdrüsen. Ein Hund besitzt 4 Paar Zitzen.

Rüde
Männlicher Hund

Bettina und Klaus freuen sich. Endlich sollen sie einen Schäferhund bekommen. Herr Kramer, ein Schäferhundzüchter, hat angerufen, dass seine Hündin Cora vor 10 Tagen einen Wurf mit fünf *Welpen* zur Welt gebracht hat. Ungeduldig warten die Kinder darauf, die jungen Hunde sehen zu können. Schließlich stehen sie vor den Welpen. Die Hündin Cora liegt auf der Seite und die wie kleine Wollknäuel aussehenden Welpen hängen an den *Zitzen* der Mutter, um Milch zu saugen. Ihre Augen und Ohren sind noch geschlossen.

„Den mit dem langen Fell möchte ich haben“, sagt Bettina. „Da musst du noch etwas warten“, entgegnet Herr Kramer. „Erst nach 7 bis 8 Wochen werden die Welpen an die neuen Besitzer abgegeben. Bis dahin kannst du aber ab und zu vorbeikommen und nach deinem Hund sehen.“ „Wie viel Junge kann denn ein Hund bekommen?“, will Klaus wissen. Herr Kramer fängt an zu erzählen: „Ein Wurf kann aus vier bis zehn Welpen bestehen. Sie haben sich 63 Tage lang im Mutterleib entwickelt. Dieses ist die *Tragzeit*. Vorher wird die Hündin *heiß*, d. h. sie ist bereit, sich mit einem *Rüden* zu paaren. Das ist zweimal im Jahr unabhängig von der Jahreszeit der Fall. Die bevorstehende Geburt wird ungefähr zwei Tage vorher dadurch angekündigt, dass die Hündin heftig zu scharren anfängt. Die Geburt findet hier bei mir in der Wurfkiste statt. In Abständen von ungefähr 15 Minuten werden die Jungen geboren. Sie sind noch von dünnen Häuten umgeben, die von der Hündin aufgebissen und gefressen werden. Anschließend werden die Welpen trockengeleckt.

Die neugeborenen Welpen suchen sofort die Zitzen der Mutter auf und saugen Milch. Finden sie diese nicht sofort, pendeln sie mit dem Kopf hin und her und kriechen so lange herum, bis sie eine Zitze erreicht haben. Dabei geben sie quiekende Töne von sich, um nach der Mutter zu rufen. Bei der Geburt sind Augen und Ohren noch verschlossen. Sie öffnen sich erst im Alter von ungefähr 12 Tagen. Wenn ihr in drei Tagen wiederkommt, ist es so weit.“

Ihr habt nun schon eine ganze Menge über den Hund erfahren: Die Jungen entwickeln sich im Mutterleib. Nach der Geburt werden sie mit Milch gesäugt, die in den *Milchdrüsen* gebildet wird. Alle Tiere, die ihre Jungen so zur Welt bringen und ernähren, nennt man **Säugetiere**. Auf ein weiteres Merkmal der Säugetiere ist Herr Kramer nicht eingegangen. Es sind die *Haare*, die zusammen mit der Haut das *Fell* bilden. Keine andere Tiergruppe außer den Säugetieren besitzt ein solches Fell.

Die Entwicklung der Welpen

In den ersten Lebenswochen sind die Jungen hilflos, sie verlassen ihre Wurfkiste nicht. Sie sind *Nesthocker*. Um zu überleben, müssen die Welpen vom Muttertier dauernd betreut werden. Der Biologe nennt dieses Verhalten *Brutpflege*.

Das von Herrn Kramer beschriebene Suchen nach den Zitzen ist den Welpen *angeboren*. Tritt beim Säugen nicht genügend Milch aus, trippeln die Welpen mit ihren Vorderpfoten gegen den Bauch der Mutter. Auf diese Weise werden die Milchdrüsen zur Bildung und Absonderung von Milch angeregt. Nach 2 bis 3 Wochen werden die Welpen von der Milch entwöhnt. In dieser Zeit wachsen auch die ersten Zähne.

Nach drei Wochen sind die Welpen so weit entwickelt, dass sie beginnen, mit ihren Artgenossen zu spielen und die nähere Umgebung zu erkunden. Sie verlassen hin und wieder die Wurfkiste und lernen so ihre Artgenossen und ihre Umwelt kennen. Dazu gehört auch der Mensch. Das dauert bis zur 7. oder 8. Lebenswoche. Haben die Welpen in dieser Zeit wenig Kontakt zu Artgenossen gehabt, kann es passieren, dass sie sich später anderen Hunden gegenüber nicht normal verhalten. Entsprechend werden Hunde auch kein Vertrauen zum Menschen haben, wenn sie bis zur 8. Woche nicht genügend Kontakt zum Menschen hatten.

Bei wild lebenden Hunden übergibt die Hündin nach dieser Zeit ihre Jungen an den Rüden, der die weitere Erziehung der Welpen übernimmt. In der Erziehungszeit geht der Rüde geduldig auf das Spielen der Welpen ein und fordert sie auch dazu auf. Durch dieses *Spielverhalten* erlernen die Welpen körperliche Geschicklichkeit und den Umgang mit erwachsenen Hunden.

Sie lernen so zum Beispiel, wann sie sich anderen Hunden unterordnen müssen. Junge Hunde werfen sich in Gegenwart eines älteren Hundes häufig auf den Rücken. Das ist ein Zeichen der Unterwerfung. Diese *Demutshaltung* verhindert, dass der Welpe angegriffen oder gar gebissen wird. Bleiben mehrere Welpen zusammen, bildet sich in dieser Zeit eine *Rangordnung* aus. Die Welpen kennen dann ihre eigene Stärke und verhalten sich entsprechend.

Aufgaben

① Nenne Merkmale, die den Hund als Säugetier kennzeichnen. Auf welche anderen Tiere treffen diese Merkmale ebenfalls zu?

② Begründe anhand des Textes, weshalb die Welpen die Wurfkiste verlassen können sollten.

③ Begründe, warum man die jungen Welpen Nesthocker nennt.

④ Im Freien gehaltene Hunde legen vor der Geburt der Welpen eine Wurfhöhle an. Kannst du nun erklären, weshalb die Hündin ungefähr zwei Tage vor der Geburt der Welpen zu scharren anfängt?

⑤ Begründe, weshalb der Züchter erst nach ungefähr acht Wochen die Welpen an die neuen Besitzer abgibt. Welche Aufgabe muss dieser übernehmen?

1 Schäferhündin mit Jungen

2 Junge Hunde spielen miteinander

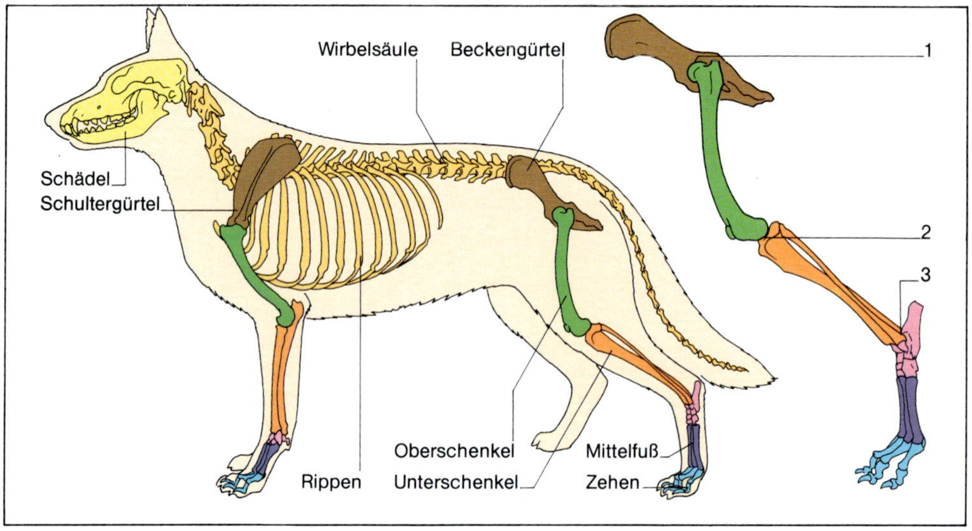

1 Skelett eines Hundes

Der Hund — ein leistungsfähiges Wirbeltier

Bettinas Hund, der Rüde Benko, ist inzwischen 10 Monate alt geworden. Bettina geht nun oft mit ihm spazieren. Benko läuft in geringem Abstand vor ihr auf dem Weg hin und her. Da nimmt das Mädchen einen Stock und wirft ihn weit nach vorn. Sofort läuft der Hund in langen, schnellen Sätzen hinterher. Nach dem Abstoß mit den Hinterbeinen streckt sich der Körper und hebt vom Boden ab. Die Vorderbeine setzen auf und der Rücken krümmt sich bogenförmig nach vorn. Dann setzen die Hinterbeine auf und das Ganze beginnt von neuem. Beim Stock angekommen, nimmt Benko diesen ins Maul und läuft in gleicher Weise zu Bettina zurück, die ihm den Stock abnimmt. Sie lässt Benko Platz nehmen und lobt ihn dafür.

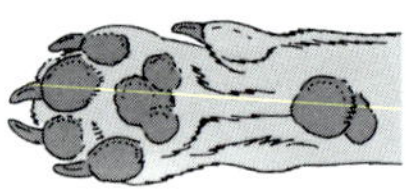

Hundepfote

Der Körperbau des Hundes

Dass der Hund ein guter Läufer ist, kann man an seinem Körperbau erkennen. Der Körper wird durch ein Knochengerüst, das *Skelett*, gestützt. Es befindet sich im Inneren des Körpers. Das Skelett besteht aus mehreren Abschnitten, dem *Rumpfskelett* mit der Wirbelsäule, dem *Kopfskelett* mit der Schädelkapsel und dem *Gliedmaßenskelett* mit den Beinen. Die *Wirbelsäule* wird aus einzelnen Wirbeln gebildet. Die an ihr ansetzenden *Muskeln* bewirken beim Laufen ihre Krümmung und das anschließende Zurückschneiden in die Ausgangslage. Die langen Beine ermöglichen es dem Hund, in großen Sätzen zu laufen.

Alle Tiere, die wie der Hund eine Wirbelsäule aus einzelnen Wirbeln besitzen, nennt man **Wirbeltiere**. Beim Laufen setzt der Hund nur mit den Zehen auf. Er ist ein *Zehengänger.* Ballen unter den Zehen federn den Körper ab. Die Krallen am Ende der Zahlen verhindern auf weichem Untergrund das Wegrutschen. Sie nutzen sich beim Laufen mit der Zeit ab und werden stumpf, wachsen aber ständig nach.

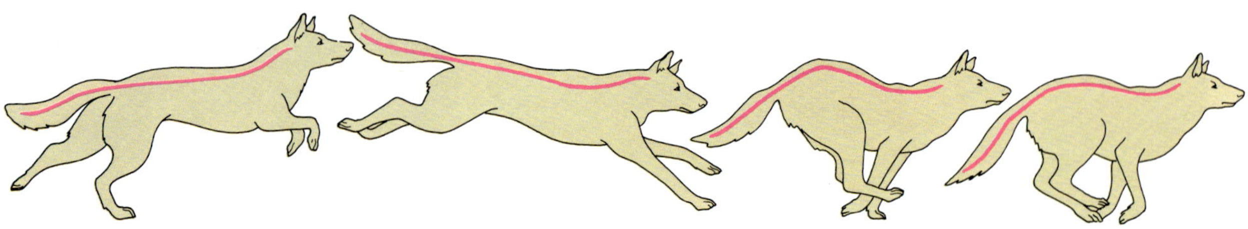

Wie der Hund seine Umwelt wahrnimmt

Bei Bettinas Spaziergang schnupperte Benko an Bäumen und auf dem Erdboden, obwohl wir Menschen dort nichts Besonderes riechen können. Ähnliches gilt für das Hören. Das Fiepen einer Maus, für uns aus einigen Metern Entfernung nicht mehr hörbar, wird von einem Hund noch wahrgenommen.

Das dauernde Schnuppern am Boden oder an Bäumen deutet auf den sehr empfindlichen *Geruchssinn* hin. Der Hund merkt, ob vor ihm ein Mensch ging oder z. B. ein Hund entlanglief. Am Geruch der *Harnmarken* erkennt er, ob diese von einem Rüden oder einer Hündin stammen. Das aufmerksame Spiel der Ohren verrät den guten Gehörsinn. Das *Sehvermögen* ist dagegen nicht so stark entwickelt. Dennoch nimmt ein Hund von seiner Umgebung wesentlich mehr wahr als der Mensch, denn er sieht seine Umgebung nicht nur mit den Augen, sondern erfasst sie auch mit der Nase und den Ohren. Der Mensch nutzt diese Fähigkeiten des Hundes und setzt sie zu seiner Unterstützung ein, z. B. als *Spürhunde* beim Zoll oder als *Wach-* und *Jagdhunde*.

Hunde schwitzen nicht

Manchmal kommt es vor, dass ein Hund über eine längere Strecke einen Hasen verfolgt, den er zuvor aufgespürt hat. Du hast sicher schon beobachtet, dass Hunde nach einer solchen Anstrengung kräftig *hecheln* und die von Speichel nasse Zunge aus dem Maul hängen lassen. Menschen schwitzen in solchen Situationen; dadurch kühlt ihr Körper ab. Hunde können nicht schwitzen, da sie keine Schweißdrüsen besitzen. Sie kühlen ihren Körper durch Hecheln und über die nasse Zunge ab. Andererseits schützt das dichte Fell den Hund gegen Kälte. Hunde können so ihre Körpertemperatur ständig auf einem bestimmten Wert halten; sie sind *gleichwarme Tiere*.

Der Hund ist ein Fleischfresser

Nach der Rückkehr vom Spaziergang ist gerade Fütterungszeit. Benko bekommt einige Stücke Rindermagen. Die kleineren Stücke verschlingt er auf einmal, ein größeres zerreißt er erst in zwei Teile. Die eiweißreiche Fleischnahrung wird ergänzt durch andere Innereien und Knochen, aber auch durch pflanzliche Nahrungsbestandteile wie Haferflocken und etwas Gemüse. So werden dem Körper des Hundes alle lebensnotwendigen Stoffe zugeführt.

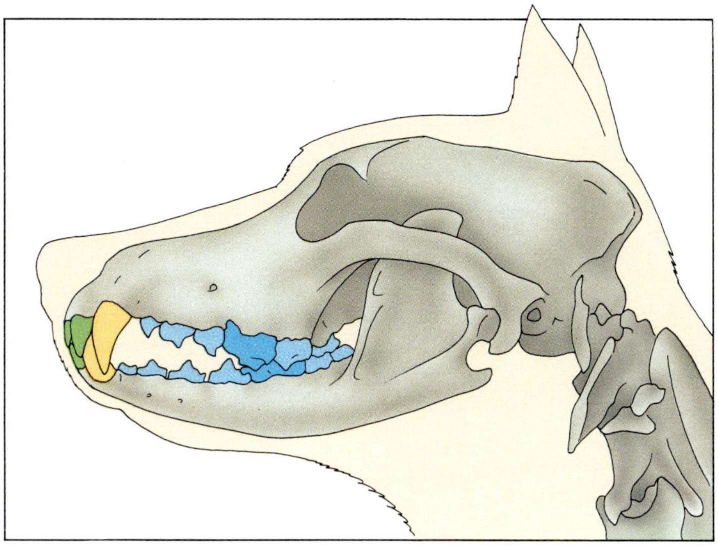

1 Schädel eines Hundes

Auf diese Art von Nahrung ist das Gebiss des Hundes eingerichtet, es ist ein *Fleischfressergebiss*. Die langen, spitzen Eckzähne überragen die übrigen Zähne. Sie heißen *Fangzähne*, da sie bei der Jagd zum Ergreifen und Festhalten der Beute dienen. Die größten Backenzähne besitzen scharfkantige Höcker und werden als *Reißzähne* bezeichnet. Sie arbeiten bei der Bewegung des Unterkiefers gegen den Oberkiefer wie eine Schere. Auf diese Weise können größere Fleischstücke zerkleinert werden. Die hinteren Backenzähne eignen sich auch zum Zermalmen nicht allzu großer Knochen. Mit den flachen Schneidezähnen werden Fleischreste von den Knochen abgeschabt.

Aufgaben

① Ordne den Ziffern in Abbildung 60.1 die richtigen Begriffe zu. Vergleiche das Skelett des Hundes mit dem des Menschen (Abbildung 15.1). Welche Übereinstimmungen stellst du fest?

② Der Hund ist ein Zehengänger, der Mensch ein Sohlengänger. Erläutere anhand des jeweiligen Skeletts die Unterschiede.

③ Mit welchen Zähnen kann der Hund am kräftigsten zubeißen und einen Knochen zerbrechen? Durch einen Vergleich kannst du dieses herausfinden: Stelle fest, wie du mit einer Schere die größte Kraft entfalten kannst.

④ Gib weitere Beispiele dafür an, wie der Mensch die leistungsfähigen Sinnesorgane des Hundes für sich ausnutzt.

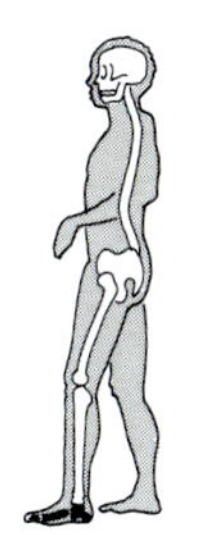

1 Wolfsrudel

2 Rangordnungskampf bei Wölfen

3 Körpersprache des Wolfes

Der Wolf — Stammvater des Hundes

Der Wolf gilt als Stammvater aller unserer *Hunderassen*. Daher wird man auch seinen eigenen Hund besser verstehen, wenn man über das *Verhalten* von frei lebenden Wölfen genauere Kenntnisse hat.

Wölfe leben in *Rudeln*, das sind kleinere Gruppen von 5—8 Tieren. Nur selten sind die Rudel größer. Die einzelnen Tiere des Rudels kennen sich genau. Es besteht eine *Rangordnung*. Sowohl bei den männlichen als auch bei den weiblichen Tieren gibt es jeweils ein *Leittier*, die zusammen das Rudel anführen. Die übrigen Rudelmitglieder sind den zwei Leittieren untergeordnet. Nur diese beiden paaren sich und bringen einmal im Jahr fünf Junge zur Welt. An der Aufzucht der Welpen ist das ganze Rudel beteiligt.

Wölfe zeigen durch die *Schwanzhaltung* und den *Gesichtsausdruck* an, ob sie drohen oder imponieren, ob sie angreifen wollen oder Angst haben oder ob sie sich unterwerfen wollen. Aus dem Verhalten der einzelnen Wölfe kann man so auf die Rangordnung im Rudel schließen.

Ein Wolfsrudel jagt in einem *Revier* von 100 bis weit über 1000 Quadratkilometern, das gegen fremde Wölfe verteidigt wird. Innerhalb eines solch großen Reviers verständigen sich die Mitglieder eines Rudels durch Heulen. So finden sie wieder zusammen.

In menschenleeren Gegenden — wie in manchen Teilen Kanadas oder Nordost-Europas — jagen die Wolfsrudel Elche und Hirsche, die erst bis zur Erschöpfung gehetzt und dann erlegt werden. Wölfe sind *Hetzjäger*. In von Menschen bewohnten Gegenden, wie den Abruzzen in Italien, kommen die Wölfe nachts in die Dörfer, um sich Abfälle zu holen. Manchmal reißen sie außerdem Schafe und Ziegen, die in der Umgebung weiden. Sie vermeiden dabei jedoch weitgehend die Begegnung mit dem Menschen, da sie angeborenermaßen sehr scheue Tiere sind. So ist dort noch kein Fall bekannt geworden, dass Wölfe einen Menschen angefallen hätten, obwohl sie in unmittelbarer Nachbarschaft leben.

Die große Angst der meisten Menschen vor dem Wolf kommt aus Erzählungen und Märchen. Völker, die in ständiger Nachbarschaft zum Wolf gelebt haben oder noch leben, wie z. B. die Indianer Nordamerikas, verehren den Wolf dagegen sogar als „großen Bruder".

1 Bernhardiner

2 Königspudel

3 Chow-Chow

4 Münsterländer

5 Zwergspitze

6 Italienisches Windspiel

7 Yorkshire-Terrier

Hunderassen

Wie konnten sich nun aus dem Wolf die vielen Hunderassen entwickeln? Man nimmt an, dass vor etwa 12 000 Jahren die Steinzeitjäger Wölfe in ihre Obhut nahmen. Warum sie das taten, ist nicht bekannt. Es könnte sein, dass Wölfe ihnen in schlechten Zeiten als Nahrung dienten. Sie erkannten vielleicht, dass sich gefangene Welpen vom Menschen gut aufziehen lassen und Wölfe sich in ihren Eigenschaften unterscheiden. Irgendwann ließen sie nur Tiere mit den gewünschten Eigenschaften sich fortpflanzen. In der Obhut des Menschen veränderten sich die Wölfe dadurch immer mehr. So wurden sie mit der Zeit zu Gehilfen des Menschen, mit denen sie auf die Jagd gehen oder von denen sie ihr Lager bewachen lassen konnten.

Im Verlauf der Haustierwerdung hat der Hund die den Wölfen angeborene Scheu vor den Menschen verloren. Der Mensch hat die Rolle des Rudelführers übernommen. Außerdem haben sich Aussehen und Größe der Hunde stark verändert. Bei vielen Hunderassen sind Beine und Schnauze kürzer als beim Wolf, bei anderen Farbe und Länge des Fells anders als beim Stammvater. Durch diese jahrtausendelange *Züchtung* gibt es heute ungefähr 400 Hunderassen. Manche davon werden für ganz bestimmte Aufgaben eingesetzt.

Aufgaben

① Welche Hunderassen kennst du? Informiere dich über sie und berichte.

② Nenne für einzelne Hunderassen typische Verwendungsmöglichkeiten.

1 Hauskatze

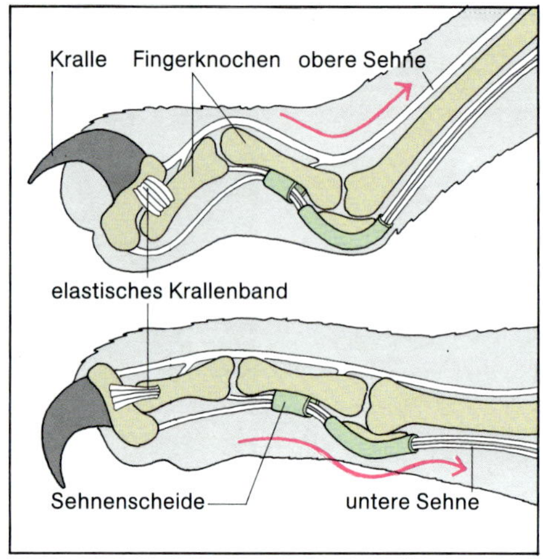

2 Schema der Krallenbewegung

Die Katze ist ein Schleichjäger

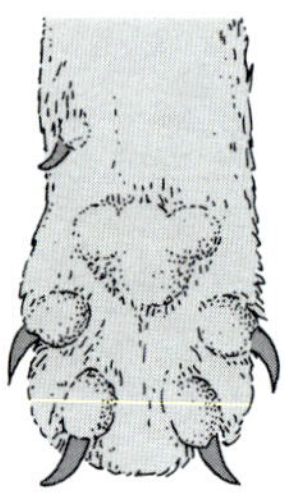

Katzenpfote von unten

Eine Katze liegt in der Nähe eines Bauernhofes tief geduckt und regungslos in einer Wiese. Sie scheint etwas aufmerksam zu beobachten. Die Katze erhebt sich und bewegt sich im Zeitlupentempo in geduckter Haltung zwei bis drei Schritte nach vorn. Dann drückt sie sich wieder ganz dicht an den Erdboden. Sie wartet eine Weile, bis sie sich wiederum einige Schritte weiterbewegt. Schließlich verharrt sie in gespannter Haltung. Plötzlich schnellt die Katze mit gestreckten Vorderbeinen in einem weiten Bogen vorwärts. Nach der Landung hört man ein kurzes Fiepen. Eine Maus ist gefangen. Sie wird durch einen Biss getötet und davongetragen.

Die Katze ist an diese Art des Beuteerwerbs gut angepasst. Die recht kurzen Beine ermöglichen ihr ein unbemerktes Anschleichen in geduckter Haltung. Beim Abspringen strecken sich Hinterbeine und Wirbelsäule blitzschnell. Der lange Schwanz hält die Katze dabei im Gleichgewicht. Man bezeichnet die Katze als *Schleichjäger*. Beim Anschleichen an die Beute darf die Katze weder Geräusche machen, noch gesehen werden. Daher also ihre sehr langsamen Bewegungen, die immer wieder unterbrochen werden, bevor sie den nächsten Schritt macht. Sie setzt ihre Beine nur mit den Zehen auf, sie ist ein *Zehengänger*.

Die *Krallen* der Vorderpfoten können in eine Falte zwischen den weichen Ballen eingezogen werden. Auf diese Weise läuft die Katze wie auf „Samtpfoten". Ihre Schritte sind deshalb nicht zu hören. Beim blitzschnellen und überraschenden Beutesprung fährt sie ihre Krallen aus und ergreift damit die Beute. Das Ausfahren der Krallen wird durch Muskeln ermöglicht, die über Sehnen mit den Krallen verbunden sind. Ab und zu müssen die Krallen nachgeschärft werden. Das geschieht durch Kratzen an Bäumen oder anderen Gegenständen.

Beim Verzehr der erbeuteten Maus benutzt die Katze ihr *Fleischfressergebiss*. Mit den Fangzähnen hält sie die Beute fest und tötet sie durch einen Genickbiss. Mit den Reißzähnen zerkleinert sie die Beute. Die in der Beute enthaltenen Knochen werden zwischen den hinteren Backenzähnen zermalmt und im Magen zersetzt. Die Verdauung erfolgt im sich anschließenden Darm, der vier- bis fünfmal so lang ist wie der ganze Körper.

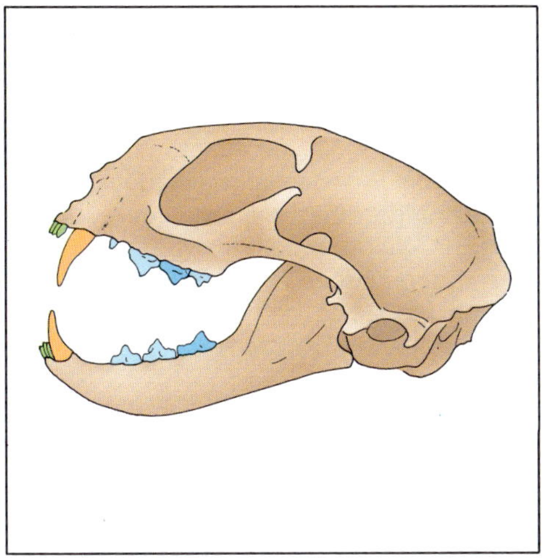

1 Schädel einer Katze

2 Pupillen bei verschiedener Helligkeit

Sinnesorgane der Katze

Um bei der Mäusejagd Erfolg zu haben, muss die Katze sich nicht nur unbemerkt an die Beute anschleichen, sondern diese auch rechtzeitig entdecken können. Diese Aufgabe übernehmen ihre *Sinnesorgane.* Katzen nehmen ihre Umwelt vor allem mit ihren empfindlichen Augen und Ohren wahr.

Tagsüber ruhen Katzen häufig. Erst in der Dämmerung gehen sie auf Mäusejagd. Die großen, kreisrunden *Pupillen* lassen dann viel Licht in das Innere des Auges fallen. So kann die Katze auch bei geringer Helligkeit noch gut sehen. Das im Inneren des Auges auf die Netzhaut fallende Licht wird gespiegelt. Katzenaugen leuchten deshalb auf, wenn sie im Dunkeln von einem Licht angestrahlt werden. Tagsüber würden weit geöffnete Pupillen zu viel Licht auf die Netzhaut fallen lassen, die Katze würde geblendet. Das wird durch Verengung der Pupille am Tage verhindert. Die Pupillenschlitze sind dann schmal und senkrecht gestellt.

Beim Aufspüren der Beute wirken Augen und Ohren zusammen. Die tütenförmigen Ohren sind in dauernder Bewegung. Die Öffnungen der Ohrmuscheln können dabei jeweils in verschiedene Richtungen zeigen. Mit ihrem empfindlichen *Gehör* nehmen Katzen auch aus größerer Entfernung noch leise Geräusche wahr.

Ihre unmittelbare Umgebung können Katzen zusätzlich durch ihre *Schnurrhaare* ertasten. Auf diese Weise finden sie sich auch in vollständiger Dunkelheit zurecht, selbst wenn ihre empfindlichen Augen nichts mehr wahrnehmen können.

Aufgaben

① Erkläre mithilfe der Abbildung 64.2, wie die Katze ihre Krallen bewegt.
② Beschreibe mit eigenen Worten das Jagdverhalten einer Katze.
③ Fasse zusammen, welche Aufgaben die Pupille für das Auge der Katze hat.
④ Warum nennt man Rückstrahler am Fahrrad, Auto oder an Leitpfosten Katzenaugen?
⑤ Welche Bedeutung hat es, dass die tütenförmigen Ohren der Katze in verschiede Richtungen gedreht werden können? Vergrößere zum Vergleich deine eigenen Ohrmuscheln durch die Handfläche. Drehe sie dann bei Geräuschen in verschiedene Richtungen.

1 Hauskatze mit Jungen

2 Europäische Wildkatze

3 Falbkatze

Jungenaufzucht und Verhalten

Zwei- oder dreimal im Jahr ist die Katze *paarungsbereit.* 9 Wochen nach der Paarung werden 2 bis 8 hilflose Junge geboren, die vier bis fünf Wochen lang gesäugt werden. Bei Störungen trägt die Katze ihre Jungen häufig in ein Ausweichnest. Dazu werden sie mit den Zähnen im Genick gefasst. Die Jungen verharren dabei regungslos. Man sagt, sie fallen in *Tragstarre.*

Nach etwa 4 Wochen beginnen die Jungen miteinander zu spielen. Sie üben dabei das Anschleichen und Zuspringen auf die Beute. Nun kann es sein, dass die Katzenmutter eine Maus mitbringt, die noch lebt. Sie lässt sie kurz los, um sie wieder zu ergreifen. Auch die Jungen versuchen, die Maus zu fangen. So lernen sie den Beutefang. Später nimmt die Mutter die Jungen mit auf die Jagd.

Taucht ein Feind auf, z. B. ein Hund, macht die Katze häufig einen *Buckel* und sträubt die Haare. Dadurch sieht sie größer aus. Dazu faucht sie laut. Zieht sich der Hund nicht zurück, verpasst sie ihm entweder einen Pfotenschlag auf die Nase, bei dem die Krallen ausgefahren sind, oder sie ergreift in schnellen Sprüngen die Flucht. Da sie nur über kurze Entfernungen schnell genug ist, flieht sie möglichst auf einen Baum oder eine Mauer, wo sie vor ihrem Verfolger sicher ist.

Katzen sind *Einzelgänger* und besitzen ein *Revier.* Deshalb gehen sie meist keine sehr enge Beziehung zum Menschen ein, wohl aber zum Haus oder zur Wohnung, die als Revier betrachtet werden.

Abstammung und Verwandtschaft der Hauskatze

Bei einem Vergleich mit der sehr ähnlich aussehenden, aber etwas größeren europäischen **Wildkatze** könnte man glauben, diese sei der Urahn unserer Hauskatze. Das ist jedoch nicht der Fall. Wildkatze und Hauskatze sind allerdings miteinander verwandt und können sich auch untereinander paaren.

Unsere Hauskatze stammt vielmehr von der **Falbkatze** ab, die in Nordafrika und Vorderasien lebt. Von den Römern wurde sie in unserer Heimat als Haustier eingeführt. Sie diente als nützlicher Mäuse- und Rattenfänger zum Schutz der Nahrungsvorräte. Deswegen sind auch heute Katzen auf Bauernhöfen noch gern gesehen.

Hund und Katze im Vergleich

Aufgaben

① Erläutere mithilfe der Abbildung 1, weshalb Hund und Katze zu den Wirbeltieren gehören.
② Nenne die Merkmale, die Hund und Katze als Säugetiere kennzeichnen.
③ Vergleiche die Gebisse von Hund und Katze mithilfe der Abbildungen 61.1 und 65.1. Welche Unterschiede fallen dir auf?
④ In Abbildung 3 ist für den Hund beispielhaft gezeigt, wie man eine Zahnformel erstellt. Ermittle in gleicher Weise die Zahnformel für die Katze.
⑤ Hund und Katze sind in in verschiedener Weise an den Fang von lebenden Beutetieren angepasst. Beschreibe das unterschiedliche Beutefangverhalten von Hund und Katze.
⑥ Für beide Tiere spielen die Sinnesorgane beim Beuteerwerb eine große Rolle. Welche Sinnesorgane sind bei Hund und Katze am wichtigsten?
⑦ Nenne Unterschiede im Körperbau von Hund und Katze und erläutere, welche biologische Bedeutung diese Unterschiede haben könnten.
⑧ Katzen betrachten zwar die häusliche Umgebung als ihr Revier, sie ordnen sich aber dem Menschen nicht vollständig unter. Hunde dagegen kann man leicht in die menschliche Familie eingliedern. Nenne Gründe dafür.
⑨ Die Jungen von Hund und Katze sind sehr verspielt. Nenne die Bedeutung dieses Spielverhaltens.
⑩ Beschreibe die Lage der inneren Organe einer Katze anhand von Abbildung 2. Nenne, soweit möglich, die Aufgaben der einzelnen Organe.
⑪ Fertige eine Tabelle an, in der du die gemeinsamen und unterschiedlichen Merkmale bzw. Eigenschaften übersichtlich zusammenstellst.

Verwende dazu folgendes Muster:

Merkmal bzw. Eigenschaft	**Hund**	**Katze**
Soziale Lebensweise	Rudeltier	Einzelgänger
Hauptsinnesorgane	....	....
Sind die Krallen einziehbar?	....	....
Jagdverhalten usw.	....	....

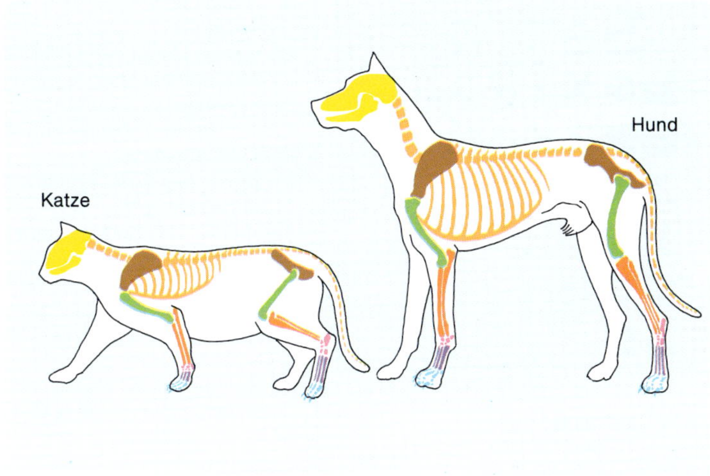

1 Skelette von Hund und Katze im Vergleich

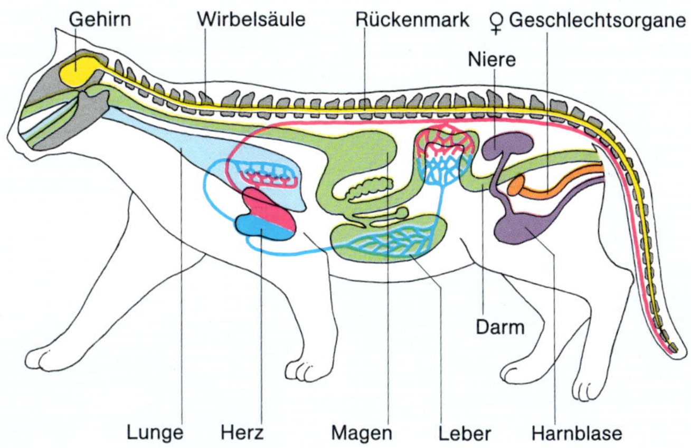

2 Die inneren Organe einer Katze

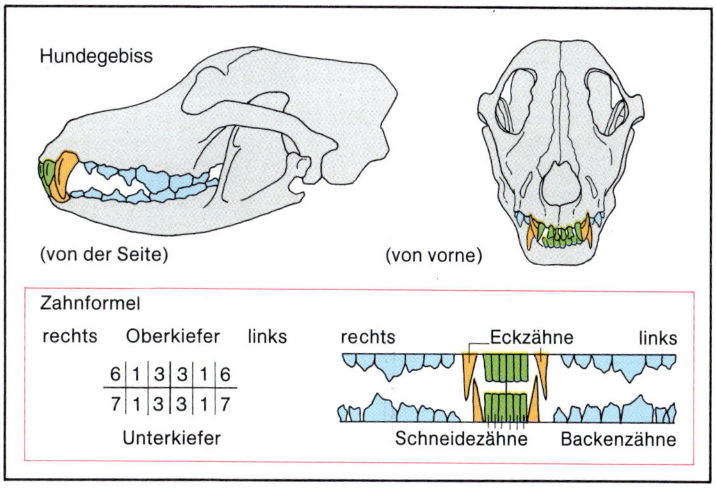

3 Entwicklung einer Zahnformel

Lexikon
Lexikon
exikon
xikon
ikon
kon
on

Heimtiere

Vielleicht hast du dir schon immer ein eigenes Tier gewünscht, vielleicht hast du gar schon eines. So schön das ist, solltest du dir aber doch über die sich daraus ergebenden Folgen im Klaren sein. Viele Menschen überlegen sich nämlich vorher nicht gründlich genug, welche Pflichten sich mit der Anschaffung eines Heimtieres für den Besitzer ergeben.

Tiere stellen bestimmte *Ansprüche* an ihre Umwelt, die bei der Haltung berücksichtigt werden müssen. Du solltest dir deshalb vor der Anschaffung eines Heimtieres einige Fragen stellen und diese ehrlich beantworten.

1. *Welches Tier ist für mich am besten geeignet?*

Größere Tiere, wie Hund oder Katze, benötigen meist viel Platz. Ihr Lebensraum ist dann die Wohnung, das Haus oder der Garten. Nur kleinere Tiere, wie z. B. Hamster oder Wellensittiche, kann man dauernd in geeigneten Käfigen halten. Es kommen auf keinen Fall Tiere in Frage, deren Haltung durch das Tierschutzgesetz untersagt ist.

2. *Habe ich genügend Zeit, mich um das Tier zu kümmern?*

Informiere dich über den täglichen Zeitaufwand für das gewünschte Tier. Kläre, ob sich bei längerer Abwesenheit jemand um das Tier kümmern kann. Hast du Bedenken, solltest du dir kein Tier anschaffen.

3. *Welche Ansprüche hat das Tier an die Nahrung?*

Die Nahrungsansprüche musst du genau kennen, damit dein Heimtier gegenüber Krankheiten widerstandsfähig ist und gesund bleibt.

4. *Welche Krankheiten kann das Tier bekommen oder übertragen?*

Manche Krankheiten sind lebensgefährlich für Tier und Mensch. Deshalb sind unter Umständen Impfungen durch den Tierarzt notwendig.

5. *Was geschieht mit dem Nachwuchs?*

Du solltest klären, ob du die Jungtiere abgeben kannst oder ob es besser ist, dein Heimtier sterilisieren oder kastrieren zu lassen, damit keine Nachkommen entstehen.

6. *Woher beschaffe ich mir das gewünschte Tier?*

Nicht jeder, der Tiere verkauft, verkauft sie in einem guten Zustand. Du solltest dich deshalb über den Verkäufer informieren. In vielen Fällen kann auch der Gang zum Tierheim eine günstige Möglichkeit darstellen.

7. *Welche Kosten sind mit der Anschaffung eines Tieres verbunden?*

Nicht nur die Anschaffung kostet Geld, sondern auch die anschließende Haltung (Kosten für Futter, Tierarzt usw.).

Hund oder Katze?

Wer nicht genau weiß, ob er einen Hund oder eine Katze anschaffen soll, sollte die Ansprüche der beiden Tierarten zunächst miteinander vergleichen. So findet man am besten heraus, welchem Tier man am ehesten gerecht werden kann. Beide Tiere verlangen eine *gewissenhafte Pflege.* Sie sind keine Spielzeuge.

Hund

Zeitpunkt der Anschaffung: Möglichst in der 7. bis 8. Lebenswoche.

Impfungen: Auf jeden Fall gegen Staupe, evtl. auch gegen Hepatitis (Gelbsucht) und Tollwut.

Unterbringung: Bei Haltung in der Wohnung fester Schlafplatz. Unterbringung größerer Hunde auch in hinreichend großen Zwingern.

Fütterung: Junghunde 3—4-mal täglich, erwachsene Hunde nur noch 1-mal täglich. Dosen- oder Trockenfutter für Hunde enthält alle lebensnotwendigen Stoffe. Keine gewürzten Essensreste, Trinkwasser nicht vergessen.

Zeitbedarf: Hunde benötigen täglichen Auslauf und Beschäftigung. Die Erziehung sollte gewissenhaft erfolgen, vor allem durch Lob.

Alter: 10 bis 15 Jahre.

Kosten: Reinrassige Hunde sind zum Teil sehr teuer (bis zu einigen hundert Mark). Mischlinge sind für wenig Geld erhältlich und in der Regel genauso treue Hausgenossen.

Katze

Zeitpunkt der Anschaffung: Ab der 12. Lebenswoche.

Impfungen: Auf jeden Fall gegen Katzenseuche, evtl. gegen Tollwut und Katzenschnupfen.

Unterbringung: Fester Schlafplatz in der Wohnung, immer zugängliches Katzenklo, nach Möglichkeit freier Auslauf.

Ernährung: Abwechslungsreiche Fleischnahrung und käufliches Dosen- und Trockenfutter, auch Trinkwasser nicht vergessen. Fütterung von Jungkatzen 3—4-mal, von erwachsenen Katzen 1—2-mal am Tag.

Zeitbedarf: Man sollte sich jeden Tag mit der Katze beschäftigen, auch wenn sie ein größeres Ruhebedürfnis als der Hund hat.

Alter: Bis ca. 12 Jahre

Sonstiges: Will man keinen Nachwuchs, sollte man die Katze nach Eintreten der Geschlechtsreife (ungefähr im 8. Lebensmonat) sterilisieren lassen.

Goldhamster

Der Goldhamster kommt in den Wüstensteppen Syriens und den angrenzenden Ländern vor. Er bewohnt unterirdische Bauten, die er selbst gräbt. In seinen Backentaschen sammelt er Nahrung und trägt sie in seinen Bau. Er ist dämmerungs- und nachtaktiv. Der Goldhamster lebt außerhalb der Paarungszeit als Einzelgänger. Seinen Namen hat er wegen seines goldgelben Fells.

Anschaffung: Im Alter von 4 bis 5 Wochen im Zoofachgeschäft. Ältere Tiere lassen sich nicht so leicht an die neue Umgebung gewöhnen.

Haltung: In der Regel als Einzeltier in einem geeigneten Käfig mit Klettermöglichkeiten. Einstreu aus Sägemehl und Hamsterhaus. Käfig an ruhigem Platz, nicht zu hell, unterbringen. Käfig jede Woche säubern und Einstreu wechseln. Urinecke alle 2 bis 3 Tage reinigen (Geruch).

Ernährung: Käufliches Trockenfutter als Grundlage enthält alle lebenswichtigen Stoffe. Zusätzlich Gemüse und Obst. Futterreste täglich entfernen! Futternäpfe sollten nicht umkippen können. Futter darf immer zur Verfügung stehen. Wasser ist erforderlich, wenn die Nahrung wenig Flüssigkeit enthält.

Sonstiges: Goldhamster werden bei richtiger Pflege 2 bis 4 Jahre alt. Tagsüber soll man sie nicht stören, da sie den Tag zum größten Teil verschlafen. Beschäftigt man sich allabendlich mit ihnen, werden sie nach 3 bis 4 Monaten zahm, sodass sie das Futter aus der Hand nehmen.

Meerschweinchen

Meerschweinchen wurden schon vor mindestens 3000 Jahren in Südamerika von den Indios gezüchtet. Diese hielten Meerschweinchen als Fleischlieferanten. Im 16. Jahrhundert kamen sie erstmals nach Europa. Hier werden sie von Liebhabern gezüchtet, heutzutage aber auch als Versuchstiere in Labors gehalten. Die Stammform des Hausmeerschweinchens ist das etwas kleinere Wildmeerschweinchen, das in fast ganz Südamerika verbreitet ist. Sie leben dort in Sippen von bis zu 20 Tieren. Meerschweinchen sind tagaktiv und bewohnen selbst gegrabene oder von anderen Tieren verlassene Erdhöhlen.

Anschaffung: Möglichst ein oder mehrere Jungtiere im Alter von 2 bis zu 4 Monaten. Will man bei Gemeinschaftshaltung keinen Nachwuchs, entweder nur Weibchen halten oder Männchen kastrieren lassen. Sonst sind 4 bis 5 Würfe pro Jahr zu erwarten! Mehrere Männchen vertragen sich nicht.

Haltung: In Käfig oder Plastikwanne (Größe: mind. 60×30 cm. Höhe mind. 25 cm, wenn der Behälter oben offen ist). Einstreu aus Sägemehl, Stroh und Heu sowie Schlafhaus, Wasser- und Futternapf.

Ernährung: Fertigfutter aus dem Zoofachgeschäft, zusätzlich Grünfutter, Gemüse und Obst (z. B. Löwenzahn, Salat, Möhren, Birnen und Äpfel) und Trockenfutter (gutes Heu).

Sonstiges: Der Käfig ist alle 2 bis 3 Tage zu säubern und die Einstreu zu wechseln. Meerschweinchen brauchen ebenso wie Goldhamster eine Eingewöhnungszeit.

Kaninchen

Alle Hauskaninchen stammen von Wildkaninchen ab. Ursprünglich kommen sie aus dem Mittelmeergebiet. Für die Heimtierhaltung sind nur die kleineren Rassen geeignet, z. B. die *Zwergkaninchen.*

Anschaffung: Im Alter von 8 bis 9 Wochen. Möglichst nicht als Einzeltier halten. Wenn den größten Teil des Tages niemand zu Hause ist, dann ist es besser, zwei Tiere aus demselben Wurf anzuschaffen. Will man keinen Nachwuchs, sollten es zwei weibliche Tiere sein. Mehrere Männchen zusammen vertragen sich nicht.

Haltung: Im Haus in einem großen Käfig mit täglichem Freilauf in der Wohnung oder auf dem Balkon; draußen in einem geräumigen Kaninchenhaus mit Auslauf. Als Einstreu für den Zimmerkäfig eignet sich käufliche Katzenstreu, für das Kaninchenhaus draußen Stroh und Heu. Soll das Kaninchen in der Wohnung gehalten werden, sollte zusätzlich eine Klokiste (dazu eignet sich ein käufliches Katzenklo) und evtl. eine Sandkiste zum Scharren vorhanden sein.

Ernährung: Käufliches Fertigfutter, Heu und Grünfutter sowie Wasser. Es muss genügend harte Knabbernahrung dabei sein, damit sich die Schneidezähne abnutzen. Diese wachsen nämlich ständig nach. Altes Futter jeden Tag entfernen und Futternapf reinigen.

Sonstiges: Kaninchen werden bis zu 10 Jahre alt. In der Wohnung gehaltene Kaninchen lassen sich mit etwas Geduld zur Stubenreinheit erziehen, da sie immer an der gleichen Stelle ihr Geschäft verrichten.

1 Rinder auf der Weide

Das Rind — unser wichtigstes Nutztier

Kuh
Weibliches Rind, welches schon ein Kalb geboren hat.

Kalb
Jungtier bis zu einem Alter von einem Jahr. Danach heißen die weiblichen Jungtiere **Färsen**, bis sie das erste Kalb zur Welt bringen.

Bakterien und **Wimpertiere** sind nur mit dem Mikroskop sichtbare Organismen, die aus einer einzigen Zelle bestehen.

Um die Mittagszeit haben sich die Kühe auf der Weide zum größten Teil niedergelegt und scheinen zu ruhen. Beobachtet man sie genauer, so fällt auf, dass sie kauen, obwohl man sie gar keine Nahrung aufnehmen sieht. Nur wenige Kühe stehen und grasen noch. Sie nehmen längeres Gras zu sich, indem sie ein Grasbüschel mit der Zunge umfassen, es abrupfen und unzerkaut hinunterschlucken. Kürzeres Gras wird ohne Hilfe der Zunge abgerupft und dann geschluckt.

Wie das geschieht, erkennt man bei genauerer Betrachtung des Gebisses. In jeder Hälfte des Unterkiefers befinden sich drei *Schneidezähne* und ein *Eckzahn*, der die gleiche Größe hat. Außerdem befinden sich auf jeder Seite 6 *Backenzähne*. Im Oberkiefer fehlen Eck- und Schneidezähne. Statt dessen ist dort eine *Knorpelleiste* vorhanden. Wie der Unterkiefer besitzt er auf jeder Seite ebenfalls 6 Backenzähne. Zwischen den Eckzähnen des Unterkiefers bzw. der Knorpelleiste des Oberkiefers und den Backenzähnen ist jeweils eine große Lücke vorhanden. Kürzeres Gras wird zwischen den Schneidezähnen und der Knorpelleiste eingeklemmt und mit einem Kopfruck abgerupft. Wozu dienen aber die Backenzähne, wenn das Gras doch sofort hinuntergeschluckt wird?

Ein bis zwei Stunden nach der Nahrungsaufnahme stößt das Rind auf. Dabei wird das verschluckte Gras in kleinen Ballen aus dem Magen wieder in die Mundhöhle transportiert. Dann legt sich das Tier nieder, kaut das Gras ausgiebig mit den Backenzähnen durch und zerkleinert es so zu einem Brei. Dieser wird dann erneut geschluckt, bevor die nächste Portion an die Reihe kommt. Der ganze Vorgang wird als *Wiederkäuen* bezeichnet.

Die Backenzähne, zwischen denen das Gras zerrieben wird, sind an diese Aufgabe besonders angepasst. Betrachtet man die Zahnkronen von oben, so erkennt man halbkreisförmige Erhebungen, die von dem sehr harten *Zahnschmelz* gebildet werden. Zwischen diese Schmelzfalten ist weicherer *Zahnzement* und *Zahnbein* eingebettet. Da beim Kauen der harten Gräser der Zahnzement stärker abgenutzt wird als Zahnschmelz und Zahnbein, bleibt die Oberfläche rauh wie eine Reibe. Ein Gebiss, das diese Art von Backenzähnen besitzt, nennt man *Pflanzenfressergebiss.*

Die Form der Nahrungsaufnahme beim Rind hängt mit der Art der Nahrung zusammen. Gras enthält wenig Nährstoffe und ist schwer verdaulich. Ein Rind muss aus diesem Grund große Mengen Grünfutter pro Tag zu sich nehmen: 50 bis 100 kg! Der *Magen* ist deshalb sehr groß. Er besteht aus vier Teilen, dem *Pansen*, dem *Netzmagen*, dem *Blättermagen* und dem *Labmagen.* Die verschluckte Nahrung gelangt zuerst in den Pansen. Dieser fasst bis zu 200 Liter. Das entspricht 20 Eimern Wasser. Im Pansen wird das Gras eingeweicht und für die Verdauung vorbereitet. Billiarden von *Bakterien* und winzigen *Wimpertieren* leben dort und ermöglichen eine Vorverdauung des Futters. Das eingeweichte und schon teilweise zersetzte Gras wird nach 1 bis 2 Stunden im Netzmagen zu kleinen Portionen geformt und über die *Speiseröhre* wieder in die *Mundhöhle* transportiert. Dort wird es mit den Backenzähnen gekaut und zerkleinert. Tiere, die ihre Nahrung auf diese Weise verarbeiten, nennt man deshalb *Wiederkäuer*.

Die zerkleinerte Nahrung gelangt anschließend durch Schlucken wieder in den Pansen, wo die Kleinstorganismen ihre Zersetzungstätigkeit fortsetzen, bis das Gras zu einem feinen Brei geworden ist. Das so vorverdaute Gras gelangt nun über den Blättermagen in den Labmagen. Hier und im sich anschließenden *Darm* wird weiter verdaut. Über den 50 bis 60 Meter langen Darm werden schließlich die verdaulichen Anteile des Grases in den Körper aufgenommen.

Nach dem Wiederkäuen erheben sich die Kühe und beginnen wieder zu grasen. Ihr massiger Körper wird von stämmigen Beinen getragen, die in zwei Zehen enden. Die Rinder stehen auf den Zehenspitzen und werden deshalb *Zehenspitzengänger* genannt. Zwei weitere Zehen, die *Afterzehen*, sind stark zurückgebildet.

Die Spitzen der Zehen, mit denen die Rinder auftreten, sind von schützenden *Hufen* aus Horn umgeben. Rinder gehören zu den **Huftieren**. Da die Hufe zweifach, also paarig, vorhanden sind, zählt man die Rinder zu den **Paarhufern**.

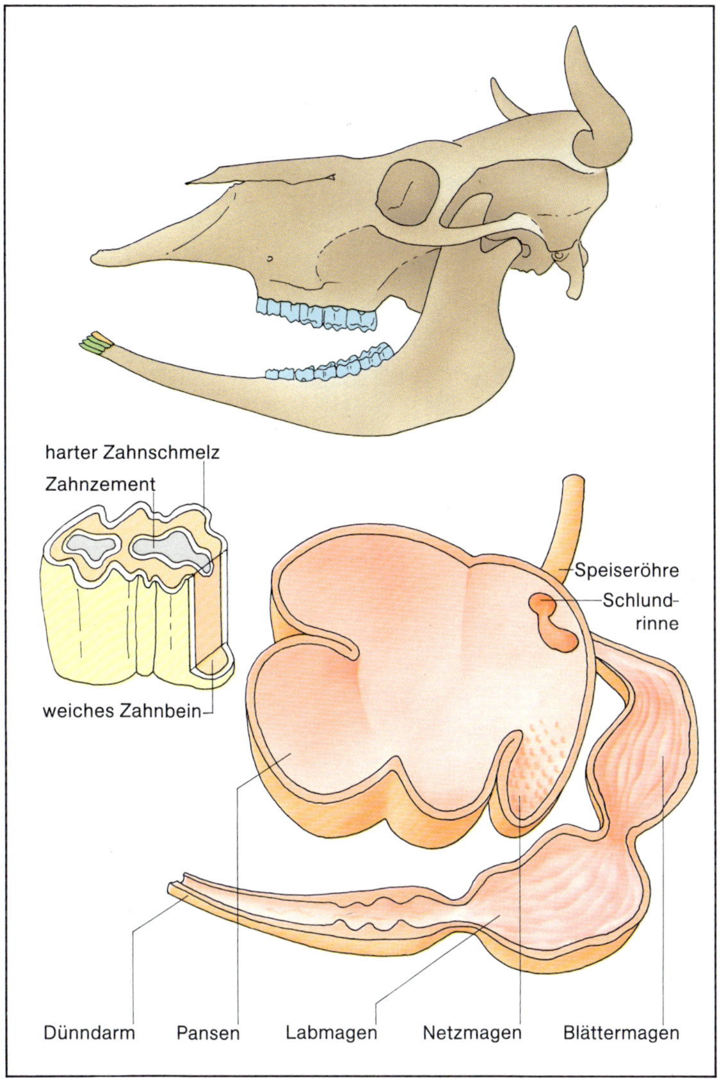

1 Schädel, Backenzahn und Magen eines Rindes

Aufgaben

① Zeichne anhand von Abbildung 1 die Zahnformel für das Rind in dein Heft.
② Vergleiche die Backenzähne des Rindes mit denen des Hundes. Erläutere die Unterschiede.
③ Übertrage die Zeichnung des Rindermagens in dein Heft und kennzeichne durch Pfeile den Weg der Nahrung (*blau*: vor dem Wiederkäuen, *rot*: nach dem Wiederkäuen).
④ Berechne das Verhältnis von Körperlänge zur Darmlänge. Die Körperlänge des Rindes beträgt ungefähr 2,5 m. Vergleiche das Verhältnis zwischen Körper- und Darmlänge mit dem der Katze. Erläutere die Unterschiede.
⑤ Ordne den Ziffern im Schema der Abbildung 2 die richtigen Bezeichnungen zu.

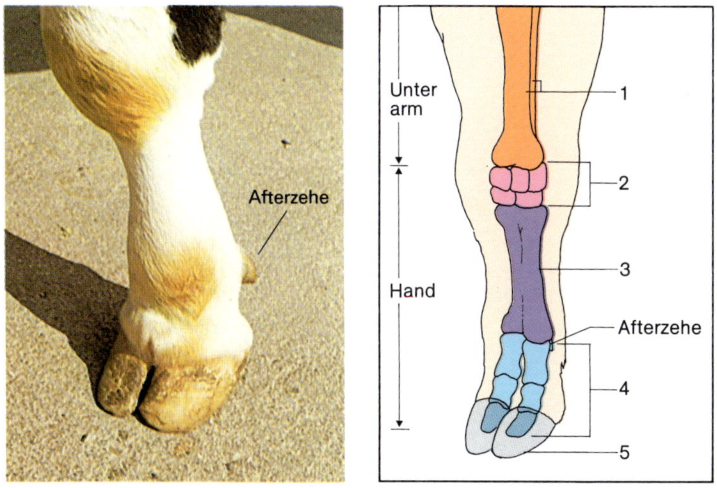

2 Vorderbein des Rindes (Foto und Schema)

1 Moderner Kuhstall

2 Kuh an der Melkmaschine

Rinder sind Fleisch- und Milchlieferanten

Bulle
Männliches Rind, wird auch als Stier bezeichnet.

Ochse
Kastriertes männliches Rind

Im *Maststall* sieht es für die Rinder ganz anders aus als auf der Weide. *Bullen* stehen angebunden auf ihren Plätzen. Sie haben nur so viel Bewegungsfreiheit, dass sie sich niederlegen und die Futterrinne erreichen können. Auslauf bekommen sie nicht. Sie werden mit Heu und zusätzlich mit energiereichem Mastfutter gefüttert, damit sie in möglichst kurzer Zeit viel Fleisch ansetzen. Nach ungefähr 18 Monaten haben sie ihr *Schlachtgewicht* erreicht. Ähnlich sind die Bedingungen bei der Mast von Kälbern, die nach ca. 12 Wochen ihr Schlachtgewicht erreicht haben. Es gibt auch Mastställe, in denen die Tiere nicht angebunden sind. Dort haben sie etwas mehr Bewegungsfreiheit.

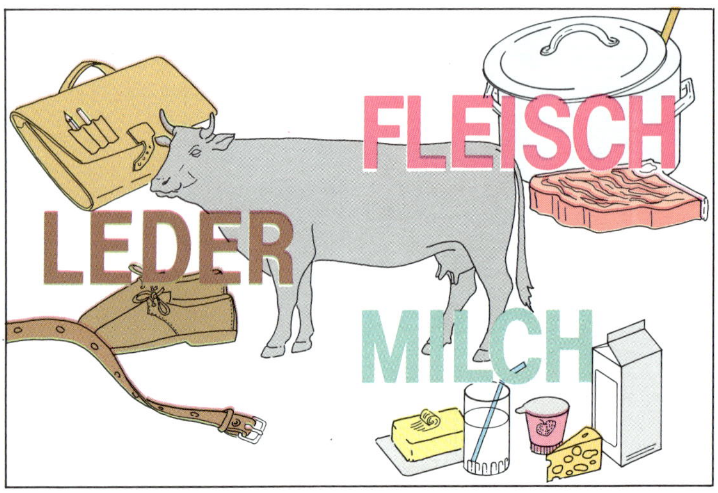

3 Nutzung des Rindes

Was sind die Gründe für die beschriebene Art der Rinderhaltung? Antwort erhält man, wenn man sich den Fleichverbrauch in der Bundesrepublik Deutschland ansieht. Dieser ist von ungefähr 14 kg pro Jahr und Person um das Jahr 1800 auf ca. 90 kg pro Jahr und Person angestiegen. Das sind 250 Gramm Fleisch pro Tag! Dieser Wert bezieht sich allerdings nicht nur auf das Rindfleisch, sondern auf alle Fleischsorten. Bei uns werden rund 10 Millionen Mastrinder gehalten. Bei einer Haltung auf der Weide würden die Tiere langsamer wachsen und das Rindfleisch würde teurer werden.

Vom geschlachteten Rind wird praktisch alles genutzt, nicht nur das Fleisch. Die *Haut* wird zu Leder verarbeitet. Aus diesem werden z. B. Schuhe gefertigt. Aus den *Knochen* wird Knochenmehl, aus den *Haaren* Filz, aus dem *Darm* Wurstpelle und aus dem *Horn* werden Kämme hergestellt. Nicht für den Menschen verwertbare Anteile wie *Magen, Lunge* und *Euter* werden zu Tierfutter verarbeitet.

Besonders wichtig ist das Rind für uns als *Milchlieferant.* Die Milch, die erst nach der Geburt des ersten Kalbes gebildet wird, entsteht im *Euter,* wo in Milchdrüsen ein Teil der aufgenommenen Nährstoffe entsprechend umgewandelt wird.

Bei uns liefert eine Milchkuh pro Jahr im Durchschitt 5000 Liter Milch, das sind pro Tag 13 bis 14 Liter. Die Spitzenwerte liegen zwischen 8000 und 10 000 Litern pro Jahr.

Um einen möglichst großen Milchertrag zu erhalten, werden teilweise auch die Milchkühe nicht mehr auf der Weide gehalten, sondern dauernd im Stall. Mithilfe von Melkmaschinen werden die Kühe jeden Tag gemolken. Dabei wird die Milch aus dem Euter abgesaugt und in großen Vorratsgefäßen gesammelt. Zur Weiterverarbeitung wird die Milch in Kühlwagen in die Molkerei gebracht. Dort werden die verschiedenen Milchprodukte hergestellt, die wir in den Geschäften kaufen können: Frischmilch und Sahne, Quark und Jogurt, Butter und Käse.

Dir wird schon aufgefallen sein, dass es schwarzweiß und braunweiß gefleckte Rinder gibt. Man nennt sie *Schwarzbunte* und *Rotbunte*. Es gibt aber auch einfarbige Rinderrassen, die durch Züchtung entstanden sind. Schwarz- und Rotbunte werden sowohl für die Milch- als auch Fleischproduktion gehalten. Man nennt solche Rassen *Zweinutzungsrassen*. Daneben gibt es Rinderrassen, die in der Hauptsache nur für einen Zweck gezüchtet wurden. Man spricht dann von *Milchrindern* oder *Fleischrindern*. Alle in Mitteleuropa gehaltenen Rinderrassen stammen vom *Auerochsen* oder *Ur* ab, der ausgestorben ist. Das letzte Urrind wurde im Jahre 1627 in Polen erlegt.

Aufgaben

① Vergleiche die Haltung von Mastrindern mit der von Milchkühen. Überlege, ob die im Text beschriebene Haltung den Ansprüchen des Rindes gerecht wird. Begründe deine Ansicht.

② Frisch gemolkene Kuhmilch enthält je 100 Gramm 86 g Wasser, 4 g Eiweiß, 4 g Fett, 5 g Milchzucker und 1 g Mineralsalze. Erläutere, ob Milch ein vollwertiges Nahrungsmittel ist.

③ Sieh auf den Packungen verschiedener Milch-, Jogurt- und Quarksorten nach, wie viel Gramm der genannten Nähr- und Mineralstoffe in jeweils 100 g noch enthalten sind und welche Stoffe dazugekommen sind.

④ Fertige mithilfe ausgeschnittener Abbildungen aus Zeitschriften in deinem Heft ein Bild an, das Auskunft über die Verwendung der Milch gibt.

⑤ Welche biologische Bedeutung könnte es haben, dass wild lebende Rinder sehr schnell fressen und erst später an anderer Stelle wiederkäuen?

⑥ Schlage im Lexikon oder in Tierbüchern nach, welche weiteren Paarhufer in die Verwandtschaft der Rinder gehören.

Höhlenmalerei

Nachgezüchteter Auerochse

Die Abstammung des Hausrindes

Unsere Vorfahren jagten **Auerochsen**, um sich von ihnen zu ernähren. Das zeigen *Höhlenmalereien*, die mehr als 10 000 Jahre alt sind. Auerochsen lebten in großen Gruppen, den *Herden*, zusammen. In der Herde waren sie sicher vor Feinden. Durch ihr gutes Gehör, ihren guten Geruchssinn und die seitlich stehenden Augen konnten sie Feinde schon frühzeitig wahrnehmen. Im Schutz der Herde brachten die Kühe jedes Jahr ein Kalb zur Welt, welches ungefähr 1 Jahr lang gesäugt wurde. Bei den heute noch frei lebenden Verwandten des Auerochsen, wie *Wisent* oder *Bison*, kann man noch beobachten, wie der Auerochse gelebt haben könnte.

Vor etwa 8000 Jahren begann die Haustierwerdung. Vielfach opferte man Rinder den Göttern und verzehrte dann ihr Fleisch. Später setzte man sie auch als *Zugtiere* ein und nutzte ihre Milch. Dazu musste man ständig Rinder halten, sie zähmen und in Gefangenschaft weiterzüchten. Für die Weiterzucht wurden Tiere mit bestimmten Eigenschaften ausgewählt. Wurde zum Beispiel mehr Wert auf eine hohe Milchproduktion gelegt, wurden nur Tiere für die Zucht genommen, die schon selber mehr Milch erzeugten als andere. Gleiches gilt für die Herauszüchtung anderer Eigenschaften. So entstanden im Laufe der Jahrhunderte viele *Rinderrassen*, die sich in ihren Eigenschaften immer mehr vom Auerochsen unterschieden. Heute gibt es etwa 800 Rinderrassen.

1 Pferde im Schritt

2 Pferde im Trab

3 Pferde im Galopp

Das Pferd — Partner des Menschen

Immer häufiger begegnet man auf einem Spaziergang Reitern mit ihren Pferden. Das *Reiten* erfreut sich bei vielen Menschen großer Beliebtheit. Sie nehmen für diese Freizeitbeschäftigung häufig viel Mühe auf sich. Pferde müssen nämlich regelmäßig betreut werden. Das bedeutet: Jeden Tag die Stallbox ausmisten, zweimal am Tag Fütterung mit Heu und Hafer; dazu einmal am Tag Ausritt mit dem Pferd oder Auslauf auf der Weide, um ihm Bewegung zu verschaffen. Anschließend muss das Fell durch Bürsten und Striegeln gepflegt werden. Das Pferd wird nicht nur als reines Reittier genutzt, sondern auch beim Leistungssport. Auf Springturnieren überwindet es mit seinem Reiter hohe und weite Hindernisse. Bis zwei Meter hoch und ebenso breit können diese manchmal sein. Beim Trab- und Galopprennen nutzt man die Schnelligkeit dieser Tiere.

Es gäbe bei uns wahrscheinlich kaum noch Pferde, würden sie nicht zur Freizeitgestaltung und zum Sport genutzt. Auf den Äckern haben Traktoren den Pferden längst die Arbeit abgenommen. Maschinen können viel größere Pflüge und Eggen ziehen. Dadurch kann der Landwirt in viel kürzerer Zeit seinen Acker bearbeiten. In Ländern, in denen die Technik in der Landwirtschaft noch nicht so weit vorangeschritten ist, werden heute noch Pferde als *Zugtiere* eingesetzt. In den letzten Jahren kommen sogar bei uns wieder schwere Zugpferde zum Einsatz, und zwar beim Herausziehen von gefällten Bäumen aus dem Wald. Man hat nämlich festgestellt, dass Pferde, im Gegensatz zu einem Traktor, die jungen, stehengebliebenen Bäume und den Waldboden bei der Arbeit kaum schädigen.

Wenn du Pferde genauer beobachtest, wird dir nicht nur die unterschiedliche Schnelligkeit der einzelnen Tiere auffallen, sondern auch die unterschiedlichen Fortbewegungsarten. Diese nennt man die *Gangarten* des Pferdes. Man unterscheidet den *Schritt*, den *Trab* und den *Galopp*. Im Schritt kann ein schneller Spaziergänger mithalten, im Trab ein Radfahrer, aber im Galopp bekommt auch ein guter Sprinter Schwierigkeiten. Rennpferde erreichen noch höhere Geschwindigkeiten.

Der gesamte Körperbau des Pferdes, besonders aber das *Beinskelett*, ist an das schnelle Laufen gut angepasst.

Die Beine sind als *Laufbeine* ausgebildet und bestehen aus kräftigen Knochen. Der *Fuß* ist durch Vergrößerung der Mittelfuß- und Zehenknochen verlängert. Pferde sind *Zehenspitzengänger*. Der dritte Mittelfußknochen ist an jeder Seite von einem *Griffelbein* umgeben. Das sind die zurückgebildeten zweiten und vierten Mittelfußknochen. Der erste und der fünfte Mittelfußknochen fehlen ganz.

Der dritte Zehenknochen ist von einem *Huf* aus Horn umgeben. Deshalb zählt man die Pferde zu den **Huftieren**. Der Huf schützt beim Auftreten mit den Zehenspitzen vor Verletzungen. Die Hufe werden ihrerseits durch Hufeisen geschützt, wenn Pferde häufig über harten Untergrund laufen müssen. Da Pferde nur einen Zeh an jedem Fuß besitzen, werden sie zu den **Unpaarhufern** gezählt.

Pferde sind *Pflanzenfresser*. Bei der Beobachtung weidender Pferde kannst du erkennen, dass sie mit den *Schneidezähnen* im Ober- und Unterkiefer und ihren Lippen das Gras abrupfen. Dieses zerkauen sie anschließend gründlich, bevor sie es verschlucken. Schneide- und Backenzähne werden beim Zerreiben des harten Grases abgenutzt. Sie besitzen lange Wurzeln und wachsen ständig nach. Man kann am Abnutzungsgrad der Schneidezähne das Alter eines Pferdes schätzen. Aus diesem Grund schauen Pferdehändler vor dem Kauf dem Pferd ins Maul. *Eckzähne* sind nur bei männlichen Pferden, den *Hengsten*, vorhanden.

Pferde sind keine Wiederkäuer und besitzen auch nur einen kleinen, einteiligen Magen. Die Verdauung der Pflanzennahrung erfolgt im bis zu 35 Meter langen Darm. Außerdem spielt der große *Blinddarm* eine ganz wichtige Rolle bei der Verdauung. In ihm befinden sich Billiarden von Bakterien, welche bei der Aufbereitung der schwer verdaulichen Kost mithelfen.

Aufgaben

① Vergleiche das Gebiss des Pferdes mit dem des Rindes. Nenne Unterschiede und schreibe die Zahnformel auf.
② Benenne die in Abbildung 1 mit Ziffern gekennzeichneten Knochen des Beinskeletts und schreibe die Namen in dein Heft.
③ Berechne das Verhältnis von Körperlänge zu Darmlänge. Die Körperlänge eines Pferdes beträgt ungefähr 2,5 Meter. Vergleiche mit anderen Haustieren.

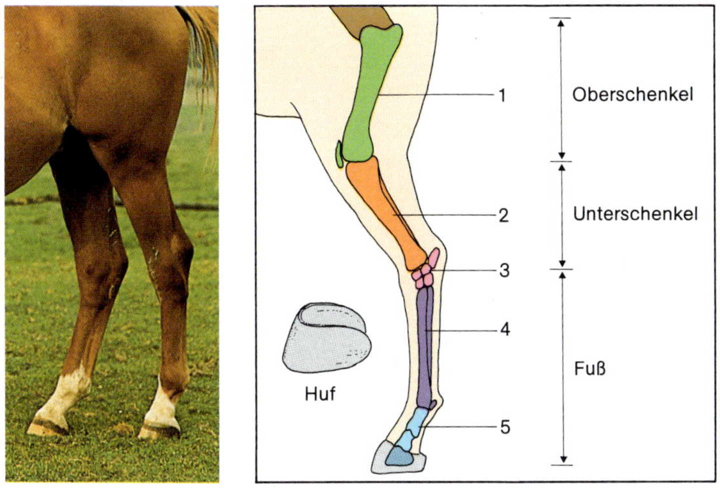

1 Hinterbein des Pferdes (Foto und Schema)

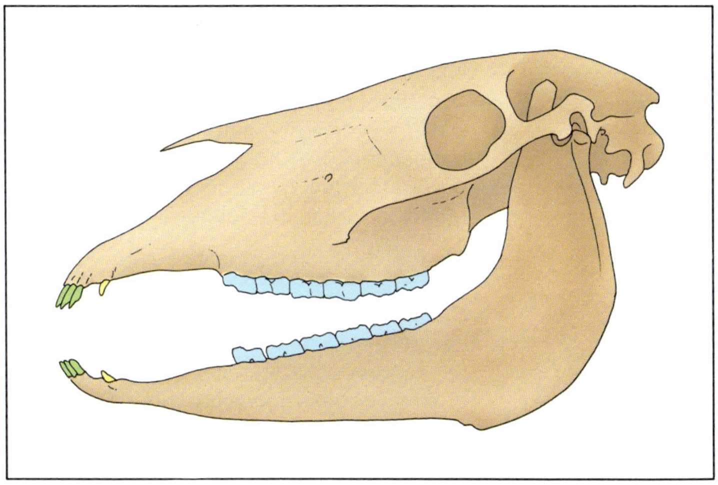
2 Schädel des Pferdes

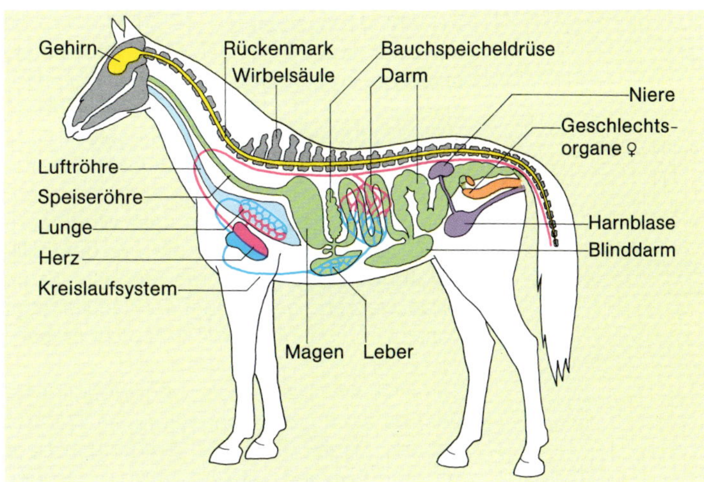

3 Die inneren Organe eines Pferdes

1 Pferdeherde im Merfelder Bruch

2 Kämpfende Pferdehengste

Pferde leben in Herden

Begrüßung, Aufmerksamkeit

Furcht, Drohung

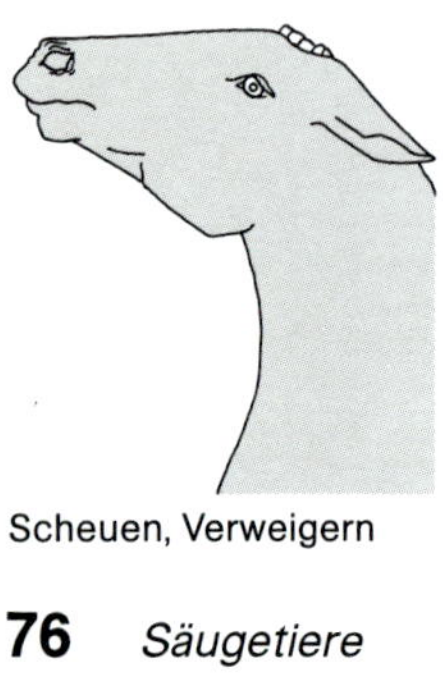

Scheuen, Verweigern

Will man Genaueres über die Lebensweise von Pferden erfahren, muss man *frei lebende Pferde* in ihrer natürlichen Umgebung beobachten. Solche gibt es zum Beispiel in der Camargue in Südfrankreich oder im Merfelder Bruch bei Dülmen in Westfalen.

Die Pferde leben dort in einzelnen *Familien*, die von einem *Hengst* angeführt werden. *Stuten* mit ihren *Fohlen* sind weitere Mitglieder der Pferdefamilie. Alle Familienmitglieder kennen sich untereinander genau. Einen großen Teil des Tages verbringen Pferde damit, Nahrung aufzunehmen. Diese besteht in der Hauptsache aus Gras. Manchmal fressen sie auch etwas Erde, denn sie enthält lebenswichtige Mineralien.

Zwischendurch beschäftigen sich die Pferde immer wieder mit *Körperpflege*. Diese besteht darin, Insekten durch Zucken mit der Haut abzuwehren, sich mit den Hinterbeinen zu kratzen oder ein Sandbad zu nehmen. Sehr häufig beknabbern sich Pferde gegenseitig an Stellen, die sie selbst nicht erreichen können. Ab und zu lässt sich dabei ein lang gezogenes Schnauben vernehmen. Das ist ein Zeichen des Wohlbefindens. Gelegentlich zieht die Pferdefamilie weiter. Dabei geht die ranghöchste Stute voran, während der Hengst der Familie folgt. Danach beginnt die Herde erneut zu grasen.

Bemerkt ein Tier etwas Ungewöhnliches, lässt es ein kurzes Schnauben als Warnruf ertönen. Dann hören auch die übrigen Tiere mit dem Fressen auf und werden unruhig. Sie legen die Ohren an und plötzlich galoppiert die ganze Herde davon. Bei Gefahr suchen Pferde also ihr Heil in der Flucht. Es sind *Fluchttiere*. Höhere Hindernisse überspringen sie dabei nicht, sie umlaufen sie. Ihr gut ausgebildeter Seh-, Geruchs- und Hörsinn ermöglicht ihnen ein frühzeitiges Erkennen der Gefahr. Wichtig sind die seitlich stehenden Augen. Dadurch haben sie fast ein Rundumgesichtsfeld. Ist die Gefahr vorüber und haben sich die Tiere wieder beruhigt, zeigen sie durch Wiehern den Familienmitgliedern ihren Aufenthaltsort an und finden so wieder zusammen. Manche Pferde beschnuppern sich dann mit ihren Nasen, dabei sind die Ohren hochgestellt. Dieses Verhalten gehört zur Begrüßung und zeigt an, dass sie gut gestimmt sind.

Nicht immer ist das Verhalten der Pferde so friedlich, insbesondere dann nicht, wenn zwei Hengste um den Besitz von Stuten kämpfen. Sie umkreisen sich zunächst und versuchen einander zu beißen. Schließlich kann es dazu kommen, dass sich die Hengste, auf den Hinterbeinen stehend, hoch aufrichten und den Rivalen mit den Vorderhufen schlagen. Gerät einer der beiden aus dem Gleichgewicht, hat er den Kampf verloren und muss dem Sieger die umkämpften Stuten überlassen.

Die Stuten können einmal im Jahr, meist im Frühjahr, ein Fohlen bekommen. Dieses kann schon 10 Minuten nach der Geburt, wenn auch unbeholfen, auf den Beinen stehen und nach einer Stunde kleine Sprünge machen. Es ist also ein *Nestflüchter*.

Vom Wildpferd zum Hauspferd

Die Geschichte des *Hauspferdes* begann schon ungefähr 5500 Jahre v. Chr. im heutigen China. In Europa gab es erst viel später zahme Pferde. Sie wurden als Zugpferde für Kampfwagen und als Reittiere verwendet. Heute kennt man nur noch ein einziges frei lebendes Wildpferd, das *Przewalskipferd*. Es besitzt im Gegensatz zum Hauspferd eine Stehmähne. 1968 wurden Przewalskipferde zum letzten Mal in den Steppen an der mongolisch-chinesischen Grenze gesichtet. In den Zoos gibt es jedoch eine erfolgreiche *Nachzucht*. Es ist nicht ganz geklärt, ob unsere Hauspferde nur auf das Przewalskipferd zurückgehen oder ob auch das Erbgut des europäischen Wildpferdes *(Tarpan)* eingegangen ist.

Durch Züchtung entstanden die unterschiedlichsten *Pferderassen*, die sich jeweils für bestimmte Aufgaben besonders eignen. Man unterscheidet *Kaltblut-*, *Warmblut-* und *Vollblutpferde*. Diese Bezeichnungen haben nichts mit der Temperatur des Blutes zu tun, sondern beziehen sich auf den Körperbau und die Schnelligkeit. Kaltblüter haben einen sehr stabilen Körperbau und eignen sich deshalb besonders als Arbeitspferde. Warmblutpferde sind schlank gebaut und kräftig. Sie werden deshalb als Reit- und Springpferde eingesetzt. Vollblüter werden seit Jahrhunderten als Rennpferde auf Schnelligkeit gezüchtet.

Nah verwandt mit den Pferden sind *Zebra* und *Esel*. Aus Esel und Pferd züchtet man Maulesel und Maultiere, die jedoch keine Nachkommen hervorbringen können.

1 Przewalskipferde

Aufgaben

① Putzen und Striegeln des Pferdes gehört zu den wichtigen Aufgaben des Reiters. Er gewinnt auf diese Weise das Zutrauen des Pferdes. Erkläre dieses mithilfe der Informationen aus dem Text.

② Es kommt manchmal vor, dass das Pferd mit dem Reiter „durchgeht" und nicht mehr zu halten ist. Welche Ursachen könnte das haben?

③ Erläutere, weshalb der Reiter die Körpersprache des Tieres unbedingt kennen sollte.

④ Im Zirkus werden häufig dressierte Pferde gezeigt, die fast aufrecht nur auf den Hinterbeinen stehen. Welches natürliche Verhalten könnte dem zugrunde liegen? Ist es egal, ob man Hengste oder Stuten für diese Dressur verwendet?

Abstammung des Pferdes

Schon vor der Haustierwerdung hatte das Pferd Bedeutung für den Menschen. Das zeigen Höhlenmalereien, die von Steinzeitmenschen stammen. Aber auch *Versteinerungen* oder *Fossilien* zeugen von der Vergangenheit. Sie können uns Hinweise geben, wie Organismen ausgesehen haben, lange bevor es Menschen gab. Fossilien des *Urpferdchens* lassen erkennen, dass es nur so groß wie ein Fuchs war. Es lebte vor ungefähr 60 Millionen Jahren in Wäldern und war ein Laubfresser. Jüngere Versteinerungen zeigen uns, dass sich daraus im Laufe der Jahrmillionen das Wildpferd entwickelt hat, so wie wir es heute noch kennen. Es ist ein Steppenbewohner und Grasfresser und auch wesentlich größer als das Urpferdchen.

Das Wildschwein ist die Stammform des Hausschweins

Manchmal findet man im Wald Stellen, die wie umgepflügt aussehen. Die in der Nähe sichtbaren Fußabdrücke, die man auch *Fährten* nennt, weisen auf Wildschweine hin, die auf Nahrungssuche waren. Wildschweine sind **Paarhufer**, deren *Afterzehen* ebenfalls Abdrücke im Boden hinterlassen.

Zur Wildschweinnahrung gehören Bucheckern, Eicheln und andere Früchte ebenso wie Vogeleier, Würmer und sogar Aas. An diese Nahrungsvielfalt ist das Wildschwein angepasst. Es besitzt einen *Rüssel,* der in einer scheibenförmigen *Schnauze* endet. Mithilfe des Rüssels gelangt das Wildschwein auch an Nahrung, die unter der Erdoberfläche verborgen ist, wie Wurzelknollen oder Pilze. Mit dem hervorragend ausgebildeten Geruchssinn nimmt das Wildschwein die unter dem Erdboden verborgene Nahrung wahr und wühlt gezielt danach.

Der Zerkleinerung der Nahrung dient das *Allesfressergebiss.* Dieses besitzt im Ober- und Unterkiefer jeweils 6 flache Schneidezähne, 2 lange Eckzähne und 14 Backenzähne. Die vorderen Backenzähne haben scharfkantige Kronen, ähnlich denen eines Fleischfressergebisses, die hinteren Backenzähne haben stumpfhöckerige Kronen wie die eines Pflanzenfressergebisses. Das Allesfressergebiss vereinigt also Eigenschaften dieser beiden Gebisstypen. Die Eckzähne sind besonders beim *Keiler* stark verlängert, wobei diejenigen des Oberkiefers nach oben

1 Wildschwein mit Frischlingen

gerichtet sind. Sie sind von außen sichtbar und können als Waffen eingesetzt werden.

Wildschweine sind sehr scheu und nur in der Dämmerung sowie nachts aktiv. Sie können in Mais-, Kartoffel- und Getreidefeldern erhebliche Schäden anrichten. Diese Felder bieten den Wildschweinen einen reichlich gedeckten Tisch und werden von ihnen gerne aufgesucht. Deshalb werden Wildschweine stark bejagt.

In größeren Waldgebieten, in denen sie sich tagsüber ins Dickicht zurückziehen, können sie gut überleben. Ihr sehr feines Gehör warnt sie rechtzeitig. Deshalb bekommt man Wildschweine in freier Natur nur selten zu Gesicht. Wenn man Glück hat, kann man sie beobachten, wie sie sich in einem Schlammloch suhlen. Dieser Art der *Körperpflege* gehen sie sehr ausgiebig nach. Sie hilft ihnen, das Ungeziefer zwischen den Borsten von der Haut fern zu halten.

Wildschweine leben in Familienverbänden, den *Rotten*, welche sich aus mehreren *Bachen* mit ihren *Jungtieren* zusammensetzen. Die ausgewachsenen Keiler sind Einzelgänger und kommen nur in der Fortpflanzungszeit mit der Rotte zusammen. Nach 4 bis 5 Monaten Tragzeit werden im April oder Mai von den Bachen 4 bis 12 *Frischlinge* geboren, die erst nach zwei Jahren ausgewachsen sind.

Keiler
Männliches Wildschwein

Bache
Weibliches Wildschwein

Frischling
Wildschweinjunges

2 Keiler im Sprung

Aufgabe

① Begründe mithilfe des Textes, warum das Wildschwein bei uns noch gute Lebensmöglichkeiten hat.

Eber
Männliches Hausschwein

Sau
Weibliches Hausschwein

Ferkel
Hausschweinjunges

1 Hausschwein mit Ferkeln

Das Hausschwein

Hausschweine sieht man nur selten im Freien, obwohl bei uns ungefähr 20 Millionen Schweine gehalten werden. Die meisten sind in großen Ställen untergebracht, in denen sie in engen Boxen, meist in Zehnergruppen, gehalten werden. Der Boden ist mit Spalten versehen. Durch diese fallen Kot und Urin direkt in große Auffangbehälter. Als *Gülle* werden die Ausscheidungsprodukte regelmäßig auf Äcker und Weiden ausgebracht, um diese zu düngen. 5 bis 7 Monate lang werden Schweine in solchen Ställen gemästet. Dann haben sie das Schlachtgewicht von ungefähr 100 kg erreicht.

Zweimal am Tag werden die Schweine in dieser Zeit mit energiereichem Mastfutter gefüttert, welches in 15 bis 20 Minuten gefressen wird. Die engen Boxen und das Abschalten des Lichts außerhalb der Fütterungszeiten sorgen dafür, dass die Schweine sich ruhig verhalten und dadurch kaum Energie für die Bewegung ihres Körpers verbrauchen. Infolge des Bewegungsmangels können die Tiere schon vorzeitig bei Stress, im Sommer bei Hitze oder auf dem Transport zum Schlachthof an Herzschwäche sterben.

Wildschwein

Hausschwein

Durch diese Art der *Massenhaltung* liefert das Hausschwein das preisgünstigste Fleisch und ist unser wichtigster *Fleischproduzent.* Allein 50 kg Schweinefleisch verzehrt jeder Bundesbürger pro Jahr.

Die Eigenschaften des Hausschweins haben sich durch *Züchtung* aus dem Wildschwein seit etwa 6000 Jahren immer mehr verändert. Der Körper wurde länger, die Schnauze kürzer und das Gehirn um etwa ein Drittel kleiner. Dennoch sind viele Eigenschaften des Wildschweins erhalten geblieben. So suhlen sich frei gehaltene Hausschweine genauso gerne in einer Schlammpfütze oder graben mit dem Rüssel nach Nahrung wie ihre Urahnen.

Um bestimmte Eigenschaften herauszuzüchten, werden für die Zucht nur ausgewählte Tiere, die *Zuchteber* und *Zuchtsauen,* verwendet. Es gelang, Schweine mit 16 statt der normalen 12 Rippen zu züchten, das sind 8 Koteletts mehr. Außerdem setzen diese Tiere besonders viel Fleisch innerhalb kurzer Zeit an, bis zu 600 Gramm pro Tag. Ein Zuchtschwein wirft zweimal im Jahr bis zu 20 Ferkel, die dann zum größten Teil wieder in einem Maststall aufgezogen werden.

Aufgaben

① Das Verhältnis der Körper- zur Darmlänge beträgt beim Schwein etwa 1:14. Vergleiche dieses Verhältnis mit dem bei Katze und Rind. Erläutere die Unterschiede.

② Welche Ansprüche des Wildschweins kannst du aus dem Text der Seite 78 ableiten? Stelle diese den heute üblichen Haltungsbedingungen für das Hausschwein gegenüber. Welche Schlussfolgerung ergeben sich daraus?

③ In den letzten Jahren fällt durch die Massenhaltung zu viel Gülle an. Informiere dich darüber, welche Folgen für die Umwelt sich daraus in manchen Gegenden bereits ergeben haben.

2 Moderner Schweinestall

1 Igel

Der Igel — ein gefährdeter Winterschläfer

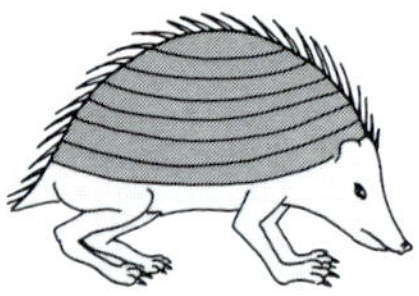

Bettina wundert sich darüber, dass auf unseren Staßen so häufig überfahrene Igel liegen: „Die Igel könnten doch weglaufen, wenn ein Auto kommt.“ — „Das tun sie leider nicht, sie rollen sich nur zusammen und bleiben dann auf der Straße liegen“, entgegnet Klaus. Damit hat Klaus ganz Recht. Warum ein Igel sich so verhält, kann man erklären, wenn man seine Reaktion gegenüber einem Hund beobachtet, der sich nähert. Der Igel rollt sich zusammen und bleibt so lange eingekugelt liegen, bis die Gefahr vorüber ist. Kopf und Bauchseite verschwinden dabei unter dem Stachelkleid. Die Stacheln sind gleichmäßig nach außen abgespreizt, sodass eine unangreifbare Stachelkugel entsteht.

„Eines verstehe ich aber noch nicht. Warum laufen Igel eigentlich auf den Straßen herum?“, meint Bettina. Die Antwort ergibt sich wiederum aus der genauen Beobachtung. Den Tag verbringen die Igel in einem Versteck. Sie werden nämlich erst nachts aktiv und gehen dann auf Nahrungssuche. Um in der Dunkelheit Beute zu finden, besitzt der Igel einen gut ausgeprägten *Geruchs-* und *Tastsinn* sowie ein empfindliches *Gehör*. Das Sehvermögen dagegen ist nur schwach entwickelt. Zur *Nahrungssuche* streift der Igel mit der Nase am Boden in seinem Revier umher, wendet Blätter um und wühlt im Boden. An Gartenzäune, Wege oder Straßen als Reviergrenzen hält der Igel sich dabei nicht. Bis zu 500 Meter weit entfernt er sich zur Nahrungssuche von seinem *Schlafplatz* und überquert dabei häufig auch Straßen. Ein herannahendes Auto signalisiert dem Igel Gefahr und veranlasst ihn, sich einzurollen. So wird ein ursprünglich sinnvolles Verhalten durch veränderte Umweltbedingungen dem Igel zum Verhängnis.

Zu seiner Nahrung gehören vor allem Insekten, Schnecken und Würmer, aber auch Mäuse, Eidechsen und Schlangen. Daneben steht im Sommer und Herbst mit reifem Obst auch pflanzliche Nahrung auf dem Speiseplan. Das auf diese Nahrung abgestimmte Gebiss ist ein *Insektenfressergebiss*.

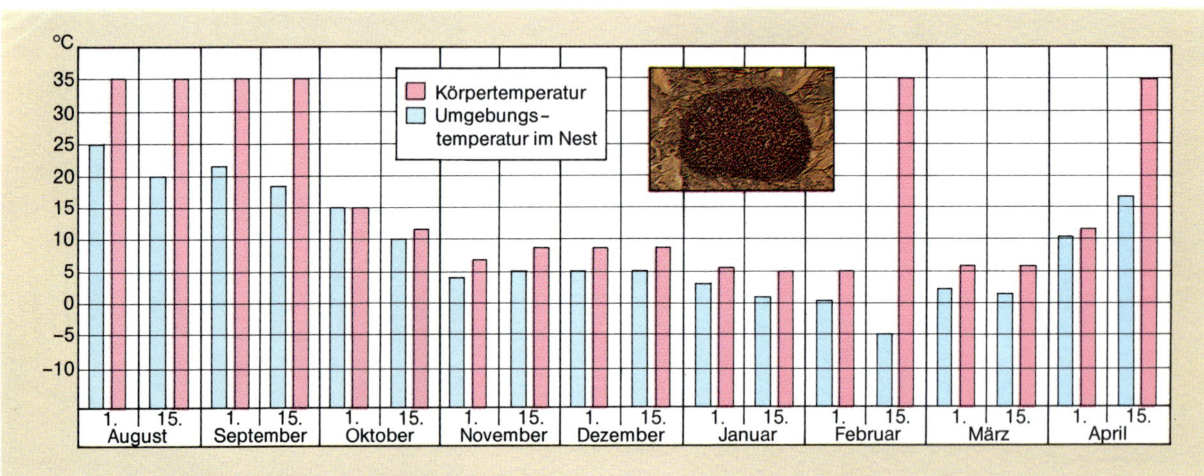

2 Körper- und Umgebungstemperatur eines Igels im Jahresgang

Dieses ist gekennzeichnet durch feine, spitze Zähne, die gut geeignet sind zum Festhalten der Beute und zum Aufbrechen harter Insektenpanzer. Die Backenzähne können außerdem die Beute gut zerkleinern.

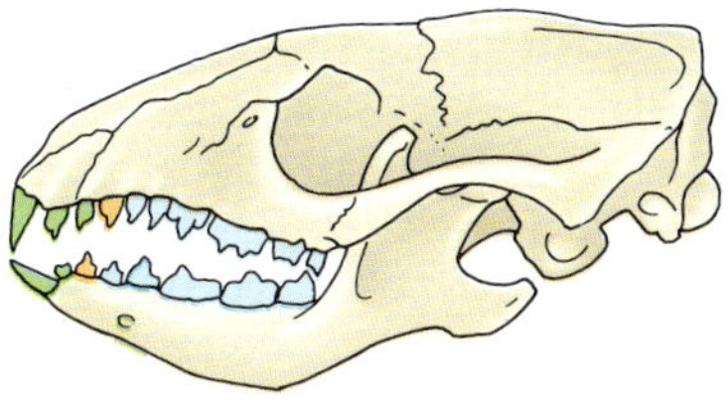

1 Schädel eines Igels

Im Spätsommer und Frühherbst fressen Igel besonders viel, sodass sie ein *Fettpolster* ansetzen. Irgendwann im Oktober sind sie dann verschwunden. Manchmal findet man einen Igel zusammengerollt unter Laub, einem Reisighaufen oder in ähnlichen Verstecken. Bei genauerer Untersuchung eines solchen Igels stellt man fest, dass seine Körpertemperatur sehr niedrig ist. Sie liegt bei etwa 5 °C und nicht bei 35 °C wie im Sommer. Die Zahl der Herzschläge pro Minute beträgt nur etwa 20 statt 180 und er atmet kaum noch. Tiere, die sich im Winter so verhalten, nennt man *Winterschläfer.*

Erst im April des nächsten Jahres kann man Igeln wieder häufiger begegnen. Sie sehen dann abgemagert aus. In der ersten Zeit nach dem Aufwachen ist ihre Haupttätigkeit das Fressen. Allerdings überleben nicht alle Igel den Winterschlaf, besonders wenn sie im Herbst noch zu klein waren. Die Anzahl der Igel geht also in jedem Winter etwas zurück. Bis Ende Mai bringt die Igelin dann 5 bis 7 Junge zur Welt. Manchmal gibt es auch noch einen zweiten Wurf im August oder September. Dadurch können die Verluste meist wieder ausgeglichen werden.

Aufgaben

① Die nebenstehende Abbildung zeigt Igel zu verschiedenen Jahreszeiten. Ordne die vorgegebenen Gewichtsangaben zu und begründe deine Entscheidung.
② Nenne Gründe dafür, warum es sinnvoll ist, dass Igel einen Winterschlaf halten.
③ Vergleiche die Umgebungs- und Körpertemperatur des Igels in Abbildung 80.2 für jeden Monat miteinander und erkläre die aufgezeichneten Werte.
④ Nenne Gründe, warum nicht alle Igel den Winterschlaf überleben?

Igelpflege

Welche Igel kommen für die Pflege in Frage?

- Igel, die Ende Oktober weniger als 500 Gramm wiegen. Schwerere Igel kommen meist alleine gut durch den Winter.
- Mutterlose Igeljunge. Bevor du aber Jungigel mitnimmst, solltest du diese erst aus größerer Entfernung beobachten. Wenn nach zwei Stunden die Igelmutter nicht auftaucht, kannst du davon ausgehen, dass die Jungen alleine sind.

Unterbringung und Fütterung

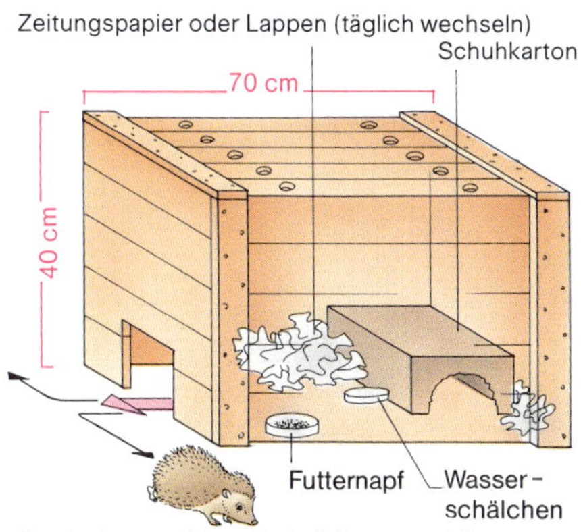

Der Igel muss sich außerhalb bewegen können

Es sollte ein größerer Raum für die Igelbehausung zur Verfügung stehen, damit der Igel sich hinreichend bewegen kann. Grundsätzlich darf nicht zu viel gefüttert werden (40 bis 50 g pro Tag):
Ungewürztes, mageres und nicht geräuchertes Fleisch (ganz fein geschnitten), Fertigfutter für Hunde und Katzen, hart gekochte und fein gehackte Eier, Obst (Banane oder Apfel), Mehlwürmer und etwas Wasser zum Trinken (keine Milch).

Was ist außerdem noch wichtig?

Die meisten Igel sind schmutzig und von Zecken, Flöhen und anderen Parasiten befallen. Zu Beginn der Pflege sollte also eine gründliche Reinigung und eine Wurmkur stehen. Macht der Igel einen kranken Eindruck, nimmt keine Nahrung auf oder leidet an Durchfall, sollte auch ein Tierarzt aufgesucht werden.

Auf jeden Fall ist es gut, wenn du dich genau über die Haltung und Pflege des Igels informierst, bevor du dich entschließt, einen Igel in Winterpflege zu nehmen.

Der Maulwurf — ein Leben unter Tage

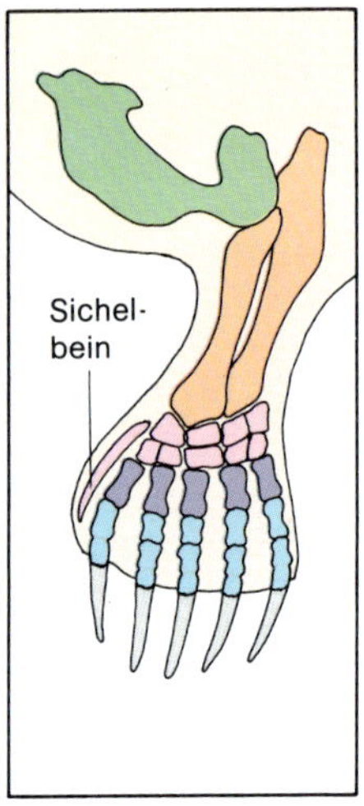

1 Schaufelhand

Einen Maulwurf bekommt man nur selten zu Gesicht, lediglich die Erdauswürfe auf Wiesen und Rasenflächen verraten seine Anwesenheit. Er legt ein unterirdisches *Gangsystem* mit einem Wohnkessel und Vorratskammern an. Beim Bau wird die beiseite geschaffte Erde mit dem Kopf über die Erdoberfläche gedrückt, sodass die *Maulwurfshügel* entstehen.

An seine „bergmännische" Lebensweise ist der Maulwurf hervorragend angepasst. Die Vordergliedmaßen sind kurz, die Handfläche mit den fünf Fingergliedern ist schaufelförmig. Ein weiterer Knochen, das *Sichelbein*, verbreitert die Handfläche zusätzlich. Der walzenförmige Körper und der spitz zulaufende Kopf erleichtern die Wühlarbeit. Dabei drückt der Maulwurf mit seinen Schaufelhänden die lockere Erde beiseite. Die Hinterbeinkrallen stemmt er in den Boden und verhindert so ein Zurückrutschen. Die lange *Rüsselnase* ist durch einen harten Knorpel geschützt. Das Fell besteht aus dicht stehenden, samtig weichen Haaren, die sich gleich gut in jede Richtung umlegen lassen. Es hat also keinen *Strich*. So kann sich der Maulwurf in seinem Gangsystem sowohl im Vorwärts- als auch im Rückwärtsgang bewegen, ohne dass im Fell Erde haften bleibt.

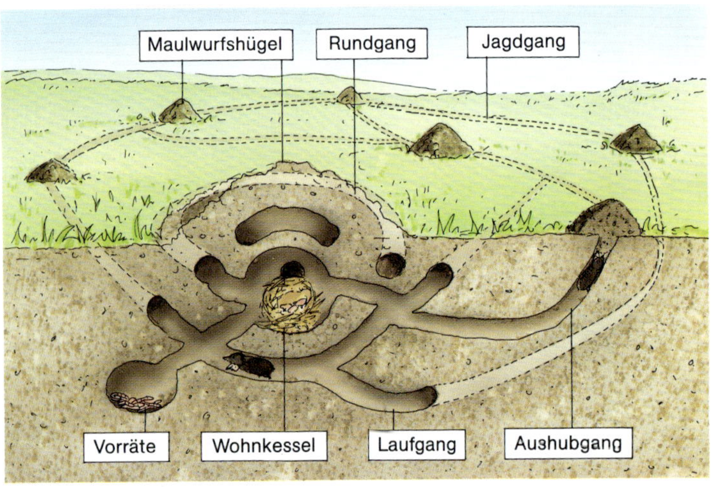

2 Gangsystem eines Maulwurfs

Das Gangsystem ist gleichzeitig das Revier des Maulwurfs. Hier lebt er außer in der Fortpflanzungszeit als Einzelgänger. Da sein Nahrungsbedarf sehr groß ist, macht er alle 3 bis 4 Stunden in den Gängen des Reviers Jagd auf Regenwürmer und andere Beutetiere, wie z. B. Spinnen und Insektenlarven. Pro Tag benötigt ein Maulwurf 80 bis 100 g Nahrung. Das entspricht fast seinem eigenen Körpergewicht. Würmer, die er nicht sofort frisst, werden durch einen Biss gelähmt und in den *Vorratskammern* verstaut. Wie der Igel besitzt der Maulwurf ein *Insektenfressergebiss*.

Um sich in seinem dunklen Lebensraum zurechtzufinden, braucht der Maulwurf einen guten *Geruchs-* und *Tastsinn*. Die Tasthaare an seiner Nase melden ihm jede leichte Erschütterung in der Nähe. Geräusche an der Erdoberfläche und im Boden nimmt er mit seinen verschließbaren Ohren wahr. Die Augen sind für das Leben im Boden nicht so wichtig. Sie sind nur etwa stecknadelkopfgroß und liegen tief im Fell verborgen.

3 Verschiedene Beutetiere eines Maulwurfs

Aufgaben

① Der Maulwurf hält keinen Winterschlaf. Weshalb kann er ohne Winterschlaf auskommen?

② Neben dem Ärger über die Maulwurfshügel befürchten viele Gartenbesitzer, Maulwürfe schadeten den Wurzeln ihrer sorgsam gepflegten Gartenpflanzen. Erläutere, ob diese Befürchtungen gerechtfertigt sind (vgl. Abbildung 3).

③ In seinem Wohn- und Jagdrevier ist der Maulwurf vor Feinden geschützt. Außerhalb seiner Gänge lauern jedoch viele Gefahren auf ihn. Versuche diese Gefahren genauer zu bestimmen.

Die Fledermaus — ein flugtüchtiges Säugetier

Wie Schatten huschen Fledermäuse an dem noch hellen Abendhimmel vorbei. Meist werden sie von den Menschen gar nicht wahrgenommen, da ihr schneller Flug keine Geräusche verursacht. Dennoch wirkt ihr Flug unruhig, ganz anders als bei Vögeln, mit denen sie auch sonst wenig Gemeinsamkeiten haben. Fledermäuse besitzen zum Beispiel Haare und keine Federn. Zu den Mäusen gehören sie allerdings auch nicht, obwohl ihr Körper dem einer Maus auf den ersten Blick ähnlich sehen mag.

Fledermäuse sind die einzigen voll *flugfähigen* Säugetiere. Dies ermöglichen ihre Hautflügel, die aus einer gut durchbluteten *Flughaut* bestehen, die zwischen Vorder- und Hinterbeinen sowie dem Schwanz gespannt ist. Der Daumen und die fünf Zehen bleiben frei. Sie dienen den Tieren zum Festhalten und Krabbeln.

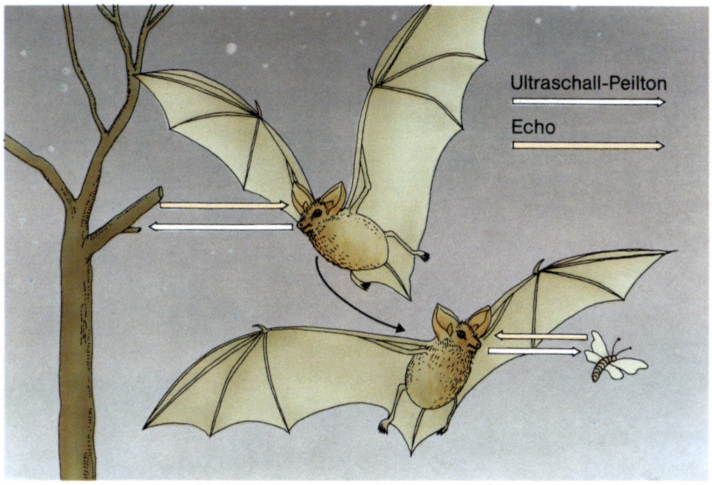

1 Ortung durch Ultraschall bei der Fledermaus

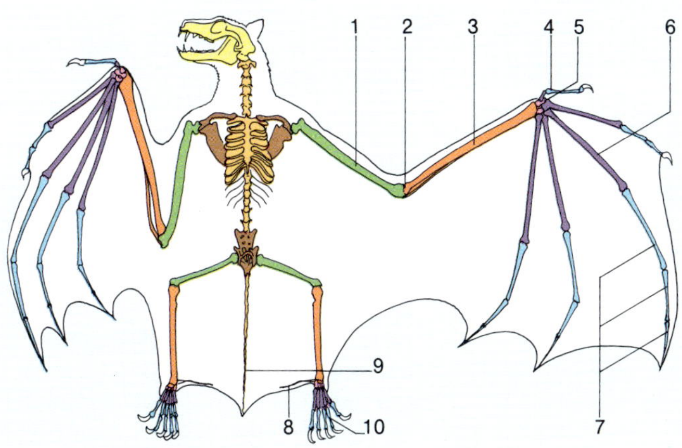

2 Skelett einer Fledermaus

Fledermäuse bewegen ihre Flügel sehr rasch, sie *flattern*. Das kostet natürlich viel Kraft. Deshalb sind Fledermäuse auf energiereiche Nahrung angewiesen. Sie gehen in der Dämmerung und nachts auf Insektenjagd. Obwohl sie mit ihren kleinen Augen nur schlecht sehen können, umfliegen sie geschickt Hindernisse, ohne diese zu berühren. Forscher haben herausgefunden, dass Fledermäuse ununterbrochen kurze, sehr hohe Schreie ausstoßen, die für den Menschen nicht hörbar sind. Diese *Ultraschalltöne* kommen, wenn sie auf ein Hindernis oder ein Beutetier treffen, von diesen als Echo zurück. Dieses *Echo* nehmen die Tiere mit ihren großen Ohren wahr. Fledermäuse brauchen also ihre Umgebung nicht zu sehen, sie hören sie.

In den letzten Jahren ist bei uns die Zahl der Fledermäuse stark zurückgegangen. Von den 22 heimischen Fledermausarten sind 19 in ihrem Bestand gefährdet. Ein Grund dafür ist der verstärkte Einsatz von Insektengiften, denn dadurch sind die Beutetiere der Fledermäuse seltener geworden. Außerdem sind kaum noch Höhlen, ungenützte Dachböden oder hohle Baumstämme vorhanden, in denen sie geschützt den Tag und auch den *Winterschlaf* verbringen können. Naturschützer versuchen, dem durch Aufhängen von Fledermauskästen entgegenzuwirken.

Aufgaben

① Um herauszufinden, wie Fledermäuse sich orientieren, führte der italienische Naturforscher SPALLANZANI schon vor 200 Jahren folgende Versuche mit:
Er hängte Schnüre mit Glöckchen in einem völlig verdunkelten Raum auf. Dann ließ er Fledermäuse einmal mit verdeckten Augen, dann mit durch Wachs verstopften Ohren und auch einmal mit zugebundenem Maul in diesem Raum fliegen.
Welche Ergebnisse hatten diese Versuche wohl? Begründe deine Meinung.

② Benenne die mit Ziffern versehen Knochen des Arm- und Beinskeletts in der Abbildung 2. Vergleiche mit dem Skelett eines Hundes. Welche Unterschiede fallen dir auf?

1 Springendes Eichhörnchen

Das Eichhörnchen — ein Leben auf Bäumen

Beim Spaziergang durch den Park kannst du manchmal beobachten, wie ein Eichhörnchen flink einen Baum emporläuft. Ab und zu hält es inne, spitzt die Ohren und beobachtet aufmerksam die Umgebung, bevor es den Baumstamm beim Weiterklettern spiralig umkreist. Oben angekommen, verharrt es nicht lange und springt mit einem großen Satz auf einen Ast des Nachbarbaumes. Der lange, buschige *Schwanz* dient beim Sprung als Steuer, sodass das Tier im Gleichgewicht bleibt und sicher landen kann. Gleich anschließend läuft das Eichhörnchen mit dem Kopf voran den Baumstamm wieder hinunter, ohne abzustürzen. Die langen *Krallen* der Füße haken sich dabei in der Rinde ein. Gleichzeitig verhindern *Haftballen* unter den Fußsohlen ein Abrutschen.

Hoch oben in der Baumkrone bauen Eichhörnchen ihr kugelförmiges Nest, den *Kobel.* Dieser besteht aus zusammengeflochtenen Zweigen und besitzt seitlich ein Einschlupfloch. Das Innere ist mit Moos, Blättern, Gras und Haaren weich gepolstert.

Im Frühjahr bringt das Weibchen dort drei bis sechs Junge zur Welt. Es sind *Nesthocker,* die ungefähr 8 Wochen lang gesäugt werden. Droht den Jungen Gefahr, werden sie von der Mutter im Genick gepackt und eines nach dem anderen zu einem *Ausweichnest* getragen. Dabei verfallen die Jungen in Tragstarre, sodass die Mutter beim Klettern und Springen nicht behindert wird. Nach gut zwei Monaten sind die Jungen selbstständig und verlassen das Nest.

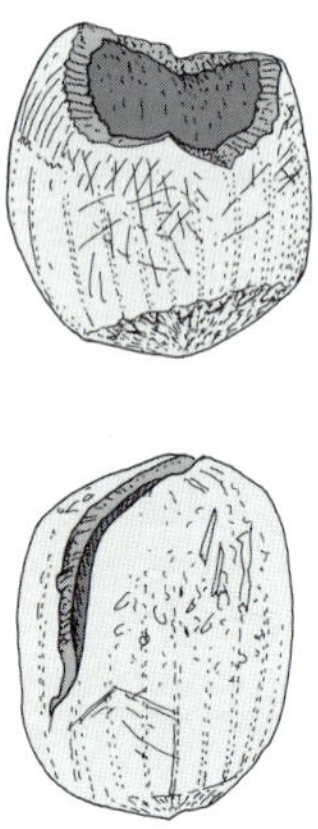

Die Nahrung der Eichhörnchen besteht aus Eicheln, Pilzen, Beeren und Haselnüssen. Zum Öffnen einer Nuss benutzen sie ihre meißelförmigen Schneidezähne *(Nagezähne),* mit denen sie zunächst zwei Längsfurchen nagen und anschließend die Nuss in zwei Hälften sprengen. Der frei gelegte Haselnusskern wird dann zwischen den Backenzähnen, die wie Reibeplatten wirken, zerkleinert. Die Fähigkeit, Nüsse zu knacken, ist den Eichhörnchen *angeboren.* Aber nur durch Erfahrung lernen sie mit der Zeit, die Technik des Nüsseöffnens zu verbessern.

Die Nagezähne werden bei ihrer Tätigkeit abgenutzt, wachsen aber im Gegensatz zu den Backenzähnen nach. Dadurch, dass bei den Nagezähnen der außen gelegene, härtere *Zahnschmelz* sich nicht so schnell abnutzt wie das dahinter liegende, weichere *Zahnbein*, bleiben sie auch ständig scharf.

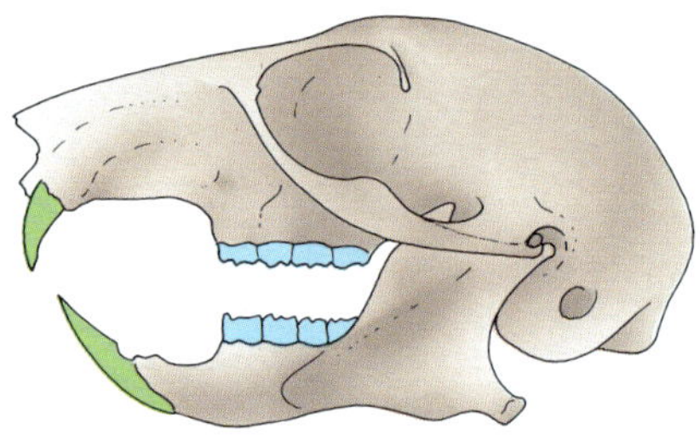

2 Schädel eines Eichhörnchens

Im Herbst legen sich Eichhörnchen Vorräte für die kalte Jahreszeit an, indem sie Eicheln und Nüsse vergraben. Ungünstige Zeiten im Winter verschlafen sie in ihrem Kobel. Sie wachen aber alle paar Tage auf und fressen von ihren Vorräten. Eichhörnchen sind *Winterruher.* Ihre Körpertemperatur und die Zahl der Pulsschläge sinkt in dieser Zeit nicht so ab wie bei den Winterschläfern.

Aufgaben

① Vergleiche das Nagetiergebiss des Eichhörnchens mit dem Insektenfressergebiss des Igels. Nenne Gemeinsamkeiten und Unterschiede.

② Vergleiche die Nagespuren auf den beiden in der Randspalte abgebildeten Haselnussschalen. Welche Nuss wurde von einem erfahrenen, welche von einem unerfahrenen Eichhörnchen geöffnet? Begründe deine Meinung.

1 Feldmaus

Die Feldmaus — ein häufiger Bewohner von Äckern und Wiesen

Die Feldmaus bewohnt offene und trockene Lebensräume wie Felder und Wiesen. Dort ernährt sie sich von Wurzeln, Halmen und Getreidekörnern. Zum Zerkleinern dieser Nahrung besitzt die Feldmaus ebenso wie das Eichhörnchen ein *Nagetiergebiss*.

Die Feldmäuse halten keinen Winterschlaf. Sie tragen während des Sommers zusätzlich Vorräte in ihre unterirdischen Speicher ein. Das können jeweils bis zu 1,5 kg sein. Die *Vorratskammer* besteht aus einem blind endenden Gang innerhalb des weit verzweigten Gangsystems. Die einzelnen Gänge liegen 10 bis 20 cm unter der Erdoberfläche. Der *Wohnkessel* mit mehreren Ausgängen liegt noch 20 bis 30 cm tiefer. Im Winter werden *Laufgänge* unter dem Schnee angelegt, die man nach der Schneeschmelze gut erkennen kann.

Feldmäuse haben viele Feinde, z. B. Fuchs, Bussard, Eulen und Mauswiesel. Dennoch können diese Tiere den Bestand der Feldmäuse nicht ernsthaft gefährden. Das liegt an der großen *Vermehrungsfähigkeit* der Feldmaus. Ein Weibchen kann alle 20 Tage einen Wurf mit durchschnittlich 6 Jungen zur Welt bringen. Diese sind schon nach 13 Tagen selbst wieder geschlechtsreif und können nach weiteren 20 Tagen ihre ersten Jungen gebären. Durchschnittlich werden Feldmäuse 4,5 Monate alt. Die Fortpflanzung erfolgt in unseren Breiten nur während der wärmeren Jahreszeit.

In günstigen Jahren, die trocken sind und genügend Nahrung bieten, kann es zur *Massenvermehrung* kommen. Diese hat für die Mäuse aber auch Nachteile. Denn irgendwann ist nicht mehr genügend Raum vorhanden. Die Nahrung wird knapp, vor allem im Herbst, wenn die Getreidefelder abgeerntet sind, die Witterung kühler wird und vermehrt Regenfälle einsetzen. Viele Mäuse sterben dann an Hunger und Krankheiten. Die wenigen, die überleben, können sich im nächsten Frühjahr wieder von neuem vermehren. Alle drei bis vier Jahre kann es so zu einer Massenvermehrung kommen.

In einem solchen Jahr können die Feldmäuse zu Schädlingen für die Landwirtschaft werden. Wenn eine Maus pro Monat 0,3 kg Nahrung benötigt, schlägt das nicht zu Buche. Wenn aber 1000 Mäuse jeweils diese Menge fressen, fehlt dem Landwirt ein Teil der Ernte. *Mäuseplagen* treten allerdings nur dort auf, wo großflächige Getreidefelder ein Überangebot an Nahrung bieten. In natürlichen Lebensräumen, die abwechslungsreich gestaltet sind, treten meistens keine Massenvermehrungen auf, da dort die Nahrung knapper ist.

Aufgaben

① Vergleiche die Lebensweise von Feldmaus und Maulwurf. Nenne Gemeinsamkeiten und Unterschiede.

② Rechne aus, wie viele Junge eine Feldmaus während ihres Lebens theoretisch bekommen kann.

③ Informiere dich darüber, welche Arten von Mäusen bei uns vorkommen. Wodurch unterscheiden sie sich.

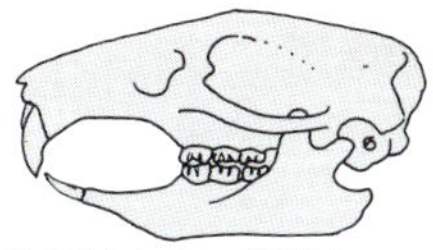

Schädel einer Wühlmaus (Nagetier)

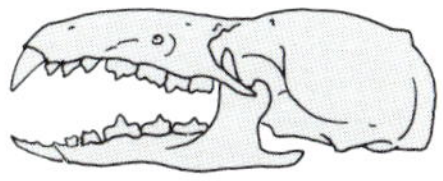

Schädel einer Spitzmaus (Insektenfresser)

Maus ist nicht gleich Maus

Feldmaus und **Waldspitzmaus** werden Mäuse genannt und sind doch nicht näher miteinander verwandt. Der Grund dafür zeigt sich im Vergleich ihrer *Gebisse*. Die Feldmaus ist ein *Nagetier* und gehört zu den *Wühlmäusen*, die Spitzmaus ist ein *Insektenfresser*.

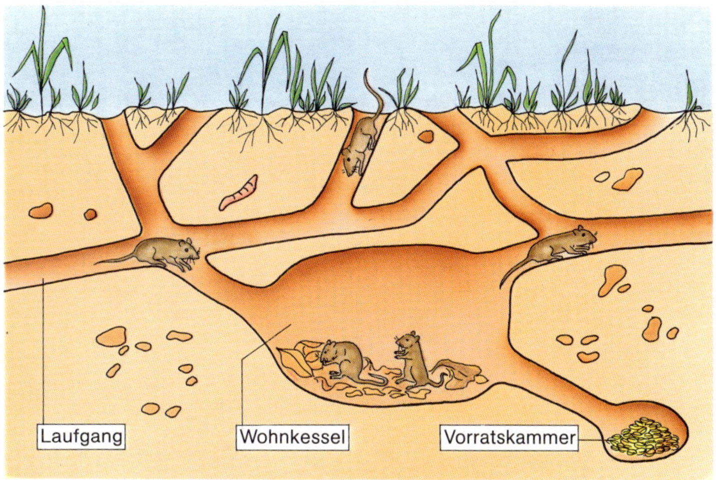

2 Gangsysten der Feldmaus

1 Wildkaninchen vor dem Bau

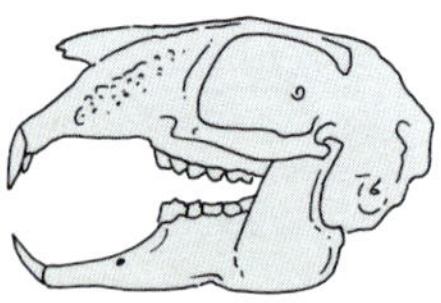

Kaninchenschädel

Wildkaninchen und Feldhase — Tiere unserer Kulturlandschaft

Wildkaninchen waren ursprünglich nur in den Mittelmeerländern beheimatet. Heute kommen sie aber auch in unseren Breiten fast überall vor: An Waldrändern, in Parks mitten in der Stadt und sogar in Gärten in unmittelbarer Nähe des Menschen. Nur eine Bedingung stellen sie an ihren Lebensraum: der Boden muss hinreichend locker und trocken sein. Tiere, die sich derart an die Umgebung des Menschen angepasst haben, nennt man *Kulturfolger*.

Wildkaninchen leben gesellig in *Kolonien*. Der unterirdische Bau mit seinem *Wohnkessel* und verzweigtem *Gangsystem* bietet Schutz vor Wind, Kälte und Regen, aber auch vor Feinden, wie Bussard, Fuchs oder Iltis. Bei Gefahr trommeln Kaninchen mit ihren Hinterläufen auf den Boden. Dieses *Warnsignal* soll verhindern, dass Artgenossen von Feinden überrascht werden. So haben sie meist genügend Zeit, um in schneller Flucht wieder einen der vielen Eingänge ihres Baus zu erreichen. In der Dämmerung verlassen die Kaninchen den Bau, um auf Nahrungssuche zu gehen.

Sie sind *Pflanzenfresser*, manchmal sehr zum Ärger der Gartenbesitzer, denn Gemüsepflanzen fressen sie gerne. Das Gebiss ist aber auch an die Verarbeitung harter Nahrung angepasst. Rinde von Jungbäumen und Sträuchern kann damit ohne Mühe von den Ästen abgenagt werden. Die *Schneidezähne* im Ober- und Unterkiefer sind, wie bei den Nagetieren, lang und nach hinten gebogen. Zwar werden sie durch das Nagen stetig abgenutzt, wachsen aber ständig nach. Die Backenzähne sind abgeflacht und bilden so eine Reibefläche, auf der die Pflanzennahrung gut zerkleinert werden kann.

In manchen Jahren kommen Kaninchen in besonders großer Zahl vor. Ursache dafür ist ihre hohe *Vermehrungsrate*. Vom Frühjahr bis zum Herbst bringt ein Weibchen bis zu 5 Würfe von jeweils 4 — 12 Jungen zur Welt. Vorher wird dafür eine eigene *Bodenröhre* fertig gestellt, die mit Gras und ausgerupften Haaren ausgepolstert ist. Die Jungen werden nackt und blind geboren. Nach einigen Tagen beginnen Haare zu wachsen und erst am zehnten Tag öffnen sich die Augen. Die Jungen werden dann noch drei Wochen lang gesäugt. Tiere, die in der ersten Zeit ihres Lebens derart hilflos sind, nennt man *Nesthocker*. Während der Abwesenheit des Muttertieres wird das Einschlupfloch mit einem Erdpfropf verschlossen. Nach insgesamt drei Monaten sind die Jungtiere dann selbst geschlechtsreif.

Die hohe Vermehrungsrate ist die Ursache dafür, dass Feinde und Krankheiten den Kaninchenbestand nicht ernsthaft gefährden können. Selbst die für Kaninchen gefährlichste Krankheit, die *Myxomatose*, vernichtet immer nur einen Teil der Tiere. Die Myxomatose wird von Viren hervorgerufen und tritt meist nach Jahren starker Vermehrung auf. Für den Menschen ist diese Krankheit ungefährlich.

Wildkaninchen werden häufig mit den Feldhasen verwechselt. Wenn man auf einige Merkmale genauer achtet, kann man die beiden Arten jedoch gut von einander unterscheiden.

1 Kampf zweier Feldhasen

Mit 60 cm Körperlänge ist der **Feldhase** um ein Drittel größer und mit 5 bis 6 kg Körpergewicht etwa doppelt so schwer wie ein Wildkaninchen. Im Gegensatz zu diesem sind beim Hasen die Ohren länger als der Kopf. Die Ohrspitzen tragen außerdem einen dunklen Fleck. Das Fell ist meist rostfarben, das der Kaninchen meist grau. Hase und Kaninchen gehören beide zur Gruppe der **Hasentiere**. Als gemeinsames Merkmal besitzen sie ein Paar *Stiftzähne*, das sich hinter den oberen *Schneidezähnen* befindet. Das unterscheidet sie von den Nagetieren.

Der Hase stammt aus den Steppen Asiens. Er meidet die direkte Nähe des Menschen. Sein Lebensraum sind Wiesen und Äcker mit Gebüsch und Hecken am Rand. Dort lebt er als *Einzelgänger*. Nur zur Paarungszeit sieht man mehrere Hasen zusammen. Sie finden sich dann an gut überschaubaren Plätzen ein, auf denen die männlichen Hasen oder *Rammler* eine Häsin umwerben. Dabei kann es zu „Handgreiflichkeiten" zwischen den Hasen kommen. Die Rivalen richten sich dann auf den Hinterbeinen voreinander auf und trommeln mit ihren Vorderpfoten aufeinander ein, bis der Unterlegene das Feld räumt. Nach und nach finden sich dann Paare zur Fortpflanzung zusammen.

Nach einer *Tragzeit* von 42 bis 44 Tagen bringt die Häsin in der Zeit von März bis September 3- bis 4-mal Junge zur Welt. Jeder Wurf besteht aus 2 bis 5 Jungtieren, die in einer Bodenmulde geboren werden. Diese nennt man *Sasse*. Die Jungen sind bei der Geburt vollständig behaart und haben die Augen geöffnet. Schon bald verlassen die Junghasen die Sasse. Sie sind *Nestflüchter*.

Die *Tarnfarbe* ihres Fells bietet den Hasen Schutz vor Feinden. Tagsüber in der Sasse liegende Hasen sind schwer zu erkennen, da sie sich kaum von der Umgebung abheben. Herannahende Feinde erkennen sie durch ihren vorzüglichen *Sinnesschutzmantel,* der sie nach allen Richtungen absichert. Kommt zum Beispiel ein Hund der Sasse allzu nah, springt der Hase plötzlich auf und läuft in großen Sätzen davon. Um dem Verfolger zu entkommen, schlägt er Haken. Die langen kräftigen Hinterläufe ermöglichen dem Hasen auch dabei noch eine hohe Geschwindigkeit, sodass der Verfolger meist aufgibt.

2 Feldhase in der Sasse

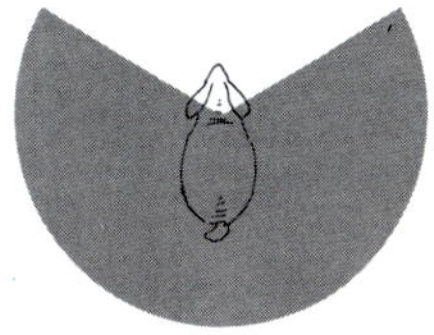

Hörfeld

Witterungsfeld

Sehfeld

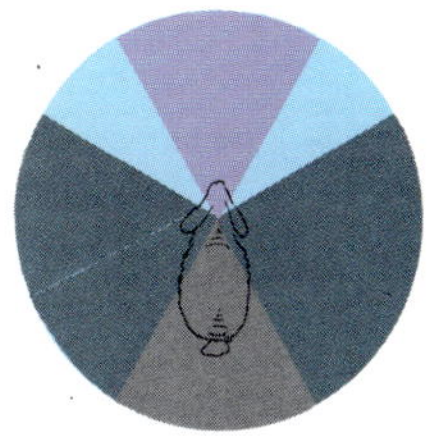

Sinnesschutzmantel

Aufgaben

① Stelle in einer Tabelle die Unterschiede zwischen Wildkaninchen und Feldhase zusammen.

② Beschreibe mithilfe der Abbildung in der Randspalte, wie sich der Sinnesschutzmantel eines Hasen in der Sasse zusammensetzt.

1 Rehbock und Ricke

Das Reh — ein anpassungsfähiger Kulturfolger

Rehe bewohnen fast alle Lebensräume vom dichten Wald bis hin zu Heckengehölzen in besiedelten Gebieten. Sie gehören bei uns zu den häufige Säugern. Ihre Zahl wird auf über 1,5 Millionen geschätzt. Das sind im Durchschnitt sieben bis acht Rehe auf einen Quadratkilometer. Trotzdem bekommt man sie nicht oft zu sehen. Häufiger findet man schon ihre Spuren, durch die sie ihre Anwesenheit verraten.

Rehe kommen hauptsächlich in der Morgen- und Abenddämmerung zur Nahrungssuche aus ihrer Deckung heraus. Am Tage halten sie sich meist sichtgeschützt abseits der Wege auf. Werden sie dennoch durch Spaziergänger gestört, ergreifen sie nicht sofort die Flucht. Die Rehe bleiben nur unbeweglich stehen und verlassen sich darauf, nicht entdeckt zu werden.

Verbissschäden

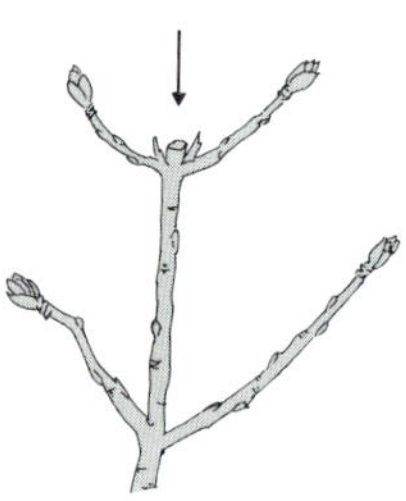

Eine Landschaft, in der Wälder, Äcker, Wiesen und Gehölze miteinander abwechseln, bietet den Rehen ein vielfältiges Nahrungsangebot von Kräutern, Knospen und saftigen Pflanzenteilen. Mehrere Stunden am Tage werden damit verbracht, die aufgenommene Nahrung wiederzukäuen.

Ende Juli bis Anfang August ist die Fortpflanzungszeit der Rehe. Die männlichen Rehe, die *Böcke*, haben dann mithilfe von Drüsen zwischen den Geweihstangen *Duftmarken* an Sträuchern und Bäumen angebracht. So kennzeichnen sie ihr *Revier*, das sie dann gegen Rivalen verteidigen. Das *Geweih* wird jedes Jahr im November abgeworfen. Kurz darauf beginnt ein neues Geweih zu wachsen, das etwa im April wieder voll ausgebildet ist.

Die weiblichen Rehe oder *Ricken* bringen im Mai ein bis zwei *Kitze* zur Welt. Diese sind durch ihr geflecktes Fell gut getarnt. Außerdem haben sie in den ersten Lebenswochen keinen Geruch, sodass sie von Feinden, wie dem Fuchs, nicht so leicht entdeckt werden können. Den größten Teil des Tages werden die Kitze von der Ricke an einem geschützten Platz zurückgelassen, wo sie regungslos verharren. Zum Säugen ruft die Ricke ihre Kitze durch Fiepen herbei. Die größte Gefahr für Rehkitze geht vom Menschen aus. Viele Jungtiere werden von der Mutter nicht mehr angenommen, weil unwissende Spaziergänger das Kitz gestreichelt und damit ihren Geruch auf dieses übertragen haben.

Wenn im Spätsommer alle Felder abgeerntet sind, ziehen sich die Rehe in die Wälder zurück und fressen hauptsächlich die frischen Spitzen junger Bäume. Das kann dazu führen, dass die mit großem Aufwand angepflanzten jungen Bäume verkrüppeln. Um solche *Verbissschäden* zu verhindern, muss man einmal Schonungen einzäunen und außerdem mehr Rehe schießen als bisher. Das wollen aber viele Jäger nicht. Im Gegenteil, in vielen Fällen werden sogar Winterfütterungen durchgeführt, um den Rehen das Überleben in der kalten Jahreszeit zu erleichtern. So gibt es seit Jahren heftige Diskussionen, wie viel Rehe unsere heutige Kulturlandschaft verkraften kann.

2 Ricke mit Kitz

1 Rothirschrudel

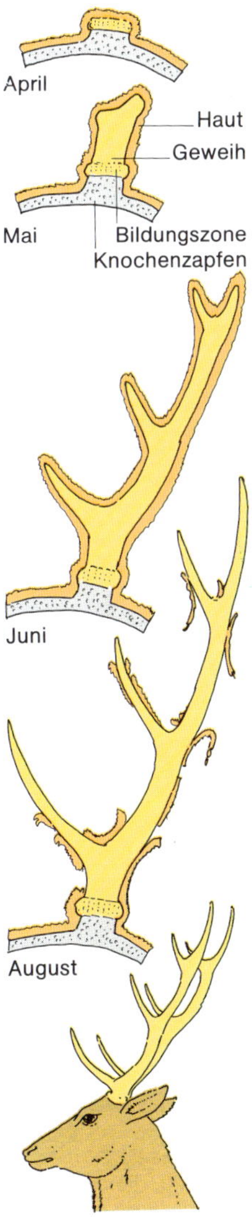

Der Rothirsch — ein Bewohner großer Waldgebiete

Es ist Ende September oder Anfang Oktober. Die Nacht ist morgens um drei Uhr kalt und klar. Es ist windstill und ruhig im Wald. Plötzlich ertönt ein lautes Röhren, ähnlich dem Gebrüll eines Löwen: Die *Brunft* der Rothirsche hat begonnen.

Die *männlichen Rothirsche* versuchen zu dieser Zeit, ein Rudel *Hirschkühe* um sich zu versammeln, das gegen Rivalen verteidigt wird. Ein Kampf entscheidet häufig, wer Besitzer des *Rudels* wird. Kann der Rivale durch den Brunftruf, das Zurückwerfen des Kopfes und ein Aufkratzen des Bodens mit Geweih und Vorderläufen nicht eingeschüchtert werden, kommt es zu einem Kampf. Dabei wird in der Regel keiner der beiden Rivalen verletzt. Da das Geweih nicht eingesetzt wird, um den Gegner zu verletzen, sondern nur um die Kräfte zu messen, spricht man auch von einem *Turnier-* oder *Kommentkampf.* Auf diese Weise kommt es dazu, dass nur der stärkste Hirsch, der *Platzhirsch,* die Weibchen des Rudels begattet. Die Kälber werden dann im Mai oder Juni des nachfolgenden Jahres geboren.

Im Frühjahr werfen die Rothirsche das Geweih ab. Bald danach entwickelt sich sich schon das neue. Dieses wird unter der *Basthaut* gebildet, welche reich durchblutet ist. Über das Blut werden die Stoffe herantransportiert, die für die Neubildung des Geweihs benötigt werden. Während dieser Zeit ist die Basthaut sehr empfindlich und kann leicht verletzt werden. Die Geweihbildung ist bis August abgeschlossen. Die Basthaut trocknet dann ein und wird anschließend durch Reiben oder *Fegen* an Sträuchern und Ästen entfernt. Man benennt die Hirsche nach der Zahl der Geweihenden an beiden Stangen. So spricht man zum Beispiel von einem *Zwölfender*, wenn jede Geweihstange sechs Enden besitzt. An der Zahl der Enden kann man jedoch nicht unbedingt das genaue Alter ablesen, da ältere Hirsche manchmal weniger Enden ausbilden als jüngere.

Der Lebensraum der Rothirsche sind zusammenhängende große Waldgebiete, wo sie vom Menschen wenig gestört werden. Im Gegensatz zum Reh kommt der Hirsch auch mit anspruchsloser Kost aus. In manchen Gebieten, vor allem in Süddeutschland, werden durch einen zu großen Hirschbestand aber auch Waldschäden verursacht. Durch Bejagung wird deshalb auch bei den Hirschen versucht, die Bestände zahlenmäßig geringer zu halten.

Aufgaben

① Vergleiche Hirsch und Reh anhand des Textes. Nenne Gemeinsamkeiten und Unterschiede.
② Nenne Gründe, die einerseits für, andererseits gegen die Winterfütterung von Hirsch und Reh sprechen.
③ Hirsch und Rehbock fegen ihre Geweihe an Ästen von Bäumen und Sträuchern. Welche Auswirkungen kann das haben?
④ Informiere dich in einem Tierlexikon über weitere Hirscharten, die bei uns vorkommen. Berichte darüber.

2 Kämpfende Rothirsche

Lexikon
Lexikon
exikon
xikon
ikon
kon
on

Einheimische Wildtiere

Der **Rotfuchs** ist ein Einzelgänger. Er bewohnt ganz verschiedenartige Lebensräume, wie Wälder, Gebirgsschluchten oder gar Sanddünen an der Küste. Dort legt er unterirdische Bauten an. Zu seiner Nahrung zählen hauptsächlich Wühlmäuse, Ratten und Kaninchen. Er nimmt aber auch Regenwürmer auf. Er ist also kein Schädling, wie viele Menschen glauben. Ein Teil seiner Nahrung besteht sogar aus Früchten. Im Frühjahr wirft die Füchsin 4 bis 10 Jungtiere, die im darauf folgenden Herbst selbstständig werden. Da der Fuchs die *Tollwut,* eine auch für den Menschen lebensgefährliche Krankheit, übertragen kann, hat man ihn bei uns lange Zeit stark verfolgt. Trotzdem ist es nicht gelungen, den Bestand wesentlich zu reduzieren. Infolge ihres sehr anpassungsfähigen und vorsichtigen Verhaltens erkennen Füchse viele Gefahren rechtzeitig. Heute legt man *Köder* mit darin enthaltenem Impfstoff aus. Frisst nun ein Fuchs einen solchen Köder, können sich in seinem Körper keine Tollwuterreger mehr entwickeln. Man hofft, so die Ausbreitung dieser Krankheit einzudämmen.

Wanderratten sind wie Feldmäuse *Nager.* Sie sind weltweit verbreitet und besiedeln fast alle Lebensräume. Man findet sie in Ställen, auf Dachböden, in der Kanalisation und auf Müllhalden. Überall finden sie Unterschlupf und reichlich Nahrung. Sie leben in großen Familienverbänden, deren Mitglieder sich am gemeinsamen *Sippengeruch* erkennen. Vor allem in den Entwicklungsländern vernichten sie große Teile der Ernte. Man schätzt den jährlichen Schaden weltweit auf über 40 Milliarden DM.

Die **Siebenschläfer** gehören zu den *Bilchen* oder *Schläfern.* Aufgrund ihrer nächtlichen Lebensweise bekommt man sie kaum einmal zu Gesicht. Samen und Beeren bilden den Hauptanteil der Nahrung, die sie mit ihrem Nagergebiss gut verarbeiten können. Ab Oktober halten sie einen langen *Winterschlaf.* Der Siebenschläfer ist der größte bei uns vorkommende Bilch. Er baut sein Nest in Baumhöhlen oder als Kobel im Laubdach der Bäume.

Die **Haselmaus** ist einer der kleinsten *Bilche.* Sie besitzt ein rotbraunes bis gelbbraunes Fell und lebt im dichten Unterholz, wo sie auch ihr kugeliges Nest baut. Dort bringt sie einmal im Jahr 3 bis 4 Junge zur Welt, die nach fünf bis sechs Wochen selbstständig werden. Wie der Siebenschläfer ist die Haselmaus *nachtaktiv.* Darauf weisen ihre großen, dunklen Augen hin. Tagsüber hält sie sich verborgen. Sie lebt vorwiegend von Pflanzen, manchmal auch von Insekten und deren Larven. Haselmäuse halten von Ende Oktober bis April *Winterschlaf.*

Die **Waldspitzmaus** gehört zu den *Insektenfressern.* Sie ist, von kurzen Pausen abgesehen, Tag und Nacht aktiv und meist mit der Nahrungsaufnahme beschäftigt. Käfer, Insektenlarven und Schnecken werden mittels des ausgezeichneten Geruchssinnes und Gehörs aufgestöbert und erbeutet. Pro Tag wird etwa so viel Nahrung aufgenommen wie das eigene Körpergewicht beträgt. Spitzmäuse sind häufig Beute von Eulen. Jährlich zwei bis vier Würfe mit bis zu 7 Jungen gleichen die Verluste wieder aus.
Zu den Spitzmäusen gehört auch das kleinste Säugetier der Welt, die *Etruskerspitzmaus,* mit ganzen 2 Gramm Körpergewicht.

Einige Wildtiere, die heute bei uns in Mitteleuropa vorkommen, haben ihre Heimat in fernen Ländern. Dazu gehören die **Sikahirsche**, die aus Ostasien stammen. Ihre Größe liegt zwischen der von Rothirsch und Reh, ihr Fell ist häufig gefleckt. Sie sind ebenfalls Waldbewohner, stellen aber an die Nahrung höhere Ansprüche als die Rothirsche. Man bekommt sie nur selten zu Gesicht, da sie kaum ihre Deckung im Wald verlassen. Der *pfeifende Brunftruf* verrät jedoch im Herbst ihre Anwesenheit.

Waschbären haben ihre Heimat in Nordamerika und wurden bei uns unfreiwillig eingebürgert. Vor rund 60 Jahren entwichen nämlich einige Waschbären aus einer Pelztierfarm in Hessen. Von dort breiteten sie sich aus, weil ihnen die Lebensbedingungen hier zusagten. Heute gibt es mehrere tausend Waschbären in unseren Wäldern. Sie sind vorwiegend *dämmerungsaktiv* und ernähren sich hauptsächlich von pflanzlicher Kost. Der Name beruht auf der Angewohnheit, erbeutete Nahrung vor dem Verzehren mit den Vorderpfoten in Wasser zu tauchen.

Die **Bisamratte** gehört zu den *Nagern* und kommt recht häufig bei uns vor. Sie wurde wegen ihres Felles zu Anfang unseres Jahrhunderts aus Nordamerika eingebürgert. Heute sind Bisamratten an fast allen Bächen, Flüssen und Seen zu finden. Dort ernähren sie sich häuptsächlich von Wasserpflanzen. *Schwimmhäute* an den Hinterfüßen machen sie zu wendigen Wassertieren. Wegen ihrer Unterhöhlungen von Uferböschungen entsteht häufig Schaden.

Der **Biber** gehört zu den Tierarten, die bei uns *ausgerottet* wurden. Der Grund dafür war sein außerordentlich wertvolles Fell. Dieses ist nämlich sehr dicht: Bis zu 10 000 Einzelhaare wachsen auf einem Quadratzentimeter. Der Lebensraum der Biber sind Bäche, Flüsse und Seen mit Pappeln, Weiden, Erlen und Birken, von denen sie sich ernähren. Biber leben in Familien. An den Gewässern bauen sie Staudämme aus Ästen, um den Wasserrand zu regulieren. Innerhalb des Staudammes befindet sich die *Biberburg*, die nur unter Wasser erreicht werden kann. Vor etlichen Jahren begann man mit der erfolgreichen Wiederansiedlung des Bibers.

Den **Luchs** ereilte im letzten Jahrhundert dasselbe Schicksal wie den Biber: Er wurde bei uns *ausgerottet*. Obwohl er für den Menschen keine Gefahr darstellte, wurde der Luchs jahrhundertelang verfolgt und galt im Gebiet der heutigen Bundesrepublik Deutschland seit 1818 als ausgestorben. Seit 1970 wird versucht, ihn im Nationalpark Bayerischer Wald wieder einzubürgern. Er ist ein Waldtier und die größte einheimische *Katzenart*. Ein Luchs jagt meistens nachts als Einzelgänger. Zu seinen Beutetieren gehören vor allem Rehe, aber auch Füchse, Kaninchen und Bodenvögel.

Im Gebiet der Bundesrepublik Deutschland gibt es nur noch einige Dutzend **Fischotter**. Ursache ist die Zerstörung ihres Lebensraums durch Begradigung und Verschmutzung von Bächen und Flüssen. Früher verfolgte man sie als angebliche Fischereischädlinge. In Wirklichkeit leben sie nur zu einem Teil von Fischen. Den Rest der Nahrung bilden Krebse, Mäuse, Schnecken und Frösche.

1 Delfin bei der Vorführung

Der Delfin – ein Säugetier des Meeres

Sonntags im *Delfinarium*: Zwei Delfine schießen durch das Wasser. Auf ein Zeichen des Trainers hin schnellt einer der beiden senkrecht aus dem Wasser heraus und zieht an einer 2 Meter hoch hängenden Glocke. Sofort danach schwimmt er zum Beckenrand und hält seinen Kopf mit geöffnetem Maul aus dem Wasser, um zur Belohnung einen Fisch in Empfang zu nehmen. Nach Herunterlassen eines Seils von der Decke springen sie gleichzeitig in weitem Bogen über das Seil, kurze Zeit später noch einzeln über einen im Wasser liegenden, farbigen Balken.

Wieso können Delfine so etwas? Delfine sind von Natur aus sehr spielfreudige und intelligente Tiere. Sie leben im offenen Meer in Gruppen, deren Mitglieder sich genau kennen und untereinander verständigen können. Das nutzt der Trainer aus, um bestimmte Figuren einzuüben. Dabei lernen die Delfine Zeichen, auf die sie in einer bestimmten Weise reagieren. Mit Fischen werden sie dann vom Trainer für die erbrachten Leistungen belohnt.

Der Körper der Delfine ist perfekt an das Leben im Wasser angepasst. Der oben graue und unten helle Körper ist *stromlinienförmig*. Er besitzt keine Haare und in der Haut sind kleine Öltröpfchen eingelagert. Dadurch wird der Wasserwiderstand so stark verringert, dass Delfine bis zu 60 Stundenkilometer schnell schwimmen können. So sind sie in der Lage, die ebenfalls nicht langsamen Fische, die ihre Hauptnahrung bilden, zu erbeuten.

Zur Orientierung besitzen sie neben den Augen ein *Echolotsystem* wie die Fledermäuse. Sie stoßen *Ultraschallschreie* aus, die von Hindernissen und Beutetieren zurückkommen. Diese Schallwellen werden wahrgenommen und geben so den Tieren ein Bild von der Umgebung. Tiefe Töne dienen zur Verständigung der Delfine untereinander.

Das fehlende Haarkleid wird durch eine dicke *Speckschicht* ersetzt, die wie ein warmer Mantel wirkt. Delfine, die zu den **Walen** gehören, besitzen Lungen und sind somit *Luftatmer*. Die Atemluft wird durch das auf der Kopfoberseite liegende Nasenloch, das *Spritzloch*, eingeatmet, ohne dass sie mit dem ganzen Kopf aus dem Wasser auftauchen müssen. Die waagrechte *Schwanzflosse*, die im Gegensatz zu den Fischen auf und ab statt seitlich hin und her schlägt, dient dem Antrieb. Als Steuer nutzen Delfine vor allem die zu Flossen umgebildeten Vordergliedmaßen.

Die Jungen werden im Wasser geboren und gesäugt. Die Zitzen liegen unter einer Hautfalte verborgen. Schwache Jungtiere werden zeitweise von der Mutter oder anderen Gruppenmitgliedern an der Wasseroberfläche gehalten, sodass sie nicht ertrinken. Gleiches geschieht mit verletzten Artgenossen. Sogar in Not geratene Menschen wurden auf diese Weise schon gerettet.

Aufgaben

① Wie könnte der Trainer erreicht haben, dass die Delfine auf Kommando aus dem Wasser springen?

② Delfine gehören zu den *Zahnwalen*. Es gibt aber auch *Bartenwale*, die statt der Zähne Hornplatten im Mund tragen. Informiere dich über weitere Walarten und ordne sie den Zahn- oder Bartwalen zu. Wovon ernähren sie sich jeweils?

③ Einige Länder betreiben heute noch den Walfang in größerem Maßstab. Informiere dich darüber, welche Folgen der Walfang in der Vergangenheit hatte. Welche Konsequenzen sollten daraus gezogen werden?

Der Seehund — ein Bewohner des Wattenmeeres

Im *Wattenmeer* vor der deutschen und holländischen Nordseeküste lebt der Seehund. Im Gegensatz zu den Walen ist er nicht ausschließlich auf das Wasser angewiesen. Er verbringt einen Teil seines Lebens auf Sandbänken. Die Fortbewegung zu Lande ist allerdings mühsam, da Seehunde nur mithilfe ihrer Vorderflossen *robbend* den Platz wechseln können.

1 Seehunde im Wattenmeer

Im Juni und Juli halten sich viele Seehunde auf den Sandbänken auf. Das ist die Zeit, in der die Jungen geboren und 4 Wochen lang gesäugt werden. Dabei bilden die Jungen einen bis zu drei Zentimeter dicke *Speckschicht* aus. Diese ist auch notwendig, wenn sie später zum Wasserleben übergehen. Sie verlieren dann nämlich ungefähr ein Drittel ihres Körpergewichts. Wurde zuwenig Fett gespeichert, führt das oft zum Tode der Jungtiere. Manchmal findet man *Heuler*, so nennt man die von ihren Müttern verlassenen Jungtiere. Diese werden in *Aufzuchtstationen* gesammelt und so lange betreut, bis sie selbstständig sind. Dann können sie wieder im Wattenmeer ausgesetzt werden.

Die Zahl der Seehunde ist in den letzten Jahren stark zurückgegangen. Dafür gibt es mehrere Ursachen. Die *Eindeichung* der Küste zum Schutz des Menschen und zur Landgewinnung verringerte den Lebensraum. *Störungen* durch Touristen veranlassen die Seehunde immer wieder, das Wasser aufzusuchen. Außerdem kommt die schleichende *Vergiftung* durch Schadstoffe hinzu, die über erbeutete Fische in den Körper aufgenommen werden.

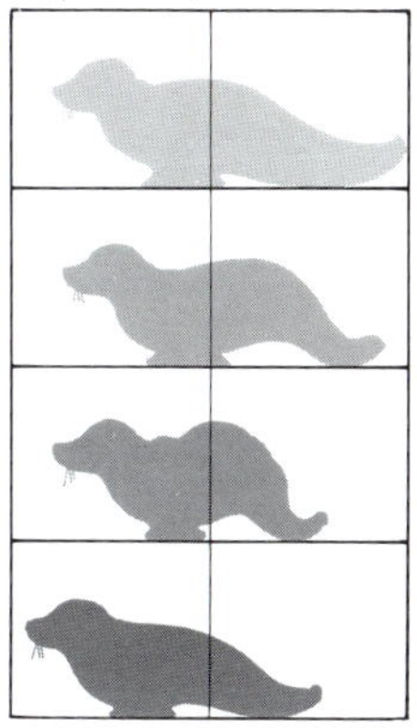

Ein Aufsehen erregendes *Seehundsterben* in der Nordsee beschäftigte im Sommer 1988 wochenlang die Öffentlichkeit. Jeden Tag wurden einige Dutzend toter Tiere an den Stränden angeschwemmt. Sie waren Opfer einer sich schnell ausbreitenden *Infektionskrankheit* geworden. Wissenschaftler vermuteten, dass die schon Jahrzehnte andauernde Verschmutzung der Nordsee die eigentliche Ursache ist. Die daraus resultierende Schadstoffbelastung schwächt die Seehunde, sodass sie für Krankheiten anfälliger werden. Will man die völlige Vernichtung der Seehundbestände verhindern, muss ihr Lebensraum, das Wattenmeer, weit strenger geschützt werden als bisher.

Der Seelöwe

Aus dem Zoo oder Zirkus kennen die meisten Menschen den Seelöwen. Er unterscheidet sich vom Seehund dadurch, dass er seine zu Flossen umgewandelten Hinterbeine zur Fortbewegung auf dem Lande geschickt einsetzen kann und nicht robben muss. Sein Name kommt daher, dass die Männchen während der Fortpflanzungszeit häufig ein löwenähnliches Gebrüll von sich geben, wenn sie ihr Revier verteidigen. Seelöwen sind die Akrobaten der Meere, da sie sowohl an Land als auch im Wasser geschickt sind. Es sind sehr neugierige, verspielte Tiere. Das hat der Mensch ausgenutzt, um sie zu dressieren. So kann man Seelöwen beibringen, einen Handstand zu machen oder Gegenstände auf der Schnauzenspitze zu balancieren.

Seelöwe mit saugendem Jungtier

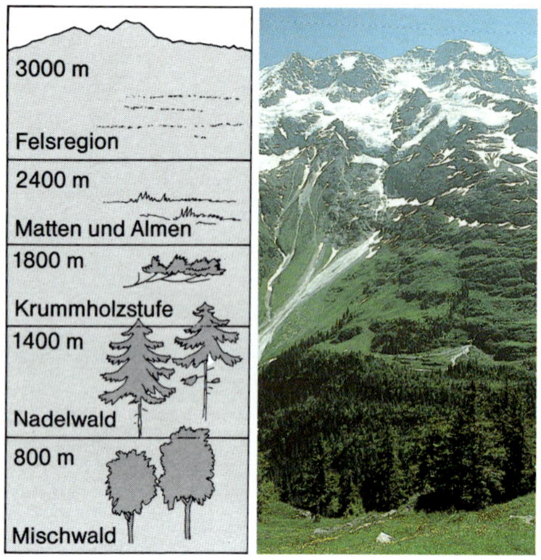

1 Höhenstufen der Alpen

Tiere des Hochgebirges

Der Steinbock

Steil windet sich der Weg durch den Wald empor. Nach Verlassen des Mischwaldes und Durchqueren des Nadelwaldes erreicht man die Krummholzzone. Es schließen sich Almwiesen und Matten an, bevor die *Felsregion* beginnt, der Lebensraum des Steinbocks.

Im Sommer klettert der Steinbock bis zur Schneegrenze bei 3500 m hinauf. In seinem Lebensraum bewegt er sich sicher über Geröllhalden und steile Felsgrate in Schwindel erregender Höhe. Was macht den Steinbock zu einem solch gewandten Kletterer? Eine Untersuchung seiner Hufe – er gehört zu den **Paarhufern** – zeigt uns dies. Die beiden *Kletterhufe* eines Fußes bilden mit ihrem weichen Teil eine elastische Fußsohle. Sie können sich den Unebenheiten des Bodens anpassen, indem sie diese durch Spreizen der Zehen umklammern. Zusätzliche *Afterklauen* verhindern ein Abrutschen an steilen Abhängen. Die durch den harten Fels stark abgenutzte Hornschicht der *Hufe* wächst ständig nach.

Zwischen den Felsen findet der Steinbock Pflanzen, die ihm als Nahrung dienen. Er ist, wie das Rind, ein *Wiederkäuer*. Im Winter steigen die Steinböcke tiefer herab, um an der Waldgrenze unter dem Schnee nach Kräutern zu suchen.

In seinem Lebensraum ist der Steinbock häufig tiefen Temperaturen ausgesetzt. Diese kann er nur dadurch überstehen, dass ihn ein dickes, isolierendes Fell vor Kälte schützt. Sein *Winterfell* besitzt eine dichte Schicht *Wollhaare*, die zwischen den steifen *Grannenhaaren* wachsen. Im Frühsommer des nächsten Jahres fallen die meisten Wollhaare aus. Es entsteht das wesentlich dünnere *Sommerfell*.

Sowohl Weibchen als auch Männchen tragen *Hörner*, die ständig nachwachsen und nicht abgeworfen werden wie das Geweih der Hirsche. Jedes Jahr wird ein Stück Horn neu gebildet, sodass man an der Zahl der Abschnitte das Alter bestimmen kann. Die Männchen benutzen ihre Hörner beim Kampf gegen Rivalen, indem sie nach kurzem Anlauf mit den Hörnern gegeneinander stoßen, aber ohne sich dabei zu verletzen. Deshalb spricht man, wie beim Hirsch, von *Kommentkämpfen*.

Steinböcke waren in den Alpen fast *ausgerottet*. Ursache waren der Aberglaube der Menschen und die Einführung der Schusswaffen um das Jahr 1500. Dem Steinbock sagte man nämlich Zauber- und Heilkräfte nach. So sollte das gepulverte Horn gegen Krämpfe, Koliken und Vergiftungen gut sein; das warm getrunkene Blut sollte Mut, Energie, Härte und Schwindelfreiheit übertragen.

Im Jahre 1865 gab es nur noch einen kleinen Restbestand von etwa 50 Tieren in den italienischen Alpen. Von diesem Jahre an wurden sie auf Befehl des damaligen italienischen Königs unter strengen Schutz gestellt. Seitdem nahm die Zahl der Steinböcke zu. Heute kann man sie wieder in mehreren Gebieten der Alpen beobachten.

2 Alpensteinbock

Die Gämse

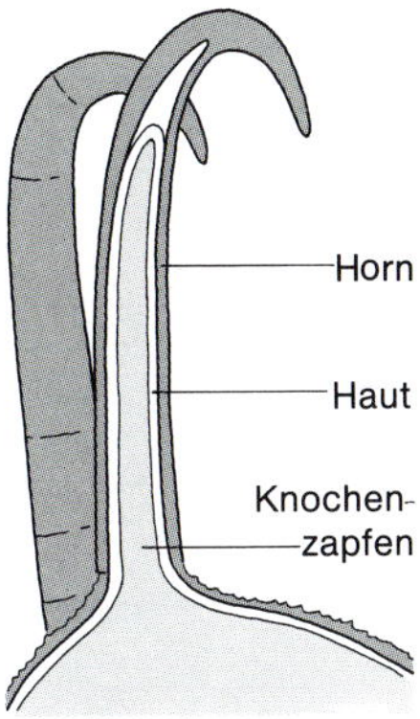

Hörner einer Gämse

Wenn man aus der Felsregion wieder in den Bereich der *Almwiesen* und *Matten* hinabsteigt, kann man einem weiteren Hornträger begegnen, der Gämse. Gämsen halten sich an Steilhängen und auf Schneefeldern auf. In den Schnee sinken sie kaum ein, da ihre spreizbaren Zehen, die mit einer zähen Haut verbunden sind, wie Schneeschuhe wirken. Auch im Klettern und Springen sind sie Meister. Im Gegensatz zum Steinbock sind Gämsen fast überall in den Alpen verbreitet. Auch ihr Horn wächst jedes Jahr ein Stück weiter. Es dient allerdings nicht zum Kampf. Vielmehr laufen zwei miteinander streitende Gamsböcke nebeneinander her und versuchen nur einander zu imponieren. Dies geschieht durch Aufstellen ihrer steifen Rückenhaare, des *Gamsbartes*.

1 Gämse

Das Murmeltier

Herbst

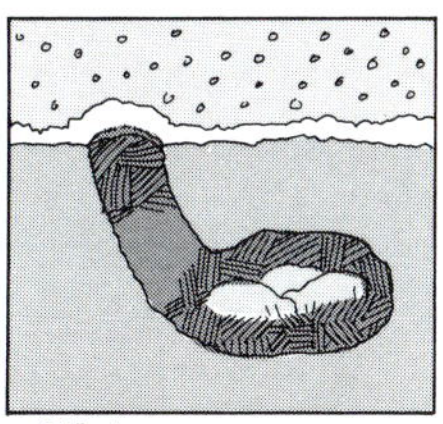
Winter

Frühjahr

Wenn man noch weiter über die Almwiesen hinabwandert, hört man immer wieder helle Pfiffe. Sie verraten einen weiteren Hochgebirgsbewohner, das Murmeltier. Dieses lebt in *Kolonien* und legt unterirdische *Gangsysteme* an. Setzt man sich ruhig hin, wird man auch einige Tiere entdecken. Manche machen vor ihrem Bau „Männchen". Dabei beobachten sie sorgfältig ihre Umgebung und auch den Luftraum über sich. Nur allzu schnell kann ihr Hauptfeind, der Steinadler, auftauchen. Andere Murmeltiere tollen übermütig miteinander herum. Das sind meist Jungtiere. Wieder andere sind mit der Nahrungsaufnahme beschäftigt. Sie fressen nährstoffreiche Kräuter und Gräser. Ertönt ein *Warnpfiff*, flüchten alle so schnell wie möglich in ihre Erdbauten.
Schon im Spätsommer schleppen Murmeltiere große Mengen Gras in ihren Bau, um das Lager für den *Winterschlaf* vorzubereiten. Dieser dauert 6 bis 7 Monate. Im nächsten Jahr, wenn der Schnee langsam schmilzt, kommen sie stark abgemagert wieder hervor. Über ein Drittel des Körpergewichts haben sie dann verloren.

2 Murmeltier mit Jungen

Aufgaben

① Der **Schneehase** ist ein weiterer Bewohner des Hochgebirges. Informiere dich über seine Lebensweise und vergleiche ihn mit dem Feldhasen.

② Pflanzen und Tiere der Alpen sind immer mehr durch Massentourismus gefährdet. Welche Gefahren und negative Folgen sind dir bekannt?

3 Schneehasen im Winterfell

1 Dromedarkarawane in der Wüste

Leben in der Wüste — ein Kampf gegen das Verdursten

Das Dromedar

Temperaturen bis zu 50 °C im Schatten, sehr kalte Nächte, kaum Niederschlag, extreme Trockenheit, Sandstürme, wenig Wasserstellen, trockene Gräser und Dornensträucher, das sind Umweltfaktoren, die den *Lebensraum Wüste* kennzeichnen. Zu den Tieren, die diesen lebensfeindlichen Bedingungen trotzen, gehört das *einhöckerige Kamel* oder Dromedar, das in den Wüstengebieten Nordafrikas beheimatet ist. Es kann mehrere Tage ohne Wasser auskommen, erträgt den bis zu 70 °C heißen Wüstensand in der Mittagshitze und kann dabei noch große Strecken pro Tag zurücklegen.

Wie kann das Dromedar diese extremen Bedingungen ertragen? Man hat festgestellt, dass seine Körpertemperatur im Laufe eines Tages zwischen 34 °C und 40 °C schwankt. Die zunehmende Hitze während des Tages heizt den Körper auf, ohne dass das Dromedar schwitzt; so spart es Wasser. Erst wenn die Körpertemperatur auf über 40 °C steigt, beginnt auch das Dromedar zu schwitzen. Durch das Verdunsten des Schweißes auf der Körperoberfläche wird ein weiteres Ansteigen der Körpertemperatur verhindert. Ein Dromedar schwitzt allerdings nicht so stark wie ein Mensch. Dieser verliert in der Wüste pro Tag 10 bis 15 l Wasser, ein ungefähr 500 kg schweres Dromedar höchstens 30 l. Es kann darüber hinaus über ein Drittel des Körpergewichts an Wasser verlieren, ohne Schaden zu nehmen. Gibt es dann wieder Wasser, können Dromedare innerhalb von 10 Minuten bis zu 130 Liter trinken.

Im *Höcker* wird Fett gespeichert, welches als Nahrungsreserve dient. So können Dromedare längere Zeit ohen Nahrung auskommen. Sie sind *Pflanzenfresser,* die keine großen Ansprüche haben. Sie nehmen auch trockene Gräser und dornige Zweige zu sich. Verschließbare Nasen- und Ohrenöffnungen sowie stark bewimperte Augen schützen ihre Sinnesorgane bei Sandstürmen.

Einen zusätzlichen Schutz bietet das dichte Fell, das nicht nur gegen Kälte, sondern auch gegen Hitze *isoliert.* Auf der Felloberfläche entstehen Temperaturen bis zu 80 °C. Auf der Haut ist die Temperatur niedriger, da das dichte Fell die Hitze zurückhält. Auch die in der Wüste lebenden Menschen nutzen diese Wirkung: sie tragen mehrere Gewänder übereinander, um sich vor der Hitze zu schützen.

Schwielen unter den Zehen der paarigen Hufe, an den Knien und in der Brustgegend schützen das Dromedar vor dem heißen Wüstensand sowohl beim Laufen als auch beim Ruhen. Die spreizbaren Zehen, die durch eine Haut miteinander verbunden sind, ergeben eine tellergroße Fläche. Dadurch wird ein Einsinken in den Wüstensand verhindert.

Aufgabe

① Mit welchen Schwierigkeiten muss das Dromedar in der Wüste fertig werden? Betrachte die Abbildung in der Randspalte. Auch wenn unser Zeichner übertrieben hat, gibt sie dir wichtige Hinweise.

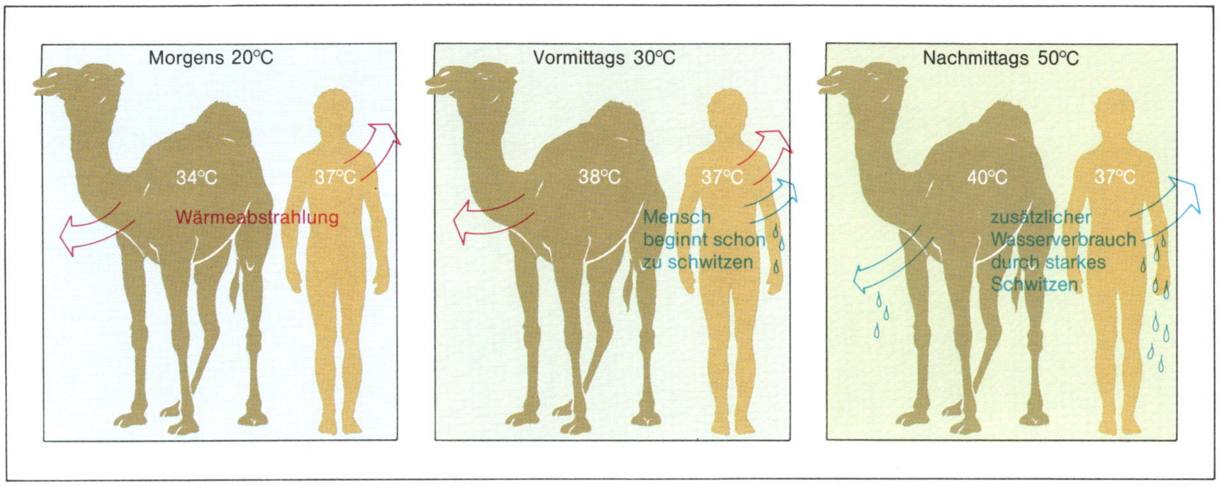

1 Vergleich von Anpassungen an die Hitze in der Wüste

Der Wüstenfuchs

Neben den Pflanzenfressern leben in der Wüste auch *Fleischfresser* wie der Wüstenfuchs oder *Fennek*. Er ist nur 40 cm lang, hat ein dichtes Fell und einen buschigen, etwa 30 cm langen Schwanz. Auffällig sind auch seine 15 cm großen Ohren. Der Fennek jagt nachts, wenn es nicht mehr so heiß ist. Tagsüber hält er sich in einer Erdhöhle verborgen, in der es kühler ist als an der Erdoberfläche.

Sein dichtes Fell schützt vor Kälte in der Nacht und vor Wärme am Tag. Wird es ihm zu heiß, beginnt er wie ein Hund zu *hecheln*, um den Körper abzukühlen. Außerdem wird über seine großen, gut durchbluteten Ohren Wärme abgegeben. Da er keine Schweißdrüsen besitzt, kann er nicht schwitzen und verbraucht dadurch nur wenig Wasser. Die Flüssigkeit, die in seiner Nahrung enthalten ist, reicht ihm völlig aus. Er braucht also gar nicht zu trinken und ist deshalb nicht auf Wasserstellen angewiesen. Zu seiner Nahrung gehören Eidechsen, Wüstenspringmäuse und andere Kleinlebewesen.

Wird der Fennek von Feinden bedroht, kann er sich blitzschnell eingraben, um sich den Blicken der Verfolger zu entziehen. Aufgrund seiner nächtlichen Lebensweise bekommen Menschen den Fennek kaum zu Gesicht. Sie halten ihn für listig und verschlagen, was in einem arabischen Sprichwort zum Ausdruck kommt: „Ein Fennek spielt mit zwei Hunden, macht sich über drei lustig, tritt bei vier Hunden den Rückzug an, läuft davon, wenn ihn fünf verfolgen, und sechs sind nötig, um ihn zu fangen.“

Aufgaben

① Vergleiche anhand der Abbildung, wie Mensch und Dromedar auf große Hitze reagieren. Stelle die Unterschiede heraus.

② Wie könnte man durch einen Versuch nachweisen, dass ein dichtes Fell sowohl gegen Kälte als auch gegen Hitze schützt?

③ Vergleiche Dromedar und Fennek im Hinblick darauf, wie sie sich vor der Hitze schützen. Nenne Gemeinsamkeiten und Unterschiede.

④ Informiere dich bei einem Zoobesuch über weitere Kamelarten und andere Tiere, die in der Wüste vorkommen. Berichte.

2 Wüstenfuchs

1 Huftierherde an einer Tränke

Steppen und Savannen bieten vielen Tieren Lebensraum

Fast jeder kennt aus Naturfilmen die riesigen *Tierherden*, die in den Steppen und Savannen Ostafrikas leben. Sie werden von *Pflanzenfressern* ganz unterschiedlicher Tierarten gebildet. Dazu gehören beispielsweise das *Gnu*, das *Zebra* und die *Thomsongazelle*, aber auch *Giraffen* und manchmal *Strauße*. Allein im Serengeti-Nationalpark in Tansania leben von jeder Art einige hunderttausend Tiere.

Die genannten Arten leben dort direkt nebeneinander und fressen sich trotzdem nicht gegenseitig die Nahrung weg. Wissenschaftler wollten wissen, warum das so ist. Deshalb untersuchten sie, welche Pflanzen die einzelnen Tierarten fressen. Sie fanden heraus, dass Zebras meist höhere und trockene Gräser, Gnus hingegen nur kürzere und frische Grastriebe zu sich nehmen. Thomsongazellen bevorzugen die saftigen Kräuter zwischen den Gräsern. Außerdem nehmen sie nur ganz kurze, frische Gräser zu sich. Auf diese Weise wird die insgesamt zur Verfügung stehende Nahrung unterschiedlich genutzt. Verschiedene Tierarten können so nebeneinander leben, ohne sich gegenseitig *Konkurrenz* zu machen.

Beim Abweiden der Gräser und Kräuter ziehen die Tiere langsam weiter, sodass die Grasnarbe nicht vollständig zertrampelt wird. Sie kann sich immer wieder erholen und bleibt so als Lebensgrundlage der Pflanzenfresser erhalten. Die *Regenzeit* von Juni bis Oktober lässt innerhalb kurzer Zeit die Gräser und Kräuter wieder sprießen. Auf diese Weise steht den Pflanzenfressern in ihrem Lebensraum genügend Nahrung zur Verfügung.

In der *Trockenzeit* wird allerdings die Nahrung knapper. Die Gräser verdorren langsam, sodass die Savanne immer mehr eine gelbe Farbe annimmt. Da die Wurzeln vieler Gräser aber unterirdische *Erdsprosse* ausbilden, können sie mit Beginn der Regenzeit sehr schnell wieder nachwachsen.

2 Zebra, Gnu und Thomsongazelle nutzen die zur Verfügung stehende Nahrung unterschiedlich

1 Löwin mit Jungen

Die große Zahl von Pflanzenfressern bietet vielen *Fleischfressern*, wie *Geparden* oder *Löwen*, hinreichend Nahrung. Löwen leben in *Rudeln*, die von einem oder zwei erwachsenen Männchen angeführt werden. Die übrigen Tiere sind Weibchen und auch einige Junglöwen, die noch nicht selbstständig jagen können. Die Hauptnahrung der Löwen sind Gnus und Zebras.

Auf der Jagd schleicht sich meist eine Löwin langsam und vorsichtig an ihre Beute heran. Plötzlich schnellt sie aus ihrem Versteck und springt auf ein Gnu zu, das sie zuvor als Beute ausgewählt hat. Noch ehe es fliehen kann, wird es durch einen Prankenhieb niedergestreckt und mit einem Biss in den Hals getötet. Das Rudel eilt herbei, um die Beute gemeinsam zu verzehren. Meist fressen die Männchen zuerst, dann die Löwinnen und Jungtiere.

Die Beutezüge sind aber längst nicht immer erfolgreich. Woran mag das liegen? Auch diese Frage haben Wissenschaftler untersucht. Sie stellen fest, dass Gnu, Zebra und Thomsongazelle eine größere *Höchstgeschwindigkeit* erreichen als ein Löwe, der außerdem nicht so ausdauernd ist. Ein Löwe beschleunigt jedoch schneller als seine Beutetiere, sodass er auf den ersten Metern schneller ist als diese. Holt er auf diesen wenigen Metern seine Beute nicht ein, hat er keine Chance mehr, da dann das verfolgte Tier seine Höchstgeschwindigkeit erreicht hat und ihm davonläuft.

Sehr häufig kommen Löwen aber gar nicht nahe genug an ihre Beute heran, weil sie vorzeitig entdeckt werden. Deshalb wenden sie manchmal auch eine andere Jagdtaktik an, bei der mehrere Löwinnen gemeinsam jagen. Einige davon treiben die Beutetiere auf ein oder zwei im Hinterhalt liegende Löwinnen zu, die erst dann angreifen, wenn ihnen ein flüchtendes Beutetier sehr nahe gekommen ist.

Mit diesem Wissen kann man verstehen, dass Löwen ihre Beutetiere nicht ausrotten können. Je weniger Beutetiere da sind, desto weniger Jagden sind erfolgreich und desto weniger Nahrung steht zur Verfügung. In schlechten Zeiten verhungern dann viele Junglöwen, da sie noch nicht selbstständig jagen können. Haben sich die Beutetiere stark vermehrt, können auch mehr Junglöwen erfolgreich aufwachsen, wodurch die Zahl der Löwen wieder zunimmt. Mit der Jagd verbringen Löwen nur einen kleinen Teil ihres Lebens, den größten Teil ruhen sie, um zu verdauen. So können 4 Tage vergehen, bis sie erneut hungrig sind und wieder gemeinsam zur Jagd aufbrechen.

Höchstgeschwindigkeit (in km/h):

Löwe	50
Gnu	55
Zebra	60
Thomsongazelle	95

Beschleunigungsvermögen (= Zeit, die vergeht bis 40 km/h erreicht werden):

Löwe	2 s
Gnu	4 s
Thomsongazelle	3 s

Aufgaben

① Welche weiteren Steppentiere aus Ostafrika kennst du? Welche Nahrung bevorzugen sie?

② Die jungen Gnus sind Nestflüchter, die schon wenige Minuten nach der Geburt ihrer Mutter folgen können. Aus welchen Gründen ist das sinnvoll?

③ Die großen Tierherden, aber auch Raubtiere wie der Löwe, können heute nur noch in Nationalparks überleben. Welche Gründe fallen dir dafür ein?

2 Löwenmännchen

Menschenaffen – Bewohner der tropischen Urwälder

Der Schimpanse

Schimpansen gehören zu den *Menschenaffen.* Ihre Heimat ist der afrikanische Urwald. Dort leben sie in größeren Gemeinschaften von 15 bis 120 Tieren, die in einem Gebiet von einer Größe bis zu 400 Quadratkilometern umherwandern. Innerhalb dieses Gebietes sind die Mitglieder einer solchen Gemeinschaft meist nicht zusammen anzutreffen. Sie leben zerstreut und aufgeteilt in kleineren Gruppen.

Einen großen Teil des Tages verbringen Schimpansen damit, umherzustreifen und nach Nahrung zu suchen. Diese besteht aus jungen Blättern und vor allem aus verschiedenen Früchten. Ab und zu steht auch Fleischnahrung auf ihrem Speiseplan. Die Männchen der Gruppe fangen dann Tiere, wie zum Beispiel kleinere Antilopen, die anschließend von der ganzen Gruppe verzehrt werden.

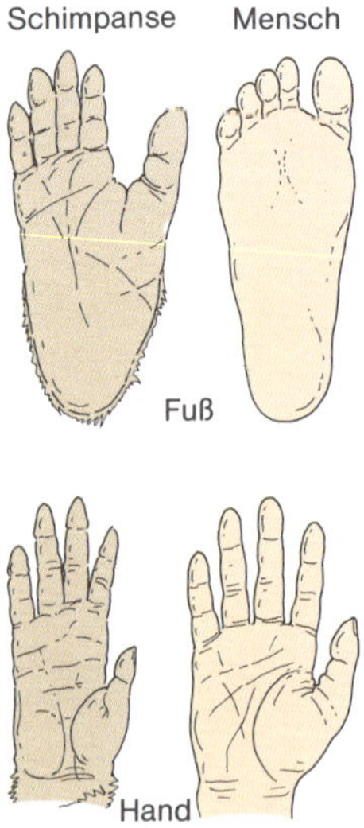

Manchmal kann man etwas ganz Besonderes beobachten: Schimpansen benutzen *Werkzeuge* zum Nahrungserwerb. Sie brechen dünnere Äste ab, deren Blätter sie sorgfältig entfernen, um damit *Termiten* zu fangen. Dazu stecken sie den Ast in eine der Öffnungen des Termitennestes. Die Termiten klettern an dem Ast hoch, sodass der Schimpanse anschließend die Insekten nur noch mit seinem Mund abzustreifen braucht. Man kennt noch weitere Beispiele für den Werkzeuggebrauch bei Schimpansen. So zerkauen sie Blätter, welche sie anschließend als Schwamm benutzen, um damit aus einer Baumhöhle Wasser aufzusaugen. Oder sie benutzen einen größeren Stein als Amboss und einen kleineren als Hammer, um Nüsse zu knacken. Der Werkzeuggebrauch wird den Schimpansen ermöglicht durch ihre *Greifhand.* Der Daumen lässt sich abspreizen und kann so gegen die übrigen 4 Finger bewegt werden. Das gilt in ähnlicher Weise auch für den Fuß, der ebenfalls zum Greifen genutzt werden kann.

Während des täglichen Umherziehens „unterhalten" sich die Schimpansen regelrecht. Zu ihrer Sprache gehört eine Reihe von *Lauten,* mit denen sich die Tiere zum Beispiel über größere Entfernungen verständigen können. Wenn sie eine ergiebige Futterquelle entdeckt haben, rufen sie so andere Tiere der Gemeinschaft herbei. Zusätzlich können sie ihre Stimmung durch Änderung des *Gesichtsausdrucks* zeigen. Weil ihre Mimik häufig so menschenähnlich ist, spricht man zum Beispiel vom Lachgesicht eines Schimpansen.

1 Schimpansin mit Jungem

Das alles dient dazu, sich in der Gemeinschaft zurechtzufinden. Dazu müssen Schimpansen mehr als andere Tiere lernen. Dies geschieht vor allem in den ersten acht bis neun Jahren ihres Lebens. Erst dann werden sie erwachsen. Die Jungen halten sich in den ersten vier Jahren direkt bei der Mutter auf. Danach werden sie von der Muttermilch entwöhnt. Bis zum Erreichen der Geschlechtsreife bleiben sie aber in der Nähe der Mutter, die alle vier bis fünf Jahre ein Junges bekommen kann.

1 Gorillas im Zoo

Gorilla

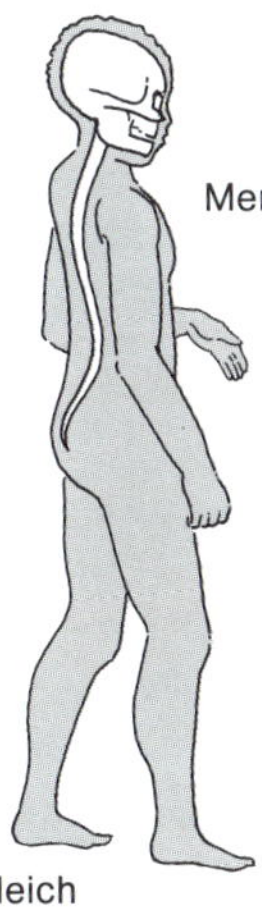

Vergleich der Wirbelsäulen

Der Gorilla

Im Affenhaus drängeln sich die Menschen. Hinter dicken Panzerglasscheiben leben Gorillas in ihrem Gehege. Besonders eindrucksvoll ist der mächtige und bedrohlich aussehende Gorillamann, welcher alle anderen Mitglieder der Gruppe an Größe überragt. Gorillas, die in Gefangenschaft Nachwuchs bekommen, sind heute in vielen Zoos zu sehen. Das war nicht immer so. Zu Beginn unseres Jahrhunderts, als die ersten Gorillas in Zoos kamen, starben sie meist nach wenigen Wochen. Das lag daran, dass man den natürlichen Lebensraum kaum kannte und nicht wusste, wie sie dort leben.

Inzwischen weiß man darüber besser Bescheid. Gorillas leben noch in einigen Urwäldern Zentralafrikas. Sie bilden dort *Familiengruppen,* welche von einem großen Männchen angeführt werden. Dieses zeichnet sich durch einen grauen Rücken und einen mächtigen Schädel aus. Einige in der *Rangordnung* tiefer stehende Männchen sowie mehrere Weibchen und Jungtiere vervollständigen die Familie. In ihrem Lebensraum durchstreifen sie ein Revier von 30 bis 40 Quadratkilometern Größe. Pro Tag legen sie manchmal nur 100 m, manchmal aber auch 5 km zurück. Ihr Tagesablauf besteht aus dem Verzehren von Pflanzen, z. B. jungen Bambussprossen, und dazwischen liegenden Ruhepausen. Die Jungtiere, welche erst mit 4 bis 5 Jahren selbstständig werden, vertreiben sich die Zeit mit intensivem Spiel.

Abends werden *Schlafnester* für die Nacht errichtet. Die Männchen bauen sie auf dem Boden, Weibchen mit Jungen häufig auf Bäumen. Der größte Teil des Lebens spielt sich jedoch auf dem Boden ab. Dort bewegen sich Gorillas meist auf allen Vieren, wobei der Fuß mit der ganzen Sohle aufgesetzt wird, die Hand jedoch nur mit den Fingerknöcheln. Aufrecht gehen können sie nur über kurze Strecken, da ihre Wirbelsäule für den aufrechten Gang nicht geeignet ist.

Der Gorilla ist heute von der *Ausrottung* bedroht, da sein natürlicher Lebensraum, der Urwald, von den Menschen durch Abholzung immer weiter zerstört wird.

Aufgaben

① *Orang-Utan* und *Bonobo* gehören ebenfalls zu den Menschenaffen. Informiere dich in einem Tierlexikon über deren Vorkommen und Lebensweise. Berichte in einem kurzen Referat vor der Klasse.

② Der Mensch greift immer mehr in den natürlichen Lebensraum der Menschenaffen ein. Welche Folgen für die Tiere sind in Zukunft zu erwarten?

③ Die Zoohaltung von Menschenaffen wird häufig kritisiert. Das sei Tierquälerei, sagen manche Leute, weil die Tiere auf zu kleinem Raum eingesperrt seien. Die Befürworter der Zoohaltung meinen dagegen, nur in Zoos können Tiere, die vom Aussterben bedroht sind, überleben. Außerdem sei der Zoo der einzige Ort, an dem Menschen Wildtieren begegnen können. Äußere dich zu den genannten Argumenten. Nenne weitere Gründe für bzw. gegen die Zoohaltung von Tieren.

Wie man Säugetiere sinnvoll ordnen kann

Du hast nun viele Tiere kennen gelernt, die ganz verschieden aussehen. Eines haben sie allerdings gemeinsam, es sind **Säugetiere**. Auf der ganzen Welt gibt es etwa 5000 verschiedene Arten. Wie bekommt man nun Ordnung in diese Vielzahl, um den Überblick zu behalten? Eine sinnvolle Einteilung, ein *System*, wäre nützlich.

An einer Schule wird man einen bestimmten Schüler, von dem man nichts Genaueres weiß, nur mühsam finden. Kennt man aber seine Klasse, ist das keine Schwierigkeit mehr. Andererseits weiß durch diese Einordnung auch der Schüler, wo er hingehört. Durch Einteilung in Gruppen wird also das Wiederfinden und Einordnen leichter. Aus den gleichen Gründen ist es gut, die große Zahl der Säugetiere in Gruppen einzuteilen, um einen besseren Überblick zu bekommen.

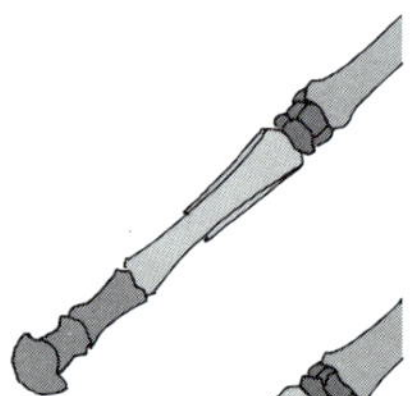
Zebra

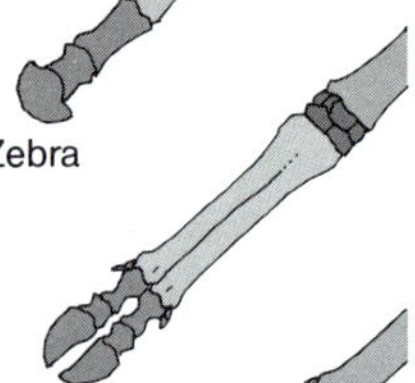
Rind

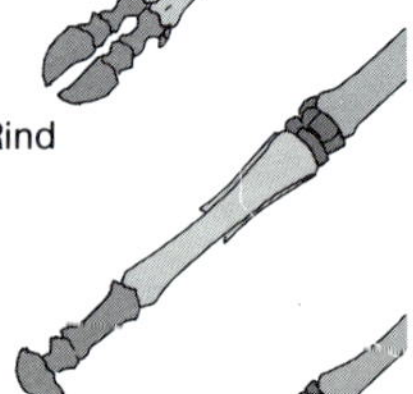
Esel

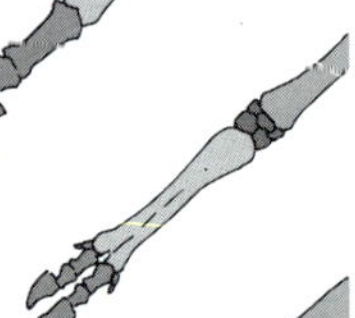
Schaf

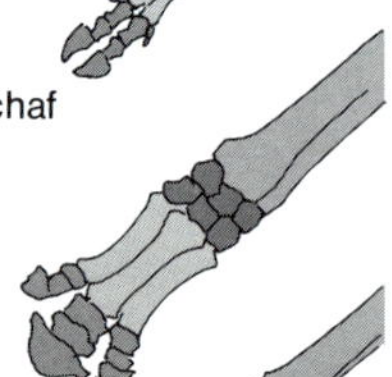
Nashorn

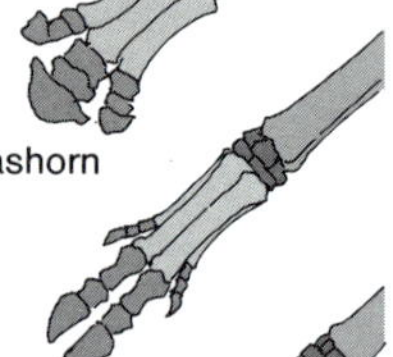
Schwein

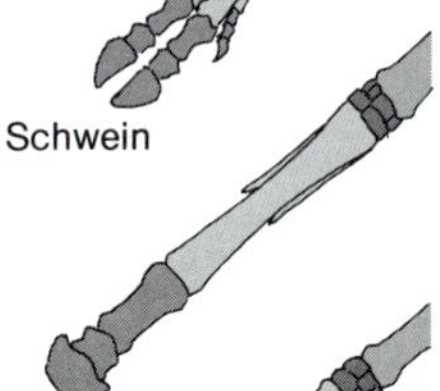
Pferd

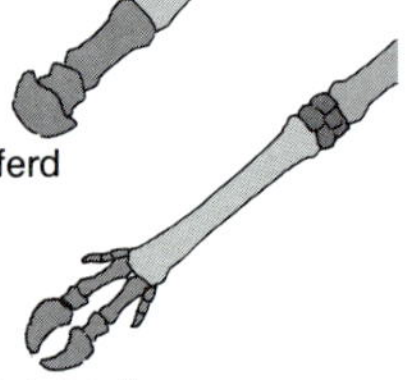
Steinbock

Eine Möglichkeit wäre, die Säugetiere in Tiere des Waldes, der Wiese usw. einzuordnen. Dabei ergeben sich jedoch Schwierigkeiten. Rehe zum Beispiel halten sich häufig im Wald auf, um dort Schutz zu suchen. Wenn sie aber Nahrung aufnehmen, findet man sie auch auf einer Wiese. Eine Einteilung nach gleichen Lebensräumen ist also unzuverlässig. Außerdem wird ein bestimmter Lebensraum nicht nur von Säugern bewohnt, sondern auch von anderen Tieren.

Fasst man Tiere in einer Gruppe zusammen, die sich ähnlich sehen, ist die Sache einfacher. So sehen sich Fuchs und Katze ähnlicher als Fuchs und Pferd. Pferd und Rind haben mehr Gemeinsamkeiten als Schimpanse und Igel.

Auf welche Gemeinsamkeiten muss man dabei nun achten? Auf der rechten Seite sind 32 Tiere abgebildet, von denen jeweils vier zusammen gehören und eine Säugetiergruppe bilden. Wenn man ein Kartenspiel mit 32 Karten daraus macht, kann man insgesamt acht Quartette bilden. *Eichhörnchen, Murmeltier, Hamster* und *Biber* sind schon zu einem Quartett angeordnet. Diese vier Tiere besitzen gemeinsame Merkmale, die sie eindeutig von anderen Säugetieren unterscheiden. Alle vier ernähren sich von Pflanzen sowie deren Samen und Früchten. Ihr Gebiss ist für diese harte Nahrung besonders eingerichtet. Beim Eichhörnchen hast du dieses schon genauer kennen gelernt: das *Nagetiergebiss* (vgl. S. 84). Es besitzt 4 lange, meißelförmige Schneidezähne, die Nagezähne. Eckzähne fehlen. Die Backenzähne folgen nach einer größeren Zahnlücke und besitzen breite Kronen. Alle Tiere, die ein solches Gebiss haben, werden deshalb zur Gruppe der **Nagetiere** zusammengefasst. Eine solche Gruppe wird in der Biologie auch als **Ordnung** bezeichnet. Man spricht deshalb von der *Ordnung der Nagetiere*.

Sieben Quartette fehlen dir nun noch. Sie stellen andere Säugetierordnungen dar. Mithilfe der nachstehenden Aufgaben und dem, was du bisher über Säugetiere gelernt hast, kannst du diese zusammenstellen. Die meisten Tiere sind in den vorhergehenden Kapiteln schon behandelt worden.

Aufgaben

① Unter den 32 Tieren der Abbildung gibt es vier, die gut nagen können. Sie haben allerdings nicht nur 4, sondern *6 Nagezähne*: 4 im Ober- und 2 im Unterkiefer. Ordne diese Tiere zu einem Quartett. Überlege dir einen Namen und ein Erkennungszeichen für diese Säugetierordnung.

② In der Randspalte sind 8 Fußskelette von verschiedenen **Huftieren** abgebildet. Wenn du genau beobachtest, hast du zwei weitere Quartette gefunden. Begründe deine Einordnung.

③ Vergleiche Igel und Maulwurf in Bezug auf ihre Nahrung. Welche Gemeinsamkeiten kannst du feststellen? Finde einen passenden Namen für diese Gruppe und vervollständige sie zum Quartett.

④ Katzen und Hunde zählt man wegen ihrer Ernährungsweise zur Ordnung der **Raubtiere**. Sie besitzen ein *Fleischfressergebiss.* Wenn du zwei weitere Raubtiere findest, hast du das Quartett vollständig.

⑤ Jetzt bleiben noch acht Tiere übrig. Ordne sie zu zwei Quartetten. Überlege dir für beide Quartette einen passenden Ordnungsnamen und ein Erkennungszeichen.

⑥ Du kennst sicher Säugetiere, die im Kartenspiel nicht vorkommen. Schreibe sie auf und versuche, sie in die verschiedenen Ordnungen einzugliedern.

⑦ Unser Kartenspiel enthält acht bekannte Ordnungen. Vielleicht kennst du aber auch Säugetiere, die in keine dieser Ordnungen passen. Nenne solche Tiere und begründe deine Meinung.

Das erste Quartett ist fertig
NAGETIERE
1. Biber
NAGETIERE
2. Hamster
NAGETIERE
3. Murmeltier
ernährt sich von
Gras, Kräutern,
Hängen der Alpen.
NAGETIERE
4. Eichhörnchen
ernährt sich vor
allem von Nüssen und
Zapfen und ist ein ge-
Katze
Delfin
Hauskaninchen
Feldspitzmaus
Maulwurf
Fuchs
Rind
Hamster
Orang-Utan
Esel
Feldhase
Schaf
Finnwal
Wasserspitzmaus
Gorilla
Seehund
Wildkaninchen
Pferd
Nashorn
Pottwal
Schimpanse
Steinbock
Murmeltier
Eichhörnchen
Schwein
Zebra
Biber
Igel
Hund
Bonobo
Blauwal
Schneehase

Wissenschaftler ordnen noch genauer

Es gibt sicher noch viele Säugetiere, die du nicht mit Namen kennst. Diesen kann man mithilfe eines *Bestimmungsbuches* ermitteln. Dabei muss man bestimmte Merkmale feststellen, nach denen das unbekannte Tier einer bestimmten Säugetiergruppe zugeordnet wird.

Die Einteilung in **Ordnungen** hast du bereits kennen gelernt. In Abbildung 1 entsprechen diese den gelben Blöcken. Die einzelnen Ordnungen haben die Wissenschaftler weiter unterteilt. Ein gelber Block enthält deswegen mehrere grüne. Die Ordnung der Raubtiere enthält z. B. die **Familien** der *Katzen*, der *Robben* und der *Mardertiere*. Mit den Mardertieren wollen wir uns genauer beschäftigen. Sie werden nochmals unterteilt in **Gattungen**. Diesen entsprechen die blauen Blöcke. Bei uns gibt es vier Gattungen von Mardertieren. Jede Gattung besteht schließlich aus verschiedenen **Arten**. Für jede Art ist in der Abbildung ein rotes Kästchen eingezeichnet.

Wissenschaftler verwenden für jede Art eine doppelte Bezeichnung: Vorne steht der *Gattungsname*, hinten der *Artname*. Auf diese Weise erhält jede Art eine eindeutige Bezeichnung (vergleiche die Steckbriefe der Mardertiere auf der Seite 105). Praktisch, nicht wahr?

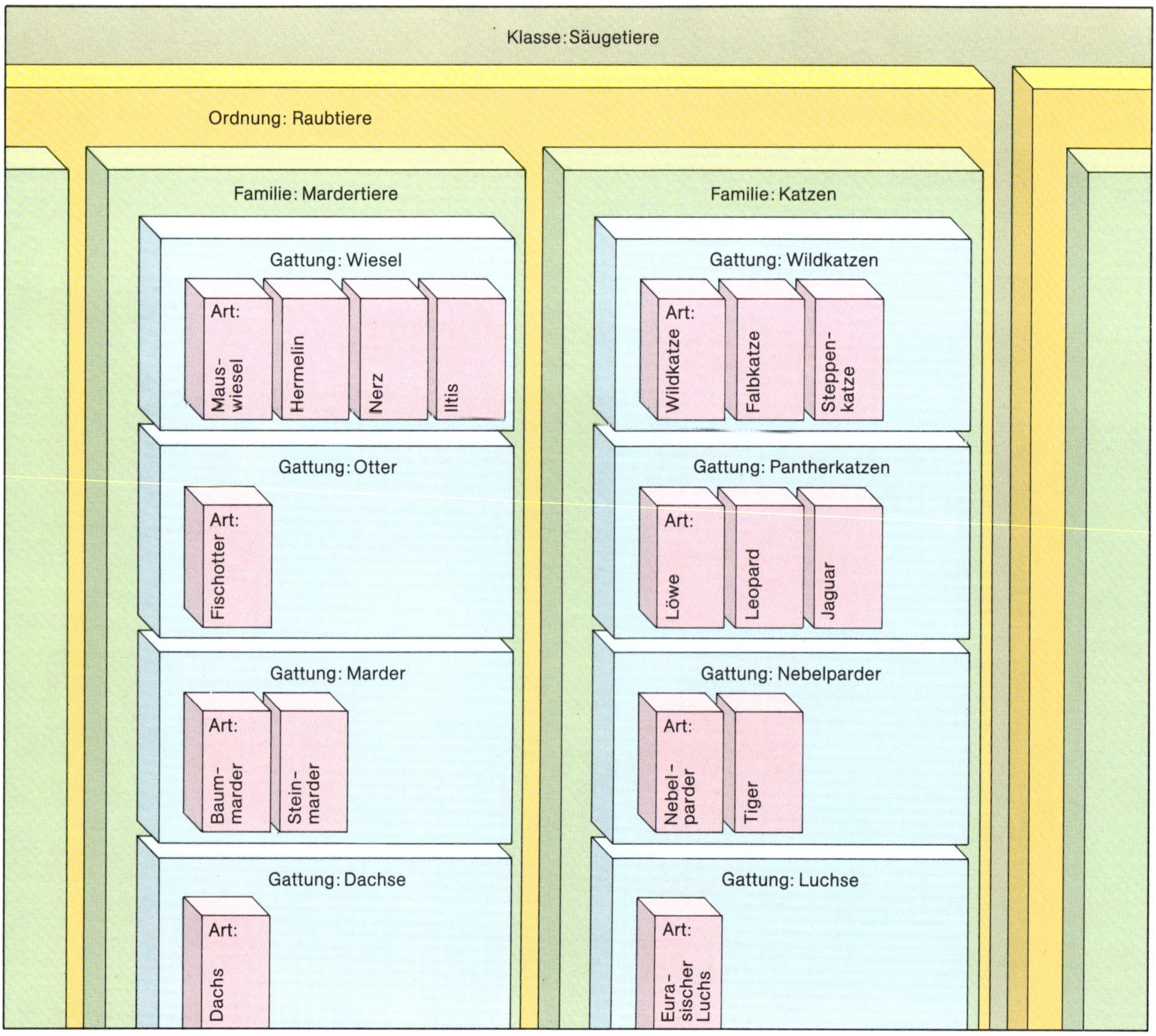

1 Ordnung im System der Säugetiere

Steckbriefe der Mardertiere

Gattung: Wieselartige (Mustela)

Mauswiesel *(Mustela nivalis)*
Kleinstes europäisches Raubtier; Tag und Nacht aktiv; frisst Mäuse, aber auch Vögel und deren Eier; 1 bis 2 Würfe mit 4 bis 6 Jungen jährlich.

Iltis *(Mustela putorius)*
30 bis 45 cm Körperlänge; Bodentier in Waldgebieten, vor allem in der Nähe von Gewässern; schwimmt gut; frisst Nager, Kaninchen, Frösche, Vögel und ihre Eier; 1 Wurf mit 5 bis 6 Jungen jährlich.

Hermelin *(Mustela erminea)*
20 bis 30 cm Körperlänge; lebt in Wäldern, Hecken und Mooren von Nagern, Kaninchen, Fischen, Vögeln und Eiern; weißes Winterkleid nur im Norden des Verbreitungsgebietes; 4 bis 5 Junge jährlich.

Nerz *(Mustela lutreola)*
35 bis 45 cm Körperlänge; als guter Schwimmer und Taucher in sumpfigem Gelände und an Gewässern Osteuropas zu Hause; frisst Nager, Frösche, Vögel und Fische; 4 bis 8 Junge jährlich; wird in Pelztierfarmen gezüchtet.

Gattung: Marder (Martes)

Baummarder *(Martes martes)*
Körperlänge 40 bis 45 cm; gut kletternder Nadelwaldbewohner; frisst Vögel, Eichhörnchen und andere Nager, Kaninchen, Eier, aber auch Honig und Beeren; ca. 3 Junge im Jahr.

Steinmarder *(Martes foina)*
40 bis 50 cm Körperlänge; lebt in Laubwäldern oder felsigem Gelände, oft auch in Scheunen und Siedlungen; frisst Mäuse, Vögel, Eidechsen, auch Beeren und Früchte; 3 bis 6 Junge jährlich.

Gattung: Dachse (Meles)

Dachs *(Meles meles)*
60 bis 70 cm Körperlänge, größtes Mardertier Mitteleuropas; ausgedehnte Erdbaue in Wäldern, lebt im Familienverband; ernährt sich vielseitig, z. B. von Regenwürmern, Kleinsäugern, Aas, Früchten; 1 bis 4 Junge pro Jahr.

Aufgabe

① Ergänze mithilfe des Lexikons (Seite 91) den Steckbrief für den Fischotter *(Lutra lutra)*.

1 Heimische Marderarten

Das wichtigste Merkmal aller Vögel ist die Körperbedeckung mit *Federn*. Die Federn bestehen aus Horn und sind sprichwörtlich leicht, aber dennoch stabil. Die typische Fortbewegungsweise der meisten Vögel ist das *Fliegen*. Dazu sind die vorderen Gliedmaßen zu *Flügeln* umgebildet und der ganze Körper ist besonders leicht. Auf dem Zug in den Süden können manche Vögel so beachtliche Flugstrecken von mehreren tausend Kilometern zurücklegen.

Vögel – Eroberer der Luft

Ein weiteres Kennzeichen aller Vögel ist es, dass die Weibchen *kalkschalige Eier* legen. Die Eier werden bebrütet und daraus schlüpfen die Jungvögel. Diese werden meist von den Eltern gefüttert und weiter betreut.

Vögel sind auch an bestimmte Lebensräume und Ernährungsweisen angepasst. Graureiher z. B. stehen auf langen Stelzenbeinen mit spreizbaren Zehen im weichen Uferboden. Vorbeikommende Fische ergreifen sie mit ihrem langen, spitzen Schnabel. Eisvögel dagegen jagen Fische im Sturzflug.

Vögel zu beobachten, ist ein schönes Hobby. Hierzu sind bestimmte Vorbereitungen und gute Kenntnisse über die einzelnen Arten erforderlich. Anregungen und Informationen findest du im folgenden Kapitel. Mit etwas Geduld und Glück kannst du viel Interessantes bei Vögeln beobachten.

1 Haustaube

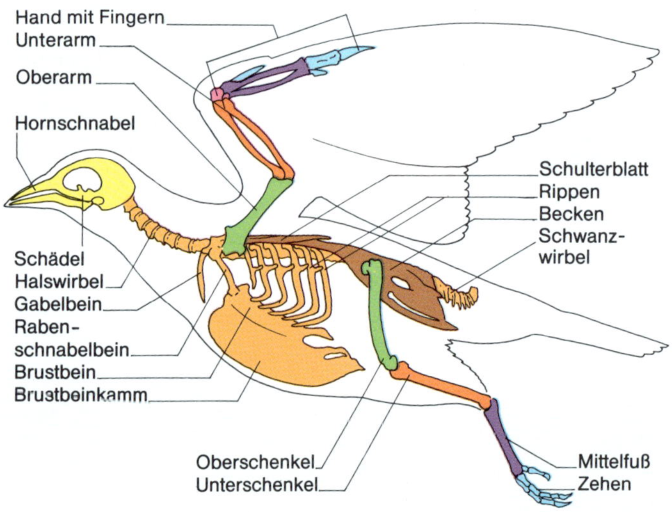

2 Skelett eines Vogels

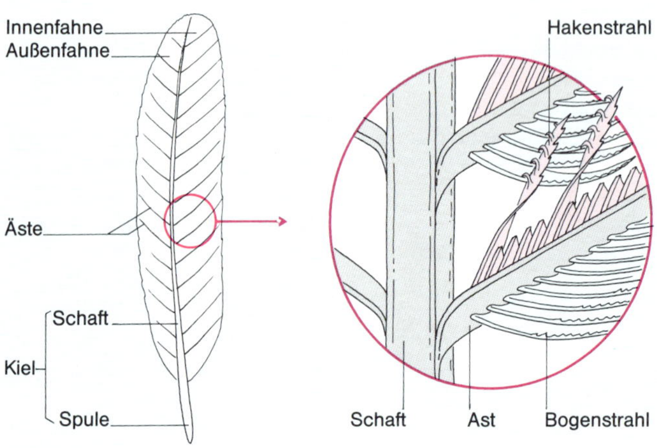

3 Aufbau einer Vogelfeder

Fluganpassungen des Vogelkörpers

Jauchzend rennt ein kleines Kind auf einen Taubenschwarm zu. Doch bevor es ihn erreicht, erheben sich die Vögel mit wenigen Flügelschlägen in die Luft und gleiten einige Meter weiter wieder zu Boden.

Das **Fliegen** ist ein herausragendes Kennzeichen der Vögel. Diese besondere Fortbewegungsweise erfordert bestimmte *Voraussetzungen im Körperbau.* Die verschiedenen Anpassungen an das Fliegen wollen wir am Beispiel der Tauben kennen lernen.

Eine Taube wiegt ungefähr 500 g, ein gleich großer Igel jedoch bis zu 1000 g. Vögel sind also leichter gebaut als vergleichbare Säugetiere. Ein Grund für das geringere Gewicht der Vögel sind ihre *hohlen, luftgefüllten Röhrenknochen,* die kein Mark enthalten.

Die erforderliche Festigkeit für die Belastungen beim Flug ist dennoch gegeben, da der Rumpf eine feste Einheit bildet: Die Brust- und Lendenwirbel sowie die Beckenknochen sind miteinander verwachsen. Der Brustkorb wird durch das große Brustbein und die Rippen gebildet. Die Gabelbeine und die Rabenschnabelbeine des Schultergürtels versteifen den Rumpf noch zusätzlich. Dieses starre und feste *Rumpfskelett* dient beim Flug den Flügeln als Widerlager. Am breiten Brustbeinkamm setzt die besonders *kräftige Flugmuskulatur* für die Bewegung der Flügel an. Der große Brustmuskel bewirkt den Abschlag, der kleine Brustmuskel hebt die Flügel nach dem Gegenspielerprinzip beim Aufschlag.

Die **Federn** sind das wichtigste Kennzeichen der Vögel. Der *Kiel* gibt einer Feder, die mit ihrer *Spule* in der Haut steckt, durch seinen röhrenförmigen Aufbau die notwendige Festigkeit. Die *Fahne* wird durch kleine *Äste* gebildet, die von zwei Seiten des *Schaftes* abzweigen. Von jedem Ast gehen nach der einen Seite bogenförmige Strahlen ab und nach der anderen Seite solche, die mit kleinen Häkchen enden. Diese *Bogen-* und *Hakenstrahlen* benachbarter Äste verhaken sich miteinander wie bei einem Klettverschluss und bilden so eine zusammenhängende Fläche.

Man unterscheidet bei Vogelfedern vier Grundtypen. Die *Schwungfedern* bilden als Hand- und Armschwingen die Tragflächen.

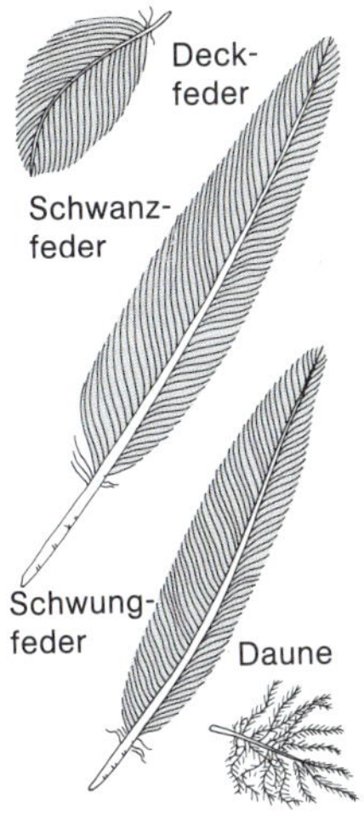

des Flügels. Mit den großen *Schwanzfedern* steuert die Taube den Flug und bremst bei der Landung. Die *Deckfedern* verkleiden den Rumpf stromlinienförmig und schützen ihn. Die *Daunen* oder *Dunenfedern* liegen unter den Deckfedern. Sie schließen durch ihren lockeren Aufbau viel Luft zwischen dem Körper und den Deckfedern ein. So schützt das Gefieder vor Wärmeverlust, denn Vögel benötigen eine gleichbleibend hohe Körpertemperatur von ca. 41 °C.

Vögel haben beim Fliegen auch einen *erhöhten Sauerstoffbedarf.* Mithilfe besonderer *Luftsäcke*, die mit den *Lungen* in Verbindung stehen, können sie doppelt so viel Atemluft aufnehmen wie ein vergleichbares Säugetier. Die Lungen bestehen aus vielen dünnwandigen, feinverzweigten Röhrchen. Diese geben an parallel verlaufende kleine Blutgefäße rasch Sauerstoff ab und nehmen von diesen Kohlenstoffdioxid auf. Die Atemluft in den Lungen und Luftsäcken kühlt die Wärme erzeugenden Muskeln im gesamten Rumpf. Das im Vergleich zu den Säugetieren größere Herz der Vögel pumpt so viel Blut durch den Körper, dass jederzeit ausreichende Sauerstoffmengen für den Flug transportiert werden können.

Das *Gewicht* der Vögel wird auch durch Anpassungen bei der Fortpflanzung und Entwicklung der Jungvögel niedrig gehalten. Die Weibchen der Vögel legen die *Eier* in bestimmten Abständen nacheinander ab. So werden sie beim Fliegen jeweils nur durch das Gewicht eines Eies belastet. Die weitere Entwicklung der Nachkommen erfolgt nach der Eiablage außerhalb des Körpers *im Nest*.

Mit dem *zahnlosen Schnabel* aus leichtem Horn nimmt die Taube Nahrung auf, die überwiegend aus Samen, Blättern und Beeren besteht. Im *Kropf* werden die Körner eingeweicht und im *Kaumagen* zerkleinert. Die energiereiche, wasserarme Nahrung wird schnell verdaut und belastet damit nur kurze Zeit den Vogelkörper.

Aufgaben

① Fasse die Fluganpassungen des Vogelkörpers und ihre Bedeutung in einer Tabelle zusammen.

② Welche wilden Taubenarten bewohnen neben den Haustauben unsere Städte? Schlage in einem Vogelbestimmungsbuch die Merkmale im Vergleich zu den Haustauben nach. Berichte.

Taubenplage in Großstädten

In den Großstädten sind *verwilderte Haustauben* zu einem Problem geworden. Ihr ätzender Kot nagt an Häusern und Baudenkmälern. Sie übertragen mit ihrem Kot Krankheitserreger, die Infektionskrankheiten auslösen können. In Sandkästen, die mit Taubenkot verunreinigt sind, können sich dann Kinder anstecken.

Da viele Menschen die Tauben aus Tierliebe füttern, können die verwilderten Haustauben praktisch das ganze Jahr über Junge aufziehen. Sie errichten ihre lockeren Nester aus Zweigen auf Vorsprüngen oder in Nischen von Gebäuden. Die Weibchen legen jeweils zwei Eier, die von beiden Eltern abwechselnd 18 Tage lang bebrütet werden. Die blinden Jungen werden anfangs mit *Kropfmilch,* einem käseartigen Brei aus dem Kropf der Eltern, später mit Körnerfutter aufgezogen. Die Jungtauben wachsen sehr schnell. Wenn sie dann nach etwa drei Wochen ausfliegen, bereiten die Altvögel schon die nächste Brut vor. Verwilderte Haustauben kommen auf bis zu fünf Bruten pro Jahr.

Da natürliche Feinde, wie Wanderfalke und Habicht, in Städten normalerweise fehlen, kommt es oft zu einer sehr starken Vermehrung der Tauben. Die vom Menschen ergriffenen Maßnahmen zur Verringerung der Taubenzahl in den Städten waren in vielen Fällen nur wenig erfolgreich.

Aufgabe

① Welche Maßnahmen zur Verringerung der Taubenzahl sind euch bekannt? Diskutiert in der Klasse mögliche Auswirkungen.

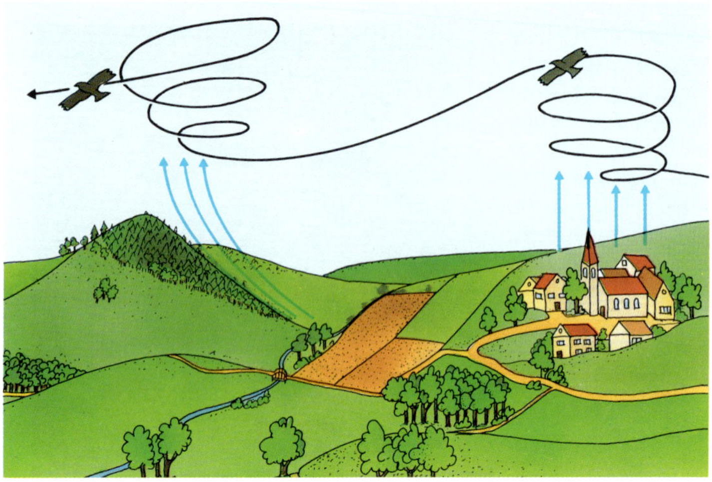

1 Der Segelflug des Mäusebussards

Wie Vögel fliegen

Ohne sichtbaren Flügelschlag gleitet ein Mäusebussard auf einen Zaunpfahl zu und landet auf ihm. Erst kurz vor dem Aufsetzen schlägt er mit den Flügeln, um zu bremsen. Diese einfachste Flugform der Vögel bezeichnet man als **Gleitflug**. Dabei kommen die Vögel mit ausgebreiteten Flügeln ohne Flügelschlag unter Höhenverlust vorwärts. Wie ist so ein Flug möglich?

Flügelquerschnitt

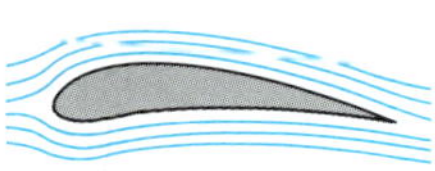

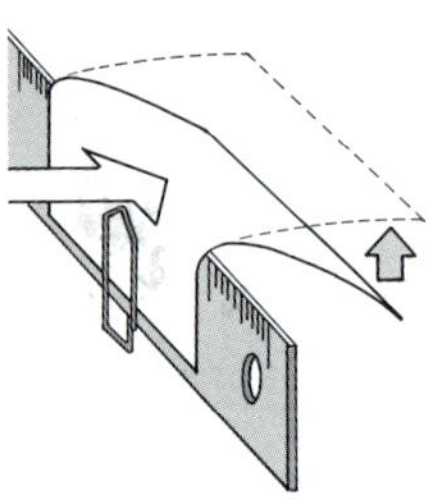

Am Flügel des Bussards erkennt man im Querschnitt eine deutlich ausgebildete *Wölbung*. Im folgenden Versuch wird ihre Bedeutung für den Flug klar. Über ein vergleichbar gewölbtes Blatt Papier wird die Luft geblasen. Dabei entsteht ein *Sog*, der es nach oben zieht (vgl. Abbildungen in der Randspalte). Dieser *Auftrieb* tritt in gleicher Weise am Flügel des Bussards auf, wenn beim Gleitflug Luft darüber strömt.

In einem Versuch ermittelten Wissenschaftler die *Gleitstrecken* von Vögeln bei Windstille und einer Anfangshöhe von 10 m. Dabei notierten sie u. a. folgende Werte: Eine Taube mit einer Flügelfläche von 680 cm^2 und einem Gewicht von 0,3 kg kann 90 m weit gleiten, ein Bussard (Flügelfläche 2030 cm^2, Gewicht 0,9 kg) sogar 170 m. Daraus kann man schließen: je größer die Flügelfläche, umso größer der Auftrieb. Aber auch das Gewicht spielt eine Rolle, denn je höher das Körpergewicht ist, desto stärker wird der Vogel von der Schwerkraft zu Boden gezogen. So gleitet ein Adler, der 4,2 kg wiegt, trotz einer Flügelfläche von 5930 cm^2 nur 120 m weit.

Wie kann nun aber ein Mäusebussard minutenlang in der Luft auf einer Höhe bleiben, ohne mit den Flügeln zu schlagen?

Mit einem Versuch machen wir uns eine wichtige Voraussetzung für diese Flugform klar. Über einer brennenden Kerze steigt warme Luft auf, weil sie leichter ist als kalte. Bringt man in die aufsteigende Luft eine Daunenfeder, wird die von der warmen Luft nach oben getragen.

Mithilfe dieser Beobachtung können wir die obige Frage beantworten. Der Mäusebussard segelt mit ausgebreiteten Flügeln **(Segelflug)** in aufsteigender Luft, die einen Auftrieb bewirkt. Ist der Auftrieb stark genug, so steigen die Vögel im Segelflug sogar noch weiter empor. Aufsteigende Luft entsteht an Berghängen oder infolge der unterschiedlichen Erwärmung von Landschaftsteilen. So erwärmen sich abgeerntete Felder z. B. schneller als Wälder.

Vögel mit großflächigen, annähernd rechteckigen Flügeln besitzen gute Segelflugeigenschaften über Land (Mäusebussard, Steinadler). Gute Segelflieger über dem Meer, wie die Möwen und der Albatros, haben ebenfalls große, aber schmale Flügelflächen, die zum Ende hin spitz zulaufen. Diese Flügelform ist bei den böigen Winden über dem Meer stabiler.

Die häufigste Flugart bei Vögeln ist aber der **Ruderflug**. Hierbei werden die Flügel auf- und abgeschlagen. Die Vögel halten sich so in der Luft und bewegen sich nach vorne.

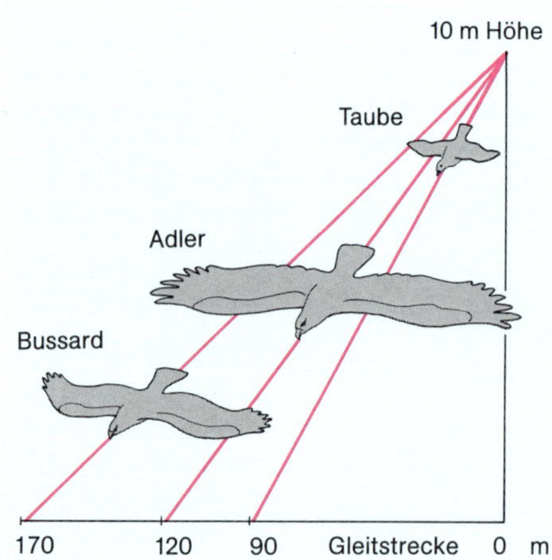

2 Gleitstrecken verschiedener Vogelarten

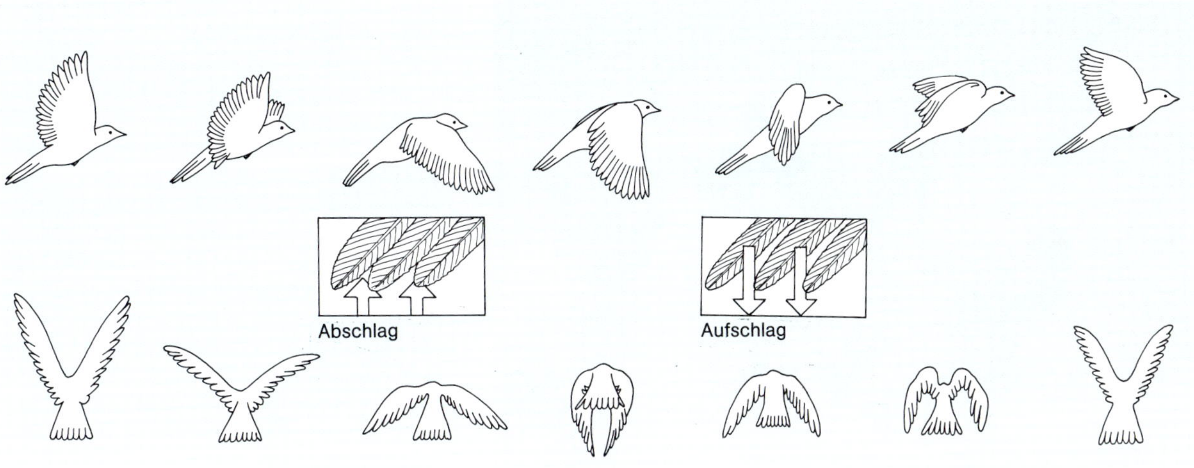

1 Phasen des Ruderflugs und Stellung der Federn

Wissenschaftler haben den Ablauf des Ruderfluges mit Zeitlupenaufnahmen untersucht. Das Ergebnis solcher Untersuchungen zeigt Abbildung 1. Man sieht dort die nacheinander ablaufenden Flügel- und Federstellungen sowohl von der Seite als auch von hinten.

Beim *Abschlag* bilden die ausgebreiteten Schwungfedern eine geschlossene Fläche, die die Luft gleichzeitig nach unten und hinten verdrängt. Der Vogel bewegt sich dadurch etwas nach oben und vorne. Beim *Aufschlag* knickt der Flügel im Handgelenk nach hinten ein, die Handschwingen nähern sich dem Körper. Sie stellen sich so zur Luft, dass diese an an den Spitzen der Federn durch den Flügel strömen kann. So wird der Luftwiderstand möglichst klein gehalten.

Der Ruderflug ist also eine aktive Flugart mit hoher Fluggeschwindigkeit. Beispiele für Flugleistungen beim Ruderflug zeigt die nachfolgende Tabelle.

Flügelschläge pro Minute		**Fluggeschwindigkeit in km pro Stunde**	
Sperling	630	Sperling	42
Turmfalke	300	Turmfalke	75
Mauersegler	710	Mauersegler	130

Aufgaben

① Beschreibe anhand von Abb. 110.1 den Segelflug des Bussards über verschiedene Landschaften und erkläre die entsprechenden Voraussetzungen.

② Stelle in einer Tabelle die hier aufgeführten Flugarten zusammen und gib jeweils die wesentlichen Kennzeichen an.

Kolibris — Nahrungsaufnahme im Schwirrflug

Kolibris ernähren sich überwiegend von Nektar. Während der Nahrungsaufnahme stehen sie im **Schwirrflug** fast senkrecht vor den Blüten. Die Flügel schlagen dabei bis zu 3000-mal pro Minute waagrecht hin und her, wobei die Flügelspitzen jeweils eine liegende Acht beschreiben. Mit der seitlich eingerollten Zunge wird der Nektar über den langen, dünnen Schnabel eingesaugt. Zusätzlich werden auch Insekten und Spinnen, die sich manchmal am Grunde der Blüten befinden, aufgenommen. Zum Wegfliegen werden dann die Flügel angehoben und gedreht, sodass der Rücken des Kolibris kurzfristig dem Boden zugewandt ist, ehe der Vogel wieder vorwärts weiterfliegt.
Der auf Kuba lebende *Hummelkolibri* ist übrigens mit nur 6 cm Gesamtlänge und 2 g Gewicht der kleinste Vogel der Erde.

1 Haushühner auf dem Bauernhof

Das Haushuhn — Fortpflanzung und Entwicklung bei Vögeln

Balz
Besonderes Verhalten von Männchen und Weibchen, das die Paarbildung einleitet und festigt.

Wenn auf einem Bauernhof Hühner im freien Auslauf gehalten werden, kann man dort manchmal folgendes *Verhalten* beobachten. Ein *Hahn* lockt mit Futter im Schnabel eine *Henne* an. Nähert sich diese, umtanzt er sie mit kurzen Schritten. Er senkt und spreizt dabei den von ihr abgewandten Flügel, sodass es aussieht, als ob er stolpere. Duckt sich die Henne nach diesen *Balzhandlungen,* steigt der Hahn auf und presst seine Kloake auf die der Henne. Diese geschlechtliche Vereinigung der Hühner nennt man *Treten.* Die Spermien, die beim Treten übertragen werden, schwimmen in den oberen Teil des Eileiters. Verschmilzt jetzt der Zellkern eines Spermiums mit dem einer Eizelle, ist die *Befruchtung* erfolgt.

Die verschiedenen Teile des **Hühnereis** werden auf dem Weg durch den *Eileiter* gebildet (▷ 2). Aus der befruchteten *Eizelle* entsteht die *Keimscheibe*, die auf einer Dotterkugel schwimmt. Der Dotter dient zur Ernährung des Hühnerembryos, der sich aus der Keimscheibe entwickelt. Im Eileiter kommen dann im weiteren Verlauf noch das *Eiklar*, die *Hagelschnüre* und zwei *Schalenhäute* hinzu. Zum Schluss erhält das Ei in der *Schalendrüse* die *Kalkschale*. Diese Schale besitzt viele *Poren*, durch die später Luft für die Atmung des Vogelembryos hindurch kann. 24 Stunden nach der Befruchtung wird das Ei aus der *Kloake*, dem gemeinsamen Mündungsraum von Darm, Harnleiter und Geschlechtsorganen, ausgepresst.

Hühner in Legebatterien legen fast jeden Tag ein unbefruchtetes Ei. 250 Eier werden von einer Henne im Durchschnitt pro Jahr gelegt. Die hohe Legeleistung wird durch das regelmäßige Entfernen der Eier möglich. So erreicht die Henne nie ein vollständiges Gelege, was unter normalen Bedingungen die Eiablage stoppen würde.

Aufgaben

① Schneide mit dem Messer vorsichtig ein hart gekochtes Ei längs durch. Zeichne und beschrifte alle erkennbaren Teile unter Verwendung von Abbildung 2.

② Nimm ein Stückchen Kalkschale und halte es gegen das Licht. Was kannst du erkennen?

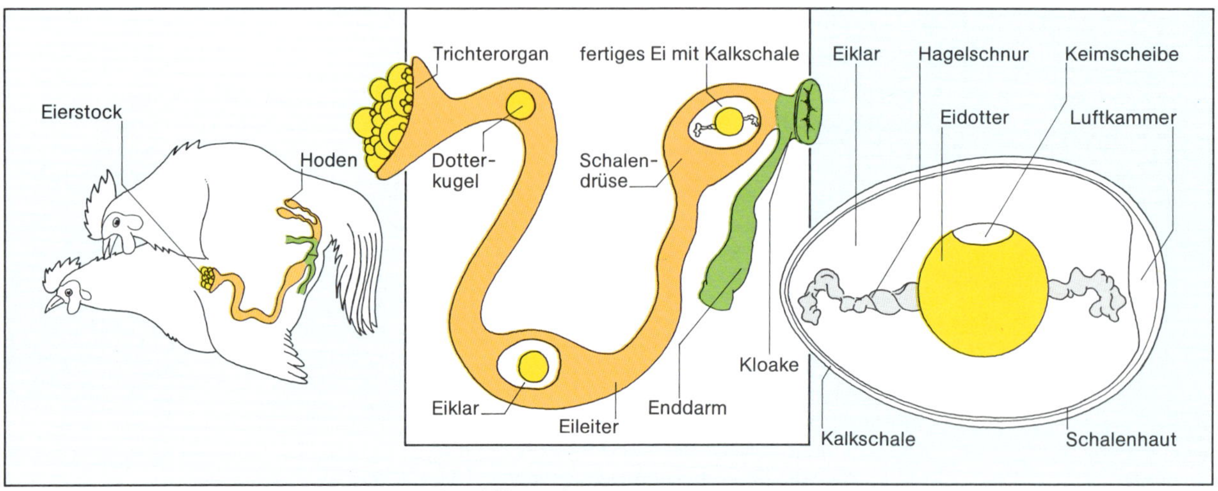

2 Schematische Darstellung der Entwicklung eines Hühnereis

Vom Ei zum Küken

Glucke
Henne, die Eier ausbrütet bzw. Küken führt.

Nur aus einem befruchteten Ei kann ein *Küken* entstehen. Das Ei enthält alle Stoffe, die der Hühnerembryo zur Entwicklung benötigt. Der Dotter enthält Fett und Eiweiße, das Eiklar speichert neben Wasser Eiweiß, Vitamine und Salze. Sobald die *Glucke* die Eier bebrütet, setzt die Entwicklung des Embryos ein.

Die Glucke überträgt ihre Körperwärme durch den *Brutfleck*, eine Stelle auf der Bauchseite, wo sich keine Federn befinden, auf die Eier. Sie wendet die Eier regelmäßig mit ihrem Schnabel, sodass diese gleichmäßig gewärmt werden. Die Hagelschnüre halten die Dotterkugel stets so, dass die Keimscheibe oben bleibt.

Nach 3 Tagen kann man auf der Dotterscheibe *Adern* erkennen, die den *Keim* mit Nährstoffen aus Dotter und Eiklar versorgen. Nach 6 Tagen werden Kopf, Augen und die spätere Wirbelsäule sichtbar. Nach 14 Tagen sind Kopf, Schnabel und Augen bereits weit entwickelt. Man sieht jetzt auch deutlich die Flügel und die ersten Federn. Am 21. Bruttag durchbricht das Küken mithilfe des *Eizahnes*, das ist ein Kalkaufsatz am Oberschnabel, die Eischale und schlüpft aus.

Nestflüchter

Nesthocker

Nach kurzer Zeit ist das Daunenkleid trocken. Danach verlässt das Küken das Nest für immer. Es kann sofort sehen und unter der Führung der Glucke Futter suchen. Hühnerküken sind **Nestflüchter**.

Junge Tauben dagegen liegen in den ersten Tagen ihres Lebens nackt und blind im Nest. Sie sind, wie viele andere Vögel auch, **Nesthocker**, die bis zum Ausfliegen auf die Altvögel angewiesen sind.

Aufgaben

① Lege ein rohes Ei waagrecht in eine Vertiefung eines Eierkartons. Stich mit einer Einwegspritze durch die Kalkschale und sauge ungefähr 1,5 ml Eiklar ab. Nun kannst du das Ei von oben mit Schere und Pinzette öffnen, ohne dass es ausläuft.
   a) Was erkennst du im Inneren?
   b) Versuche, den Dotter zu drehen bzw. zu wenden. Was geschieht?

② Beschreibe die Entwicklung des Hühnchens im Ei nach den Fotos auf dieser Seite.

③ Fasse die Unterschiede zwischen Nesthockern und Nestflüchtern in einer Tabelle zusammen.

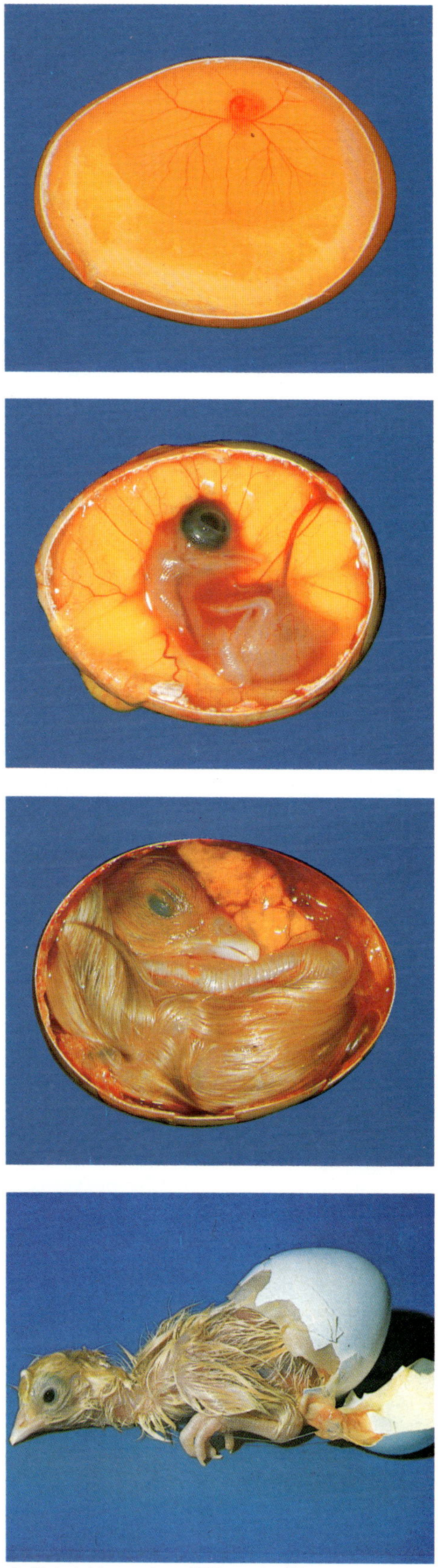

1 Entwicklung eines Kükens im Ei

1 Kampfverhalten bei Junghähnen

Beobachtungen zum Verhalten der Hühner

Hühnerküken prägen sich das Bild ihrer Mutter in den ersten Lebensstunden ein. Dieser *Lernvorgang* läuft so schnell und unveränderlich ab, wie wenn du deine Hand in feuchten Gips drückst und nach dem Trocknen der Abdruck der Hand erhalten bleibt. Diese Form des Lernens bezeichnet man als **Prägung**. Die Hühnerküken müssen das Bild ihrer Mutter kennen, um ihr folgen zu können.

Mit den „gluck, gluck, gluck"-Lauten lockt die Glucke ihre Küken zum Futter und hält die Schar zusammen. Verliert ein Küken den Anschluss, piepst es und die Glucke führt es zu den anderen zurück. Werden die Küken angegriffen, ist die Glucke sofort zur Verteidigung bereit.

Die Hühnerküken picken in den ersten Tagen nach allen Gegenständen, die wie ein Korn oder Wurm aussehen oder wie Wasser glänzen. So *lernen* sie durch *Probieren* Genießbares und Ungenießbares voneinander zu unterscheiden.

Im Alter von drei Wochen finden erste *Kämpfe* statt. Ein Küken hackt spielerisch nach einem anderen, das andere weicht zurück. Wiederholt sich der Vorgang in den nächsten Tagen, so ist das zurückweichende Küken dem anderen unterlegen. Bis zum Alter von 15 Wochen haben alle Tiere der *Hühnerschar* ihre Stellung zueinander gefunden. Jedes Huhn nimmt nun einen festen Platz in der Gemeinschaft ein. Man spricht von einer **Rang-** oder **Hackordnung**.

Ranghohe Hennen fressen zuerst und nehmen die besten Schlafplätze auf den Sitzstangen ein. Rangniedere Hennen müssen auch beim Staubbaden und am Legenest hinter den ranghöheren zurückstehen. Der Vorteil der festgelegten Rangordnung liegt für die Schar darin, dass es dann nur noch selten zu Kämpfen kommt.

Aufgaben

① Versuche nun mit dem, was du über das Verhalten der Hühner erfahren hast, die Ergebnisse der folgenden Experimente zu erklären.
   a) Ein Küken wird unter eine Glashaube gesteckt. Das Küken flattert ängstlich umher und piepst. Die Glucke reagiert nicht.
   b) Ein Küken wird unter einem Korb versteckt. Sobald das Küken piepst, gluckt die Henne erregt. Sie geht um den Korb herum und pickt aufgeregt dagegen.

② Eine ranghohe Henne wird aus der Schar herausgefangen und ihr Gesicht mit Farbe angemalt. Wenn sie zur Schar zurückgesetzt wird, reagieren die anderen Hühner so, als sei sie ihnen fremd. Nach einer Weile greift eine rangniedere Henne an. Doch die ursprünglich ranghöhere wehrt sich so heftig, dass die Angreiferin ablässt. Erkläre.

③ Auch junge Hähne kämpfen untereinander eine Rangfolge aus. Beschreibe mit eigenen Worten die in der Abbildung 1 a – c erkennbaren Verhaltensweisen.

Hühnerhaltung

Man unterscheidet heute hauptsächlich zwei Formen der Hühnerhaltung, die *Bodenhaltung* und die *Legebatterien.* Bei der Bodenhaltung wird eine große Zahl von Hühnern auf Streu in einem Stall gehalten. Sechs Hennen pro Quadratmeter können frei auf der Streu herumlaufen, picken und scharren, Futter und Wasser aufnehmen sowie ihre Eier in Nester ablegen.

Die meisten Hühner leben aber in Batteriehaltung. Dabei sind tausende von Käfigen mit je vier Hennen in großen Ställen neben- und übereinander gestapelt. Die Hennen werden automatisch gefüttert und getränkt und haben nur sehr wenig Bewegungsfreiheit. Die Eier fallen durch den Drahtboden in eine Sammelrinne und kommen so nicht mit dem Kot, der mit Fließbändern abtransportiert wird, in Berührung. Damit die Hühner ständig fressen und möglichst viele Eier legen, sind die Ställe klimatisiert und 16 Stunden am Tag gleichmäßig beleuchtet.

Aufgabe

① Diskutiert in eurer Klasse das Pro und Contra der Eierproduktion bei Bodenhaltung und in Legebatterien.

1 Bodenhaltung

2 Legebatterie

Paduaner Zwerghuhn

Antwerpener Barthuhn

Bankivahahn

Bankivahenne

Wyandotte

Seidenhuhn

Vom Bankivahuhn zu den Hochleistungsrassen

Alle Haushuhnrassen sind durch *Züchtung* aus dem Bankivahuhn entstanden. Bankivahühner leben heute noch wild in den Wäldern Südostasiens. Sie fressen Samen und Knospen und scharren im Boden nach Würmern und Insekten. Zur Gefiederpflege baden sie häufig im Sand. Abends fliegen sie in das Geäst von Bäumen und übernachten dort. Die Henne legt einmal im Jahr 8–12 Eier. Unsere Hochleistungsrassen dagegen erreichen heute eine Legeleistung von fast 300 Eiern pro Jahr.

2 Vögel beobachten und bestimmen

Heimische Singvögel

Oliver berichtet seinem Klassenkameraden Kai, der als Vogelkenner bekannt ist: „Gestern habe ich einen Vogel mit rotbrauner Brust gesehen. Er war so groß wie ein Spatz. Auf dem Kopf war er graublau gefärbt. Welcher Vogel könnte das gewesen sein?“ Kai erwidert: „Hatte er an den Flügeln zwei auffällige, helle Streifen?“ Oliver bejaht dies.

In seinem *Vogelbestimmungsbuch* schlägt Kai eine Seite auf. An den Abbildungen erkennt Oliver den beobachteten Vogel als *Buchfink* wieder. „Wenn du mehr Vögel beobachten und bestimmen willst, dann komm doch in der nächsten Woche zu einer Exkursion unserer Jugendgruppe für Vogelschutz mit!“ schlägt Kai vor.

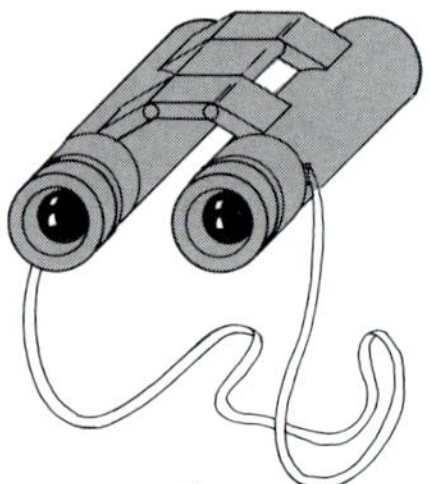

Aufgaben

① Betrachte die rechts abgebildeten heimischen Singvogelarten und ordne die Vögel den Beschreibungen in der Randspalte zu.

② Am Beispiel des *Haussperlings* oder der *Kohlmeise* kannst du die Beobachtung von Vögeln üben. Mache dir Notizen zur Nahrungssuche, zum Nestbau, zur Balz und zum Gesang. Berichte in deiner Klasse.

Tipps zur Vogelbeobachtung:

1. Störe als Beobachter die Vögel so wenig wie möglich, damit weder die Eier noch die Jungvögel im Nest gefährdet werden.
2. Nimm bei der Vogelbeobachtung auch Rücksicht auf den Lebensraum; tritt z. B. keine geschützten Pflanzen nieder.
3. Trage festes Schuhwerk und robuste Wanderkleidung, damit du auch feuchte Gebiete betreten kannst.
4. Verwende zur Beobachtung ein Fernglas mit 8–12facher Vergrößerung. Du kannst dann auch noch aus größerer Entfernung Färbung und Zeichnung der Vögel gut erkennen.
5. Nimm ein kleines Notizbuch mit. Schreibe dir Angaben zur Größe im Vergleich zu anderen Vögeln (z. B. taubengroß, sperlingsgroß), zur Färbung, zur Schnabelform, zur Ernährung und zu Verhaltensweisen auf. Diese Notizen kannst du zu Hause in Ruhe mit den Abbildungen und Erklärungen in einem Vogelbestimmungsbuch vergleichen und so die beobachteten Arten herausfinden.
6. Am besten wendest du dich als Anfänger an einen Vogelkenner. Er kann dich an geeignete Beobachtungsorte führen, dir wichtige Hinweise geben und dir beim Erkennen von Vogelstimmen helfen.

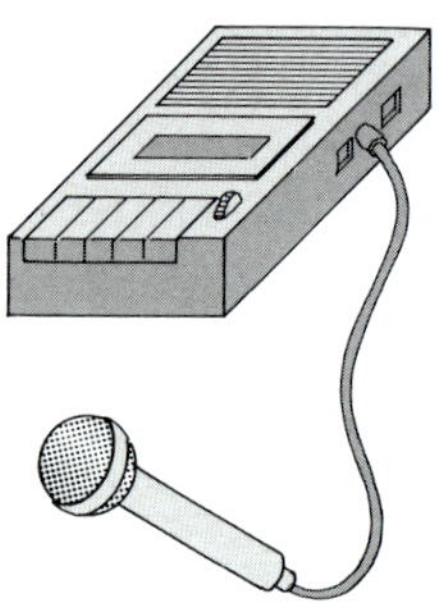

1 Beispielseite aus einem Vogelbestimmungsbuch

Singdrossel
Kleiner als Amsel; Oberseite braun; Brust grauweiß bis gelbbraun, mit zahlreichen braunen Flecken.

Eichelhäher
Etwa taubengroß; rötlichbraunes Gefieder, schwarzer Schwanz; weißer Flügelfleck; blauschwarzes Flügelzeichen; schwarzer Bartstreif.

1

2

Bachstelze
Etwas kleiner als Sperling; kontrastreiches, schwarz, grau und weiß gefärbtes Gefieder; schwarze Kopfplatte; Oberseite grau; dunkler Hals, langer Schwanz.

Zilpzalp
Deutlich kleiner als Sperling; Gefieder oberseits olivgrün, unterseits gelblich grün; gelber Augenstreif; spitzer Schnabel.

3

4

Haussperling
Dunkelgrauer Scheitel; kastanienbrauner Nacken; schwarze Federränder an den Flügeln; kurzer, kegelförmiger Schnabel.

Star
Kleiner als Amsel; meist schwarz; im Frühjahr metallisch glänzendes Gefieder; langer spitzer Schnabel; laufender Gang.

5

6

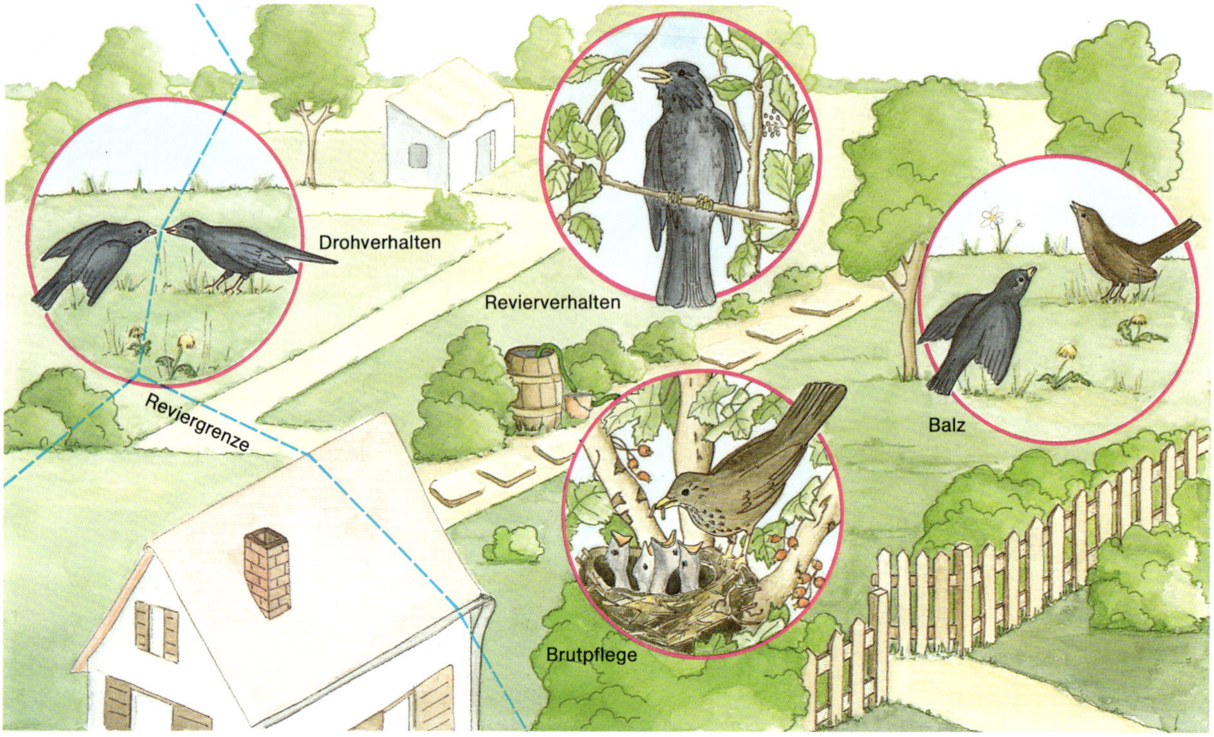

1 Lebensraum und Verhaltensweisen der Amsel

Verhaltensbeobachtungen bei Amseln

Im zeitigen Frühjahr kannst du oft Amselmännchen hoch in einem Baum oder auf dem Dach eines Hauses sitzen sehen, wenn sie ihr Abendlied flöten. Am nächsten Abend findest du denselben Vogel wieder an seinem Platz, den man als *Singwarte* bezeichnet. Plötzlich bricht er seinen Gesang ab und fliegt unter lautem „Tschick-tschick-tschick" in den Garten hinunter. In einer *Drohhaltung* hüpft das Männchen auf einen anderen Amselhahn zu und treibt diesen in den Nachbargarten zurück. So verteidigt das Männchen sein *Revier* allerdings nur gegen andere Amseln, nicht aber gegen Meisen, Buchfinken oder andere Singvögel.

Solche Beobachtungen kann man häufig machen, bis im März die Grenzen der Amselreviere feststehen. Die Männchen bedrohen sich dann nur noch direkt an der Grenze oder liefern sich morgens und abends *Wechselgesänge*. Die Amselhähne kennzeichnen weiterhin ihr Revier durch den Gesang und locken damit paarungsbereite Weibchen an. Dieses Revier kann ungefähr halb so groß wie ein Fußballplatz sein. Es muss geeignete Plätze zum Nestbau und genügend Nahrung zum Aufziehen der Jungen bieten.

Wenn der Amselhahn mit seinem Gesang ein Weibchen angelockt hat, erfolgt nach der *Balz* die Paarbildung. Gemeinsam suchen dann beide nach einem geeigneten *Nistplatz*. Dieser kann in Astgabeln von Sträuchern oder Bäumen, in Hecken oder Nadelbäumen bis in etwa zwei Meter Höhe liegen.

In der Folgezeit kann man das Amselweibchen beobachten, wie es aus dünnen Zweigen, groben Halmen, feuchter Erde und Lehm einen Nestgrund errichtet. Darauf formt es dann mit dünnen Halmen, Laub und Moos einen Aufbau. Das Weibchen schiebt das Nistmaterial mit den Füßen von unten nach oben und erhöht dadurch den Nestrand. Man nennt dieses Verhalten *Strampeln*. Dann formt es den Nestrand aus, indem es herausragende Halme und Zweige entfernt oder in den Nestrand hineinsticht. Bei diesem Teil des Nestbaus spricht man von *Zupfen*. Ist die Mulde fertig, wird sie noch mit feuchter Erde ausgekleidet. Nach einem Tag Pause trägt das Weibchen dünne Grashalme und Blätter in die Mulde und bringt diese durch Hin- und Herdrehen mit dem Körper in die endgültige Form. Diesen letzten Abschnitt des Nestbauverhaltens bezeichnen Biologen als *Kuscheln*.

Das Amselweibchen legt nun im Abstand von jeweils einem Tag 4 bis 6 bläulichgrüne, mit rostroten Flecken überzogene Eier. Zwei Wochen dauert die *Brutzeit.* Immer wieder wendet das Weibchen die Eier, damit sie gleichmäßig gewärmt werden. Nur drei- bis viermal täglich verlässt es kurz das Nest, um Futter zu suchen.

Aus den Eiern schlüpfen nackte, blinde Jungvögel. Diese jungen Amseln sind *Nesthocker.* Nur wenige Daunen und Federkiele an den Flügelenden weisen auf das spätere Gefieder hin. Ständig tragen nun beide Eltern Insekten, Würmer, Beeren und Früchte als Nahrung herbei und füttern die Jungvögel. Immer wieder nimmt das Weibchen die Jungen unter sein Gefieder und wärmt sie. Während der Abwesenheit der Eltern liegen die Jungen ganz ruhig im Nest. Aber kaum landet ein Altvogel am Nestrand, recken die Jungvögel die Hälse nach oben, sperren ihre Schnäbel weit auf und piepen. Woher wissen sie, dass ein Elterntier auf dem Nest gelandet ist?

Nach einer Reihe von Versuchen fanden Verhaltensforscher eine Antwort auf diese Frage. Zunächst wurde bei acht Tage alten Jungamseln, die schon sehen konnten, überprüft, ob das Umrissbild einer Amsel aus schwarzer Pappe schon das *Sperren* auslöst. Die Jungen sperrten tatsächlich ihren Rachen weit auf. In weiteren Versuchen wurde die Pappamsel immer mehr vereinfacht. So konnte gezeigt werden, dass sogar zwei schwarze Kreise an einem Stock angebettelt werden. Solch vereinfachte Nachbildungen nennen die Biologen *Attrappen.* Die Jungamseln reagieren mit *angeborenen* Verhaltensweisen darauf. Sie kennen also die Form ihrer Eltern. Dieser *Schlüsselreiz* löst das Sperren aus.

Am 12. Tag nach dem Schlüpfen ist das Gefieder der Jungamseln voll ausgebildet. Zwei bis drei Tage später verlassen sie das Nest. Sie können noch nicht gut fliegen und halten sich einzeln am Boden versteckt. Dort werden die jungen Amseln noch weitere 14 Tage gefüttert, bevor sie ganz selbstständig sind.

Früher lebten Amseln fast ausschließlich in den Wäldern. Nur im Winter kamen diese Waldamseln in die Dörfer und Städte, um dort nach Nahrung zu suchen. Heute halten sich die meisten Amseln ständig in menschlichen Siedlungen auf. Diese Stadtamseln haben sich den Menschen angeschlossen, sie sind *Kulturfolger.*

Aufgaben

① Beschreibe die erkennbaren Unterscheidungsmerkmale zwischen Amselweibchen und -männchen.

② Die drei Abbildungen in der Randspalte Seite 118 zeigen verschiedene Stadien beim Nestbau. Gib jedem Bild einen Titel.

③ Gib an, welcher Schlüsselreiz das Sperren der noch blinden Jungamseln auslöst (vgl. die obere Abbildung in der Randspalte).

④ Auch das Verhalten der Altvögel beim Füttern wird durch Schlüsselreize ausgelöst. Schlage Attrappenversuche vor, die nachweisen, welche Schlüsselreize dabei entscheidend sind.

1 Brütendes Amselweibchen

2 Amselnest mit Eiern

3 Amselweibchen mit Jungen

1 Aufbau des Tarnzeltes

2—3 Kuckucksweibchen verschluckt ein Ei des Sumpfrohrsängers

4 Gelege mit einem Kuckucksei

5 Geschlüpfter Jungkuckuck

8 Sperrender Jungkuckuck

6—7 Junger Kuckuck wirft ein Ei aus dem Nest

9 Sumpfrohrsänger füttert den fast flüggen Jungkuckuck auf dem Nest

10 Fütterung außerhalb des Nestes

Der Kuckuck ist ein Brutschmarotzer

Der Tierfotograf Paul Trötschel berichtet, wie er die *Entwicklung des Kuckucks* fotografiert hat (siehe Abbildungen auf der nebenstehenden Seite). „Zuerst holte ich eine Sondergenehmigung bei der Naturschutzbehörde zum Fotografieren am Nest. Dann fuhren wir in ein sumpfiges Gelände mit Brennnesselbeständen und stellten dort unser Tarnzelt auf. Wir befanden uns in einer *Kolonie* von etwa 100 *Sumpfrohrsängernestern.* Aus dem Zelt konnten wir, ohne die Vögel zu stören, ein Sumpfrohrsängernest beobachten. Würde ein Kuckuck ausgerechnet in dieses Nest ein Ei legen? Nun begann das Warten, 8 bis 10 Stunden am Tag. Endlich, am 6. Tag, tauchte ein Kuckucksweibchen auf, nachdem das Rohrsängerweibchen gerade das Nest zur Futtersuche verlassen hatte. Das Kuckucksweibchen verschluckte schnell ein Ei und legte dafür ein eigenes in das Nest. Dann flog es mit einem weiteren Rohrsängerei im Schnabel davon. In diesen wenigen Sekunden hatte die Motorkamera den ganzen Film belichtet. Der Aufwand hatte sich gelohnt."

Das Sumpfrohrsängerweibchen brütet nach seiner Rückkehr weiter, ohne sich an den Veränderungen im Nest zu stören. Das Kuckucksei hat ungefähr gleiche Färbung und Fleckung, es ist aber etwas größer. Dieser Kuckuck wird – wegen der Ähnlichkeit im Aussehen der Eier – immer Sumpfrohrsänger als *Pflegeeltern* aufsuchen. Die *Wirtsvögel* ziehen dann seine Nachkommen auf.

Nach 12 Tagen schlüpft – kurz vor den Sumpfrohrsängern – das Kuckucksjunge aus. Wenige Stunden nach dem Schlüpfen bewegt sich der junge Kuckuck im Nest unruhig hin und her. Er versucht sich unter alle Gegenstände zu schieben, die er im Nest findet (Eier, Nestgeschwister oder hineingelegte Stoffbällchen). Er nimmt die Gegenstände auf den Rücken und wirft sie über den Nestrand hinaus. Dieses Verhalten ist angeboren und läuft ganz automatisch ab. Man sagt, es ist ein *Instinktverhalten.* Nach fünf Tagen erlischt dieser Hinauswerftrieb.

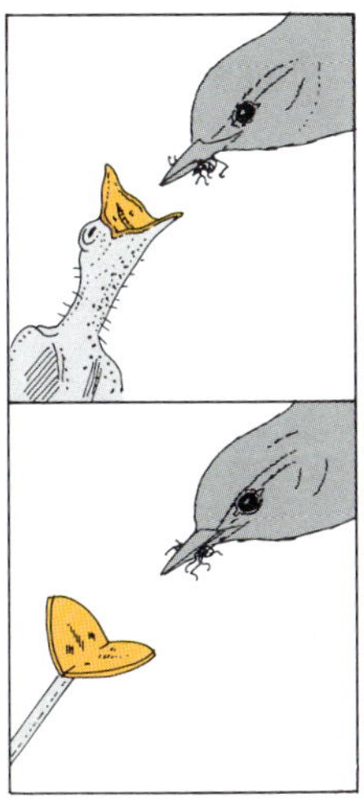

Der Kuckuck benötigt bei seinem starken Wachstum das ganze Futter, das seine Pflegeeltern herbeischaffen. Er öffnet unermüdlich seinen Schnabel. Der große, orangerote *Sperrrachen* ist dabei ein wirksamer *Schlüsselreiz* für die Elterntiere. Das lässt sich mit *Attrappenversuchen* nachweisen (vgl. Abbildungen in der Randspalte).

20 Tage nach dem Schlüpfen ist dem jungen Kuckuck das Nest zu klein. Er verlässt es, wird aber noch drei Wochen außerhalb von seinen Pflegeeltern weitergefüttert. Weil der Kuckuck seine Eier in die Nester anderer Vögel legt, sie dort ausbrüten und die Jungvögel von anderen aufziehen lässt, bezeichnet man ihn als *Brutschmarotzer.* Im Spätsommer zieht der Kuckuck zur Überwinterung nach Zentral- oder Südafrika.

Aufgaben

① Beschreibe mit eigenen Worten die Verhaltensweisen des Kuckucks anhand der Fotografien.

② Diskutiert, ob das Verhalten des Kuckucks grausam ist, wenn er seine Nestgeschwister hinauswirft.

③ Erkläre, warum der junge Kuckuck auch Stoffbällchen aus dem Nest wirft.

Sumpfrohrsänger füttert seine Jungen

Ein Kuckuckswirt stellt sich vor: Der Sumpfrohrsänger

Sumpfrohrsänger sind an der Oberseite olivbraun und besitzen einen hellen Augenstreif. Auf der Unterseite ist das Gefieder schmutzig weißlich. Sie ernähren sich von Insekten und im Herbst auch von Beeren. Sumpfrohrsänger bauen ihr Nest an die Stängel mehrerer Pflanzen, z. B. in dichten Brennnesselbeständen. Die Weibchen legen etwa fünf bläulich weiß gefleckte Eier. Die Brutdauer beträgt 13 Tage. Danach bleiben die Nesthocker noch 10–13 Tage im Nest. Sumpfrohrsänger sind eine eher seltene Wirtsart des Kuckucks; häufiger sind Teichrohrsänger, Bachstelzen, Haus- und Gartenrotschwanz, sowie der Neuntöter.

Der Vogelzug — zum Winter in den Süden

Mauersegler

Anfang August sammeln sich in Mitteleuropa die *Mauersegler* und ziehen nach Afrika. Dort überwintern sie südlich der Sahara, weil sie bei uns im Winter keine Insekten als Nahrung finden. Solche jährlich wandernden Vögel werden als **Zugvögel** bezeichnet.

Woher wissen wir eigentlich, wohin die Zugvögel ziehen und auf welchem Weg dies geschieht? Erste Ergebnisse bei der Erforschung des Vogelzuges brachte ab 1899 die *Methode der Beringung* von Vögeln mit Aluminiumringen. Mitarbeiter von Instituten für wissenschaftliche Vogelkunde *(Vogelwarten)* legen bei Jungvögeln oder gefangenen Vögeln mit einer Beringungszange jeweils passende Ringe an. Sie notieren in Beringungslisten die Vogelart, das Geschlecht, den Zeitpunkt und Ort der Beringung unter der Nummer, die der Vogel erhalten hat. Die Beringungsliste wird an die Vogelwarte geschickt, für die der Beringer arbeitet. Zusätzlich sammeln viele Vogelfreunde *Ankunfts-* und *Abreisedaten* von heimischen Zugvögeln.

Von einhundert beringten Vögeln erhalten die Vogelwarten allerdings nur etwa fünf Rückmeldungen. Falls du also einen toten, beringten Vogel finden solltest, dann schicke den Ring an eine der beiden deutschen Vogelwarten (*Helgoland* oder *Radolfzell am Bodensee*). Du gibst dazu Fundort, Datum, Fundumstände, Name und Adresse des Finders an. Bei einem verletzten Vogel schreibst du alle Angaben vom Ring ab und sendest sie mit den gleichen Beschreibungen wie oben an die Vogelwarte. Den verletzten Vogel bringst du zu einer Vogelpflegestation oder zu einem Tierarzt.

Eine andere Methode der Vogelzugforschung ist die *Radarbeobachtung*. Damit können nachts ziehende Vögel überwacht werden. Über große Entfernungen sammelt man Daten von Vögeln, die auf ihrem Rücken einen kleinen Sender tragen. Dessen Funksignale werden von einem Satelliten empfangen und an die Vogelwarte rückgemeldet.

Aus allen Rückmeldungen erstellen die Wissenschaftler dann *Zugkarten* für die einzelnen Vogelarten, die das *Brutgebiet*, den *Zugweg* und die *Überwinterungsgebiete* ausweisen.

Zu den Zugvögeln gehören viele bei uns heimische Arten wie Rauchschwalbe, Mehlschwalbe, Kuckuck und Weißstorch. Vögel, die das ganze Jahr an ihrem Standort bleiben, wie Haussperling, Dompfaff, Kleiber und Amsel, nennt man **Standvögel**. Vögel, die nur für kurze Zeit ungünstigen Lebensbedingungen ausweichen, gehören zu den **Strichvögeln**. Beispiele für diese Gruppe sind Kohlmeise, Blaumeise, Buchfink und Star. Nur wenn in strengen Wintern in Nordeuropa die Beerennahrung knapp wird, kommen Bergfinken, Tannenhäher oder Seidenschwänze plötzlich in großen Schwärmen zu uns. Solche Vögel, die in Schwärmen, aber nicht jeden Winter zu uns kommen, werden **Invasionsvögel** genannt.

1 Mehlschwalbe

2 Rauchschwalbe

Die Schwalben

Mehlschwalben bauen ihre Nester an Außenwänden von Gebäuden. In den Winkel von senkrechten und waagerechten Flächen kleben sie ihr rundliches Nest aus feuchtem Lehm und Stroh. Mehlschwalben bebrüten zweimal im Jahr ein Gelege von jeweils 4–6 Eiern. Sie ernähren sich von im Flug gefangenen Insekten. Mehlschwalben sind auf der Oberseite glänzend schwarzblau, am Bürzel und unterseits weiß. Der Schwanz ist kurz gegabelt.
Im Gegensatz dazu tragen die Rauchschwalben am gegabelten Schwanz noch lange äußere Schwanzfedern. Bei ihnen sind Stirn und Kehle rostfarben. Rauchschwalben nisten innerhalb von Gebäuden. Deshalb benötigen sie Einflugöffnungen, um in die Gebäude zu gelangen.

Welches sind die auslösenden Faktoren für den Vogelzug?

Bei Strichvögeln wie dem Star wird der Zug durch Nahrungsverknappung und schlechtes Wetter ausgelöst. Schwalben, Mauersegler und Störche ziehen aber schon nach Süden, bevor Nahrungsmangel oder Wetter die dazu zwingen. Um herauszufinden, ob sie in ihrem Zugverhalten durch die *Tageslänge* bestimmt werden, hielt man Vögel im Labor unter verschiedenen, aber gleich bleibenden Tageslängen. Alle Versuchstiere zeigten zur gleichen Zeit wie ihre frei lebenden Artgenossen Zugunruhe. Man schließt daraus, dass bei diesen Vögeln der Wegzug, der Federwechsel und die Fortpflanzung durch eine *innere Uhr* gesteuert werden.

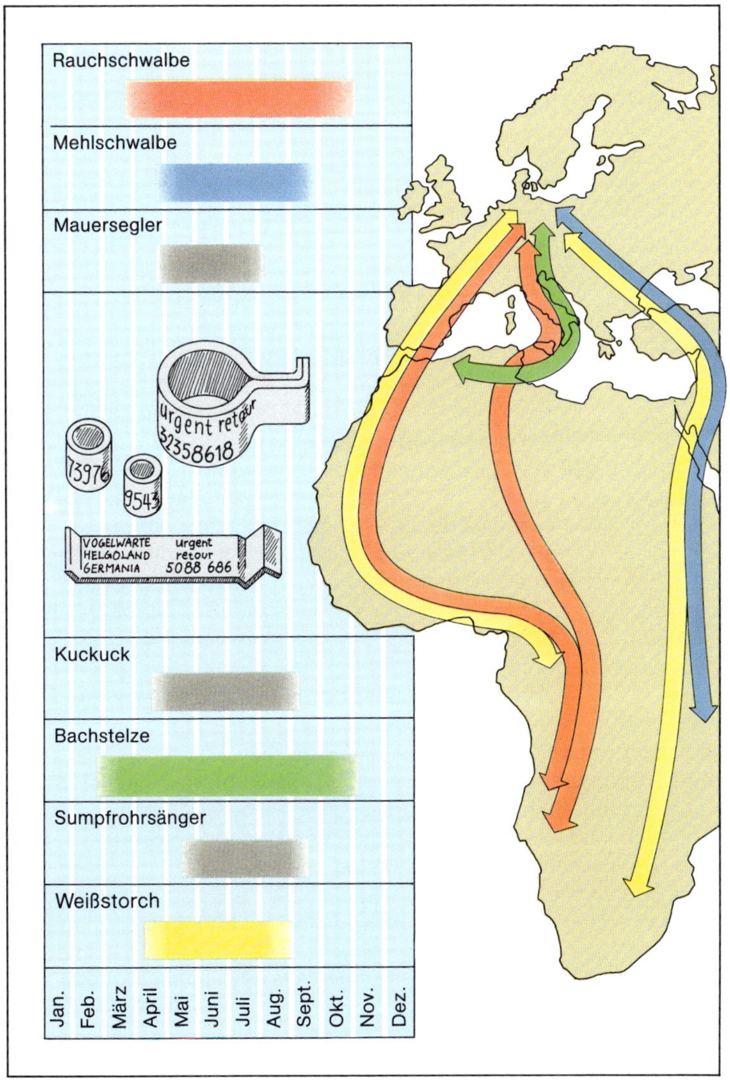

1 Aufenthaltsdauer und Zugwege von heimischen Zugvögeln

Wie orientieren sich die Vögel während des Vogelzugs?

Versuche haben gezeigt, dass man zwischen einer *Richtungsorientierung* und einer *Zielorientierung* unterscheiden muss. Am Tage ziehende Vogelarten versuchen auch im Labor zur Zugzeit im Herbst immer wieder nach Südwesten abzufliegen. Dies entspricht der natürlichen Zugrichtung. Man hat auch beobachtet, dass Jungkuckucke, die nachts und alleine ziehen, sicher ihr Überwinterungsgebiet in Afrika erreichen. Aus beiden Beobachtungen folgt, dass die Zugrichtung angeboren sein muss.

Am Tage ziehende Vögel richten sich dabei nach der Sonne *(Sonnenkompass)*. Sie verwenden zur Richtungsorientierung zusätzlich auffällige Oberflächenstrukturen der Erde, wie Küsten, Gebirge und Flüsse. Bei nachts ziehenden Grasmücken fand man im Planetarium heraus, dass sie ihre Zugrichtung mithilfe der Sterne festlegen *(Sternenkompass)*. An Rotkehlchen konnte man in Versuchen zeigen, dass sie sich noch nach dem Erdmagnetfeld orientieren können *(Magnetkompass)*, wenn man die Orientierung nach der Sonne und den Sternen verhinderte.

Aufgaben

1. Was ist der für eine Bestimmung wichtige Unterschied im Flugbild von Mehl- und Rauchschwalbe?
2. Wie ist es möglich, mithilfe der Beringung Angaben über das Zugziel, ja sogar über die Reisegeschwindigkeit eines Zugvogels zu erhalten?
3. Das Bildrätsel in der Randspalte gibt eine weitere Zugvogelart an. Welche?
4. Entnimm dem Vogelzugkalender aus Abbildung 1, wie lange sich die einzelnen Arten in ihrem Brutgebiet in Mitteleuropa aufhalten. Stelle die Zeiten in einer Tabelle zusammen.
5. Beschreibe die häufigsten Zugwege der bei uns heimischen Arten anhand der Abbildung 1.
6. Erkläre, warum Feuchtgebiete auf dem Zugweg für viele Zugvögel von großer Bedeutung sind.
7. Viele Zugvögel kommen nicht aus ihrem Winterquartier zu uns zurück. Überlegt gemeinsam, welche Gefahren die ziehenden Vögel bedrohen.
8. Sicher habt ihr noch andere Ideen, wie man den Vogelzug erforschen kann. Schreibt eure Vorschläge auf und diskutiert in der Klasse darüber.

3 Vögel als Spezialisten

1 Buntspecht

2 Spechtschmiede

Spechte — die Zimmerleute des Waldes

Im Frühjahr hört man beim Spaziergang im Wald oft kurze *Trommelwirbel*. Beim Näherkommen entdeckt man manchmal einen **Buntspecht**, der gerade einen trockenen Ast mit schnell aufeinander folgenden Schnabelhieben bearbeitet. Mit diesem Trommelwirbel kennzeichnet er sein *Revier* und versucht, ein Weibchen anzulocken.

Für die Fortbewegung auf Bäumen, auch an senkrecht stehenden Ästen oder am Stamm, sind Spechte besonders gut angepasst. Wenn der Buntspecht mit kurzen Sprüngen den Baumstamm hinaufklettert, geben die gebogenen spitzen Krallen des *Kletterfußes* dem Vogel wie Steigeisen Halt in der Rinde. Zwei Zehen des Fußes sind dabei nach vorne gerichtet und zwei nach hinten. Ein Abrutschen nach unten wird zusätzlich durch den *Stützschwanz* verhindert.

Bei der Nahrungssuche legt der Buntspecht mit dem harten, keilförmigen Schnabel Insekten unter der Borke oder im morschen Holz frei. Weil der Oberschnabel den Unterschnabel nach vorne mit einer senkrechten Schneide überragt, kann der Specht wie mit einer Axt Span um Span vom Holz abmeißeln *(Meißelschnabel)*.

Dabei presst er seinen harten, elastischen Schwanzfedern gegen den Baumstamm, sodass sie ein Widerlager für die federnden Körperbewegungen beim Meißeln bilden.

Findet der Buntspecht dann Insekten, schnellt er die lange, biegsame *Zunge* aus dem Schnabel heraus. Mit den Wiederhaken an der Hornspitze der Zunge spießt er seine Beute wie mit einer Harpune auf und zieht sie unter der Rinde hervor.

Im Herbst und Winter, wenn die Insekten als Nahrung fehlen, ernährt sich der Buntspecht überwiegend von den ölhaltigen Samen der Zapfen von Nadelbäumen. Dazu klemmt er die Zapfen in geeignete Baumspalten und hämmert so lange auf sie ein, bis die Samen frei liegen. Unter solchen *Spechtschmieden* findet man zahlreiche Überreste seiner Mahlzeiten. Bei ihrem großen Nahrungsbedarf benötigen Buntspechte sehr große Reviere.

Spechte schlafen und brüten in *Höhlen*. Ein Buntspechtpaar zimmert in zwei bis vier Wochen die Bruthöhle mit den Meißelschnäbeln bevorzugt in kernfaule Baumstämme. Ein kurzer, waagerechter Gang führt in die senkrecht in den Stamm geschlagene Höhle. Das Weibchen des Buntspechtes legt 4—7 weiße Eier auf die Holzspäne am Grund der Höhle. Männchen und Weibchen brüten gemeinsam. Nach 8—12 Tagen schlüpfen Ende Mai oder Anfang Juni die nackten und blinden Jungen. Die Nesthocker werden dann 23—24 Tage von den Altvögeln versorgt, bevor sie flugfähig sind und sich selbst versorgen können.

Weitere heimische Spechtarten

Die krähengroßen **Schwarzspechte**, die nur in großen, zusammenhängenden Wäldern leben, gehören zu den *Großspechten.* Sie besitzen einen langen und kräftigen Hackschnabel zum Freilegen der Larvengänge unter der Rinde. Am Boden der Wälder finden sie Ameisen, bei der Zerkleinerung von Baumstümpfen Holzameisen und an Baumstämmen Käferlarven als Nahrung. Die Zunge der Schwarzspechte ist sowohl zum Auslöffeln der Ameisen als auch zum Aufspießen der Larven geeignet.

Grünspechte halten sich häufiger am Boden als andere Spechte. Sie schlagen mit ihren Schnäbeln Löcher in Ameisenbauten und löffeln mit ihren langen klebrigen Zungen die Ameisen und ihre Puppen auf. Grünspechte können dazu ihre Zunge über zehn Zentimeter aus dem Schnabel herausstrecken. Das beruht darauf, dass die Zunge nach hinten in zwei dünne Knochen ausläuft, die sich um den Schädel winden und im Oberschnabel enden. Sie gleiten in einem Muskelschlauch vor und zurück.

Die Bedeutung der Spechte für die Forstwirtschaft besteht darin, dass sie viele Forstschädlinge fressen, befallene Bäume entrinden und damit Schädlingen die Lebensmöglichkeiten nehmen. Außerdem werden alte, verlassene Spechthöhlen von vielen anderen Höhlenbrütern benutzt, die selbst wieder viele Insekten fressen können. Dagegen fallen die Schäden an gesunden Bäumen, wenn sie von den Spechten zum Höhlenbau verwendet werden, kaum auf.

Aufgaben

① Fasse die besonderen Körpermerkmale der Spechte für das Leben auf Bäumen in kurzen Merksätzen zusammen.

② Welche Tierarten kennst du, die als „Nachmieter" für verlassene Spechthöhlen in Frage kommen?

③ An der Form des Klopfens kann man verschiedene Spechtarten erkennen. Wodurch unterscheiden sich die Trommelwirbel von Buntspecht und Schwarzspecht? (Vgl. die Abbildungen in den Randspalten.)

④ Vogelschützer schlagen vor, Naturwaldzellen von 0,5 – 5 ha mit über 100-jährigen Altbäumen zu erhalten. Erkläre die Bedeutung dieser Altholzinseln für die Spechte und für den Wald.

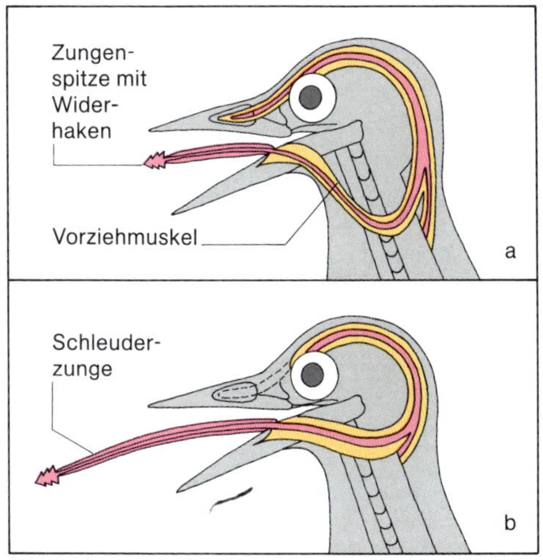

1 Arbeitsweise der Spechtzunge (Schema)

2 Schwarzspecht

3 Grünspecht

1 Stockentenweibchen mit Jungen

2 Auffliegender Stockentenerpel

Die Stockente — ein typischer Schwimmvogel

Auf einem Teich kann man oft zahlreiche *Wasservögel* sehen. Neben den weißen, ruhig schwimmenden Höckerschwänen fallen die zahlreichen, pechschwarzen Blässrallen mit weißem Stirnfleck und Schnabel auf. Vereinzelt sieht man Teichrallen, Haubentaucher und Reiherenten. Doch in den meisten Fällen sind Stockenten am häufigsten vertreten.

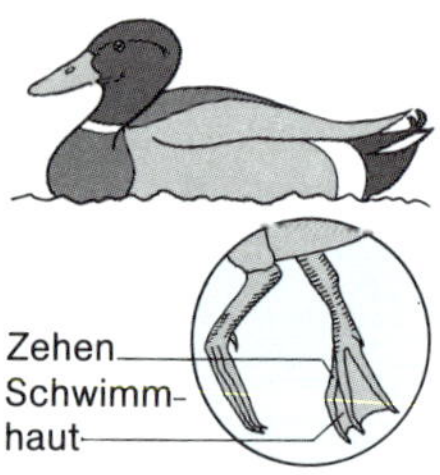

Stockenten sind als typische *Schwimmvögel* an das Leben im Wasser besonders gut angepasst. Ihren kahnförmigen Körper treiben sie im Wasser mit *Schwimmfüßen* voran. Zwischen den drei nach vorne gerichteten Zehen befinden sich *Schwimmhäute*. Beim Rückwärtsschlag eines Fußes sind die Schwimmhäute ausgebreitet und drücken die Ente vorwärts. Der andere Fuß wird gleichzeitig mit zusammengelegten Zehen nach vorne gezogen.

Die Stockenten werden im Wasser, ähnlich wie ein Schlauchboot, von einem Luftpolster getragen. Die Luft hält sich zwischen dem lockeren Dunengefieder. Die Deckfedern schließen das Dunengefieder nach außen ab. Stockenten fetten ihre Federn mit *Talgabscheidungen* aus der an der Schwanzwurzel liegenden *Bürzeldrüse* ein und machen das Gefieder dadurch Wasser abstoßend. Zusammen mit dem Fettpolster unter der Haut verhindert die eingeschlossene Luftschicht, dass die Enten im Wasser auskühlen. Da Luft und Fett schlechte Wärmeleiter sind, geht nämlich kaum Körperwärme an das Wasser verloren.

Im Herbst lassen sich manchmal die *Balz* und *Paarbildung* der Stockenten beobachten. Die *Begattung* erfolgt erst im darauf folgenden Frühjahr. Das Weibchen legt dann im April oder Mai 7 bis 11 grünlich bräunliche Eier in das *Bodennest*. Nach 28 Tagen schlüpfen die Jungen aus und folgen der Mutter sofort auf das Wasser. Die kleinen *Nestflüchter* können gleich schwimmen und ernähren sich selbstständig. Das Weibchen betreut die Jungen noch acht Wochen, bis sie auch fliegen können.

Am flachen Ufer des Teiches kann man Enten oft beim *Gründeln* beobachten. Dabei ragt ihr Hinterkörper senkrecht aus dem Wasser. Mit dem Kopf unter Wasser nehmen sie nahrungshaltigen Schlamm auf. Die Enten pressen dann mit der Zunge das Wasser durch die Hornleisten des Schnabels und die gefransten Ränder der Zunge nach außen. Diese Teile des Schnabels wirken wie ein Küchensieb. Man spricht von einem *Seihschnabel*. Darin bleiben Würmer, Insektenlarven, Schnecken, Laich und Wasserpflanzen als Nahrung zurück und werden verschluckt.

Nach der Art der Nahrungsaufnahme unterscheidet man bei den Enten **Schwimmenten**, die gründeln, und **Tauchenten**, die tiefer im Wasser liegen und tauchend ihre Nahrung suchen. Zu den Schwimmenten gehören neben der Stockente auch die selteneren *Krick-* und *Knäkenten*. Beispiele für heimische Tauchenten sind *Tafel-*, *Reiher-* und *Schellente*.

Lexikon
Lexikon
e**x**ikon
x**i**kon
i**k**on
k**o**n
o**n**

Wasservögel

Die **Teichralle** läuft mit ihren *Stelzfüßen* geschickt über große Blätter von Schwimmpflanzen und pickt von diesen Insekten, Schnecken und Froschlaich auf. Ihr Nest baut sie versteckt im Gebüsch am Ufer. Das Weibchen legt 8 — 10 Eier in das Nest.

Die **Blässralle** trägt an drei Zehen Schwimmlappen. Mit diesem *Lappenfuß* kann sie schnell schwimmen und sprungtauchen. Sie ernährt sich hauptsächlich von Wasserpflanzen, Insekten und deren Larven. Blässrallen bauen ihre Nester versteckt im Schilf. Das Gelege besteht aus 7 — 9 Eiern.

Der **Haubentaucher** lebt auf den freien Wasserflächen größerer Seen. Er taucht normalerweise bis zu 6 m tief und bis zu einer Minute lang, um unter Wasser Fische zu fangen. Sein *Schwimmnest* aus faulenden Pflanzenteilen liegt am Rande des Schilfgürtels. Beim Verlassen des Nestes tarnt das Weibchen die 4 Eier jeweils mit losen Halmen und Blättern. An Land wirken Haubentaucher sehr unbeholfen, da die weit hinten am Körper ansetzenden Beine nur ein schwerfälliges Gehen ermöglichen.

Höckerschwäne zählen mit einem Gewicht bis zu 13 kg zu den größten flugfähigen Vögeln. Sie brüten an stehenden und langsam fließenden Gewässern mit reichlich Wasserpflanzen am Ufer. Der Schwan erreicht die Pflanzen mit seinem langen Hals bis in 1,5 m Wassertiefe und rupft sie ab. Das Weibchen baut das Nest aus groben Pflanzenteilen, die es in der Umgebung abreißt. Im Inneren des Nestes verwendet es zusätzlich feineres Material und einige Dunen. Das Weibchen bebrütet die 5 — 7 Eier alleine, das Männchen bewacht und verteidigt in dieser Zeit den Brutplatz. Nach 35 Tagen schlüpfen die zunächst grauen Dunenjungen. Sie bleiben dann noch wochenlang mit den Altvögeln als Familie zusammen.

Die **Tafelente** gehört zu den Tauchenten. Das Männchen ist in seinem *Prachtkleid* an Kopf und Hals rosarot, an der Vorderbrust schwarz gefärbt. Nach der Nahrung (hauptsächlich Blätter und Triebe von Wasserpflanzen, auch Weichtiere und Insekten) tauchen Tafelenten bist zu 5 m tief. Das Nest mit 6 — 13 Eiern befindet sich im Röhricht oder ist ein *Schwimmnest*.

Die **Reiherente** ist kleiner als die Stockente. Der Erpel ist in seinem *Prachtkleid* an Kopf, Brust und Rücken schwarz. Reiherenten tauchen nach Schnecken, Muscheln und Würmern. In das Nest, das sie an Land zwischen Seggen und Binsen bauen, legt das Weibchen 5 — 12 Eier.

1 Lebensraum des Mäusebussards

Mäuse-
bussard

Habicht

Turmfalke

Rotmilan

Der Mäusebussard – ein Greifvogel jagt

Bei schönem Wetter kann man über offenen Landschaften häufig ein miauendes „Hiäh, Hiäh" hören. Wenn du dann zum Himmel schaust, entdeckst du einen im Kreis segelnden Vogel mit breiten Flügeln und kurzem Schwanz. Es ist ein *Mäusebussard.*

Manchmal schlägt der Mäusebussard die Flügel schnell auf und nieder, bleibt mit voll gespreizten Schwanzfedern und schräg gehaltenem Körper scheinbar in der Luft stehen. Dann lässt er sich nach unten fallen. Kurz vor dem Boden bremst er mit voll ausgebreiteten Flügeln, streckt die Beine nach vorn und ergreift eine Maus. Der Mäusebussard tötet die Beute meist sofort mit den spitzen Krallen seiner Greiffüße *(Fänge).*

Anschließend fliegt er zu einem festen Platz in seinem Revier *(Kröpfplatz)* und reißt mit dem Hakenschnabel Stücke aus der Beute. Losgerissene Stücke kann er mit der scharfen Schneide des Ober- und Unterschnabels zerkleinern. Die Beute wird mit Haut und Haaren verschlungen. Im Magen zersetzen wirksame Verdauungssäfte die Fleischteile und sogar Knochen. Unverdauliche Reste, wie Federn und Haare, werden im Magen zusammengepresst und nach 24 Stunden als Speiballen *(Gewölle)* herausgewürgt. Aus Gewölleuntersuchungen weiß man, dass der Mäusebussard hauptsächlich Feldmäuse frisst. Zu seiner Nahrung gehören außerdem Maulwürfe, Junghasen, Singvögel und Frösche. Von Straßen holen sich Mäusebussarde auch überfahrene Tiere.

Das *Jagdrevier* des Mäusebussards liegt im offenen Feld- und Wiesengelände. Häufig beobachtet er sein Revier auch auf einem Pfahl sitzend. Mit dem guten Sehvermögen seiner großen Augen kann er kleine Beutetiere wie Feldmäuse leicht erkennen. Die Beute greift er dann aus dem Gleitflug auf.

Das Bussardpaar baut sein Nest *(Horst)* aus Ästen, Reisig und Moos in einem hohen Baum am Rande eines Waldstückes. Dort liegt das *Horstrevier*, in dem nicht gejagt wird. Das Weibchen legt im Abstand von jeweils zwei bis drei Tagen zwei oder drei weißlich braun gefleckte Eier. Nach 33 bis 34 Tagen schlüpft das erste Junge, ein *Nesthocker* mit einem weißlichen Dunenkleid. Die Eltern füttern die Jungen zunächst mit Beuteteilen und später mit ganzen Mäusen. 46 Tage nach dem Schlüpfen können die jungen Bussarde fliegen. Bis in den Herbst hinein werden sie dann noch von den Eltern betreut.

Alle **Greifvögel** besitzen als gemeinsame Körpermerkmale einen Hakenschnabel, *Greiffüße* und *große, scharfsichtige Augen*. Sie jagen tagsüber und speien von den unverdaulichen Resten Gewölle aus. Die Weibchen sind meist größer als die Männchen. Die Jungen sind Nesthocker.

Aufgabe

① Gib anhand der Flugbilder in der Randspalte an, wie man die abgebildeten vier Greifvogelarten im Flug unterscheiden kann.

2 Mäusebussard

Lexikon
Lexikon
exikon
xikon
ikon
kon
on

Greifvögel

Rotmilan

Schwarzmilan

Rotmilan und **Schwarzmilan** unterscheiden sich von den anderen Greifvögeln durch einen gegabelten Schwanz. Der Rotmilan ist etwas größer als ein Bussard und hat rötlich braune Schwanzfedern. Der Schwarzmilan ist bussardgroß und im Gefieder schwarzbraun. Als Nahrung nimmt der Rotmilan gerne Aas, aber auch Vögel, Kleinsäuger, Amphibien und Fische. Er lebt in abwechslungsreichen Landschaften, während der Schwarzmilan mehr in der Nähe von Gewässern zu finden ist. Für beide Milanarten sind eingebrachte Stofffetzen im Horst typisch.

Wanderfalken sind stark vom Aussterben bedroht. Ihre Nahrung besteht fast nur aus Vögeln bis zur Größe eines Eichelhähers, die sie *im Flug* über offenem Gelände erbeuten. Die Wanderfalken erreichen im *Stoßflug* auf die Beutetiere eine Geschwindigkeit bis zu 300 km/h. Diese Falkenart brütet in steilen Felswänden.

Turmfalken sind die häufigsten Greifvögel Europas. Die etwa taubengroßen Vögel sind auf dem Rücken rotbraun gefärbt. Ihre Flügel sind schmal und spitz zulaufend. Das Schwanzgefieder ist lang und schmal. Charakteristisch ist der *Rüttelflug* in geringer Höhe, bei dem die Falken nach Beute spähen. Haben sie die Beute erkannt, lassen sie sich im *Sturzflug* zur Erde fallen. Zum Schluss bremsen sie mit ausgebreiteten Flügel- und Schwanzfedern ab. Die Beute ergreifen die Turmfalken mit den Fängen und töten sie mit einem Biss des Hakenschnabels in den Nacken. Turmfalken ernähren sich hauptsächlich von Mäusen und anderen Kleinsäugern sowie Jungvögeln, Insekten und Larven. Sie nutzen als Beuterevier offenes Gelände und kommen dabei sogar in Parkanlagen von Großstädten. Ihre Horste legen sie auf Bäumen in alten Krähennestern an oder nutzen Nischen in Gebäuden bzw. Nistkästen.

Der **Habicht** ist bei uns nicht mehr so häufig wie früher. Sein Gefieder ist oberseits graubraun und auf der Unterseite weiß mit graubrauner Querbänderung. In der Nähe von abwechslungsreichen Feldflächen stößt der Habicht überraschend aus der Deckung am Waldrand auf seine Beute zu. Die Beute sind überwiegend Vögel (Tauben, Elstern, Drosseln, Stare, Rebhühner) und Säugetiere (Hasen, Kaninchen, Eichhörnchen). Der Horst wird vorzugsweise in der Krone von Nadelbäumen angelegt.

Der **Steinadler** ist der größte Taggreifvogel Europas, der durch langjährige Bejagung stark gefährdet ist. In den bayerischen Alpen brüten z. B. nur noch 15 – 20 Paare. Der Steinadler erkundet im Segelflug in großer Höhe sein Jagdgebiet. Der eigentliche Angriff erfolgt dicht über dem Boden. Im Überraschungsangriff ergreift er seine Beute aus einem rasanten *Stoßflug.* Die Nahrung besteht aus Murmeltieren, Schneehühnern, Reptilien und Aas. Der umfangreiche Horst aus Knüppeln und Reisern befindet sich gewöhnlich auf einem Absatz einer senkrechten Felswand, selten auf Bäumen.

1 Abfliegende Schleiereule

2 Schleiereule mit Jungen

3 Eulengewölle (rechts zerlegt)

Die Schleiereule — lautloser Jäger in der Nacht

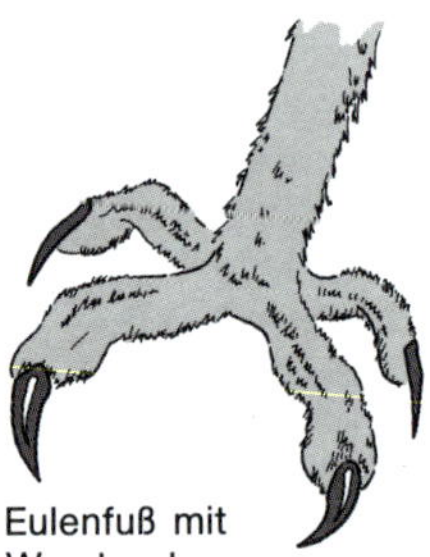

Eulenfuß mit Wendezehe

Schleiereulen waren ursprünglich Felsenbewohner, leben heute aber in Mitteleuropa in der Nähe des Menschen. Sie bewohnen ruhige Schlupfwinkel in Scheunen, Dachböden, Kirchtürmen und zerfallenen Häuser als *Tagesruhesitz* und *Brutplatz*.

Die Schleiereulen jagen hauptsächlich nachts nach Mäusen. Die großen Augen sind so lichtempfindlich, dass sich die Eulen auch bei schwachem Mondlicht gut orientieren können. Die Unbeweglichkeit der Augen gleichen die Eulen durch die enorme Drehbarkeit des Kopfes bis zu 270° aus.

Der herzförmige *Gesichtsschleier* lenkt alle Geräusche auf die verdeckten Ohröffnungen. Die *Ohren* stellen den Leitsinn bei der Jagd dar. Schleiereulen können bei absoluter Dunkelheit nur nach Geräuschen Mäuse anfliegen und schlagen. Eine weitere Voraussetzung für diese ungewöhnliche Gehörleistung stellt der Aufbau des Gefieders dar. Das besonders weiche Gefieder und der fransenartige Kamm an der Außenfahne der Handschwingen verhindern die Entstehung von Geräuschen. So kann die Eule die Beutetiere orten, die Mäuse dagegen werden nicht durch Fluggeräusche gewarnt.

Hat die Schleiereule eine Maus von einem Ansitz aus erkannt, gleitet sie lautlos zur Erde und greift sie mit den spitz bekrallten *Greiffüßen*. Beim Beutegreifen stehen bei der Eule zwei Zehen nach vorne und zwei nach hinten. Diese Anordnung wird durch das Drehen der *Wendezehe*, eine Besonderheit der Eulen, nach hinten erreicht. Die Maus hat kaum eine Chance zu entkommen. Im Hakenschnabel wird die Beute zum *Brut-* oder *Kröpfplatz* getragen. Dort wird sie mit dem Kopf voran unzerkleinert verschlungen. Einige Stunden nach der Mahlzeit würgt die Eule Unverdauliches (z. B. Haare, Federn, Knochen) als *Gewölle* wieder aus.

Lang anhaltende Winter mit geschlossener Schneedecke bedeuten für viele Schleiereulen den Tod. Sie können dann kaum Beute machen und die geringen Fettreserven sind schnell verbraucht. Die Verluste werden in guten Mäusejahren wieder ausgeglichen. Die Weibchen legen statt 4 bis 7 dann bis zu 12 Eier. Dazu kommt manchmal noch eine zweite Brut. Das Weibchen brütet vom ersten Ei an 30 bis 34 Tage. Die Jungen schlüpfen im Abstand von jeweils ein bis zwei Tagen. Nach ungefähr 60 Tagen fliegen sie aus und suchen ein eigenes Revier.

Gewölleuntersuchung

Man kann die Eulen nachts bei der Jagd schlecht beobachten. Die *Zusammensetzung der Nahrung* kann man aber durch eine Untersuchung herausfinden. Anhand der Knochen in den Gewöllen kann das Spektrum der Beutetiere bestimmt werden.

① Vor der Untersuchung werden die Gewölle in einem Backofen über mehrere Stunden bei 150 °C erhitzt, um eventuell vorhandene Krankheitskeime abzutöten. Dann kannst du die getrockneten Gewölle auf Zeitungspapier mit Präpariernadeln und spitzen Pinzetten zerrupfen.

② Versuche, zunächst anhand der Bestimmungstabelle herauszufinden, von welcher Eulenart das Gewölle stammt.

③ Versuche die Beutetiere und deren Anzahl nach den gefundenen Schädeln und Kieferteilen zu bestimmen.

④ Sammelt die Ergebnisse der ganzen Klasse in einer Tabelle!

Kleine Wühlmäuse . . . .
echte Mäuse . . . .
Spitzmäuse . . . .
Vögel . . . .
Lurche . . . .
Restbeute . . . .

⑤ Forscher haben die Zusammensetzung der Eulennahrung anhand von Gewöllen ermittelt. Die Ergebnisse sind in der Tabelle dargestellt. Vergleiche eure Ergebnisse mit der Tabelle.

⑥ Gib die Unterschiede und Gemeinsamkeiten in der Nahrung der vier Eulenarten an.

⑦ Versuche aus den Knochen der Gewölle nach der Vorlage ein vollständiges Mäuseskelett auf ein Blatt Papier aufzukleben. Dein Ergebnis kannst du mit einer selbst klebenden, durchsichtigen Klarsichtfolie schützen.

Bestimmungstabelle Eulengewölle

	Schleiereule	Waldohreule	Waldkauz	Steinkauz
Länge (in cm)	2–8	4–7	3 – 8	3 – 5
Dicke (in cm)	2 – 3	2–3	2 – 3	1 – 2
Form	glatt, groß, abgerundet	schlank, walzenförmig	dick, unregelmäßig	besonders schlank
Farbe	schwarz	grau	grau	grau
Fundort	Kirchen, Scheunen, Häuser	Waldrand, Feldgehölze	Wald, Park	Kirchen, Steinbrüche

Zusammensetzung von Gewöllen

	Schleiereule	Waldohreule	Waldkauz	Steinkauz
kleine Wühlmäuse	55,2%	82,0%	49,9%	78,6%
echte Mäuse	14,4%	8,3%	14,0%	10,6%
Spitzmäuse	25,3%	0,4%	3,6%	2,2%
Vögel	3,2%	8,8%	13,9%	2,5%
Lurche	0,6%	–	11,1%	5,4%
Restbeute	1,3%	0,5%	7,5%	0,7%

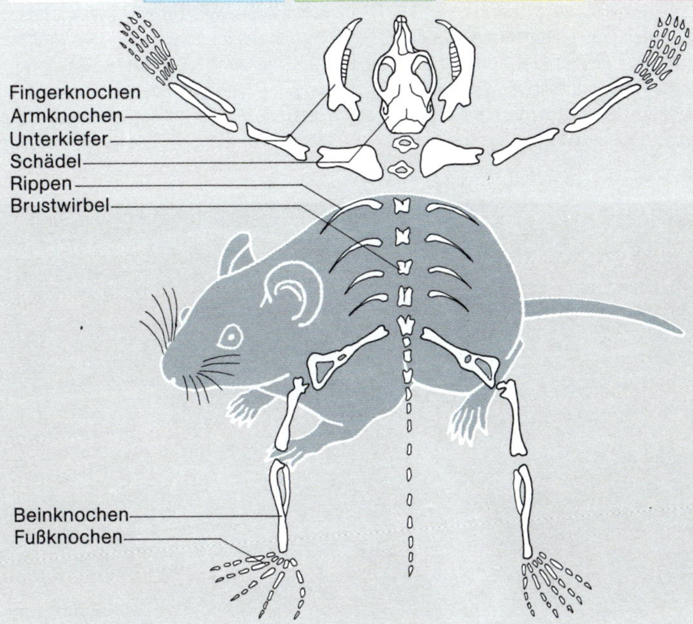

Lexikon
Lexikon
exikon
xikon
ikon
kon
on

Heimische Vögel

Das Wintergoldhähnchen — ein leichtgewichtiger Insektenjäger

Die kleinen, nur ungefähr 5 g wiegenden Vögel leben in Nadelwäldern. Sie sind unsere kleinsten heimischen Vögel. Aufgrund ihres geringen Gewichtes können sie auch auf dünnen Zweigen halb turnend, halb fliegend nach Insekten jagen. Oft zupfen sie auch im *Rüttelflug* Insekten von Zweigen ab.

Der Fasan — ein typischer Laufvogel

In Europa bevorzugen diese Laufvögel, die ursprünglich aus Asien stammen, Wiesen, Äcker und Brachflächen mit jeweils angrenzenden Feldgehölzen, die ihnen Deckung geben. Fasanen übernachten auf Bäumen. Sie ernähren sich von Knospen, Blättern und Samen. Im Frühjahr balzen die *farbenprächtigen Hähne* mit ihrem langen Schwanz die *unauffällig gefärbten* Hennen an. Ab Mai findet man Gelege mit 8 bis 12 Eiern. Die Jungen sind Nestflüchter. Die Anzahl der Fasanen ist bei uns in den letzten Jahren trotz Aussetzens von nachgezüchteten Tieren immer mehr zurückgegangen. Ursachen dafür sind die starke Bejagung und die Zerstörung ihres Lebensraumes.

Der Eisvogel — ein stoßtauchender Fischjäger

Eisvögel leben an ruhigen, klaren und fischreichen Gewässern. Dort benötigen sie Steilwände aus Sand, Löss oder Torf, in die sie ihre *Bruthöhle* graben können. Von einem Ansitz aus lauern sie auf kleine Fische, wie Stichlinge und Elritzen, die sie stoßtauchend erbeuten und mit dem Kopf voran verschlucken.

Die Lachmöwe — ein Koloniebrüter

Lachmöwen sind unsere häufigsten Möwen im Binnenland. Sie haben einen schwarzbraunen Kopf und einen weißen Augenstreif. Hunderte von Paaren brüten zusammen in einer *Kolonie*. Ihre Nahrung besteht aus Fischen, Weichtieren, Insekten und Würmer. Als *Allesfresser* kommen sie auch in die Parkanlagen der Städte und holen sich sogar Nahrung von Müllplätzen.

Die Wasseramsel — ein tauchender Singvogel

Wasseramseln leben an schnell fließenden Bächen oder schmalen Flüssen im Mittelgebirge. Sie ernähren sich von Wasser bewohnenden Insektenlarven und anderen kleinen Tieren, die sie tauchend erbeuten. Die Wasseramsel springt dabei von einem Stein ins Wasser und erreicht mit wenigen Flügelschlägen den Bachgrund. Dort läuft sie mit schräg nach vorn gebeugtem Körper und angewinkelten Flügeln gegen die Strömung. Zwischen den Kieselsteinen pickt sie ihre Beute auf. Die normale Tauchzeit beträgt 5 bis 10 Sekunden.

Vögel fremder Länder

Der Zwergflamingo — Seihen und Brüten in Kolonien

Im Nakurusee in Ostafrika lebt eine *Kolonie* von über 2 Millionen Zwergflamingos. Sie stehen mit ihren *Stelzenbeinen* im flachen Wasser und wühlen mit ihrem Oberschnabel Schlamm auf. Mit zurückgezogener Zunge saugen sie das Wasser ein. Bei geschlossenem Schnabel wird das Wasser durch die Leisten, die an den Schnabelinnenseiten liegen, nach außen gepresst.

Blaualgen und kleine Krebschen werden so herausgefiltert und verschluckt. Mit den Krebschen nehmen die Flamingos das Carotin auf, das ihr Gefieder rosa färbt. Die Flamingos haben ein ausgeprägtes Gemeinschaftsleben. Man kann folgende Verhaltensweisen immer zeitlich übereinstimmend in der Kolonie beobachten: Balz, Nestbau, Eiablage und das Schlüpfen der Jungen. Wegen der fast gleichzeitig erfolgenden Eiablage und Jungenaufzucht können die Feinde von dem großen Nahrungsangebot nur einen geringen Teil auffressen. Feinde für die Jungvögel sind Schakale, Marabus und Schreiseeadler.

Der Wanderalbatros — Dauersegler über südlichen Meeren

Der Wanderalbatros hat mit 3,5 m die größte *Flügelspannweite* aller lebenden Vögel. Er segelt über den ganzen Pazifik und die südlichen Ozeane, immer den Passatwinden folgend. Mit den langen, schmalen Flügeln ist er optimal an den *Segelflug* in den stürmischen Winden über der Meeresoberfläche angepasst. Mit Rückenwind gleitet er aus etwa 20 Meter Höhe im Segelflug auf die Wasseroberfläche zu. Kurz davor dreht er gegen den Wind. Der erreichte Schwung und der Auftrieb durch den zunehmend stärker werdenden Gegenwind tragen ihn auf die alte Höhe zurück. So kann der Albatros im abwechselnden Gleiten und Steigen ohne einen Flügelschlag fliegen.

Der Kaiserpinguin — ein Unterwasserflieger

Pinguine sind *flugunfähig* und an das Leben unter Wasser angepasst. Sie *tauchen* bis zu zwanzig Meter tief und erreichen kurzzeitig eine Geschwindigkeit von 36 Kilometer pro Stunde. Damit sind sie schneller als ihre Beute (Fische, Tintenfische und Krebse). Die Flügel haben Flossenform. Die Pinguine fliegen also sozusagen unter Wasser. Das dichte Federkleid aus kurzen, schuppenförmigen Federn und die dicke Fettschicht unter der Haut verhindern starke Wärmeverluste im antarktischen Lebensraum, in dem die Durchschnittstemperaturen bei −50 °C liegen. Kaiserpinguine legen jeweils nur ein Ei, das vom Männchen in einer Hautfalte über den Füßen ausgebrütet wird. Die brütenden Männchen stehen zum Schutz vor Schneestürmen dicht gedrängt zusammen.

Der Strauß — ein Renner unter den Vögeln

Bis zu 3 m hoch und 150 kg schwer werden die Männchen des afrikanischen Straußes. Sie sind damit die *größten lebenden Vögel.* Sie sind allerdings *flugunfähig.* Mit den langen Beinen, die eine kräftige Laufmuskulatur, einen langen Lauf und nur 2 Zehen besitzen, erreicht ein Strauß Schrittlängen von 3 bis 4 m und eine Geschwindigkeit von 50 km/h. Strauße fressen Pflanzen und Wurzeln, aber auch Insekten, Reptilien und kleine Nagetiere. Der Hahn paart sich mit mehreren Hennen, die je sechs bis acht Eier in ein *Gemeinschaftsnest* legen, und führt später alleine die Jungen. Diese *Laufvögel* der afrikanischen Savanne leben mit Antilopen, Zebras und Gnus in Herden zusammen. Strauße können mit ihrem guten Sehvermögen nahende Raubtiere frühzeitig erkennen und warnen dann die übrigen Tiere der Herde.

Eine ganze Reihe von *Wirbeltieren* hast du bereits kennen gelernt. Sie werden einer gemeinsamen Gruppe zugerechnet, weil sie alle eine Wirbelsäule besitzen. Aber hast du schon man etwas von „wechselwarmen Wirbeltieren" gehört? – Die Abbildungen dieser Seite zeigen Beispiele dafür, welche Tiere damit gemeint sind.

Wechselwarme Wirbeltiere

Fische, Lurche und Kriechtiere weisen nicht nur bekannte, sondern auch einige neue Merkmale auf. Eines davon steckt in der Bezeichnung *wechselwarm* und ist ein wichtiges Unterscheidungsmerkmal zu den *gleichwarmen* Wirbeltieren, den Säugern und Vögeln.

Aber auch innerhalb der Gruppe der wechselwarmen Wirbeltiere gibt es wichtige Unterschiede. Im folgenden Kapitel erfährst du, in welcher Weise Fische, Lurche und Kriechtiere im Körperbau und im Verhalten an ihre Lebensräume angepasst sind und was der Begriff wechselwarm bedeutet.

1 Fische — ein Leben im Wasser

1 Michael zeigt sein neues Aquarium

Haltung und Pflege von Fischen im Aquarium

Wer schon einmal in einem Zoo war, weiß, dass er dort die Möglichkeit hat, Tiere zu sehen, die er nie in freier Wildbahn antreffen würde. Das liegt einmal daran, dass im Zoo exotische Tiere gehalten werden, die bei uns nicht vorkommen. Zum anderen findet man dort natürlich auch einheimische Tierarten, die aber in freier Natur so selten sind oder so versteckt leben, dass wir sie kaum über längere Zeit betrachten können.

Zu diesen Tieren gehören die **Fische**. In ihren *natürlichen Lebensräumen* Bach, Fluss, Teich, See oder Meer können wir sie kaum beobachten. Wenn wir etwas über sie und ihre Lebensweise erfahren wollen, bietet sich daher ein **Aquarium** an. Das Aquarium hat den großen Vorteil, dass es uns Einblicke aus allen Richtungen erlaubt. Andererseits ist ein Aquarium aber ein *künstlicher Lebensraum*, in dem Fische und andere Wassertiere nur dann ihre natürliche Lebensweise beibehalten und zeigen, wenn ihnen darin alle natürlichen Lebensbedingungen ausreichend geboten werden.

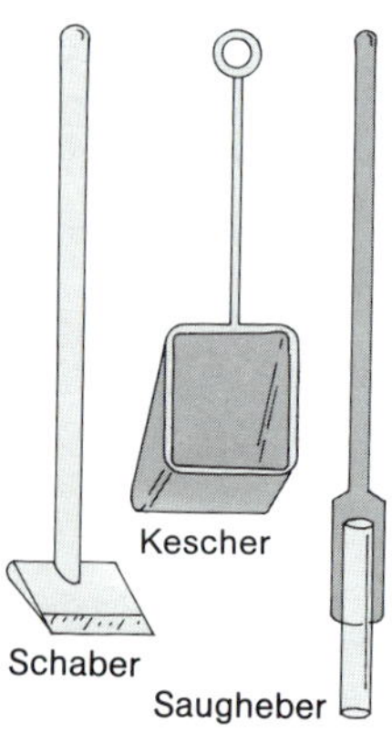

Bevor man sich also ein Aquarium einrichtet, sollte man sich bei einem Zoohändler oder in einem Lexikon darüber informieren, welche Fischarten sich miteinander vertragen und welche Lebensgewohnheiten sie haben. Michael konnte sich diesen Weg ersparen, da er mit einem erfahrenen Aquarianer befreundet ist, der ihm auf seine Anfrage hin folgenden Brief schrieb:

Lieber Michael,
hier die versprochenen Tips zur Einrichtung deines Aquariums:
1. Aquarien gibt es in verschiedenen Ausführungen. Für den von dir vorgesehenen Fischbesatz muss das Aquarium ca. 70 cm×40 cm×40 cm groß sein. Es kann aus mit Silikon verklebten Glasscheiben hergestellt sein. Bei großen Aquarien ist es sicherer, wenn sie einen Metallrahmen besitzen.
2. Gleich zu Beginn solltest du dir auch folgende Zusatzgeräte anschaffen: Filteranlage, elektrische Luftpumpe, Beleuchtungsaufsatz. Sicher ist es am besten, wenn du dich im Fachhandel erkundigst.

Michaels Aquarienfische

Guppy 4♂ 4♀

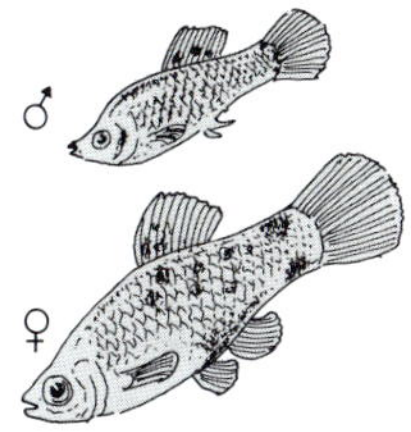

Platy 3♂ 2♀

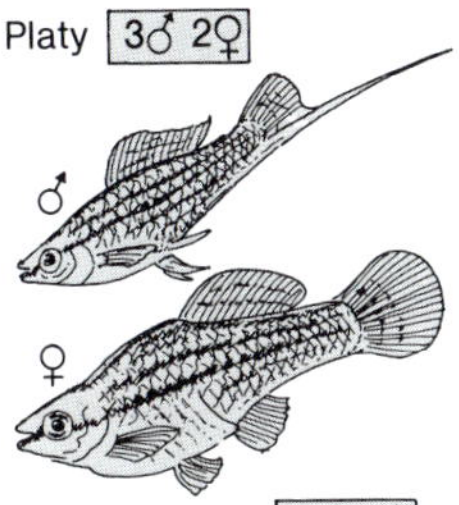

Schwertträger 2♂ 2♀

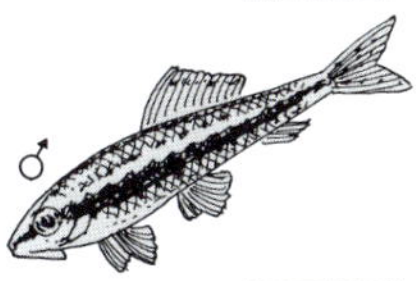

Saugschmerle 2♂ 2♀

3. Suche gleich zu Beginn für dein Aquarium einen geeigneten Platz im Zimmer. Achte darauf, dass es dort hell ist. Vermeide direktes Sonnenlicht. Das Aquarium darf auch nicht in unmittelbarer Nähe einer Heizung stehen.
4. Gewaschenen Aquarienkies und Sand kann man kaufen. Du kannst beides aber auch selbst herstellen. Wasche feinen Kies unter fließendem Wasser so lange, bis keine Trübung mehr auftritt. Mache dasselbe mit grobem Sand.
5. Modelliere den Aquariumboden so, dass er vom Hintergrund nach vorne zu abfällt. Im vorderen Bodenbereich können sich dann abgesunkene Nahrungsreste und Fischkot ansammeln, die du von dort leicht mit einem Saugheber beseitigen kannst.
6. Kleinere, halb eingegrabene Blumentöpfe und gründlich gewaschene Steine bieten für die Fische gute Versteck- und Rückzugsmöglichkeiten (keine Kalksteine verwenden; sie beeinträchtigen die Wasserqualität).
7. Die Pflanzen für dein Aquarium kannst du dir im Zoofachgeschäft besorgen. Achte bei der Bepflanzung darauf, dass nur der Hintergrund und die Seiten bepflanzt werden. Die Betrachterseite soll frei bleiben.
8. Fülle gleich nach der Bepflanzung Wasser ein. Vorsicht, damit kein Sand aufgewirbelt wird! Das Wasser sollte mindestens einen Tag vorher bereitgestellt worden sein. Du darfst das Aquarium nicht bis zum Rand füllen. Decke es sodann mit einer Glasplatte ab und schalte die Belüftung ein. Nach 2 Wochen kannst du die Fische einsetzen.
9. Die von dir vorgesehenen Fische brauchen alle eine Wassertemperatur von etwa 20 bis 25 °C. Regulierbare Heizung und Thermometer sind hierfür erforderlich.

1 Einrichten eines Aquariums

Worauf du bei der Betreuung deines Aquariums außerdem noch achten musst:

1. Gib deinen Fischen nur so viel Futter, wie von ihnen in etwa 15 Minuten gefressen werden kann. Zuviel Futter führt zu unnötiger Wasserverschmutzung.
2. Wenn du ein Aquarium einrichtest, dann bedenke, dass sich die Fische vermehren können. Auch wenn dir Fische noch so sehr Freude bereiten, musst du die Überbevölkerung des Aquariums vermeiden. Eine wichtige Regel lautet: Höchstens ein Fisch auf etwa 5 Liter Wasser.
3. Wachsen Algen an den Aquariumscheiben, so musst du diese mit dem Schaber entfernen. (Grünalgen sind ein Zeichen für zu viel Licht, Braunalgen für zu wenig.)
4. Von Zeit zu Zeit musst du einen Teil des Aquarienwassers durch frisches, auf 20 bis 25 °C erwärmtes Wasser ersetzen.
5. Vermeide jede unnötige Beunruhigung der Tiere.

Algen
Winzige Pflanzen, die als Beläge auf den Glasscheiben wachsen.

Aufgaben

① Du kennst die Größe, die Michaels Aquarium hat und du weißt auch, wie viele Fische sich darin befinden. Nun kannst du ausrechnen, ob seine Fische genügend Platz haben.
② Was muss man alles tun, damit sich Aquarienfische „wohl fühlen“?
③ Nenne Ursachen, die das Wohlbefinden der Aquarienbewohner beeinträchtigen können.

1 Karpfen

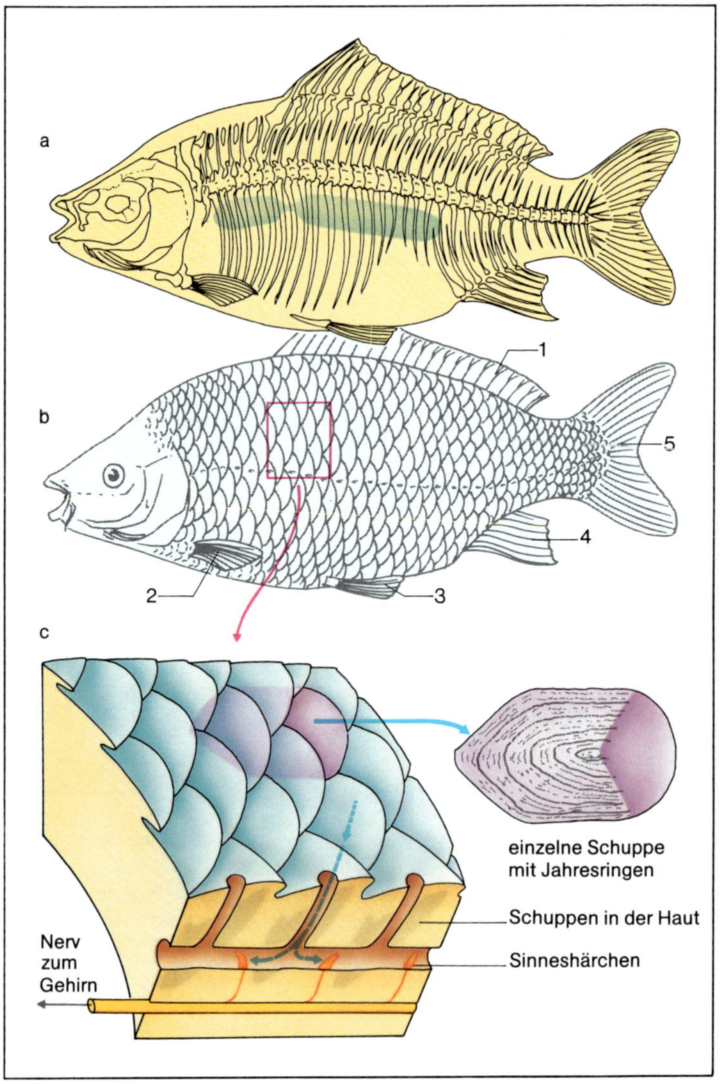

2 Körperbau (Skelett mit Schwimmblase, Flossen, Seitenlinienorgan)

Der Körperbau eines Fisches

Der *Karpfen* lebt in stehenden und langsam fließenden Gewässern. Am Beispiel seines Körpers kann man zeigen, dass Fische für das Leben im Wasser gut ausgestattet sind. Mit der lang gestreckten, am Kopf- und Schwanzende zugespitzten Gestalt gleitet er ruhig durch das Wasser. Man sagt, der Karpfen ist *stromlinienförmig* gebaut. Sein Körper ist außerdem mit zahlreichen Knochenplättchen, den *Schuppen*, bedeckt, die dachziegelartig übereinander liegen. Darüber liegt noch eine zarte Haut, die seine gesamte Körperoberfläche überzieht. Viele kleine Hautdrüsen sondern einen *Schleim* ab, der die Oberfläche glitschig macht. Zusammen mit der Gestalt erleichtert dieser Schleim die Fortbewegung im Wasser.

Aus dem Schuppenkleid ragen häutige, von feinen Knochenstäben gestützte *Flossen* heraus. Sie dienen der Fortbewegung. Die Flossen können durch Muskeln ausgebreitet und wieder zusammengelegt werden.

Unter der Wirbelsäule liegt ein nur bei Fischen vorkommendes Organ, die *Schwimmblase* (▷2a). Bei manchen Fischen kann man beobachten, wie sie ihr Maul aus dem Wasser strecken und kurz nach Luft schnappen. Diese wird dann in die Schwimmblase gedrückt.

Bei genauerer Betrachtung erkennt man an den Seiten des Fischkörpers eine leicht geschwungene, punktierte Linie. Das ist die *Seitenlinie* – ein Sinnesorgan. Die Punkte sind in Wirklichkeit winzige Öffnungen, die in einen feinen Kanal unter den Schuppen münden. In diesem Kanal strömt ständig Wasser ein, wodurch die Sinneshärchen bewegt werden. Mithilfe des Seitenlinienorgans kann der Fisch feinste Änderungen der Wasserströmung wahrnehmen.

Aufgaben

① Zeichne die Umrisse eines Fisches.
   a) Setze bei den Ziffern 1–5 aus Abbildung 2 b folgende Begriffe ein: Afterflosse, Schwanzflosse, Bauchflosse, Rückenflosse, Brustflosse.
   b) Welche Flossen sind paarig?

② Der Mensch hat die typische Fischform nachgeahmt. Du kannst sie bei vielen verschiedenen Land-, Wasser- und Luftfahrzeugen wiederfinden. Nenne Beispiele. Zeichne die Umrisse.

③ Auch andere Wirbeltiere haben stromlinienförmige Gestalt. Welche kennst du?

Atmen unter Wasser

Tauchen ist für den Menschen nur mit Spezialgeräten oder für kurze Zeit möglich. Dann muss er an die Oberfläche kommen, um Luft zu holen. Fische atmen im Gegensatz zu anderen Wirbeltieren nicht mit Lungen, sondern zeitlebens mit **Kiemen**.

Unter dem schützenden *Kiemendeckel* kann man 4 hintereinander liegende *Kiemenbögen* mit vielen hauchdünnen *Kiemenblättchen* erkennen. Ihre rote Farbe verrät, dass sie gut durchblutet sind. Jeder Kiemenbogen besitzt eine Reihe solcher zweizipfeliger Kiemenblättchen. Sie sitzen an dem halbrunden, knöchernen Kiemenbogen.

An den Kiemenblättchen strömt ständig Wasser vorbei. Hier gelangt der im Wasser gelöste Sauerstoff in die Adern; das im Blut gelöste *Kohlenstoffdioxid* wird ebenfalls hier an das Wasser abgegeben. Von den Kiemenbögen stehen zahlreiche, mit den Zinken eines Kammes oder Rechens vergleichbare Fortsätze ab, die *Kiemenreusen*.

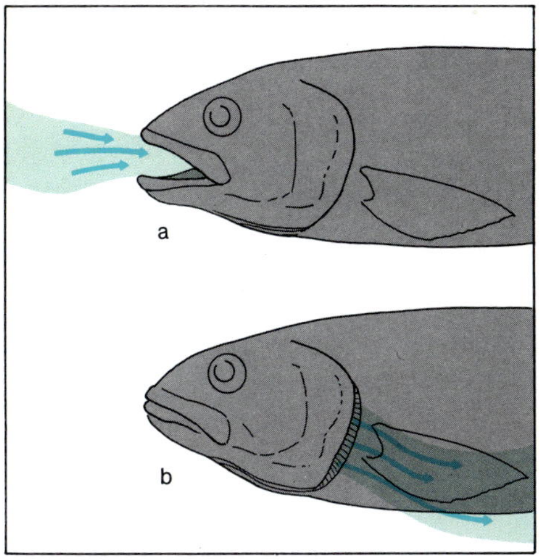

1 Schema des Ein- und Ausatmens

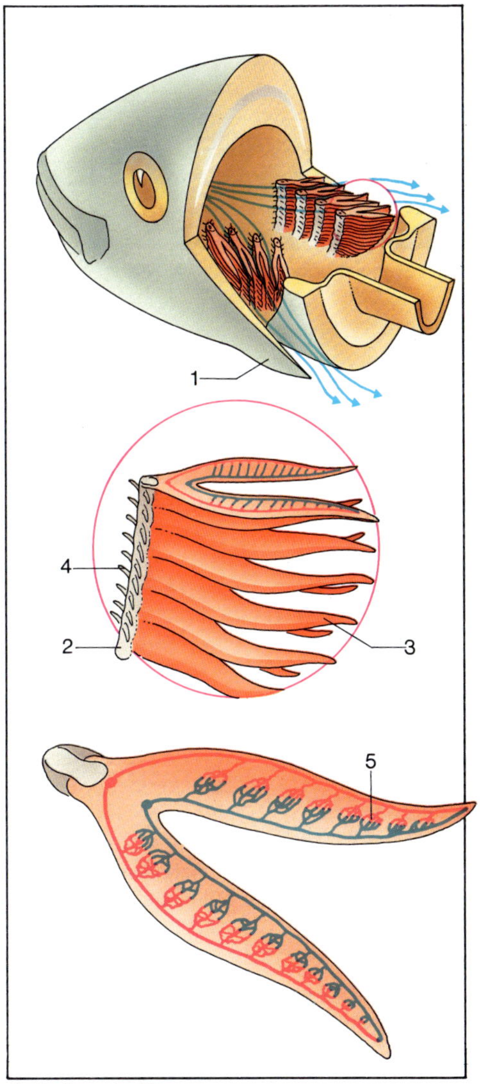

2 Aufbau der Kiemen

Aufgaben

① Erkläre mithilfe der Abbildung 1 die Atembewegungen bei Fischen. Schreibe die Vorgänge in dein Heft.

② Ordne den in Abbildung 2 aufgeführten Ziffern die richtigen Bezeichnungen zu.

③ Fülle ein Glas mit kaltem Wasser. Achte darauf, dass keine Luftblasen an der Wand haften bleiben. Stelle das Glas auf die Heizung oder in die Sonne. Notiere deine Beobachtungen und schreibe auf, welche Schlussfolgerung du daraus ziehst. Vergleiche mit der Zeichnung in der Randspalte.

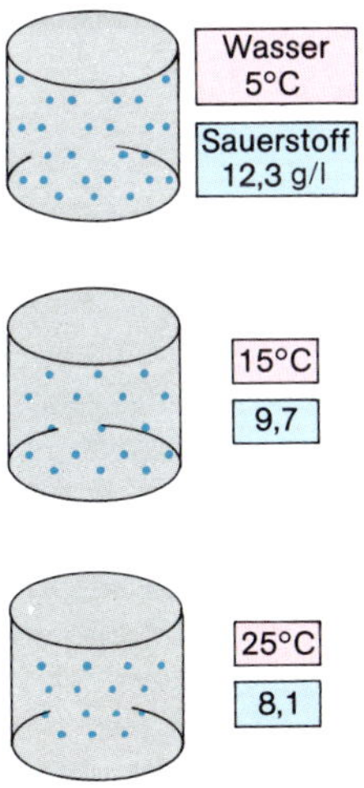

④ Luft ist in Wasser gelöst. Beschreibe den Weg des Sauerstoffs, bis er in die Blutbahn des Fisches gelang. Nimm hierzu Abbildung 2 zur Hilfe.

⑤ Vergleiche die Lungen- und die Kiemenatmung. Welche Unterschiede, welche Gemeinsamkeiten kannst du feststellen? Lege eine Tabelle an.

⑥ Die Aufgabe der Schwimmblase wird dir klar, wenn du folgendes Experiment durchführst: Bereite einen Glaskolben so vor, wie er in der Zeichnung auf der Randspalte dargestellt ist. Fülle den Kolben ganz mit Wasser, tauche ihn sodann in ein mit Wasser gefülltes (Glas-)Becken und blase langsam Luft in den Schlauch. Notiere deine Beobachtungen und versuche das Ergebnis dieses Experiments zu deuten.

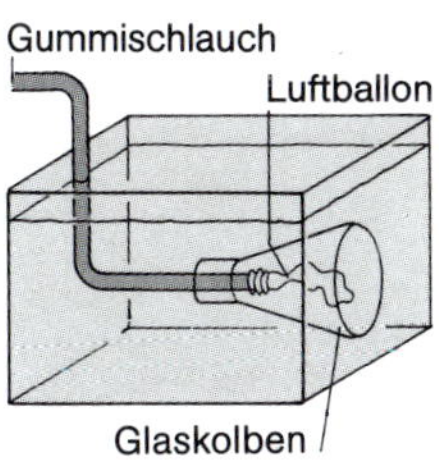

1 In der Forellenzuchtanstalt

2 Abstreifen einer Forelle

3 Forelleneier und schlüpfende Larve

4 Larve mit Dottersack

5 Jungfisch

Besuch in einer Forellenzuchtanstalt

Brutkalender:

25. Februar
Befruchtung; Ausbreitung der Brut in Zuchtkästen

14. März
Fischei

4. April
schlüpfende Fischlarve, 15 mm lang; die Larven werden nun in größere Brutkästen umgesetzt.

5. April
Larve mit Dottersack

26. April
Jungfisch, etwa 2,5 cm lang

15. Oktober
Die Jungfische werden in den Teich umgesetzt. Man nennt sie jetzt Setzlinge.
Länge: 8 – 10 cm.

Herr Schmucker züchtet *Regenbogenforellen.* Die Forellenzucht ist nur in kühlem, sauerstoffreichem und sauberem Fließwasser möglich. Deshalb wird das Wasser der Zuchtteiche durch einen Zu- und Abfluss ständig erneuert. Martina unterhält sich mit Herrn Schmucker über seine Forellenzucht.

M.: Die Forellen schwimmen in Zuchtteichen und werden von Ihnen mit Fertigfutter versorgt. Da machen Sie ja eigentlich dasselbe wie ein Landwirt, der viele Kühe in großen Ställen hält.

S.: Ja, da hast du Recht. Die Forellenzucht ist auch Massentierhaltung. Wir Forellenzüchter helfen den Fischen sogar beim Laichgeschäft. Im Frühjahr streift man den Elterntieren *Rogen* und *Milch* ab. . . .

M.: Was streifen Sie den Fischen ab?

S.: Nun, Fischeier werden als Rogen bezeichnet. Zu dieser Zeit erscheint der Bauch des weiblichen Tieres ein wenig aufgetrieben. Die männlichen Tiere erzeugen eine weißliche Spermienflüssigkeit, die Spermienzellen enthält. Sie wird Milch genannt.

M.: Was passiert nun aber mit dem abgestreiften Rogen und der Milch?

S.: Beides wird in einer Schüssel mit einer Feder vermischt. Dann kommt das Wasser dazu. Jetzt beginnen die Spermien sich zu bewegen und befruchten die Eier. Diese kommen anschließend in einen *Brutkasten*, durch den ständig frisches Wasser fließen muss. So etwa 20 000 Eier können sich darin gleichzeitig weiterentwickeln, bis die Larven schlüpfen.

M.: Da entwickeln sich ja eine Unmenge neuer Fische.

S.: Wenn du willst, kannst du ja in den nächsten Wochen mal mit deiner Klasse vorbeikommen. Dann könnt ihr sehen, wie sich die Eier weiterentwickelt haben und ich zeige euch einmal, was alles getan werden muss, bis die Forellen ein Gewicht von ca. 300 g haben und wir sie verkaufen können.

Aufgabe

① Beschreibe mithilfe der Fotos und der Notizen auf der Randspalte die Entwicklung der Regenbogenforelle.

1 Bachforellen

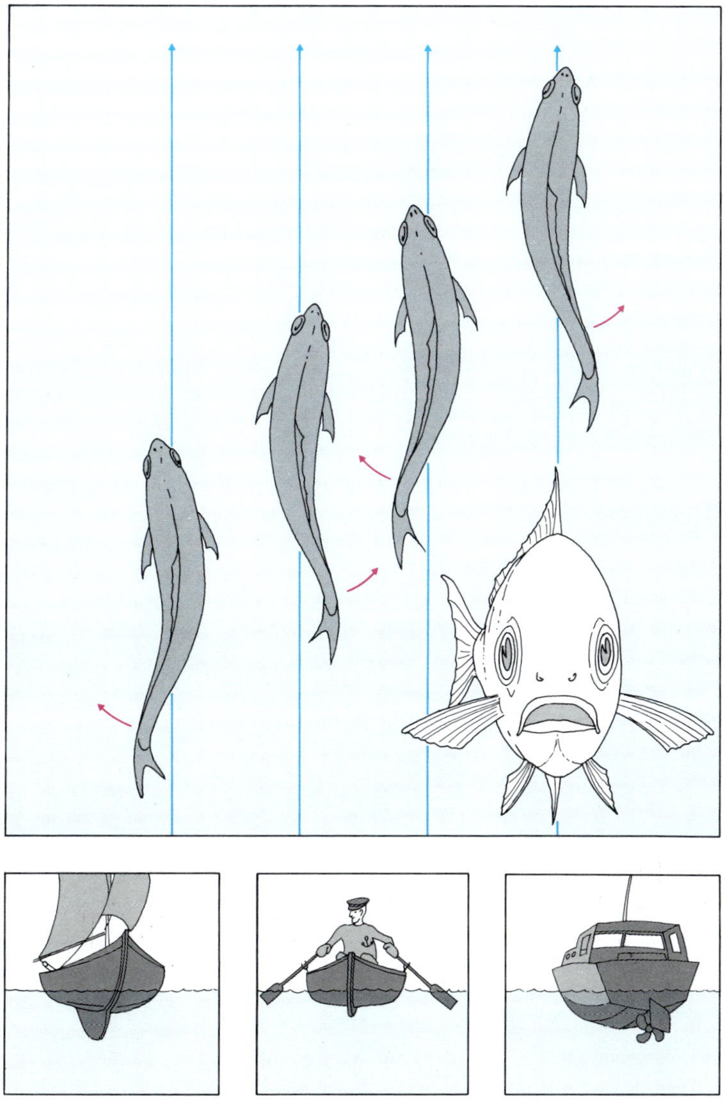

2 Prinzip der Schwimmbewegung bei Fischen

Schwimmbewegung bei Fischen

Die *Bachforelle*, eine enge Verwandte der Regenbogenforelle, lebt in schnell fließenden Bächen. Scheinbar regungslos verharrt sie an einem Standort und lauert auf Beute, ohne von der Strömung abgetrieben zu werden. Wenn man sie jedoch genau beobachtet, sieht man, wie sie die Schwanzflosse im Wasser hin und her bewegt. Diese Bewegungen drücken das Wasser abwechselnd nach beiden Seiten weg. Dadurch wird die Forelle vorwärts getrieben. Dieser Vortrieb ist gerade so stark, dass sie von der Strömung nicht mitgerissen wird. So bleibt sie auf der Stelle „stehen".

Der Forelle entgeht keine Bewegung. Hat sie ein Beutetier entdeckt, schwimmt sie blitzschnell darauf los. Die Pendelbewegungen der Schwanzflosse sind jetzt kräftiger und werden vom ganzen Körper unterstützt. Der Vortrieb, den die Forelle nun erzeugt, ist so groß, dass sie sich selbst gegen die Strömung des Wassers fortbewegen kann. Mit ihrem muskulösen Körper kann sie sogar mit Schwung aus dem Wasser herausschießen und Insekten aus der Luft fangen.

Aufgaben

① Schreibe auf, welche Aufgaben die paarig vorhandenen, beweglichen Brust- und Bauchflossen haben. Gib außerdem die Bedeutung der mehr oder weniger starren Rücken- und Afterflosse bei der Schwimmbewegung an.

② Außer den Flossen haben Fische noch andere Einrichtungen, die beim Schwimmen vorteilhaft sind. Schreibe sie in dein Heft und nenne ihre Aufgabe.

③ „Fast alle Fische sind Segel-, Ruder- und Motorboot in einem." Begründe diese Behauptung.

④ „Zum Schwimmen brauchen Fische einen Vortrieb." – „Damit die Bachforelle an einer Stelle stehen bleiben kann, muss sie ständig einen Vortrieb erzeugen."
Beide Aussagen scheinen widersprüchlich zu sein. Schreibe in 1–2 Sätzen auf, warum sie dennoch richtig sind.

⑤ Welcher Fisch muss die größte Vortriebskraft erzeugen? Begründe!
a) Eine *Forelle*, die im Gebirgsbach auf Beute lauert.
b) Ein *Karpfen*, der in einem Zuchtteich schwimmt.
c) Eine *Rotfeder*, die in einem langsam fließenden Gewässer flussabwärts schwimmt.

Lebensraum Süßwasser

Fische verbringen ihr Leben im Wasser. Es ist ihr **Lebensraum**, der ihnen *Sauerstoff* und *Nahrung* liefert und die *Abfallstoffe* aufnimmt. Da aber Wasser nicht gleich Wasser ist, müssen wir für den ungenauen Überbegriff „Lebensraum Wasser“ genauere Unterteilungen finden. Wir unterscheiden zunächst in Salzwasser (*Ozeane* und *Meere*) und Süßwasser. Doch auch diese beiden Begriffe sind noch nicht genau genug. Beim Süßwasser z. B. lassen sich noch folgende feinere Einteilungen vornehmen: Zum einen die **stehenden Gewässer** wie *Teiche* und *Seen*, zum anderen die **Fließgewässer** wie *Bach* und *Fluss*.

Die genannten Lebensräume sehen ganz unterschiedlich aus. Fließgewässer ändern sogar von der *Quelle* bis zur *Mündung* mehrere Male ihr „Gesicht“. Somit bieten sie der in ihnen lebenden Tierwelt auch ganz unterschiedliche Lebensbedingungen:

- Die *Strömung* der Bäche und Flüsse ist im Gebirge reißend, im Flachland ruhiger und schließlich träge.
- Der *Gewässergrund* ändert sich mit der Strömung. Der felsige Grund in den Stromschnellen des Oberlaufs bietet den Fischen viele Versteckmöglichkeiten. In der langsameren Strömung des Mittellaufs bildet sich Kies- oder Sandgrund, im trägen Wasser setzt sich Schlamm ab. Hier gibt es nur zwischen den Pflanzen des flachen Stillwassers oder im Boden Versteckmöglichkeiten.
- Die *Temperatur* des Wassers im Quellbereich ist sehr niedrig. Im weiteren Verlauf wird es allmählich erwärmt und kann im Unterlauf im Sommer Temperaturen von über 20 °C erreichen.

Um leben zu können, brauchen die Kiemenatmer den Sauerstoff des Wassers. Besonders sauerstoffreich ist es im Oberlauf der Gewässer. In Wasserfällen und Stromschnellen gelangt mehr Sauerstoff ins Wasser als in langsam fließendem oder stehendem Wasser. Zudem kann kaltes Wasser mehr Sauerstoff aufnehmen als warmes. Im Unterlauf wird Sauerstoff hauptsächlich von Wasserpflanzen und mikroskopisch kleinen Algen abgegeben. In warmem Wasser kann Sauerstoff knapp werden.

Das **Nahrungsangebot** ist im kalten, klaren Quellbereich der Gewässer gering. Für die dort lebenden Fische sind deshalb Insekten, die dicht übers Wasser fliegen oder hineinfallen, eine wichtige Beute. Im Mittellauf mit seinem ruhigeren Wasser wird das Nahrungsangebot größer. Vor allem im dichten Pflanzengewirr des Uferbereichs finden die Fische Kleintiere, wie Insektenlarven, Krebschen, Würmer, Schnecken, Muscheln und Kaulquappen, aber auch kleinere Fische oder fressbare Pflanzenteile. Der Schlammgrund von träge fließendem oder stehendem Wasser bietet den Fischen ebenfalls viel Nahrung. Hier hat sich Abfall wie Kot oder abgestorbenes Pflanzenmaterial abgesetzt. Würmer und Insektenlarven zehren davon. Da sie viel Sauerstoff verbrauchen, kann eine übermäßige Schlammbildung zu gefährlicher Sauerstoffarmut der Gewässer führen.

1 Fließendes Gewässer

2 Stehendes Gewässer

Fischregionen eines Flusses

Wenn ein Angler sagt: „Heute gehe ich auf Brachsen!", meint er damit, dass er *Brachsen* fangen möchte. Dafür wird er ganz bestimmte Stellen am Gewässer aufsuchen. Doch woher weiß er, was er fangen wird?

Die verschiedenen Fischarten benötigen sehr unterschiedliche Lebensbedingungen. Sie gedeihen nur dort gut, wo sie die für sie passenden Bedingungen antreffen. An diesen Stellen kann man gezielt nach ihnen suchen. Umgekehrt kann man aus dem Fischbestand auf die Gewässereigenschaften schließen.

Wie schon erwähnt, verändern Fließgewässer ihr Aussehen und ihre Lebensbedingungen von der Quelle bis zur Mündung mehrmals. Man kann sie deshalb in Abschnitte *(Regionen)* unterteilen. Eine Region wird nach der Fischart benannt, die in ihr besonders häufig vorkommt. Diese Art ist ihr *Leitfisch*. Ebenfalls in ihr heimische, aber weniger häufige Arten heißen *Begleitfische*.

Die Fischregionen haben in jedem Fluss die gleiche Reihenfolge. Allerdings können sie von Fluss zu Fluss unterschiedlich lang sein. Manchmal fehlt sogar die eine oder andere Region ganz. Genaue Grenzen zwischen den Regionen kann man deshalb nicht angeben.

Aufgaben

① Ordne den verschiedenen Fischregionen in Tabellenform die hier genannten Eigenschaften und Lebensbedingungen zu.

② Das Mündungsgebiet eines Flusses nimmt eine Sonderstellung ein. Hier mischen sich Salz- und Süßwasser. Den Fachausdruck für dieses Wasser kannst du aus folgender Buchstabenmischung zusammensetzen:
KW – AC – R – AS – BR – SE

③ Die Abbildung auf dieser Seite zeigt auch Fischarten, die in diesem Kapitel nicht besprochen werden. Wähle eine aus, schlage in Lexika oder Bestimmungsbüchern nach und versuche, etwas über die Lebensweise und den Lebensraum dieser Fischart herauszufinden. Wenn ihr euch die Arbeit einteilt, könnt ihr mit euren Beiträgen auch eine Wandzeitung gestalten.

④ Die meisten Speisefische in einem Fischgeschäft stammen aus dem Meer, doch einige auch aus dem Süßwasser. Welche sind es? Wie und wo werden sie gefangen?

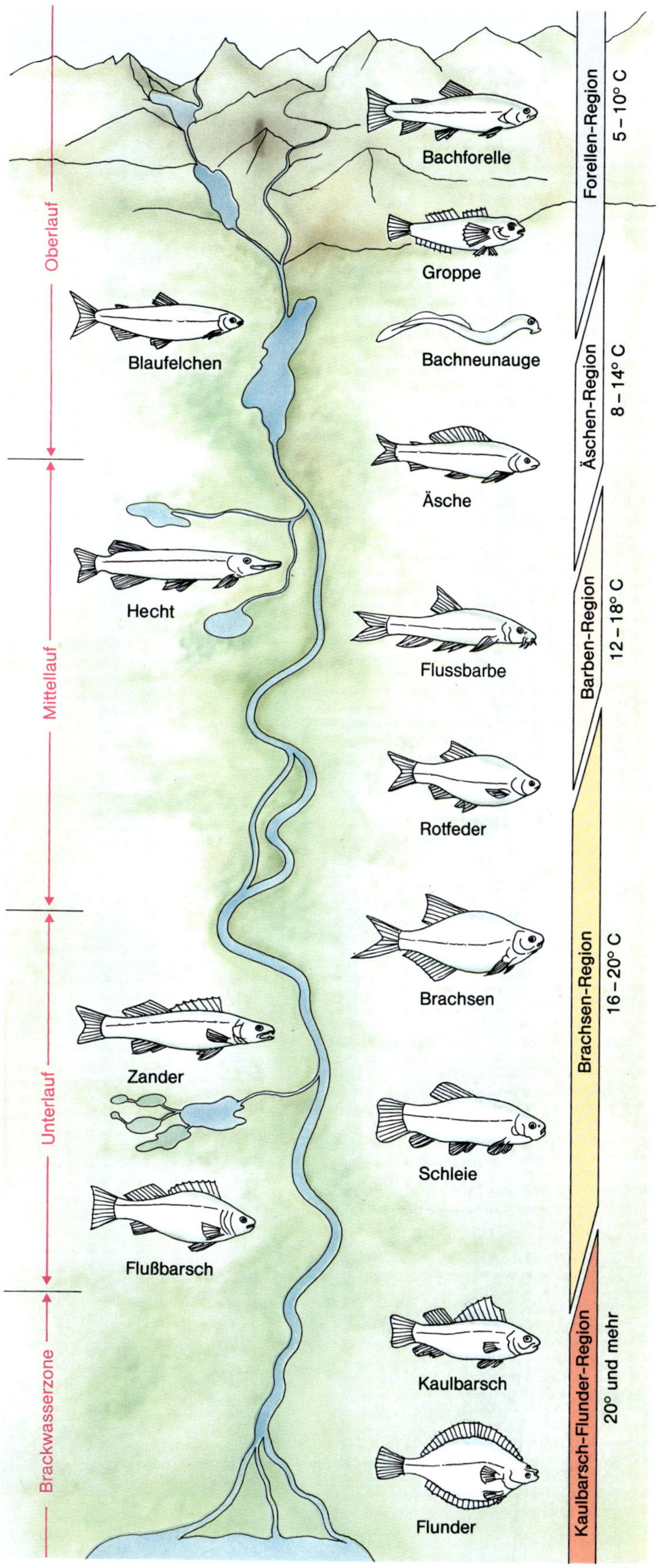

Lexikon
Lexikon
exikon
xikon
ikon
kon
on

Vielfalt der Fische

Viele Fischarten weichen in ihrer Körperform von der „normalen" Fischform ab. Manche haben zur Sicherung der Fortpflanzung besondere Verhaltensweisen, wie die Brutpflege oder die Fähigkeit zu weiten Wanderungen, entwickelt. Das alles sind Anpassungen an die unterschiedlichen Lebensbedingungen in ihren Lebensräumen.

Kieferlose

Fischähnliche Gestalt haben die **Bachneunaugen**. Sie gehören aber nicht zur Gruppe der Fische, da ihnen die charakteristischen Eigenschaften der echten Fische, wie paarige Flossen, Kiefer und Schuppen, fehlen. Weiter unterscheiden sie sich durch eine runde Mundscheibe mit Zähnen von den echten Fischen. Diese bis zu 15 cm langen Tiere leben 3 bis 4 Jahre lang als *Larven* eingegraben im Boden von Bächen und kleinen Flüssen. Beim erwachsenen Tier erkennt man auf jeder Körperseite 7 runde Kiemenöffnungen sowie ein Auge und eine Nasenöffnung (daher *Neunauge*!).

Süßwasserfische

In Deutschland leben ungefähr 90 Fischarten im Süßwasser. Als Folge der zunehmenden Verschmutzung unserer Gewässer sind manche Arten, die besondere Ansprüche an die Wasserqualität stellen, ganz verschwunden.

Rotfeder. Sie lebt in Schwärmen an der Oberfläche von langsam fließenden oder stehenden Gewässern, vor allem über dichtem Pflanzenwuchs der Uferzonen. Auch in der Laichzeit bleiben die Schwärme bestehen. Rotfedern ernähren sich hauptsächlich von Pflanzen; aber auch Tiere der Wasseroberfläche, z. B. Stechmückenlarven, gehören zu ihrer Nahrung. Solche Allesfresser werden als *Friedfische* bezeichnet. Rotfedern werden bis zu 40 cm lang. Sie sind eine wichtige Beute von Barsch und Hecht.

Karpfen. Er besiedelt bevorzugt tiefere, stehende und langsam fließende Gewässer mit Schlamm- oder Sandgrund und reichem Pflanzenwuchs. Tagsüber hält er sich gerne am Gewässerboden auf. Nachts wird er aktiv und geht auf Nahrungssuche nach am Boden lebenden Kleintieren, nimmt aber auch pflanzliche Nahrung auf. Karpfen sind Allesfresser. Dieser Friedfisch kann bis zu 1,20 m lang werden. Der Karpfen ist ein beliebter Speisefisch und wird, wie die Forelle, häufig auch gezüchtet.

Flussbarbe. Dieser gesellig lebende Fisch ruht tagsüber oft unter Überhängen. In der Dämmerung wird er aktiv und sucht mit den vier Bartfäden *(Barteln)* an seinem Maul den Boden nach Laich, Fischbrut, Würmern und Kleinkrebsen ab. Der Allesfresser verzehrt aber auch unterschiedlichsten Abfall. Flussbarben bevorzugen sauerstoffreiche, klare Fließgewässer *(Barbenregion)*. Zum Laichen ziehen sie in großen Schwärmen kurze Strecken stromauf, wo der goldgelbe, giftige Laich über kiesigem Grund abgesetzt wird. Die Flussbarbe wird bis zu 90 cm lang.

Flussbarsch. Dieser *Raubfisch* jagt in kleinen Trupps nach Krebsen und Fischen. Er kommt in Bächen, Flüssen und Seen vor und ist gut an der stacheligen vorderen Rückenflosse und an den roten Bauch-, After- und Schwanzflossen zu erkennen. Wegen seines schmackhaften Fleisches ist er ein beliebter Speisefisch. Beim Verzehr stören aber besonders viele Gräten. Barsche werden bis 50 cm lang.

Hecht. Mit einer Körperlänge von bis zu 1,50 m ist der Hecht der größte Raubfisch unserer heimischen Gewässer. Zu seiner Beute gehören nicht nur Fische, sondern auch Frösche, Ratten und Wasservögel. Durch seine Streifenzeichnung perfekt getarnt, liegt der Hecht oft im dichten Pflanzenwuchs auf Lauer. Nähert sich ein Beutetier, schießt er plötzlich mit weit aufgerissenem Maul hervor und packt seine Beute. Der muskulöse, walzenförmige Körper und die weit nach hinten versetzte Rücken- und Afterflosse machen diese besonders starke Beschleunigung möglich.

Stichling. Die verschiedenen Arten dieses kleinen, nur 8—10 cm langen Fisches waren früher überall verbreitet, in Teichen, Bächen, Flüssen, selbst im Brackwasser und im Meer. Stichlinge leben die meiste Zeit des Jahres in Schwärmen. Aber zur Fortpflanzungszeit besetzen die Männchen in flachem, warmem Süßwasser ein *Brutrevier*. Sie verteidigen es und bauen ein Nest. Durch *Balztänze* werden trächtige Weibchen zum Ablaichen im Nest veranlasst. Das Männchen gibt seine Spermienflüssigkeit über die Eier und versorgt danach die Brut allein. Stichlinge fressen vielerlei Kleintiere: Insektenlarven, Würmer, Krebschen, auch Fischlaich und Fischbrut.

Wanderfische

Lachs. Dieser Jäger des Meeres ist schnell und wendig, denn das Wasser bietet seiner Spindelform wenig Widerstand. Selbst gegen eine schnelle Strömung kann er sich weit aus dem Wasser schnellen. So ist es den ausgewachsenen Lachsen möglich, die Flüsse emporzuwandern und dabei sogar Wasserfälle zu überwinden. Sie wandern zum Quellenbereich desjenigen Gewässers, in dem sie selbst aus dem Ei geschlüpft sind und laichen dort ab. Geleitet werden sie von ihrem äußerst feinen Geruchssinn, mit dem sie geringste Geruchsspuren ihres „Geburtsgewässers" wahrnehmen können. Die erwachsenen Lachse sterben, nachdem sie für Nachkommen gesorgt haben. Die geschlüpften Jungfische leben noch 1 bis 3 Jahre in ihren Heimatgewässern, bevor sie dann zum Meer schwimmen.

Aal. Am Grunde von Seen, Teichen und Flüssen lebt im dichten Pflanzenbewuchs ein anderer Wanderfisch, der Aal. Er ist kein Schnellschwimmer, kommt aber überall durch. In kühlen Regennächten kann er sich auf seinen Wanderungen sogar über Land schlängeln. Er ist wie der Lachs *Laichwanderer*, doch die Laichplätze des europäischen Aals befinden sich in der

Sargassosee vor der Küste Mittelamerikas. Der Zug zum Laichplatz ist unerforscht. Es dauert 8 Jahre, bis die Jungaale mit der Meeresströmung an die europäische Küste gedriftet sind und die Flüsse hinaufsteigen, wo die erwachsenen Tiere ihr Leben verbringen. Aale können bis zu 1,50 m lang und über 80 Jahre alt werden.

Brackwasserfische

Flunder. Sie ist ein Bodenspezialist der Küstengewässer, der für Beutetiere und Feinde nur schwer zu entdecken ist. Dank ihrer *Tarnfarbe* und der *flachen Körperform* ist sie vom umgebenden Boden kaum zu unterscheiden. Die „praktische Form" hat sie nicht von Geburt an. Eine frisch aus dem Ei geschlüpfte Flunderlarve hat

zunächst die Form eines normalen Fisches. Erst im Laufe der Entwicklung entsteht der *Plattfisch*, indem sich das linke Auge und das Maul auf die rechte Seite, die spätere Oberseite, verlagern und das Tier sich auf die linke Seite legt. Junge Flundern halten sich gern im Brackwasser auf, dort, wo sich an den Flussmündungen Süß- und Salzwasser mischen. Die älteren Flundern leben im Küstenbereich des Meeres.

Meeresfische

Thunfisch. Dieser Meeresfisch kann bis zu 5 m lang werden. Seine kräftige Muskulatur und die Stromlinienform ermöglichen ihm Geschwindigkeiten bis zu 50 km/h, wenn er in kleinen Gruppen nach Schwarmfischen, z. B. Makrelen, oder nach Tintenfischen jagt. Die Hauptlaichplätze des Thunfisches liegen im Mittelmeer, wo seit altersher mit Harpunen oder Reusen nach ihm gefischt wird. Im Winter unternimmt er weite Wanderzüge und ist dann auch in der Nordsee anzutreffen. Der Thunfisch kann auch ohne Schwimmblase gut schwimmen, weil sein Muskelfleisch reich an Öl ist.

Haie. Alle Haie sind *Knorpelfische*. Sie besitzen einige besondere Merkmale, die sie von den bisher genannten *Knochenfischen* unterscheiden. Die knorpelige Wirbelsäule der Haie trägt nur kurze Wirbelfortsätze. Die Kiemen sitzen an den Wänden von beiderseits fünf deckellosen Kiemenspalten. Um eine gute Versorgung mit sauerstoffreichem Atemwasser zu erreichen und weil ihnen eine Schwimmblase fehlt, führen die meisten Haie auch im Schlaf Schwimmbewegungen aus oder suchen zur Ruhe wasserdurchströmte Höhlen auf. Sie würden sonst auf den Grund sinken und ersticken. Wegen der besonderen Flossenanordnung und der ungleichmäßig gebauten Schwanzflosse führt der ganze Körper beim Schwimmen starke Seitwärtsbewegungen aus. In ihrem Maul stehen messerscharfe, dreieckig geformte Zähne in mehreren Reihen hintereinander. Haie sind zwar gefräßige Räuber, doch nur wenige der etwa 250 Arten sind für den Menschen gefährlich.

1 Heringsschwarm

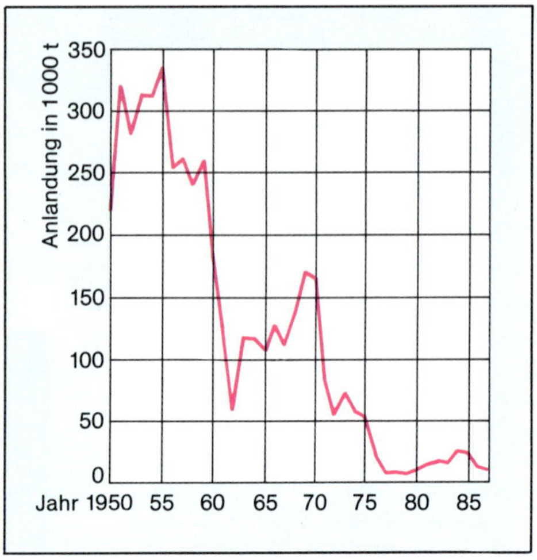

2 Fangquoten des Herings

Das Meer — ein wichtiger Nahrungslieferant

Wer schon einmal eine Fahrt mit einem Krabbenfischer auf der Nordsee gemacht hat, wird sicherlich mit Spannung das Heraufholen der Netze verfolgt haben. Neben einer großen Menge *Garnelen* finden sich viele andere Meerestiere, wie *Seesterne* und auch kleinere *Fische*, die in den nährstoffreichen Küstengewässern nach Nahrung suchen. Sie ernähren sich hauptsächlich von Lebewesen des *Planktons.*

Zum Meeresplankton gehören unter anderem Kleinkrebse, die Larven zahlreicher Schnecken- und Krebsarten sowie eine Vielzahl kleinerer Algenarten. Durch die Flüsse gelangen in die Nord- und Ostsee ständig neue Nährstoffe, die zu einem reichen Planktonwuchs führen. Wo kalte und warme Meeresströmungen aufeinander treffen, kommen nährstoffreiche Tiefengewässer nach oben und ermöglichen ebenfalls eine starke Planktonentwicklung. Ein solches Gebiet liegt bei Neufundland mit seinen bedeutenden Kabeljauvorkommen. Weite Meeresgebiete sind dagegen fischarm, weil diese Nahrungsgrundlage fehlt.

Einer der bekanntesten *Nutzfische* der Nord- und Ostsee ist der *Hering*, der in großen Schwärmen ausgedehnte Wanderungen zwischen Nahrungsgebieten und Laichplätzen unternimmt. Durch Markierung der Fische haben Wissenschaftler diese Wanderwege ermittelt, die für die Fischerei sehr wichtig sind. Eines der großen Laichgebiete des Nordseeherings liegt bei den Inseln im Norden Schottlands.

Ein Heringsweibchen kann bis zu 70 000 Eier erzeugen, die auf dem Meeresboden abgelegt werden. Viele dieser Eier werden von Laichräubern, wie dem *Schellfisch* und verschiedenen *Plattfischen,* verzehrt. Von den jungen Heringslarven überstehen nur sehr wenige das erste Lebensjahr. Ungünstige Nahrungsverhältnisse und zahlreiche Feinde sind dafür verantwortlich. Viele Heringe fallen *Quallen* und räuberischen Fischarten zum Opfer. Aber auch *Möwen* und andere *Seevögel* beteiligen sich an der Heringsjagd.

Mit der modernen *Echolottechnik* können die Fangschiffe heute Fischschwärme bereits auf eine Entfernung von mehreren Kilometern orten und auch deren Tiefe genau bestimmen. Dabei werden *Ultraschallwellen* von einem Sender abgegeben. Der Meeresgrund und auch die Fischschwärme reflektieren diese Wellen zu einem Empfangsgerät auf dem Schiff. Bodenecho und Fischecho können vom Echolot genau unterschieden werden. Als Fanggeräte benutzen die Fischer das Grundschleppnetz oder *Trawl* sowie das *Schwimmtrawl,* das in unterschiedlichen Tiefen eingesetzt werden kann. Je nach Echolotmeldung wird die Tiefe dieses Schleppnetzes dann verändert. Mit dem Trawl werden Bodenfische gefangen.

Die Heringsbestände sind durch die starke Befischung sehr zurückgegangen. Durch Beschränkung der Fangmengen und regelmäßige Überprüfungen des Fischbestandes versuchen die Fischereiländer, eine Erholung der Heringsschwärme zu erreichen.

Grundschleppnetz

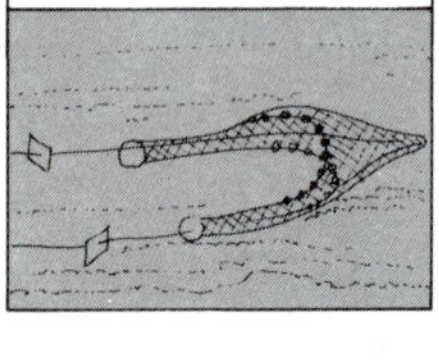

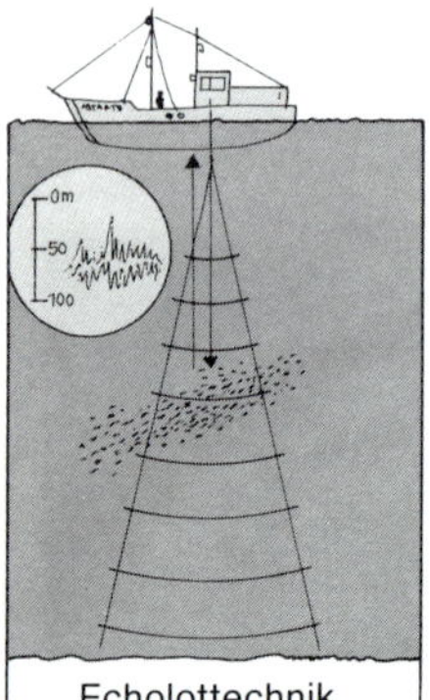

Echolottechnik

Lexikon
Lexikon
exikon
xikon
ikon
kon
on

Fischfänge der deutschen Hochseefischerei

Deutsche Fangschiffe sind im ganzen Nordatlantik und den angrenzenden Meeren unterwegs. In der Hauptsache fischen sie dabei die hier aufgeführten sieben Fischarten.

Kabeljau. Die Schwärme dieses 1,50 m langen Fisches sind im ganzen Nordatlantik zu finden. Die Jungfische fressen Tierplankton. Der erwachsene Kabeljau oder *Dorsch* ist ein räuberischer Allesfresser, der von Krebsen, Würmern und Weichtieren lebt und auch Jagd auf Heringe macht. Das Weibchen legt 3 bis 4 Mio. Eier, die zur Oberfläche treiben.

Seelachs. Dieser bis 1,30 m lange Fisch bevorzugt das freie Wasser über steinigem Grund, wo er nach seiner Hauptnahrung, den Heringen, jagt. Er gilt als besonders wohlschmeckend.

Rotbarsch. Er sieht zwar barschähnlich aus, gehört aber zur Gruppe der „Drachenköpfe“. In 400 bis 600 m Tiefe jagt der bis zu 1 m lange, schmackhafte Speisefisch vorwiegend Heringe und Dorsche, frisst aber auch Garnelen und Muscheln. Sein Lebensraum ist das gesamte Randgebiet des Nordatlantiks.

Hering. Der 30 cm lange Planktonfresser ist selbst Nahrung für viele andere Fische. Die Fangmengen zeigen, in welchen Massen diese kleinen Fische früher vorgekommen sind. Zu seinen Verwandten zählen *Sprotte, Sardine* und *Sardelle*. Auch diese relativ kleinen Meeresfische leben in Schwärmen.

Makrele. Fangschiffe können vor allem in Küstennähe ihre Netze nach diesem bis zu 50 cm langen, teilweise räuberisch lebenden Nutzfisch auswerfen. Riesige Schwärme unternehmen dort, bevorzugt an der Wasseroberfläche, große Nahrungs- und Laichwanderungen.

Schellfisch. Bis 90 cm lang wird dieser weit verbreitete Meeresfisch. Er lebt vor allem in Küstennähe in Tiefen bis zu 200 m. Seine Nahrung besteht aus Würmern, Muscheln, Krebsen, Schlangensternen und kleinen Fischen. In deutschen Fanggründen ist er nicht so häufig.

Scholle. Dieser bis zu 40 cm lange Plattfisch ernährt sich am Meeresgrund bis 80 m Tiefe vor allem von Fischeiern und -larven. Zu den Plattfischen gehören noch der 1 m lange *Steinbutt*, der bis zu 3 m lange *Heilbutt* und die etwa schollengroßen Arten *Flunder* und *Seezunge*. Da Plattfische keine Schwärme bilden, ist ihre Fangmenge vergleichsweise gering, obwohl sie als Speisefische sehr geschätzt werden.

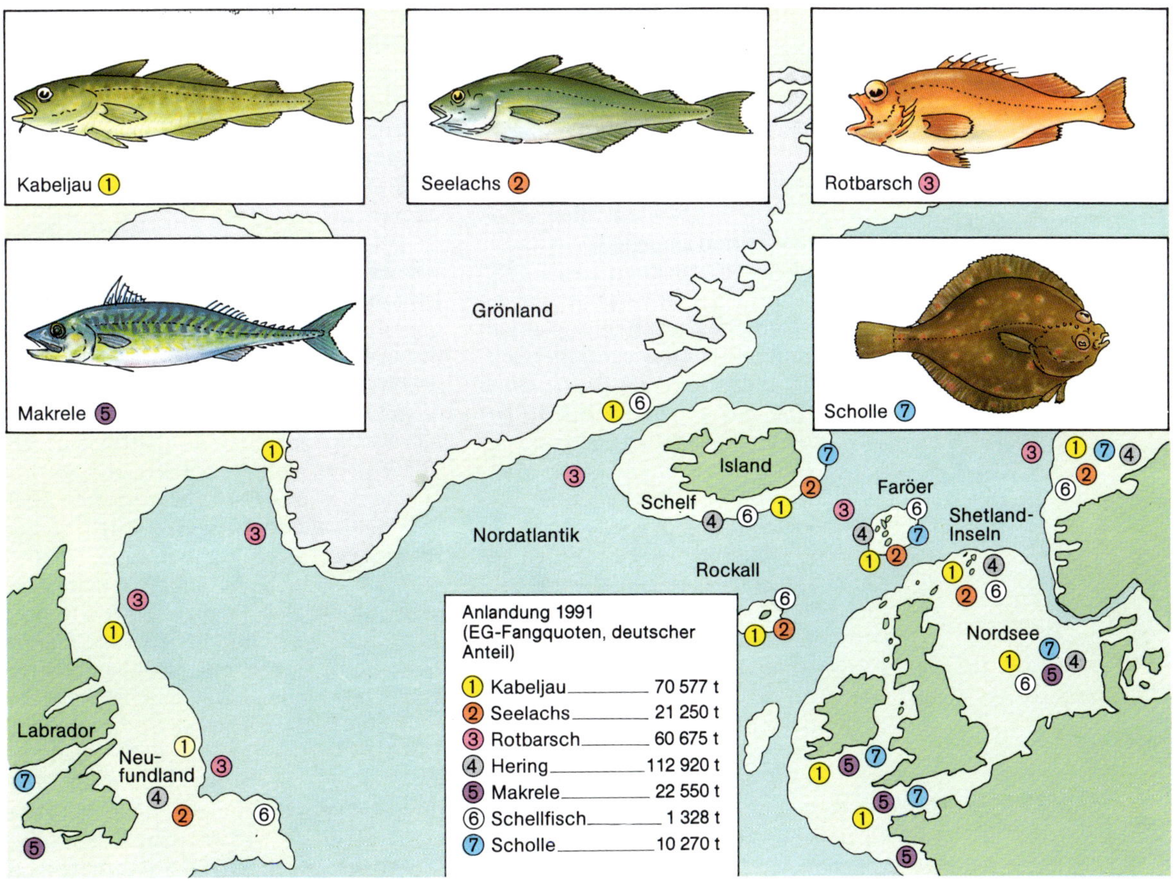

1 Fanggründe der wichtigsten Speisefische

2 Lurche sind Feuchtlufttiere

1 Grasfrösche im Laichgewässer

Der Grasfrosch — ein Leben an Land und im Wasser

Im Sommer jagt der Grasfrosch in feuchten Wiesen, grasbewachsenen Gräben und dichten Gebüschen nach Insekten, Regenwürmern und Schnecken.

Die *langen Hinterbeine* erlauben weite Sprünge auf dem Trockenen, aber auch schnelles Schwimmen im Wasser. Hierbei sind *Schwimmhäute* zwischen den Zehen nützlich. Seine braune Färbung mit dunklen Flecken tarnt den Grasfrosch in trockenem Gras- und Krautgewirr oder auf unbedecktem Erdboden ebenso wie am Grund eines Gewässers. Die *halbkugeligen Augen* geben eine gute Rundumsicht an Land und unter Wasser. Beim Schwimmen an der Wasseroberfläche ragen nur Nasenlöcher und Augen heraus. Mit den *Trommelfellen*, die in den dunklen Flecken hinter den Augen liegen, nimmt er das Quaken seiner Artgenossen und die Geräusche herannahender Feinde auf. Seine *nackte, nur mit einer dünnen Schleimschicht bedeckte Haut* hindert ihn daran, sich allzu lange in trockener Luft oder in der heißen Sonne aufzuhalten. Der Grasfrosch ist ein **Feuchtlufttier**.

Wenn im Herbst die Außentemperaturen sinken, sinkt auch die Körpertemperatur des Grasfrosches. Er ist **wechselwarm**. Seine Bewegungen werden langsamer, schließlich verkriecht er sich in Erdverstecke oder im Schlamm auf dem Grund von Gewässern, wo er den Winter regungslos in *Winterstarre* überdauert. Im zeitigen Frühjahr, wenn die Außentemperaturen wieder steigen, wandert er zur *Paarung* in das Gewässer, in dem er aufgewachsen ist.

Die Männchen treffen zuerst am Tümpel ein. Dort warten sie dann quakend auf die Weibchen, die sich aber bis zu einer Woche Zeit mit ihrer Ankunft lassen. Das Grasfroschweibchen erkennt das Grasfroschmännchen an seinen *Rufen*. Ist es einem der „Sänger" nah genug gekommen, klettert dieser auf den Rücken des Weibchens und klammert sich fest. Kämpfe um ein Weibchen gibt es bei den Grasfröschen nicht. Das Männchen wird einige Tage herumgetragen, bis die Eier des Weibchens herangereift sind. An flachen Stellen mit Pflanzenbewuchs presst das Froschweibchen bis zu 4000 Eier, den *Laich*, ins Wasser und das Männchen gibt seine milchige Spermienflüssigkeit dazu. Man spricht von *äußerer Befruchtung*. Die das Ei umgebende *Gallerthülle* quillt zu einer dicken Schutzschicht auf. Das Ei darin dreht sich mit der dunklen Seite nach oben. Der schwarze Farbstoff nimmt die Sonnenwärme auf und schützt vor der gefährlichen UV-Strahlung.

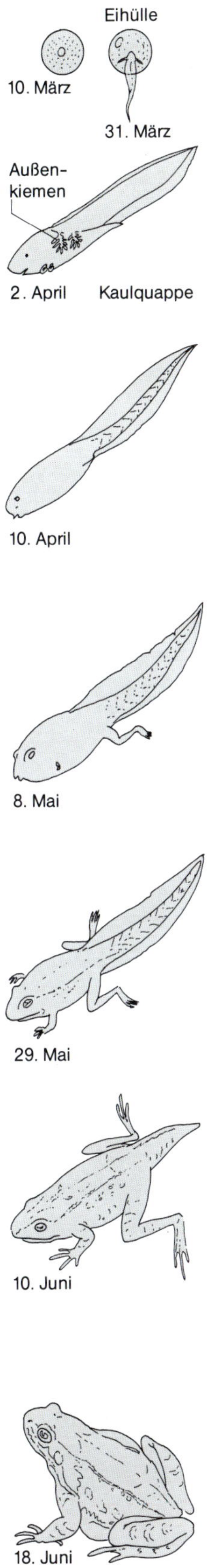

Von der Kaulquappe zum Frosch

Drei Wochen nach der Befruchtung schlüpft die *Froschlarve* aus der Eihülle. Larven nennt man alle Jungtiere, die nach dem Schlüpfen eine andere Gestalt, meistens auch eine andere Lebensweise als ihre Eltern haben und erst einen Formwandel durchmachen müssen. Diese Umwandlung einer Larve zur Erwachsenenform nennt der Biologe **Metamorphose** (= *Gestaltwandel*).

Die Froschlarve heftet sich zunächst an Pflanzen oder Steinen fest und zehrt von ihrem *Eidottervorrat* am Bauch. Sie atmet über büschelige *Außenkiemen* am Kopf. Nach 10 Tagen hat die Larve die bekannte Kaulquappengestalt. Die Kiemen sind nun von einer Hautfalte überwachsen *(Innenkiemen)*. Der Schwanz mit dem breiten Flossensaum befähigt die Kaulquappe zum Schwimmen. Mit Hornleisten am Mund weidet sie die Algen von Steinen und Wasserpflanzen ab. Sie ist ein reiner *Pflanzenfresser.*

Ende Mai, Anfang Juni schwimmt das Tier immer häufiger zur Oberfläche und schluckt Luft. Es haben sich Lungen gebildet. Schließlich verlässt ein Fröschchen das Wasser, das noch einen kleinen Stummelschwanz hat, der aber nach kurzer Zeit verschwindet.

Sobald der Frosch seine Kinderstube verlassen hat, ernährt er sich nur noch von Kleintieren, Fliegen, Mücken und Würmchen. Er ist zum *Fleischfresser* geworden. Wenn der Grasfrosch bei der Reviersuche nicht, wie viele seiner Artgenossen, von einem Auto überfahren oder von einem Feind gefressen wird, kehrt er im dritten Frühjahr zur Paarung wieder in sein Geburtsgewässer zurück.

Im Wasser lebende, mit Kiemen atmende Larven und eine Metamorphose zum Landtier mit nackter, schleimbedeckter Haut und Lungenatmung sind kennzeichnend für eine ganze Tiergruppe, die **Lurche**. Ihr wissenschaftlicher Name ist *Amphibien* (griech., *amphi* = beide, zwei; *bios* = Leben). Wasser *und* Land sind wechselweise ihr Lebensraum.

Aufgaben

① Beschreibe anhand der Abbildungen dieser Seite Veränderungen der Froschlarve während der Metamorphose.
② Stelle Unterschiede zwischen Kaulquappe und Frosch zusammen.
③ Stelle in einer Tabelle Anpassungsmerkmale des Grasfrosches für das Land- und Wasserleben einander gegenüber.

1 Grasfroschlarven mit Außenkiemen

2 Junge Kaulquappe

3 Ältere Kaulquappe

4 Junger Grasfrosch

Grasfrosch und Erdkröte sind Froschlurche

Seine braune *Tarnfärbung* schützt den **Grasfrosch** meistens vor Entdeckung. Man wird erst dann auf ihn aufmerksam, wenn er sich mit einem *Fluchtsprung* in Sicherheit bringen will. Blitzschnell werden dabei die Hinterbeine gestreckt, das Tier schnellt vorwärts. Endet der Sprung im Wasser, verwandelt sich der Springkünstler in einen hervorragenden Schwimmer. Die Vorderbeine werden eng an den Körper angelegt, sodass der Widerstand so gering wie möglich ist. Mit den Hinterbeinen drückt er sich im Wasser ab, wobei er sie abwechselnd anzieht und streckt, vergleichbar unseren Bewegungen beim Brustschwimmen. Verstärkt wird seine Antriebskraft durch Schwimmhäute zwischen den Zehen.

Etwas anders sieht es bei der **Erdkröte** aus. Sie ist zwar mit ihrer warzigen braunen Haut auch gut getarnt; da ihre Hinterbeine jedoch kürzer als die des Frosches sind, ist sie ein schlechter Springer. Sie bewegt sich eher behäbig vorwärts. Vor Feinden schützen sie Giftdrüsen in den Warzen der Haut und Wülsten hinter den Augen. Das Gift brennt unangenehm auf Augen-, Mund- und Nasenschleimhäuten eines unerwünschten Gegenübers. Die Kröte flieht deshalb bei der Begegnung mit dem Feind nicht. Sie richtet sich hoch auf und schaukelt mit dem Körper hin und her: Sie *droht*.

Wie die Frösche, brauchen auch die Kröten zur Fortpflanzung einen Teich oder Tümpel, in dem ihre Pflanzen fressenden Kaulquappen heranwachsen. Diese schlüpfen jedoch nicht aus Laichballen, sondern aus bis zu 5 m langen *Laichschnüren*, die das Erdkrötenweibchen im flachen Wasser wie lange Perlenketten zwischen die Pflanzen spannt.

Erdkröte und Grasfrosch sind nützliche *Schädlingsvertilger.* Sie fressen Kleintiere, wie Insekten, Würmer und Nacktschnecken, die sie mit ihrer klebrigen *Schleuderzunge* zielsicher erbeuten. Beide sind nur in der Dämmerung und nachts aktiv. Tagsüber bleiben sie in ihren Verstecken.

Wegen der Gemeinsamkeit in Körperbau und Entwicklung zählt man den Grasfrosch und die Erdkröte zu den **Froschlurchen**. Dass beide **Wirbeltiere** sind, erkennt man leicht am *Skelett.* Auffällig daran ist einmal das Fehlen der Rippen – die Wirbel haben lediglich Querfortsätze – und das lang gestreckte Becken. Zum anderen besitzen sie verlängerte Fußwurzelknochen; Schien- und Wadenbein sind zu einem Knochen verwachsen. Ein Schwanz ist nicht ausgebildet.

1 Erdkröte

Alle heimischen Lurche sind in ihrem Bestand bedroht. Die Ursachen dafür sind vielfältig. An erster Stelle ist dabei die Trockenlegung vieler Feuchtgebiete zu nennen. Dadurch ist ein Großteil der Laichgewässer verschwunden. Straßen durch die übrig gebliebenen Laichgebiete werden in jedem Jahr zur Todesfalle für viele Lurche. Außerdem bedroht die übermäßige Verwendung von Chemikalien und Düngemitteln die empfindlichen Tiere.

Noch leben die Frösche und ihre Verwandten. Damit dies so bleibt, könnt auch ihr etwas tun. Viele Naturschutzvereine haben sich der Rettung der Lurche angenommen und brauchen ständig Helfer: Auch eure Hilfe zählt! (Siehe Seite 242/243)

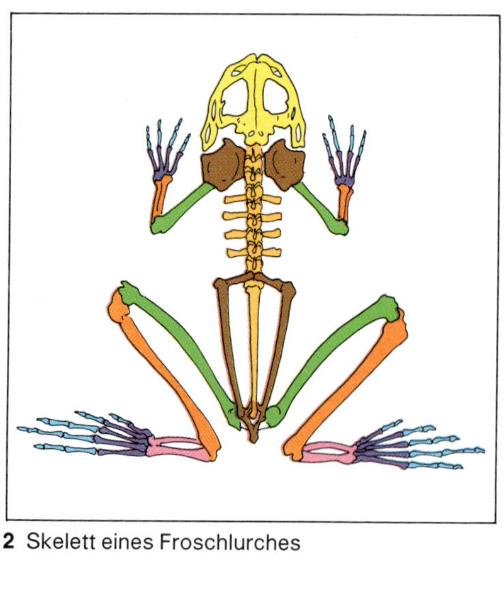

2 Skelett eines Froschlurches

1 Feuersalamander

2 Kammmolch

Feuersalamander und Kammmolch sind Schwanzlurche

Feuersalamander bewohnen schattige, kühle Laubwälder mit Bächen. Aus ihren feuchten Tagesverstecken kommen sie erst abends zum Vorschein, denn tagsüber ist die Luftfeuchtigkeit für sie meistens nicht hoch genug. Die nackte Haut trocknet trotz zahlreiche Schleimdrüsen zu leicht aus. Ihre *Bewegungsweise* erscheint sehr schwerfällig. Der gedrungene Körper mit drehrundem Schwanz schlängelt sich langsam vorwärts, wobei die plumpen Beine mitbewegt werden (siehe Randspalte). Feuersalamander ernähren sich von Würmern, Schnecken, Spinnen und Insekten, die sie mit ihrem gut entwickelten Geruchssinn aufspüren.

Sollte sich ein Iltis oder ein anderer Räuber an einen Feuersalamander versuchen, wird er ihm schlecht bekommen: In der Haut hat der Salamander *Giftdrüsen*. Das Gift dringt in die Mundschleimhaut des Räubers ein und lehrt ihn, sich in Zukunft nicht an solch einer gelbschwarzen Beute zu vergreifen. Die auffällige Zeichnung dient als *Warnfärbung!* Vorsicht, ungenießbar!

Feuersalamander paaren sich auf dem Land. Im Mai nimmt nach kurzer Balz das Weibchen ein vom Männchen abgesetztes Spermienpaket mit der Kloake auf. Befruchtung und Entwicklung der Eier erfolgen im Körper des Weibchens. Die Eier bleiben so vor Fressfeinden geschützt. Erst im folgenden Frühjahr setzt das Weibchen die lang gestreckten Larven, die bereits einen Ruderschwanz, vier Beine und kurze Kiemenbüschel besitzen, in ein Gewässer ab. Die Larven ernähren sich von Kleintieren. Nach einer Entwicklungszeit von bis zu 2 Jahren (je nach Nahrungsangebot und Wassertemperatur) verlassen Feuersalamander für immer das Wasser.

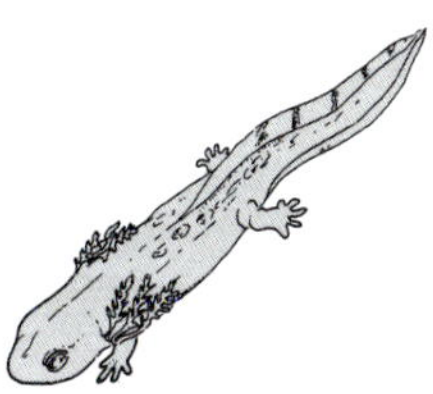

Kammmolche sind zur Fortpflanzungszeit von März bis Mai im Wasser anzutreffen. Sie besitzen dann einen seitlich abgeflachten Ruderschwanz und ein Seitenliniensystem, vergleichbar dem der Fische. Die Männchen sind bunt gefärbt und tragen einen hohen, stark gezackten Rückenkamm *(Paarungskleid)*. Das kammlose, unscheinbare gefärbte Weibchen nimmt nach einem Balzspiel ein Spermienpaket mit der Kloake auf. Die im Körper befruchteten Eier heftet es einzeln an Wasserpflanzen.

Die geschwänzten Larven fressen allerlei Kleingetier. Sie tragen bis zur Umwandlung äußere Kiemen. Ihre Vorderbeine entstehen früher als die Hinterbeine. Sehr bald entwickeln sich einfache Lungen. Sie erfüllen aber für die Larven mehr die Aufgabe einer Schwimmblase als die eines Atmungsorgans.

Während des Landlebens der Molche werden Flossensaum und Seitenlinienorgan zurückgebildet. Wegen der nackten Haut benötigen Molche feuchte Schlupfwinkel. Sie ernähren sich ähnlich wie Feuersalamander.

Feuersalamander und Kammmolch haben, abgesehen von der Körperform, viele Gemeinsamkeiten mit den Froschlurchen. Nach der Metamorphose bleibt jedoch der Schwanz erhalten: Salamander und Molche sind **Schwanzlurche**.

Aufgaben

① Worin unterscheiden sich Froschlurche und Schwanzlurche? Achte auf Körperform, Fortbewegung und Larven!

② Erkläre am Beispiel von Grasfrosch und Feuersalamander die Begriffe Tarnfärbung und Warnfärbung.

Der Bauplan der Lurche

Äußerlich scheinen Froschlurche und Schwanzlurche kaum etwas miteinander gemeinsam zu haben. Das liegt vor allem an den Unterschieden im Skelett, das bei den Froschlurchen einige Besonderheiten aufweist, die mit ihrer Fortbewegungsweise zusammenhängen. Betrachtet man aber den gesamten inneren Aufbau, den **Bauplan**, dieser Tiere, so kann man doch eine Menge gemeinsamer Merkmale feststellen.

Das *Skelett* der Lurche besteht aus fast den gleichen Bauelementen wie das der Säugetiere. Den flachen, knöchernen Schädel trägt die Wirbelsäule, die über Schulter- und Beckengürtel mit den vier Gliedmaßen verbunden ist. Diese stützen den Körper und ermöglichen die Fortbewegung. Kennzeichnend für die Lurche ist, dass normalerweise die vorderen Beine 4, die hinteren dagegen 5 Zehen besitzen. Statt Rippen, die den meisten Arten fehlen, weist die Wirbelsäule nur kurze Querfortsätze auf.

Die *nackte Haut* dieser Feuchtlufttiere ist von einer *Schleimschicht* bedeckt, die vor Austrocknung schützt. Der Schleim wird von Schleimdrüsen der Unterhaut gebildet, die außerdem Giftdrüsen enthält.

Auch die *inneren Organe* der Lurche lassen sich mit denen der anderen Wirbeltiere vergleichen. Lurche besitzen ein Gehirn mit daran anschließendem Rückenmark und – je nach Lebensweise – unterschiedlich gut ausgeprägte Sinnesorgane. Ein Magen-Darm-System ist ebenso vorhanden wie Nieren und Geschlechtsorgane. Die Ausführgänge dieser Organe münden alle in einer gemeinsamen *Kloake*. Das Herz besitzt eine Hauptkammer und zwei Vorkammern und treibt das Blut in einem geschlossenen Kreislauf an.

Die an Land lebenden, erwachsenen Lurche sind *Lungenatmer,* die aber durch zusätzliche Atmungsmöglichkeiten zeitweise auch im Wasser leben können. Die während ihrer Entwicklung ständig im Wasser lebenden Larven atmen dagegen mit *Kiemen*.

Aufgaben

① Ordne den Ziffern der Abbildung 1a die entsprechenden Begriffe zu.
② Liste Unterschiede zu den Skeletten der Säugetiere und Vögel in einer Tabelle auf.
③ Ergänze die Tabelle dann noch durch einen Vergleich der inneren Organe und der Hautbedeckung.

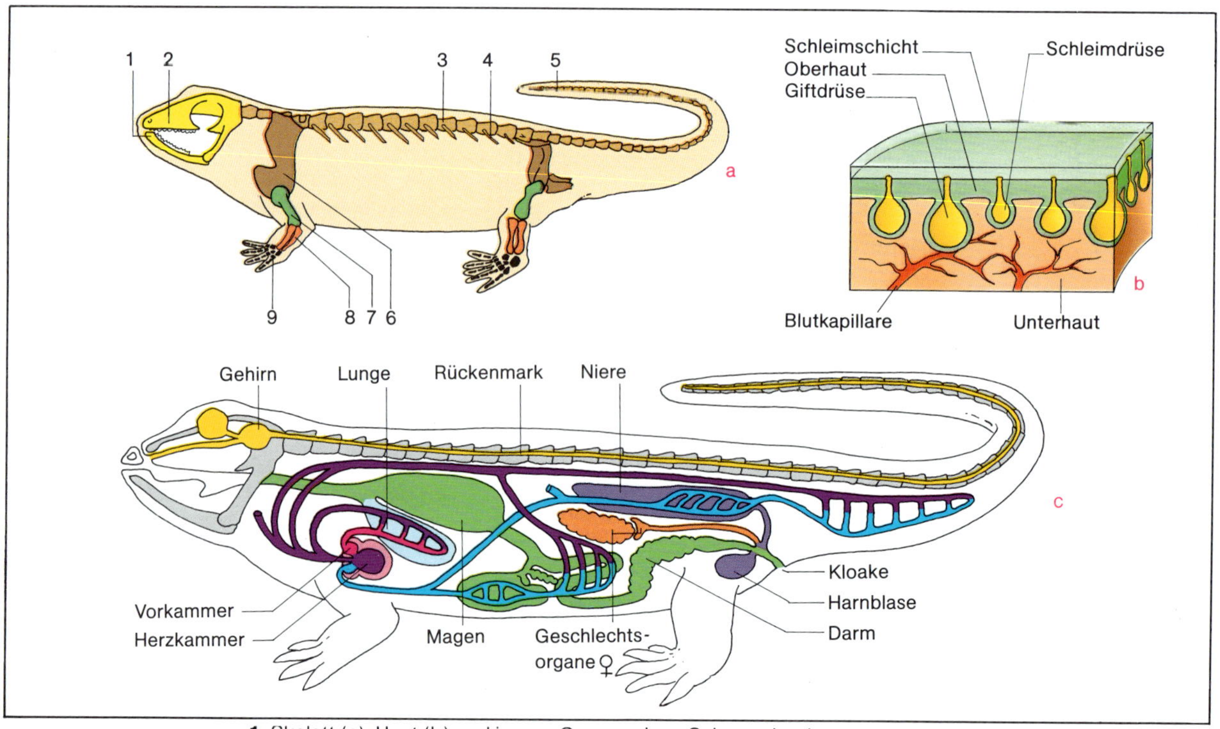

1 Skelett (a), Haut (b) und innere Organe eines Schwanzlurches

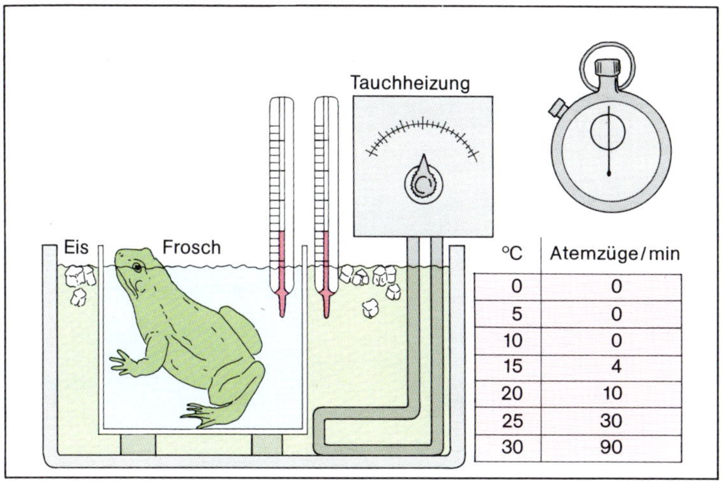

°C	Atemzüge/min
0	0
5	0
10	0
15	4
20	10
25	30
30	90

1 Versuch zur Atmung eines Frosches

Besonderheiten der Atmung

Steffi erzählt im Biologieunterricht: „Gestern hab ich am Teich Frösche gesehen. Ich wollte wissen, wie lange sie tauchen können und habe einen ins Wasser gescheucht. Als er nach 40 Minuten noch nicht wieder aufgetaucht war, habe ich aufgegeben."

Ihr Biologielehrer meint dazu: „Das war richtig, denn du hättest jetzt im März noch lange warten müssen. Deine Beobachtung erinnert mich an einen Versuch, den wir als Studenten mit einem Frosch durchführten. Wir sollten bei verschiedenen Temperaturen seine *Atemzüge pro Minute* zählen. Seltsamerweise war unter 15 °C keine Bewegung an seinen Brustseiten zu sehen. Nur die Haut seiner Kehle pulsierte. Wissenschaftler haben herausgefunden, dass Frösche und andere Lurche durch schnelles Heben und Senken des Mundbodens Luft einsaugen und dabei deren Sauerstoff durch die sehr gut durchblutete Schleimhaut des Mundbodens ins Blut übertreten kann. Für diese **Mundbodenatmung** müssen aber die Nasenlöcher über Wasser sein. Bei über 15 °C waren stärkere Bewegungen des Mundbodens und deren Seiten („Schluckbewegungen") zu beobachten, durch die der Frosch Luft zur **Lungenatmung** in die Lungen presst. Mundboden- und Lungenatmung konnten bei deinem Frosch gestern ja nicht erfolgen, weil er unter Wasser war. Es muss also eine dritte Form der Atmung geben, die für die Sauerstoffversorgung des Frosches ausreicht – die **Hautatmung**. Sie genügt, wenn er in kaltem Wasser ruhig dasitzt. Wisst ihr, warum ich ‚kaltes Wasser' betone?"

„Bei allen Lurchen ist die Haut dünn, gut durchblutet und unbedeckt", fährt der Lehrer nach kurzer Pause fort. „Viele Drüsen sondern dauernd Schleim ab und halten die Haut feucht. Nur feuchte Haut kann Sauerstoff aufnehmen. Solch ein Hauttyp bietet jedoch keinen Schutz vor Austrocknung. Lurche finden wir daher nur im oder am Wasser oder dort, wo sie zumindest für den Tag ein feuchtes Versteck finden."

Die Lungen sind bei den Lurcharten verschieden gebaut und unterschiedlich leistungsfähig. Beim *Kammmolch* decken sie bis zu einem Viertel, beim *Feuersalamander* die Hälfte und bei der *Erdkröte* bis zu drei Viertel des Sauerstoffbedarfs. Die zusätzliche Hautatmung ist deshalb bei allen erwachsenen Lurchen wichtig. Halten sich die Tiere im Wasser auf, erhöht sich dadurch die Tauchzeit. Die Hautatmung ermöglicht auch das Überwintern unter Wasser oder das Eingraben in der Erde.

Aufgabe

① Erläutere den Zusammenhang zwischen Bau und Leistung der Lungen (▷ 2).

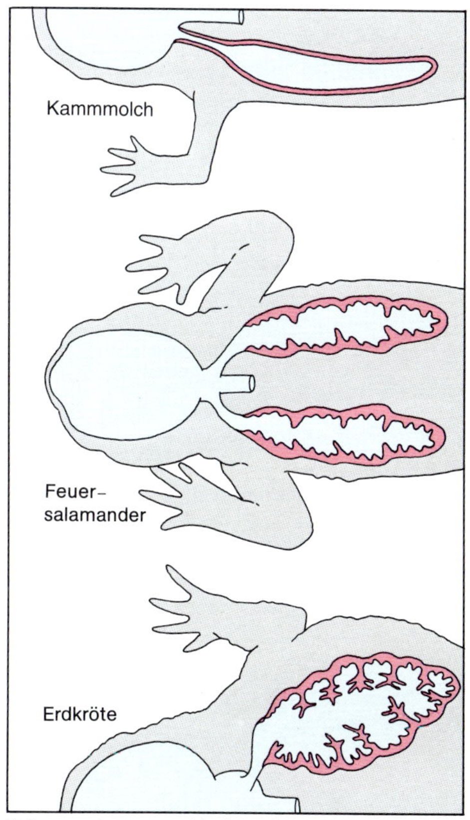

2 Lungenbau verschiedener Lurcharten

Bestimmungsschlüssel einheimischer Lurche

Noch vor wenigen Jahrzehnten wimmelte es im Frühjahr in allen Gewässern von Millionen von Kaulquappen. Heute sind Lurche so selten geworden, dass alle einheimischen Arten unter *Naturschutz* gestellt wurden.

Von den 19 einheimischen Lurcharten wirst du voraussichtlich nur einige in der Natur beobachten können. Anhand der Abbildungen und Kurztexte kannst du die Tiere kennen lernen und bestimmen.

Aufgabe

① Verwende den hier aufgezeigten Bestimmungsschlüssel zur Benennung der auf der Seite 155 abgebildeten Lurcharten! Zur Bestimmung jedes Tieres musst du den Linien wie einem Straßennetz folgen. An jeder Weggabelung stehen Wegweiser, die dir Hinweise geben, welchen Weg du nehmen musst!

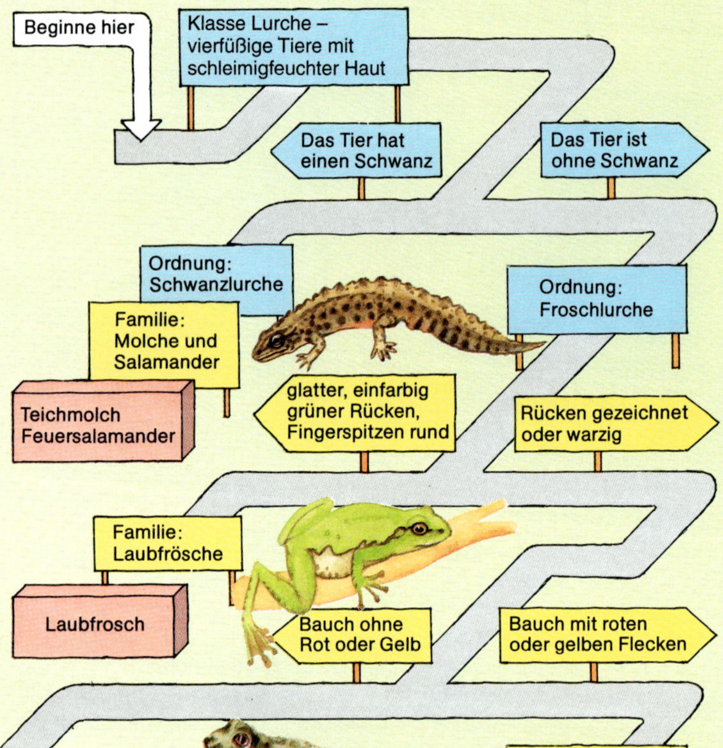

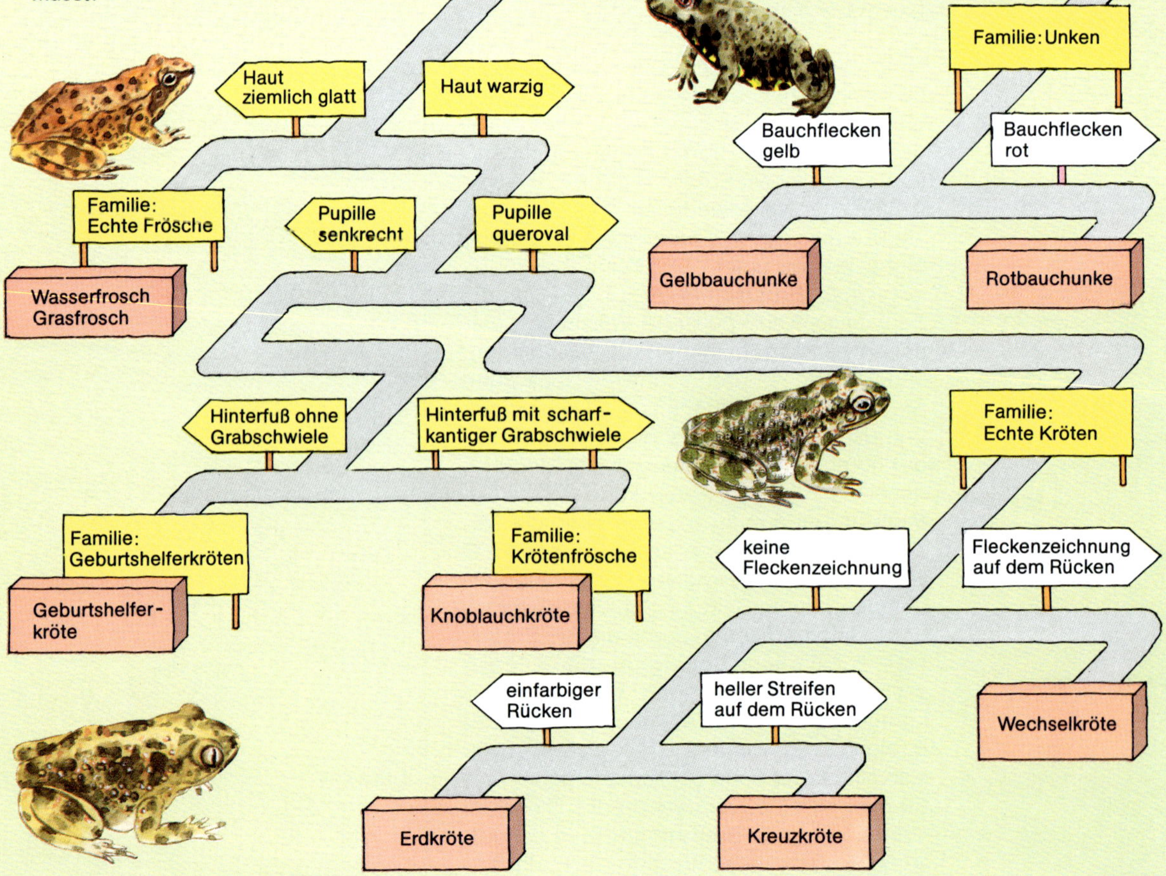

1 Das kurzbeinige Tier hüpft kaum, sondern rennt streckenweise. Der Chorgesang der Männchen schallt bis zu 2 km. Es ist in verschiedenen Lebensräumen zu finden.

2 Mit den Grabschwielen am Hinterfuß wird ein Versteck gegraben. Das aufgeschreckte Tier droht hoch aufgereckt und springt den Feind mit offenem Maul an.

3 Die Haftscheiben an Fingern und Zehen erlauben kletternde Lebensweise. Die Fähigkeit zum Farbwechsel sichert dabei stets eine optimale Tarnung.

4 Dieser Lurch bewohnt auch recht trockene Lebensräume, wenn ein feuchtes Tagversteck vorhanden ist. Mit dem einfarbigen, braunen Rücken ist er bestens getarnt.

5 Das Tier lebt im oder am Wasser oft gesellig. Die zwei großen, seitlichen Schallblasen dienen der Schallverstärkung und sind ausgestülpte Mundschleimhaut.

6 Bei Gefahr wird der Bauch mit der auffälligen Warnfarbe gezeigt. Das Hautsekret hat Reizwirkung auf die Schleimhäute. Tagaktiv. Vorkommen: In Kleingewässern.

7 Auch in trockeneren, sandigen Lebensräumen bis in Dörfer hinein ist das Tier vorwiegend nachts beim Insektenfang zu finden. Der Ruf erinnert an Grillenzirpen.

8 Während der Laichzeit erleichtern Schwimmsaum und Seitenlinienorgan das Leben im Wasser. Die Eier werden einzeln an Pflanzen geklebt. Die Tiere sind stumm.

9 Die Tiere paaren sich an Land, das Männchen schlingt die Laichschnüre um die Hinterbeine und hält sie feucht. Erst zum Schlupf der Larven streift er sie im flachen Wasser ab.

Aus dem Leben der Zauneidechse

Wenn es im Frühjahr wärmer wird, kommen die Eidechsen aus ihrem *Winterquartier*, einer frostgeschützten Höhle. Die Männchen der Zauneidechse sind zu dieser Zeit an den Seiten auffällig grün gefärbt. Während sie normalerweise einzeln leben und keine Artgenossen in ihrem *Revier* dulden, beginnt nun die *Werbung* um ein Weibchen.

Nach einer Reihe immer gleich ablaufender *Balzhandlungen* erfolgt die Begattung. Die Befruchtung findet im Körper des Weibchens statt. Es ist also eine *innere* Befruchtung. Nach der Begattung beißt das Weibchen das Männchen weg und beide leben wieder als *Einzelgänger*.

Die Eier reifen im Bauch des Weibchens und bekommen eine derbe, pergamentartige Hülle. Mitte Juni gräbt das trächtige Tier mit den Krallen der Hinterbeine ein Loch in feuchte Erde und legt 5 bis 15 Eier hinein. Das Gelege wird zugescharrt und verlassen.

Im Schutz der Eihäute entwickeln sich die Jungen. Der große Dottervorrat liefert Nährstoffe, die Sonne und faulendes Laub die Brutwärme. Nach etwa 6 Wochen ritzen fertig entwickelte kleine Eidechsen mit einem Eizahn die Schale auf. Die 5 cm langen Tiere wühlen sich an die Erdoberfläche. Sie sind sofort selbstständig.

Der Körper der Zauneidechse ist von einer *trockenen, schuppigen Hornhaut* bedeckt. Sie schützt das Tier gegen Austrocknung und Verletzung. Die Zellen der Hornhaut sind abgestorben, sie können nicht mehr wachsen oder sich erneuern. Deshalb wird sie von Zeit zu Zeit abgestreift. Vor dieser *Häutung* haben sich unter der alten Haut bereits neue Hornschuppen gebildet.

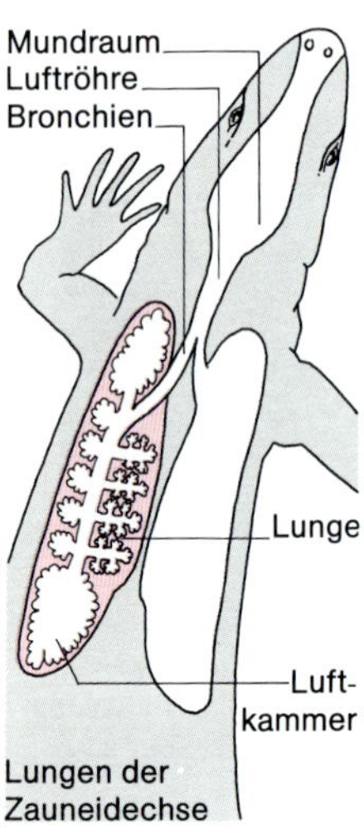

Lungen der Zauneidechse

Die Hornschuppenhaut erlaubt keine Hautatmung. Die Eidechse ist allein auf *Lungenatmung* angewiesen. Und trotzdem eine ausreichende Sauerstoffversorgung zu gewährleisten, ist die Lungeninnenfläche durch viele Einfaltungen vergrößert. Ein- und Ausatmung erfolgen, ähnlich wie bei Säugetieren, durch Ausdehnen und Zusammenpressen des Brustkorbs.

Wenn eine Eidechse morgens aus ihrem Schlupfloch kommt, sucht sie zunächst einen Sonnenplatz auf. Sie legt sich flach auf einen Stein und lässt sich aufwärmen. Dann erst kann sie flink laufen und klettern. Neben Versteckmöglichkeiten und Sonnenplätzen findet man in ihrem Revier abwechslungsreichen Bewuchs, in dem auch ihre Beutetiere, kleine Spinnen, Schnecken, Insekten und deren Larven, leben.

Die Eidechse hat gute Augen, die ihr bei der Jagd helfen. Zusätzlich *züngelt* sie. Dabei nimmt sie Geruchsstoffe mit ihrer gespaltenen Zunge auf und drückt sie dann innen gegen den Gaumen, wo ihr Riechorgan sitzt. Die Nasenlöcher dienen nur zum Luftholen.

Die Feinde der Zauneidechse sind Igel, Wiesel, Iltis, Krähen und Elstern. Doch die Eidechse besitzt eine wirksame Fluchthilfe: Wenn sie am Schwanz gepackt wird, wirft sie einen Teil ab, der dann noch kräftig zuckt. Einige Zeit später wächst ein kürzerer Schwanz nach. Dieser kann allerdings nicht mehr abgeworfen werden.

Am Abend, wenn die Temperaturen absinken, kühlt der Körper der Zauneidechse ab. Eidechsen sind *wechselwarme Wirbeltiere*. Bei Kälte werden sie steif und unbeweglich. Im Spätsommer fressen sich die Zauneidechsen deshalb Reservestoffe für die Überwinterung an. Sie verkriechen sich schließlich in einer Erdhöhle und fallen in *Kältestarre*. So verharren sie den Winter über regungslos. Dabei schlägt das Herz ganz langsam und auch die Atmung ist stark herabgesetzt. Wenn dann die Temperaturen im Frühling ansteigen, wird auch die Zauneidechse wieder aktiv.

Eidechsen gehören, wie alle auf den folgenden Seiten behandelten Tiere, zu den **Kriechtieren** oder *Reptilien*. In Körperbau und Lebensweise gibt es bei ihnen wichtige Unterschiede zu Fischen und Lurchen, den anderen wechselwarmen Wirbeltieren.

Aufgaben

① Eidechsen leben zwischen Steinhaufen, an Böschungen, Hecken und Zäunen. Welche Vorteile bietet dieser Lebensraum der Eidechse?

② Vergleiche Eidechse und Molch in Körperbau und Lebensweise. Welche Unterschiede kannst du nennen?

1 Zauneidechse in Drohstellung

2 Kältestarre

3 Zauneidechse häutet sich

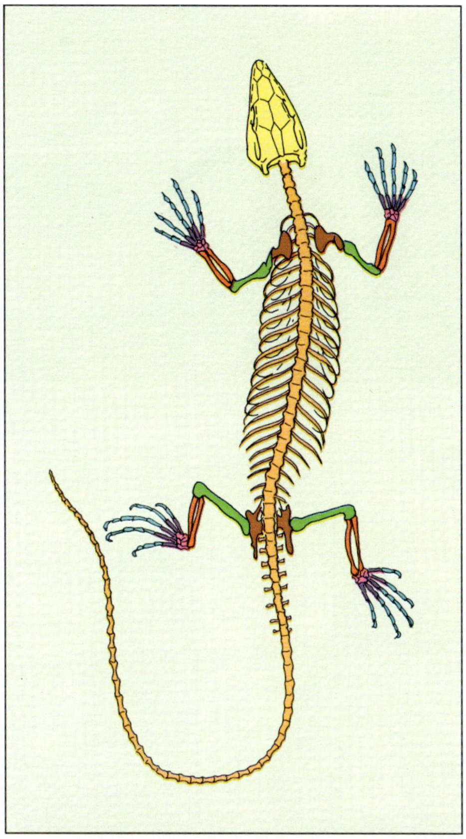

4 Skelett einer Eidechse

5 Junge Zauneidechse im Ei

6 Männchen der Zauneidechse

7 Weibchen der Zauneidechse

8 Schlüpfende Zauneidechse

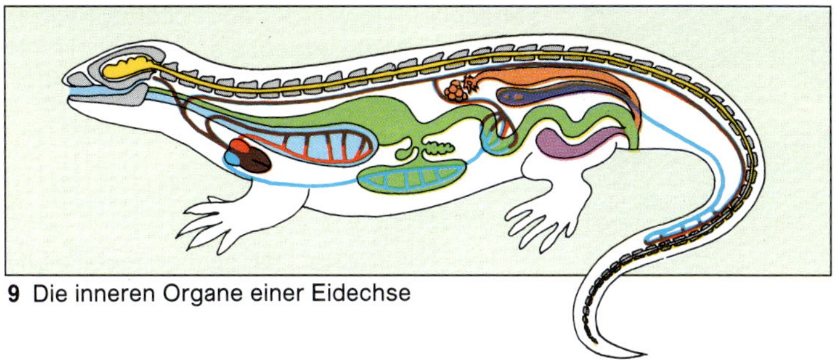

9 Die inneren Organe einer Eidechse

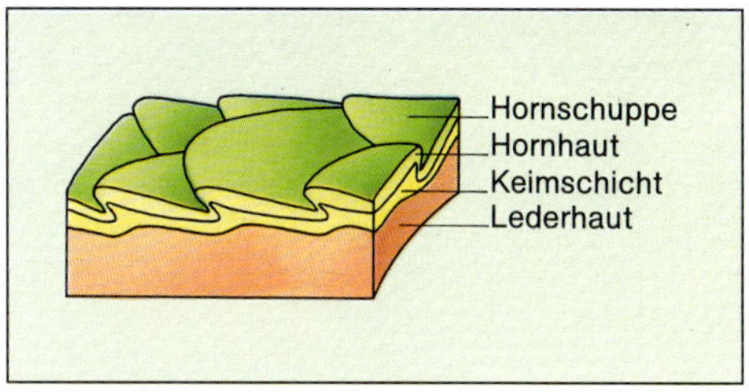

10 Schema der Eidechsenhaut

Schlangen — Jäger mit besonderer Technik

1 Ringelnatter

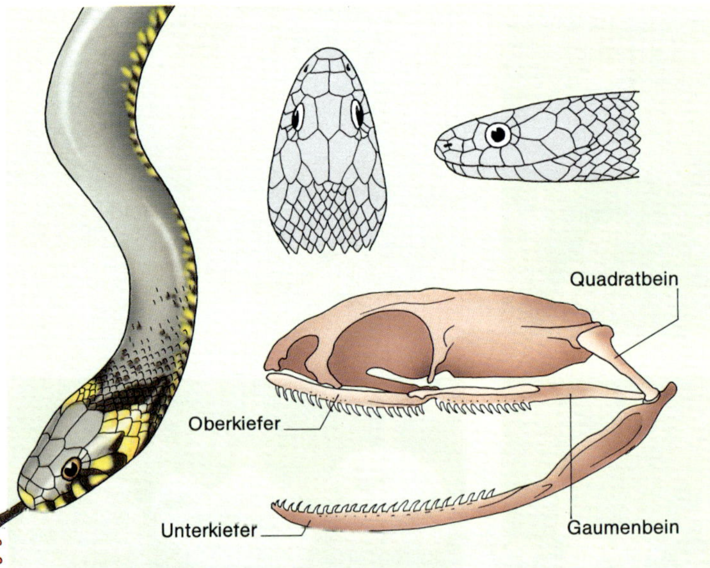

2 Kopf und Gebiss einer Ringelnatter

3 Ein Python verschlingt seine Beute

Die Ringelnatter

Langsam und lautlos gleitet die 1,20 m lange Schlange durch das dichte Röhricht. Sie ist auf der Jagd. Immer wieder schnellt ihre zweizipfelige Zunge vor: Die Schlange *züngelt.* Wie bei den Eidechsen nehmen die Zungenspitzen *Duftstoffe* auf und bringen sie an das eigentliche *Riechorgan* im Gaumen. Ein ruhig dasitzender Frosch wird von ihr erst wahrgenommen, wenn er mit einem Fluchtsprung im Wasser verschwindet. Sie verfolgt ihn und erweist sich dabei als geschickter Schwimmer. Schließlich hat sie Erfolg. Mit schnellem Zustoß verbeißt sie sich in einen Frosch. Aus ihrem *Fanggebiss* gibt es kein Entrinnen. Sie zieht das lebende Tier an Land und beginnt es zu verschlingen.

Die Natter kann, wie alle Schlangen, Tiere verschlingen, die dicker und größer als der Schlangenkopf sind. Das ist möglich, weil die beiden Unterkieferhälften über einen weiteren Knochen, das *Quadratbein,* beweglich am Schädel befestigt und vorne nur durch ein *elastisches Band* miteinander verbunden sind. So können linker und rechter Unterkiefer abwechselnd nach vorne geschoben werden. Die spitzen, nach hinten gerichteten Zähne verhaken sich dabei in der Beute und ziehen sie in den Schlund. Speiseröhre und Magen sind sehr dehnbar und da Rippen nicht mit einem Brustbein verwachsen sind, können sie weit auseinander gespreizt werden. Die Luftröhre mündet weit vorne im Maul und bleibt zum Atmen stets frei. Nach der Mahlzeit zieht sich die Natter zu einer mehrtägigen Verdauungsruhe in ein Versteck zurück.

Das Schuppenkleid der Ringelnatter zeigt ihre Zugehörigkeit zu den Reptilien. Bei der Häutung wird die alte Haut zusammen mit den verwachsenen, durchsichtigen Augenlidern in einem Stück als *Natternhemd* abgestreift.

Die Mehrzahl der Schlangen ist giftlos. Riesenschlangen, wie der abgebildete *Python,* töten ihre Beute, indem sie sie umschlingen und erdrosseln. Erst dann wird das erbeutete Tier verspeist.

Aufgabe

① Welchen Nachteil hat ein Fanggebiss und wie gleichen ihn Riesenschlangen aus?

Die Kreuzotter

Reglos beobachtet die Kreuzotter eine Maus. Der Schlangenhals ist s-förmig gekrümmt. Als die Maus noch näher kommt, schnellt der Schlangenkopf blitzschnell vor, das Maul mit den *Giftzähnen* weit aufgerissen. Sie stechen tief in das Opfer ein. Sofort zieht die Schlange sich zurück. Die Maus flieht, doch nach ein paar Sprüngen bleibt sie reglos liegen. Die Schlange verfolgt züngelnd die Spur, betastet die Beute und beginnt, sie vom Vorderende her zu verschlingen.

Die etwa 70 cm lange Kreuzotter gehört zu den wenigen *Giftschlangen* in Europa. Sie tötet ihre Beute durch einen Biss, bei dem Gift in das Opfer eingespritzt wird. Ein Paar besonders langer Giftzähne liegt bei geschlossenem Maul eingeklappt am Gaumen. Bei geöffnetem Maul richten sie sich jedoch automatische auf. Sie sind von einem Kanal durchgezogen, durch den das Gift von der Giftdrüse im Kopf in das Beutetier gespritzt wird.

Eine Kreuzotter greift Menschen nur dann an, wenn sie gereizt wird. Einen Biss erkennt man an den zwei eng beieinander liegenden Einstichstellen der Giftzähne. Dann muss sofort ein Arzt aufgesucht werden, der ein *Gegenserum* spritzt. Ein unbehandelter Biss kann Schäden an Herz und Kreislauf zur Folge haben.

Aufgabe

① Vergleiche Ringelnatter und Kreuzotter. Stelle Unterscheidungsmerkmale in einer Tabelle zusammen.

1 Kreuzotter

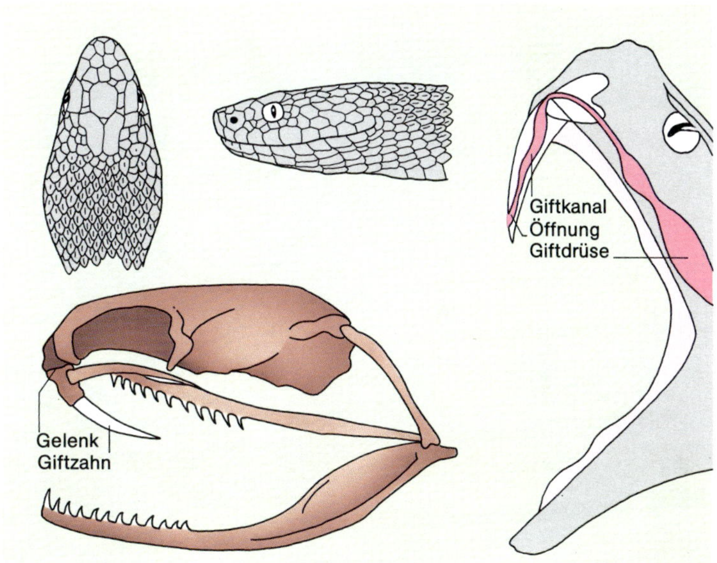

2 Kopf und Gebiss einer Kreuzotter

Steckbrief: Baumbewohner Mamba

Die abgebildete *Grüne Mamba* ist eine von vier Mambaarten, die zu den gefürchtetsten Giftschlangen Afrikas zählen. Es sind Baumschlangen mit langem, schmalem Kopf, glatten Schuppen und sehr großen Augen mit runden Pupillen. Sie besitzen außerdem vergrößerte Unterkieferzähne, die gemeinsam mit den Giftzähnen des Oberkiefers die Beute festhalten. Oft lassen Mambas auch nach dem ersten Biss ihr Opfer los und beißen noch schnell hintereinander mehrmals zu. Dann warten sie, bis das Gift wirkt und das Beutetier stirbt. Zu ihrer Nahrung, die sie im Geäst des Urwalds finden, gehören in der Regel Vögel, Baumeidechsen und Baumfrösche.

Wie alle Giftschlangen setzen die Mambas ihr Gift nur bei der Jagd und zur Verteidigung ein. Normalerweise sind Mambas scheue Tiere, die die blitzschnelle Flucht ins Blättergewirr einer Auseinandersetzung mit einem Gegner vorziehen. Fühlen sie sich jedoch bedroht, kann ihr Gift zur tödlichen Waffe werden.

1 Skelette und Bewegungsweisen von Schlange und Eidechse

2 Fortbewegung bei verschiedenen Echsen

Die Kriechtiere — verschiedene Formen in einer Gruppe

Obwohl Eidechsen eine ähnliche Körperform wie Salamander und Molche haben, sind sie nicht mit ihnen verwandt, sondern gehören, wie die Schlangen, zu den Kriechtieren.

Dabei sehen Schlangen doch ganz anders aus und auch der Name Reptilien (lat. *repere* = kriechen) passt allenfalls auf diese. Typisch für alle Schlangen ist die Körperform und das lautlose Dahingleiten. Voraussetzung dafür ist die besondere Bauweise des Skeletts. Mehr als 200 Wirbel sind gelenkig miteinander verbunden. Reste von Schulter- und Beckengürtel sind nur noch bei wenigen Arten vorhanden, Beinknochen fehlen. Die Bewegungsmuskeln setzen an den Rippen an und machen den Körper biegsam. Die Schlange windet sich vorwärts und stützt sich dabei mit abgespreizten Bauchschuppen an Unebenheiten des Untergrundes ab. Dieses Bewegungsprinzip ist im Wasser ebenso wie zwischen dichtem Bewuchs oder im Geäst der Bäume wirksam, nicht aber auf völlig glattem Untergrund.

Der Körper der Eidechsen ist stärker gegliedert, ihre Bewegung ist ein rasches Dahinhuschen. Deswegen ist der Name „Kriechtier" für sie und andere Echsen kaum zutreffend: Die flinke Zauneidechse kann springen, manche Wüstenechsen rennen hochbeinig und die Kragenechse flüchtet sogar zweibeinig.

Ermöglicht wird die Schnelligkeit der Echsen durch zwei kräftige Beinpaare, die über Schulter- und Beckengürtel am kurzen Rumpfskelett befestigt sind. Durch Schlängeln des Körpers werden sie vorwärts bewegt. Jeweils die vorn stehenden Beine ziehen dann den Körper nach. Die Beine stützen den Körper nur wenig, da sie seitlich ansetzen. Der Bauch schleift fast auf dem Boden.

Zusammenfassend kann man sagen, dass es für die Gruppe der Reptilien weder eine typische Körperform noch eine typische Bewegungsart gibt. Die Gestalt- und Skelettmerkmale sind Anpassungen an unterschiedliche Lebensweisen. Es müssen demnach andere Merkmale sein, die eine Eingruppierung in die Tierklasse der Reptilien ermöglichen.

Diese Merkmale sind:
- Eine Haut mit Hornschuppen oder Hornplatten,
- die Entwicklung aus Eiern mit pergamentartiger Schale, die in der Regel an Land vergraben und nicht von den Elterntieren ausgebrütet werden und
- die gut entwickelte Lungenatmung.

Die Wasserdurchlässigkeit ihrer Hornschuppenhaut ermöglicht den Reptilien die Besiedlung vielfältiger Lebensräume. Diese wechselwarmen Wirbeltiere sind im Wasser, in Sumpf, Wald und Heide, sogar im Meer und in Wüsten verbreitet. Nur ganzjährig kalte Gebiete werden gemieden, denn alle Kriechtiere sind wärmeabhängig. Ihre Hauptverbreitungsgebiete liegen deshalb in den Tropen. Bei uns kommen nur 12 Arten vor.

Lexikon
Lexikon
exikon
xikon
ikon
kon
on

Vielfalt der Reptilien

Alle Reptilien stehen in der Bundesrepublik Deutschland unter *Naturschutz*. Sie dürfen nicht getötet und es dürfen nicht einmal ausgestopfte Tiere eingeführt werden.

Echsen (ca. 3000 Arten)

Die Zauneidechse wurde in diesem Kapitels bereits vorgestellt. Zu ihren Verwandten gehören, neben den übrigen Eidechsen, u. a. die Schleichen und Chamäleons.

„Huch, eine Schlange!" hört man häufig, wenn sich eine **Blindschleiche** über den Weg schlängelt. Sie gehört aber nicht zu den Schlangen, sondern zu den Echsen: Zwei bewegliche Augenlider sowie Reste eines Beckens und eines Schultergürtels im Skelett geben Hinweise darauf. Blindschleichen ernähren sich hauptsächlich von Würmern, Schnecken und Insekten und bringen lebende Junge zur Welt.

Zu den seltsamsten Formen der Reptilien gehört das **Chamäleon**. Der hochrückige, seitlich zusammengedrückte Körper wird von dünnen Beinen mit zangenartigen *Klammerfüßen* getragen. Der runde *Wickelschwanz* kann zum Festhalten benutzt werden. Einmalig im Tierreich sind die unabhängig voneinander drehbaren Augen und die lange Schleuderzunge dieser Echsen. Die Fähigkeit zum *Farbwechsel* dient der Tarnung.

Schlangen (ca. 2000 Arten)

Die bei uns heimische **Glattnatter** wird sehr oft mit der Kreuzotter verwechselt, denn sie richtet sich bei Gefahr auch hoch auf, zischt und beißt zu. Die winzigen Zähnchen dieser 75 cm langen, lebend gebärenden Natter sind für uns jedoch vollkommen ungefährlich. Sie macht ihre Beute (Eidechsen, Blindschleichen und Mäuse) durch Umschlingen wehrlos. Der Mensch bekommt sie nur selten zu Gesicht; diesem Umstand ist es wahrscheinlich zu verdanken, dass sie in manchen Gegenden Deutschlands häufiger vorkommt als die Ringelnatter.

Die **Uräusschlange** gehört zu den *Giftnattern* oder *Kobras*, die im tropischen Afrika und Asien beheimatet sind. Typisch für diese Schlangen ist der breit gespreizte Halsbereich.

Krokodile (ca. 21 Arten)

Die Krokodile werden auch als *Panzerechsen* bezeichnet, da ihre Schuppenhaut sehr dick ist und durch darunter liegende Knochenplatten verstärkt wird. *Nilkrokodile* werden bis 10 m lang und sind damit die größten heute noch lebenden Kriechtiere. Sie sind gefräßige Räuber, die Jagd auf Fische machen, aber auch Vögeln oder Säugetieren auflauern. Ohne Schwimmbewegungen können sie an der Wasseroberfläche treiben, sodass nur Augen und Nasenlöcher herausschauen. Krokodile bewachen ihr Gehege und kümmern sich um die Jungen.

Der **Mississippi-Alligator** lebt in den südöstlichen USA. Bei ihm sind die Finger am Grund durch Schwimmhäute verwachsen. Weil er stark bejagt wurde, gibt es heute kaum noch Tiere, die länger als drei Meter sind.

Schildkröten (ca. 220 Arten)

Schildkröten sind gekennzeichnet durch ihren *starren Rücken-* bzw. *Bauchpanzer*. Die bei uns heimische **Europäische Sumpfschildkröte** ist ebenso vom Aussterben bedroht wie die bekannte **Griechische Landschildkröte**, die oft als Heimtier gehalten wird. Überall hat der Mensch Lebensräume und Brutstände dieser Tiere zerstört oder die Tiere selbst gejagt (z. B. die *Riesenmeeresschildkröten*).

1 Versteinertes Skelett eines Fischsauriers

Saurier lebten in vergangenen Erdepochen

Aus grauem *Schiefergestein* wird eine Platte herausgelöst. Der Präparator bearbeitet das Fundstück fachmännisch weiter. Immer mehr wird auch dem Nichtfachmann erkennbar, dass in diese Steinplatte irgend etwas eingeschlossen ist. Die weitere Bearbeitung wird im Labor gemacht. Mit feinen Meißeln schält der Präparator Stück für Stück die versteinerten Knochen eines riesigen Tieres aus dem Schiefer. Erst nach Wochen ist die Arbeit endgültig fertig und das ganze Skelett eines *Fischsauriers* sichtbar.

Meistens jedoch findet man nur Bruchstücke oder einzelne Knochen von versteinerten Tieren oder Pflanzen, die **Fossilien** genannt werden. Dann beginnt eine langwierige Puzzle-Arbeit für die Präparatoren. Sie versuchen, aus Einzelfunden die Skelette der Tiere wieder zusammenzusetzen. Aus dem Bau und aus Begleitfunden, z. B. Fußspuren oder Nahrungsresten, kann man dann auf die Lebensweise der Tiere schließen.

Doch wie werden Lebewesen aus Fleisch und Blut zu Stein? Teile des *Iguanodon-Skelettes* fand man in einem Kreidebergwerk. Wissenschaftler konnten errechnen, dass das Iguanodon vor etwa 150 Mio. Jahren gestorben sein musste. Zu dieser Zeit gab es aber an der Fundstelle kein Land, sondern das *Kreidemeer*. Das Tier musste also ertrunken sein. Der Körper war im Kalkschlamm des Gewässergrundes eingesunken und so vom Sauerstoff abgeschlossen worden. Er konnte nicht mehr verwesen. Das Iguanodon wurde im Laufe der Zeit mit immer mehr Meeresablagerungen bedeckt. Die Knochen wurden durch Stoffe aus den Ablagerungen ersetzt und schließlich zu Stein.

Beeindruckend sind die Fossilien aus dem *Erdmittelalter*, einer Zeit, die vor 220 Mio. Jahren begann und vor 70 Mio. Jahren endete. Damals lebten viele solcher riesigen Tiere. Der Bau ihrer Knochen und Zähne beweist, dass es Reptilien waren. Nach dem griechischen Wort für Eidechse heißen sie *Saurier*. Damals gab es schwimmende, kriechende, laufende, schreitende und sogar fliegende Formen. Gegenüber dieser ungeheuren Fülle an verschiedenen Arten ist die Anzahl der heute lebenden Kriechtiere recht klein. Die Saurier sind am Ende der Kreidezeit ausgestorben.

Aufgabe

① Schildere die Geschichte des Fischsauriers, die in der Randspalte dargestellt ist.

2 Rekonstruiertes Skelett eines Iguanodon

Lexikon
Lexikon
exikon
xikon
ikon
kon
on

Die Vielfalt der Saurier

Am Ende des Erdmittelalters beherrschten Saurier alle Lebensräume. Vor allem auf dem Land und in der Luft spielten andere Wirbeltiere nur eine untergeordnete Rolle.

Monoclonius (1) war ein massiger, bis 6 m langer *Pflanzenfresser.* Ob man ihn wirklich als harmlos bezeichnen darf, ist fraglich. Jedenfalls konnte sich der 4 Tonnen schwere Koloss mit seinem großen Horn und dem breiten *Nackenschild* gegen Raubsaurier recht gut verteidigen.

Brachiosaurus (2), mit 30 m Körperlänge das größte bekannte Landtier, war nicht so wehrhaft. Er war ein harmloser *Pflanzenfresser.* Im Vergleich zum riesigen Körper barg der Kopf nur ein winziges Gehirn. Ein zweites, viel größeres Gehirn steuerte von der Schwanzwurzel aus die Körperbewegungen. Schutz vor Feinden fand er in Sümpfen und Seen, wo er im Wasser treibend von seinem Gewicht entlastet wurde.

Tyrannosaurus rex (2) wurde lange als „Das größte Raubtier aller Zeiten" bezeichnet. Doch wahrscheinlich waren die Tiere nur *Aasfresser.* Der Bau der Beingelenke erlaubte keine schnellen, großen Schritte und die scharfen, aber schwachen Zähne waren wohl keine guten Angriffswaffen.

Deinonychus (4) gehörte zu den wirklich gefährlichen *Raubsauriern,* denn er war bei 3 m Länge leichtfüßig und behende. Aus schnellem Lauf sprang er die Beutetiere an und grub die große sichelförmige Kralle des 3. Zehs in das Opfer. In Rudeln jagte er auch viel größere Tiere. Das 9 m lange **Iguanodon** (5) zählte zu seiner Beute.

Straußensaurier (6) waren so schnell wie die heutigen Strauße und ihnen in der Gestalt sehr ähnlich. Mit dem zahnlosen Hornschnabel erbeuteten die 2 m großen Saurier kleine Reptilien und Säuger. Mit den kurzen Vorderbeinen wurden vielleicht die Nester großer Saurier ausgescharrt und geplündert.

Fischsaurier (7) waren bis 6 m lange Reptilien, die in Form und Fortbewegung ausgezeichnet an die Jagd im Wasser angepasst waren. Aus Fossilfunden weiß man, dass sie *lebend gebärend* waren.

Paddelsaurier (8) traten in verschiedenen Arten auf. Neben Fischjägern von 3 m Länge kamen bis 12 m lange Riesen vor, die tintenfischähnliche Tiere (Ammoniten) erbeuteten.

Ozeansegler (9) segelten auf gewaltigen Schwingen (Flügelspannweite bis zu 8 m) von Klippen aus über das Meer. Im Sturzflug erbeuteten sie Fische von der Wasseroberfläche, ohne mehr als den Schnabel einzutauchen. Ihr Körper war behaart. So wurde er vor zu schneller Abkühlung im kalten Küstenwind geschützt.

1 Lebensbild aus der Mittleren Kreidezeit (vor 100 Millionen Jahren)

Wir vergleichen Baupläne

Die Abbildung 1 auf dieser Seite zeigt uns den *Bauplan der Säugetiere*. Natürlich kann man kein Lebewesen bauen, aber wir können untersuchen, wie es ausgestattet ist. Dann lässt sich, gewissermaßen nachträglich, ein Bauplan zeichnen.

Greifen wir jetzt einmal die Merkmale heraus, die bei allen **Säugetieren** gleich sind: Da ist zunächst einmal das Gebären von Jungen und das Säugen. Alle weiblichen Tiere besitzen deshalb Milchdrüsen. Die Haut ist mit Haaren versehen. Die Atmung erfolgt über Lungen. Alle Säuger besitzen eine Wirbelsäule, Gliedmaßen und einen Schädel. Sie haben Sinnesorgane und ein Gehirn mit daran anschließendem Rückenmark. Herz und Kreislauf sind ebenso vorhanden wie Nieren und ein Magen-Darm-System. Schließlich dürfen auch die Muskeln nicht vergessen werden. Damit sind alle Einzelheiten, die in eine Bauplanzeichnung hineingehören, aufgezählt. Ein Merkmal müssen wir allerdings extra angeben, weil man es nicht einzeichnen kann: alle Säugetiere sind gleichwarme Lebewesen.

Genauso wie bei den Säugetieren lässt sich auch ein Bauplan für die **Vögel** erstellen. Dabei fällt auf, dass einige Merkmale bei den Bauplänen vorkommen: z. B. Lungenatmung, Wirbelsäule und Nervensystem; außerdem sind Vögel ebenfalls gleichwarme Lebewesen. Trotzdem gibt es auch Unterschiede: Vögel legen Eier und besitzen Federn, aber keine Haare. Durch diese Unterschiede sind Vögel und Säuger leicht voneinander zu unterscheiden.

Wie für die Vögel und Säugetiere kann man auch für **Kriechtiere**, **Lurche** und **Fische** entsprechende Baupläne erstellen. Beim Vergleich dieser Baupläne heben sich die einzelnen Tiergruppen durch unterschiedliche Merkmale von anderen ab. Es gibt allerdings auch Gemeinsamkeiten, die bei allen fünf Bauplänen vorkommen. Wegen dieser Gemeinsamkeiten werden die fünf Klassen zu einem gemeinsamen *Tierstamm* zusammengefasst: zum Stamm der **Wirbeltiere**.

Fische gehören also auch zum Stamm der Wirbeltiere. Untersucht man aber das Beispiel „Tintenfisch“, wird man eine überraschende Feststellung machen. Zu seinem Bauplan gehören folgende Merkmale: Ner-

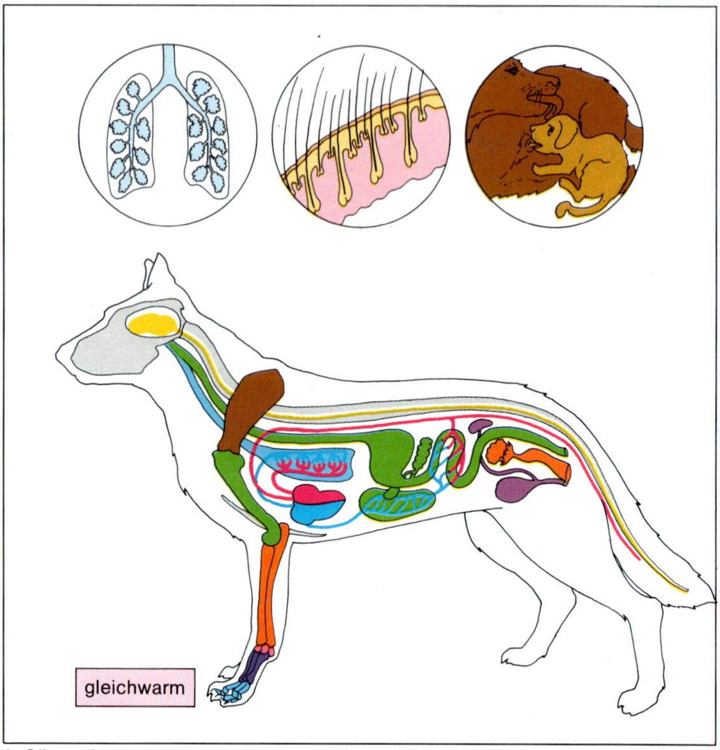

1 Säugetier

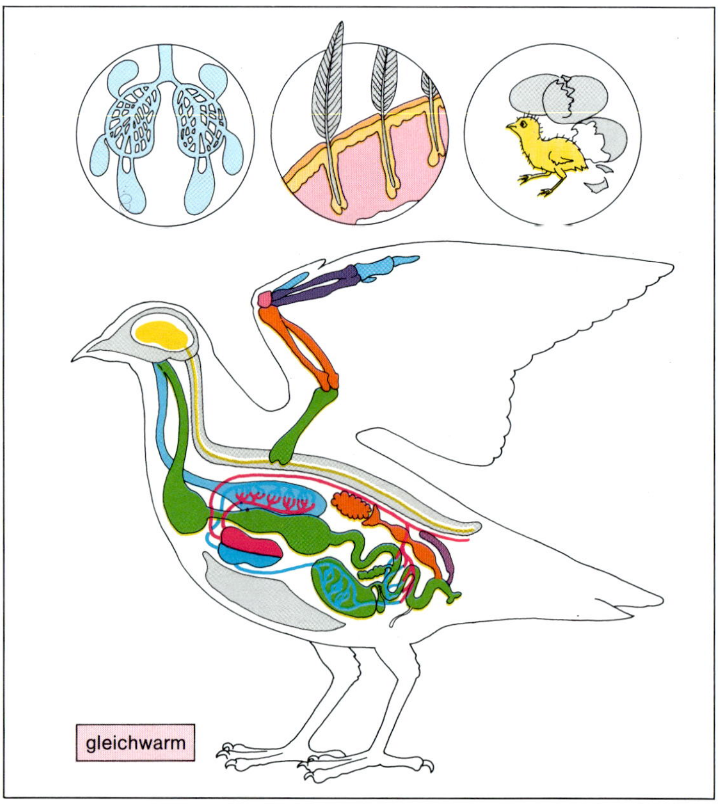

2 Vogel

ven, Gehirn und Sinnesorgane, Herz und Kreislauf, Magen und Darm, Haut, Nieren, Kiemen und Muskeln. Außerdem sind „Tintenfische“ wechselwarme Tiere. Damit stimmen sie in fast allen Merkmalen mit der Klasse der Fische überein. Ein Merkmal aber hat der Tintenfisch nicht: Ihm fehlt die Wirbelsäule. Diese Wirbelsäule ist ein ganz entscheidendes Merkmal für alle Wirbeltiere, denn daran ist dieser Stamm von allen anderen Stämmen im Tierreich zu unterscheiden. Der Tintenfisch gehört also nicht zu den Wirbeltieren und damit auch nicht zu den Fischen. Er gehört zu einem anderen Tierstamm, dem der *Weichtiere*.

Man kann nicht nur für die einzelnen Tierklassen Baupläne machen, sondern natürlich auch einen Bauplan für einen Tierstamm entwickeln. Dazu müssen diejenigen Merkmale zusammengetragen werden, die allen Lebewesen der Klasse Säuger, Vögel, Kriechtiere, Lurche und Fische gemeinsam sind. Dann hat man einen Plan für den Stamm der Wirbeltiere. Wenn wir aber ein Tier bauen wollten, das nur aus diesen gemeinsamen Wirbeltiermerkmalen besteht, wäre dies sicher nicht lebensfähig. Beispielsweise dürfte dieses künstliche Tier keine Beine oder Arme haben, da ja Fische auch keine besitzen. Andererseits wären auch Flossen nicht erlaubt, wohl aber ein Magen-Darm-System und ein Blutkreislauf. Man könnte diesem Fabelwesen auch einen künstlichen Namen geben: „Der Wirb“.

Aufgaben

① Wenn du die Baupläne dieser fünf Tierklassen nach Gemeinsamkeiten durchsiehst, kannst du vielleicht einen solchen „Wirb“ entwerfen. Male auch mit den richtigen Farben die wichtigsten Baumerkmale ein.

② a) Suche im Bauplan der Amphibien und Reptilien nach dem Merkmal oder den Merkmalen, die eine eindeutige Unterscheidung der beiden Klassen ermöglichen.
b) Grenze auf entsprechende Weise die anderen Klassen der Wirbeltierstämme untereinander ab.

③ Kennst du — außer dem Tintenfisch — noch weitere Tiere, die nicht zu den Wirbeltieren gehören? Schreibe sie auf und gib an, durch welches Merkmal du sie von den Wirbeltieren unterscheiden kannst.

④ Das Tierreich wird in Stämme und diese wiederum in Klassen eingeteilt. Entwickle eine ähnliche Einteilung für das „Reich der Fortbewegungsmittel“.

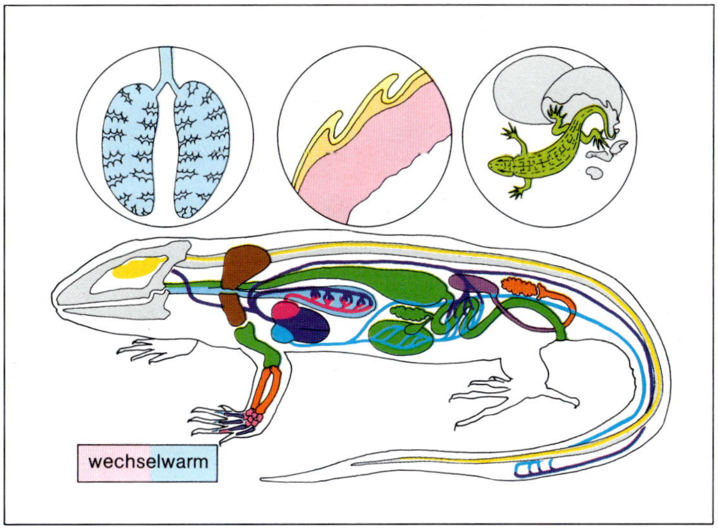

3 Kriechtier

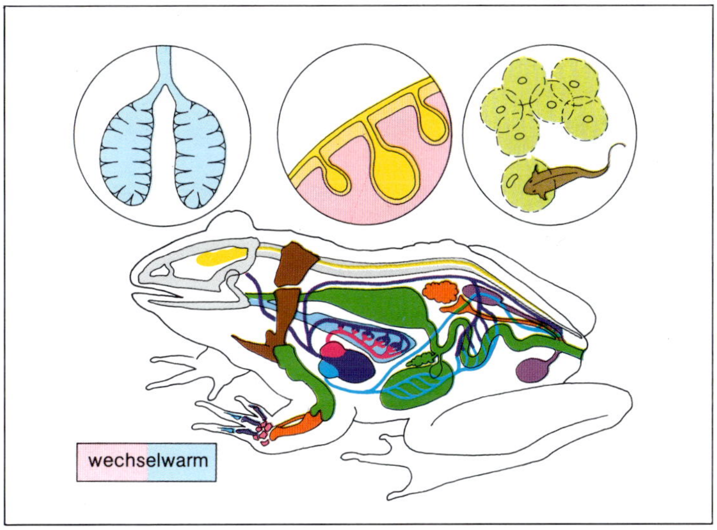

4 Lurch

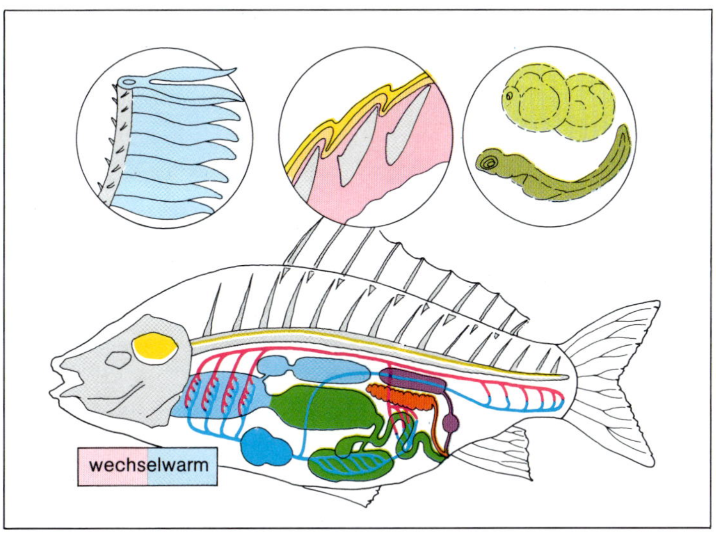

5 Fisch

1 Bär und Robbe gehören zur Ordnung der Raubtiere

2 Das Schnabeltier ist ein Eier legendes Säugetier

Ordnen mit System

Mithilfe der Bauplanmerkmale lassen sich Tiere leicht einordnen. Selbst so unterschiedliche Arten wie Delfin und Fledermaus sind eindeutig als *Säugetiere* zu erkennen. Sie sind gleichwarm, gebären lebende Junge und säugen diese. Allerdings kann man nicht von enger Verwandtschaft sprechen. Eng verwandte Arten haben noch weitere gemeinsame Merkmale. Um die Verwandtschaftsverhältnisse genau zu erklären, führt man die bisherige Einteilung *Reich, Stamm, Klasse* dann weiter fort mit den Einteilungen *Ordnung, Familie, Gattung* und *Art*. Arten, die in sehr vielen Merkmalen übereinstimmen, also eng verwandt sind, werden zu einer Gattung zusammengefasst, ähnliche Gattungen zu einer Familie usw.

Die Familie der Bären und die der Robben gehören zur Ordnung der *Raubtiere*. Robben sind also mit Bären enger verwandt als beispielsweise mit Delfinen, die zur Ordnung der *Waltiere* gehören. Die gemeinsamen Merkmale bei Bären und Robben sind äußerlich nicht zu erkennen. Es kommt aber nicht nur auf das Äußerliche an. Im Falle der Ordnung der Raubtiere ist z. B. das typische *Fleischfressergebiss* ein wichtiges kennzeichnendes Merkmal.

Selbst mithilfe der Baupläne ist es nicht immer ganz einfach, die Verwandtschaft zwischen einzelnen Tieren zu erkennen. Als Beispiel für einen schwierigen Fall soll das *Schnabeltier* dienen. Dieses Lebewesen besitzt einen Schnabel, hat Haare, legt Eier, säugt aber seine Jungen und ist gleichwarm. Es sind also typische Säuger-, Vögel- und Reptilienmerkmale vorhanden. Nach weiteren Untersuchungen hat man das Schnabeltier den Säugern zugeordnet, allerdings in eine besondere Unterklasse eingereiht: die der *Eier legenden Säugetiere*.

Verfolgen wir die **Einteilung des Tierreiches** anhand der *Stockente*. Sie bildet mit der Löffelente, der Spießente und anderen Arten die *Gattung der Enten*. Diese wiederum mit den Gattungen Gänse und Schwäne die *Familie der Entenvögel*. Die Familie der Entenvögel und die Wehrvögel formen zusammen die *Ordnung der Gänseartigen*. Mit 27 weiteren Vogelordnungen wird die *Klasse der Vögel* aufgebaut, die mit den vier weiteren Klassen den *Stamm der Wirbeltiere* bildet. Mit weiteren Stämmen, z. B. dem der Weichtiere, wird das gesamte Tierreich erfasst und dem Pflanzenreich gegenübergestellt.

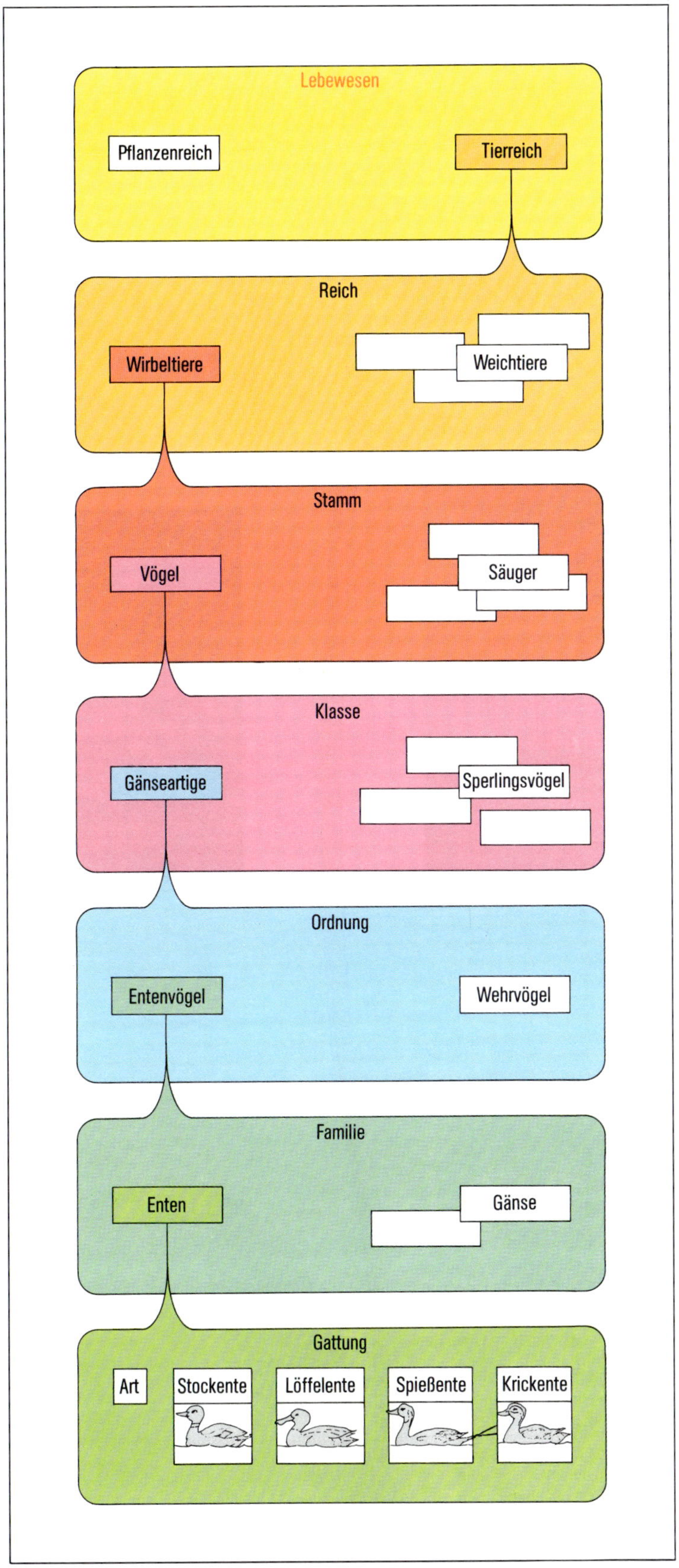

1 Einteilung des Tierreiches am Beispiel der Enten

Übersicht Wirbeltiere

Säugetiere entwickeln sich im Mutterleib und werden nach der Geburt gesäugt. Sie haben vielgestaltige und leistungsfähige Gebisse, die unterschiedlichen Ernährungsweisen angepasst sind. Ihr Skelett weist große Gemeinsamkeiten auf, zeigt jedoch besonders im Bereich der Gliedmaßen zahlreiche Veränderungen. Deshalb können einige Arten fliegen, andere sind Lauf-, Kletter- oder Schwimmspezialisten. Sie besiedeln nahezu alle Lebensräume der Erde. Der Mensch hat einige Arten als Haustiere gezüchtet.

Vögel können fliegen. Dazu haben sie einen speziellen Körperbau: leicht und stromlinienförmig. Die Knochen sind innen mit Luft gefüllt. Die Vögel legen Eier und brüten sie aus. Nach dem Schlüpfen werden die Nesthocker von den Eltern gefüttert. Nestflüchter können sich bald selbst ernähren. Viele unserer einheimischen Vögel sind Singvögel. Durch den Gesang grenzen sie ihr Revier ab und locken Weibchen an. Einige in unseren Breiten brütende Vögel ziehen im Winter in wärmere Gebiete. Es gibt zahlreiche Spezialisten unter den Vögeln. Manche Vögel können sehr gut laufen, tauchen oder schwimmen, aber nicht mehr fliegen.

Kriechtiere sind wechselwarme Tiere, die Eier legen und eine Schuppenhaut besitzen. Man unterscheidet vier Ordnungen: Schildkröten, Echsen, Schlangen und Krokodile. Alle einheimischen Reptilien stehen unter Naturschutz. Eine große Anzahl von Reptilienarten ist ausgestorben. Dazu gehören die Saurier. Versteinerte Knochen weisen auf ihr Aussehen und ihren Lebensraum hin.

Lurche machen in ihrer Entwicklung einen Gestaltwandel, eine Metamorphose, durch. Die Larvenform steht anders aus als das erwachsene Tier. Die im Wasser lebenden Larven atmen mit Kiemen, während die erwachsenen Tiere mit Lungen atmen. Viele Amphibien sind stark gefährdet, da ihre Larven zur Entwicklung das Wasser brauchen, unsere Feuchtgebiete aber immer mehr zerstört werden. Alle einheimischen Larven stehen unter Naturschutz.

Fische. Die Vorteile der Stromlinienform sind bei den meisten Fischen leicht zu erkennen. Die Atmung erfolgt über Kiemen. Fische haben keine Beine und Arme; sie besitzen Flossen. Ein spezielles Sinnesorgan, das Seitenlinienorgan, gibt Auskunft über Druckänderungen im Wasser. Die Entwicklung der Fische erfolgt über Eier.

Auf deinem täglichen Schulweg gehst du an vielen Pflanzen vorbei. Du betrachtest sie wahrscheinlich kaum. Was ist an einer Eiche schon interessant, die immer in der gleichen Weise dazustehen scheint — vielleicht schon seit zwei- oder dreihundert Jahren? Die Margeriten, die nur für einige Wochen am Rand einer Wiese blühen und dann wieder verschwunden sind, mögen dir schon eher zeigen, dass auch die Pflanzen Lebewesen sind.

Blütenpflanzen – Bau und Leistung

Wenn du die Eiche mit der Margerite vergleichst, so wirst du kaum glauben, dass es Gemeinsamkeiten zwischen den beiden Pflanzen gibt. Doch der Schein trügt. Beide besitzen die gleichen Grundorgane, nämlich *Blüte, Blatt, Sprossachse* und *Wurzel.* Diese Grundorgane sind bei allen Blütenpflanzen zu finden. Ihre Gestalt kann allerdings sehr unterschiedlich sein. Die Aufgaben dieser Organe gleichen sich jedoch. Sie ermöglichen den Pflanzen, sich zu ernähren, zu wachsen und sich fortzupflanzen. Weißt du, wie das alles geschieht?

1 Aufbau einer Blütenpflanze

Blüte

Die Blüte besteht aus vier grünen, waagerecht abstehenden Kelchblättern, vier gelben Blütenblättern, zwei kurzen und vier langen Staubblättern sowie dem Stempel. Aus der Blüte entwickelt sich die Frucht, eine Schote.

Sprossachse

Der grüne, krautige Stängel, auch Sprossachse genannt, kann etwa 50 cm lang werden. Er ist rundlich, borstig behaart und bei kräftigen Pflanzen stark verzweigt. Der Stängel trägt die Blüten und Blätter.

Blatt

Die länglichen Laubblätter sitzen unregelmäßig am Stängel. Sie sind tief eingebuchtet; der Blattrand ist gezähnt. Die Blattadern verlaufen wie die Fäden eines Netzes. Das Blatt heißt deshalb netzadrig. Die unteren Blätter besitzen nur einen kleinen Blattstiel.

Wurzel

Die Wurzel ist gelblich bis braun gefärbt, niemals grün. Von der dicken Hauptwurzel zweigen viele dünnere Nebenwurzeln ab.

1 Steckbrief des Ackersenfs

Der Ackersenf — Steckbrief einer Blütenpflanze

Im Unterricht der Grundschule hast du sicherlich schon einige *Blütenpflanzen* und ihren Aufbau kennen gelernt. Am Beispiel des Ackersenfs kannst du nun wiederholen, was du noch weißt.

Blühenden *Ackersenf* kannst du von Mai bis September auf Schuttplätzen, Äckern und an Wegrändern finden. An seinen gelben Blüten ist er leicht zu erkennen. Grabe eine gut entwickelte Pflanze aus und spüle das Erdreich ab. Stelle sie in ein wassergefülltes Glas und notiere alle Einzelheiten, die dir auffallen. So erhältst du den Steckbrief des Ackersenfs, wie er oben abgedruckt ist.

Die *Blüten* sind bei einer Pflanze meist besonders auffällig. Ohne Blüten würdest du den Ackersenf sicher nicht so leicht erkennen. Deshalb wollen wir zunächst den Aufbau der Blüte und ihrer Bestandteile untersuchen. Zum Zergliedern der Blüte benötigst du eine Präpariernadel und eine Pinzette, für das Erkennen von Einzelheiten eine Lupe.

Aufbau einer Blüte

Die Blüte:

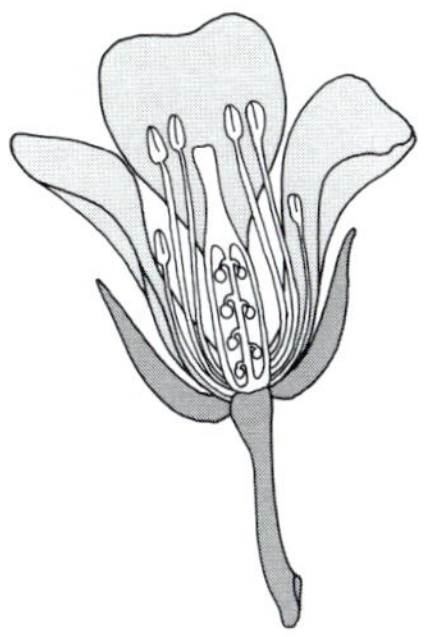

eine Kreuzblüte

Als äußere Hülle erkennt man an den Blütenknospen vier grüne *Kelchblätter*. Sie umgeben schützend die übrigen Blütenbestandteile. Bei der geöffneten Blüte stehen die Kelchblätter waagerecht ab. Dazwischen folgen weiter nach innen vier gelbe *Blütenblätter*, die auch als *Kronblätter* bezeichnet werden. Man kann bei ihnen einen breiten oberen Teil, die Platte, und einen schmalen, nach unten abknickenden Teil, den Nagel, unterscheiden.

Auf die Blütenblätter folgen zwei kurze und viel lange *Staubblätter*. Jedes besteht aus dem *Staubfaden* und einem verdickten *Staubbeutel*. Im Mittelpunkt der Blüte befindet sich der keulenförmige *Stempel*. Der obere, schmale Teil des Stempels heißt *Griffel*. Der Stempel endet in der knopfförmigen *Narbe*. Er wird aus zwei miteinander verwachsenen *Fruchtblättern* gebildet. Das wird deutlich, wenn man den Stempel im unteren Drittel, dem *Fruchtknoten*, quer durchschneidet. Dann erkennt man im Inneren zwei getrennte Fächer.

Der Blütenstand:

eine Traube

Das Legebild (▷ 2) und der Blütengrundriss (▷ 3) zeigen deutlich die Anordnung und Zahl der einzelnen Blütenbestandteile. Wegen der Form nennt man die Blüte des Ackersenfs eine *Kreuzblüte*. Entsprechend der Anzahl von Kelch- und Blütenblättern bezeichnet man sie als *vierzählig*.

Am Ende eines jeden Triebes sitzen viele kurzgestielte Einzelblüten übereinander. Sie bilden gemeinsam einen *Blütenstand*, der wegen seiner Form *Traube* heißt. Jede Blüte bleibt etwa zwei Tage lang geöffnet. Dann entwickelt sie sich weiter zur länglichen Frucht, die *Schote* genannt wird. Wenn die Frucht reif ist, springen die zwei Klappen der Schote auf, sodass die runden, schwarzen Samen herausfallen können.

Die Frucht:

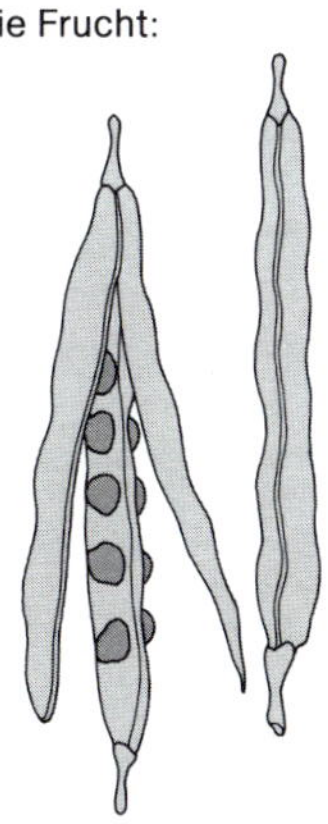

eine Schote

Aufgaben

① Zergliedere eine Ackersenfblüte. Klebe die Teile entsprechend Abbildung 2 in dein Heft und beschrifte.

② Gib für einige Schoten die Anzahl der Samen an. Zähle die Blüten und Früchte an einer gut entwickelten Pflanze. Rechne aus, wie viele Samen diese Pflanze in einem Jahr erzeugen könnte.

③ Schneide eine Knospe quer durch und vergleiche mit dem Blütengrundriss.

④ Versuche herauszubekommen, woraus Senf hergestellt wird und berichte davon.

1 Einzelblüte des Ackersenfs

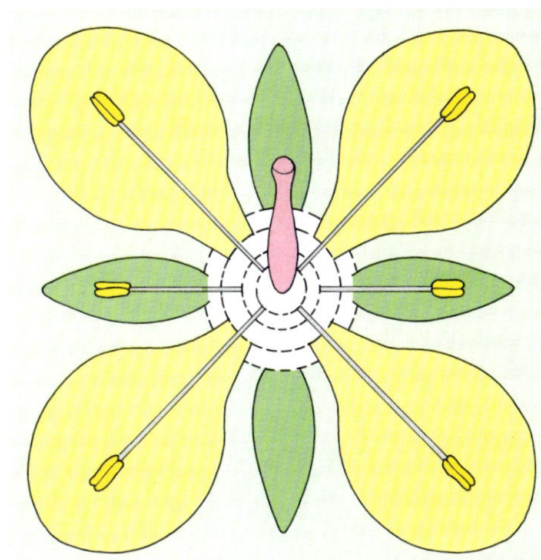

2 Legebild der Ackersenfblüte

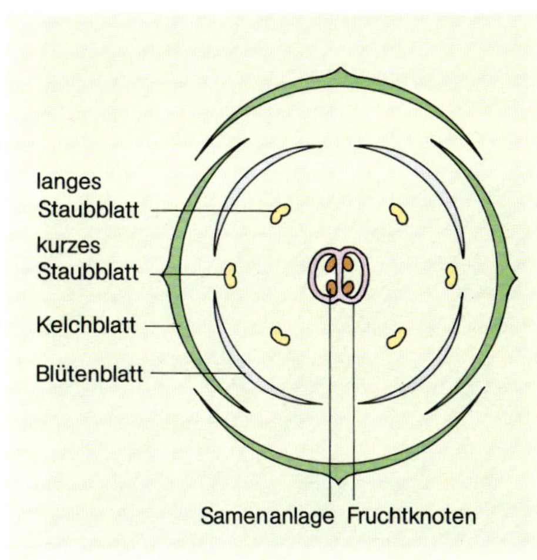

3 Blütengrundriss

Wildtulpen

Die Herkunft der Gartentulpe

Die *Gartentulpe* stammt von Wildformen ab, die in den Steppengebieten Vorderasiens beheimatet sind. Aber auch bei uns kommt in Obstgärten und Weinbergen eine weißgelb blühende *Wildtulpe* vor, die unter Naturschutz steht.

In Vorderasien wurde die Tulpe schon vor 4000 Jahren gezüchtet. Später wurde diese Tradition in den Gärten der türkischen Sultane weitergeführt. Ihren Namen verdankt diese Blume der turbanähnlichen Blüte (Turban = *türk.* tülbend). Nach Europa kamen die ersten „Turbanblumen“ dann im 16. Jahrhundert. Besonders in den Niederlanden begeisterten sich die Menschen für diese Pflanzen und zahlten viel Geld für Zwiebeln einer neuen Sorte. Seither hat die Tulpe in Holland eine neue Heimat gefunden. Viele Menschen dort leben von der Zucht und vom Handel mit Tulpen und Tulpenzwiebeln.

Verschiedene Sorten von Gartentulpen

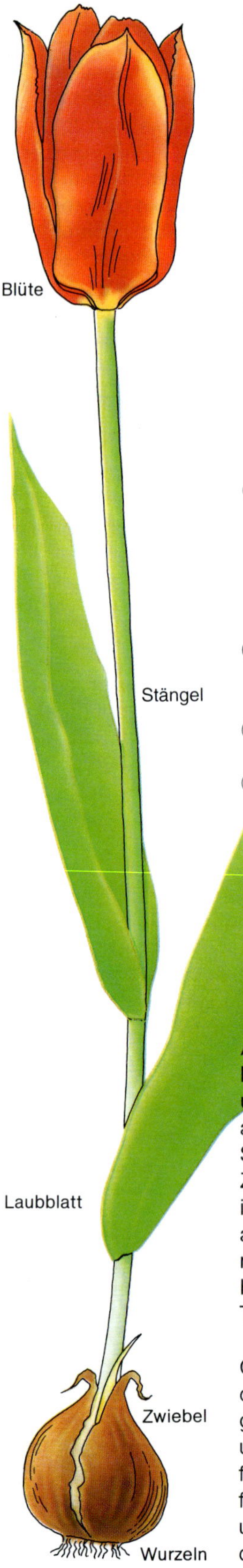

Die Gartentulpe — ein weiterer Pflanzensteckbrief

Von März bis Mai blühen in Gärten und Parkanlagen die Gartentulpen. Es gibt sie in vielen verschiedenen Sorten, die sich vor allem in Farbe und Form ihrer Blüten, aber auch in der Wuchshöhe unterscheiden.

Aufgaben

① Besorge dir in einer Gärtnerei eine vollständige Tulpenpflanze. Spüle anhaftendes Erdreich ab und beschreibe das Aussehen von Wurzel, Zwiebel, Stängel, Blatt und Blüte möglichst genau. Fertige, ähnlich wie beim Ackersenf, dazu einen Steckbrief an.

② Benetze ein Blatt der Tulpe mit einigen Tropfen Wasser. Beschreibe deine Beobachtungen. Reibe mehrmals mit dem Finger über die Blattfläche und wiederhole den Versuch. Was kannst du aus diesem Erbebnis schließen?

③ Zergliedere eine Tulpenblüte und fertige ein Legebild an. Achte ganau auf die Stellung der einzelnen Teile zueinander.

④ Entwickle anschließend aus dem Legebild einen Blütengrundriss.

⑤ Sammle Abbildungen von verschiedenen Tulpensorten (z. B. aus Katalogen von Gärtnereien). Klebe ein besonders schönen Bild dein Heft und beschrifte es. Bringe die anderen Bilder mit zur Schule. Ihr könnt sie dann auf einem großen Zeichenkarton zu einem Poster zusammenkleben.

An den hellbraunen *Wurzeln* der Gartentulpe lassen sich keine Haupt- und Nebenwurzeln unterscheiden. Alle Wurzeln sehen gleich aus; sie sind fadenförmig und unverzweigt. Sie entspringen an der Unterseite einer Zwiebel. Mit dem Aufbau der Zwiebel und ihren Aufgaben werden wir uns später noch ausführlich beschäftigen. Von außen erkennen wir meist nur einige trockene, braune Hüllen, die sich leicht entfernen lassen. Die Tulpenzwiebel ist übrigens ungenießbar.

Oben aus der Zwiebel wächst der drehrunde *Stängel* heraus. Er besitzt eine grünlich gelbe Farbe und glänzt wachsartig. Er ist unverzweigt und trägt außer den drei bis fünf Blättern die große, meist auffällig gefärbte Blüte. Der Stängel ist nicht verholzt und kann leicht brechen. Je nach Sorte werden Gartentulpen 20 — 50 cm hoch.

Die blaugrünen *Laubblätter* sind wechselständig angeordnet. Sie sitzen ohne Stil direkt am Stängel und umfassen ihn scheidenförmig. Dadurch bilden sie eine zum Stängel hinlaufende Rinne. Bei Regen perlen Wassertropfen auf der wachsüberzogenen Blattoberfläche ab und fließen am Stängel abwärts. Dadurch gelangt das Wasser schnell in den Bereich der Wurzeln.

Die einzelnen Blätter haben eine längliche Form und laufen an ihrem Ende lanzenförmig spitz zu. Der Rand der Blätter ist vollkommen glatt; sie sind *ganzrandig.* Die Blattadern verlaufen parallel zueinander; solche Blätter nennt man *paralleladrig.*

Die Blütenknospe der Gartentulpe ist zunächst grün gefärbt. Wenn die Pflanze zu blühen beginnt, werden alle sechs *Blütenblätter* farbig. An ihren Rändern überdecken sich die Blütenblätter. Drei von ihnen umhüllen die Blüte von außen; auf Lücke dazwischen stehen die drei inneren. Kelchblätter sind keine vorhanden.

Ebenso wie die Blütenblätter sind auch die sechs Staubblätter angeordnet. Jedes Staubblatt besteht aus Staubfaden und Staubbeutel, in dem sich der gelbe oder bräunliche *Pollen* (Blütenstaub) befindet. In der Mitte der Blüte steht der säulenförmige Stempel. Seine dreizipfelige, klebrige Narbe sitzt auf einem länglichen Fruchtknoten. Ein deutlicher Griffel fehlt. Wenn man den Fruchtknoten in der Mitte quer durchschneidet, erkennt man, dass der Stempel aus drei Fruchtblättern verwachsen ist. In jedem der drei Fächer befinden sich viele *Samenanlagen.*

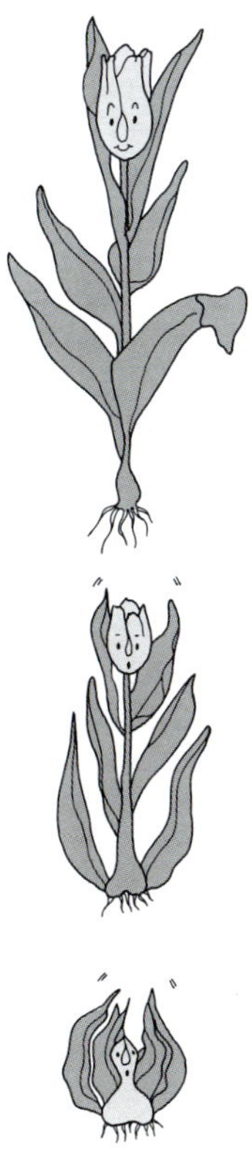

Die Abbildung 1 zeigt deutlich die Anordnung aller Blütenteile. Man erkennt, wie die sechs Blütenblätter und die sechts Staubblätter in Kreisen zu je drei angeordnet sind. Die Tulpenblüte heißt wegen dieses Blütengrundrisses *dreizählig.*

Wenn die Tulpe verblüht ist, verdickt sich der Stempel. Aus ihm entsteht die Frucht, eine *Kapsel.* Zur Zeit der Samenreife platzt die Kapsel in drei Klappen auf und die vielen Samen fallen heraus. Aus ihnen können sich neue Tulpenpflanzen entwickeln.

Aufgabe

① Die Abbildung in der Randspalte gibt einen Hinweis darauf, dass die Zwiebel der Tulpe keine Wurzel ist. Gib an, aus welchen Pflanzenteilen eine Zwiebel besteht.

1 Blick in eine Tulpenblüte

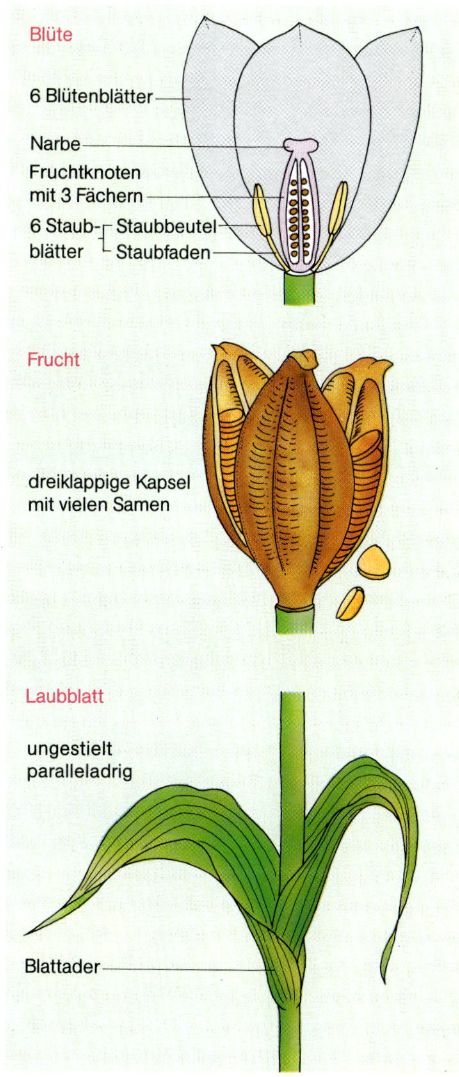

2 Blüte, Frucht und Laubblatt

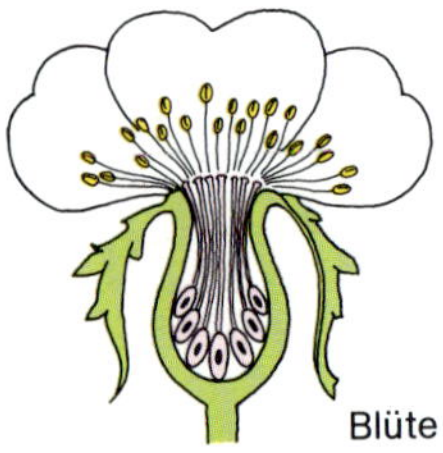

1 Blüten der Heckenrose

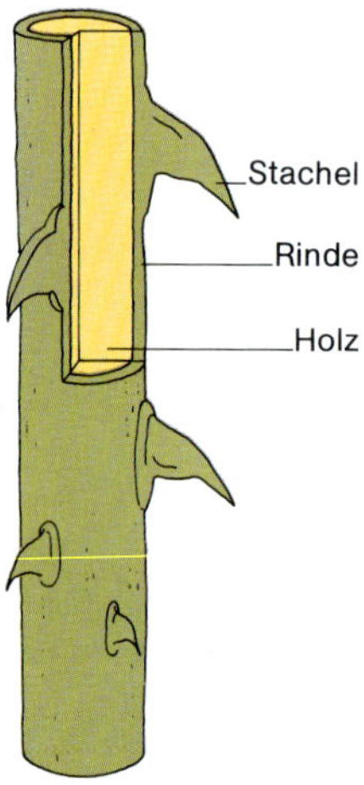

2 Hagebutten

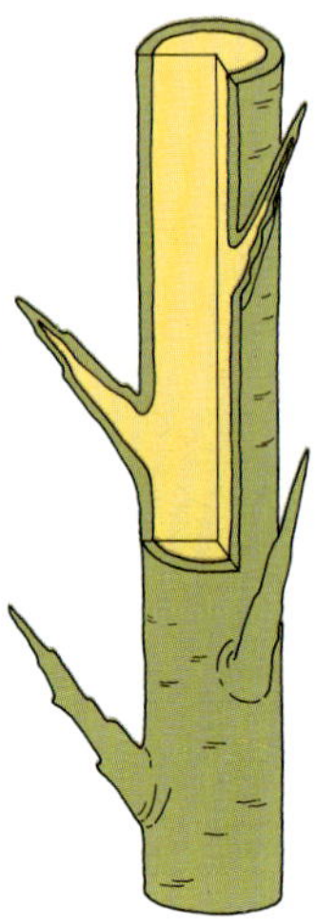

Die Heckenrose ist ein Strauch

Die *Heckenrose* findet man häufig an sonnigen Wegrändern. Ihre oberirdischen Teile sind verholzt, sie ist ein *Strauch*. Der Strauch wird etwa 2 m hoch und beginnt im Juni zu blühen. Eine Blüte besitzt fünf Kelchblätter, auf Lücke dazwischen stehen fünf rosafarbene, herzförmig eingekerbte Blütenblätter. Die Blüte ist also *fünfzählig*.

In der Mitte der Blüte erkennt man viele hellgelbe Fäden, die von etwa einhundert Staubblättern umgeben sind. Das sind Narben und Griffel, die jeweils zu einem Fruchtknoten gehören. Die Fruchtknoten liegen versteckt in einem krugförmigen *Blütenboden*. Weil sie unterhalb der anderen Blütenteile liegen, heißen sie *unterständig*. Die Fruchtknochen von Tulpe und Ackersenf dagegen sind *oberständig*.

Aus der Blüte entwickeln sich im Herbst die Sammelfrüchte der Heckenrose, die *Hagebutten*. Sie sind sehr vitaminreich und können zu Marmelade verarbeitet oder getrocknet als Tee verwendet werden. In Inneren befindet sich eine Vielzahl kleiner Einzelfrüchte.

Das *Blatt* der Heckenrose besitzt einen kurzen *Blattstiel*. An seinem unteren Ende, dem *Blattgrund*, befinden sich kleine *Nebenblätter*. Die *Blattspreite* besteht aus mehreren *Fiederblättchen;* in der Regel sind es sieben, selten neun oder fünf. Da immer eine ungerade Anzahl Fiederblättchen vorliegt, nennt man das Blatt *unpaarig gefiedert*. Der Rand der Fiederblättchen ist gesägt.

Auch wenn es in einer oft benutzten Redewendung heißt: „Keine Rose ohne Dornen!“, so ist dieser Satz falsch, denn eine Rose besitzt keinen einzigen echten *Dorn*. Die spitzen Auswüchse auf der Rinde der Heckenrose nennt der Biologe *Stacheln*. Sie lassen sich leicht ablösen und hinterlassen an der Rinde nur eine kleine Narbe. Das Märchen vom „Dornröschen“ müsste also eigentlich „Stachelröschen“ heißen.

Aufgaben

① Besorge dir einen blühenden Zweig der Heckenrose. Zeichne eine Blüte und ein Blatt in dein Heft und beschrifte.

② Ein häufig in Hecken vorkommender Strauch ist der *Weißdorn*. Er besitzt Dornen. Beschreibe anhand der Abbildungen in der Randspalte den Unterschid zwischen einem Stachel und einem Dorn.

1 Blühender Kirschbaum

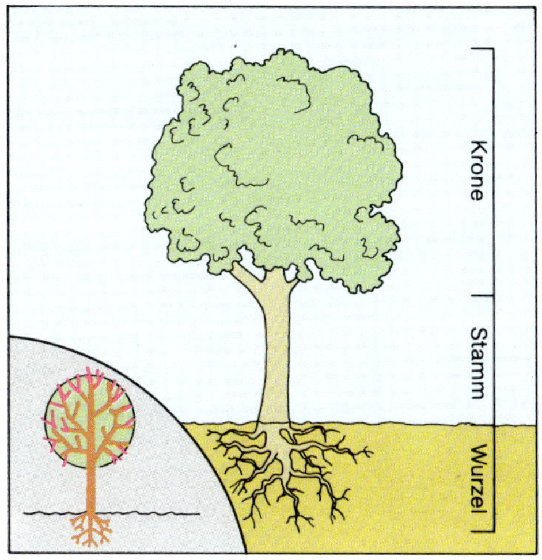

2 Schema eines Baumes

3 Blühender Heckenrosenstrauch

4 Schema eines Strauches

Baum und Strauch sind besondere Wuchsformen

Wie alle Pflanzen besitzen auch *Bäume* und *Sträucher* Wurzeln und einen Spross mit Blättern und Blüten. Von den krautigen Pflanzen unterscheiden sie sich durch *Verholzung* der oberirdischen Teile. Verschiedene *Wuchsformen* grenzen Baum und Strauch allerdings doch voneinander ab.

Bäume können sehr hoch werden. Der aufrechte *Stamm* trägt die *Krone* mit den kräftigen *Ästen*. An den *Zweigen* entwickeln sich in jedem Jahr neue *Triebe* mit Blättern und Blüten. So vergrößert sich die Krone fortwährend und auch der Stamm nimmt ständig an Dicke zu. Bei einem Strauch stellen die Spitzen der Zweige ihr Wachstum häufig ein. Die neuen *Schösslinge* treiben seitlich aus, vor allem kurz über dem Boden. Deshalb besitzen Sträucher meist mehrere *Stämmchen*. So wachsen sie mehr in die Breite und werden nicht so hoch wie Bäume.

Aufgaben

① Ein Kirschbaum und ein Heckenrosenstrauch sind 20 cm über dem Boden abgesägt worden. Werden sich neue Pflanzen entwickeln? Begründe deine Antwort.

② Jemand hat vor 20 Jahren seinen Namen in die Rinde eines Kirschbaumes eingeritzt. An welcher Stelle des Baumes wird er die Buchstaben heute wiederfinden?

2 Von der Blüte zur Frucht

Entwicklung der Kirsche

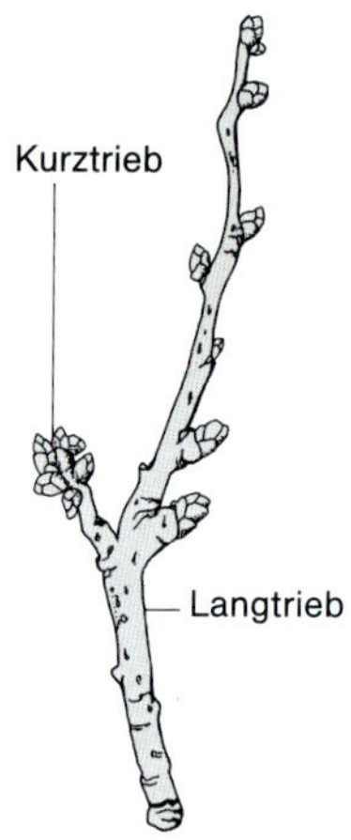

Herr Knaut ist *Wanderimker*. Er fährt mit seinen Bienenvölkern durchs Land. An blühenden Obstplantagen, Rapsfeldern oder Wiesen baut er seine Bienenstöcke auf. Die Bienen fliegen dann auf Nahrungssuche von Blüte zu Blüte. Er ist überall gern gesehen. Zum Beispiel erhält er von dem Besitzer einer Kirschplantage jährlich eine Prämie, damit er seine Bienenstöcke zwischen den blühenden Bäumen aufstellt. Der Kirschbauer weiß nämlich, dass der Ertrag seiner Bäume vom Blütenbesuch der Bienen abhängt. Eine Schulklasse besucht Herrn Knaut in der Kirschplantage und lässt sich den Zusammenhang erklären.

„Wir wollen uns zunächst einmal den Aufbau der Blüten ansehen," sagt der Imker und schneidet einen Zweig von einem Baum ab. Daran sitzen viele Blüten. Laubblätter sind noch nicht vorhanden. Herr Knaut verteilt einige Blüten zur näheren Betrachtung an die Schüler und erklärt dann weiter: „Die *Winterknospen* stehen in Büscheln an den *Kurztrieben*. Aus jeder dieser Knospen haben sich mehrere lang gestielte Blüten entwickelt. Der grüne Blütenboden ist becherförmig gewölbt. An seinem oberen Rand sitzen fünf grüne Kelchblätter und fünf weiße Blütenblätter. Die Blüte ist also fünfzählig. Zwanzig bis dreißig unterschiedlich lange Staubblätter sind mit ihren Staubfäden ebenfalls am Rand des Blütenbodens angewachsen. Ihre Staubbeutel platzen im reifen Zustand und gelber Blütenstaub, Pollen genannt, quillt heraus.

1 In einer Kirschplantage

2 Honigbiene vor einer Kirschblüte

In der Mitte der Blüte befindet sich der Stempel. Wenn ihr die Blüte mit dem Fingernagel aufschitzt, liegt der Stempel frei. Dann erkennt ihr den langen Griffel und die knopfförmige, manchmal klebrige Narbe. Der kugelförmige Fruchtknoten ist vom Blütenboden umhüllt. Hier befindet sich eine zuckerhaltige Flüssigkeit, der *Nektar*, durch den die Bienen zum Blütenbesuch angelockt werden."

„Und jetzt komme ich auf die Frage nach der Entstehung von Früchten zurück," bemerkt Herr Knaut nach einer kurzen Pause. „Wenn meine Bienen nämlich Nektar und Pollen sammeln, bleiben im Haarpelz ihres Körpers einige Pollenkörper hängen. Bei der nächsten Blüte streift die Biene zufällig an der klebrigen Narbe entlang und der Blütenstaub bleibt daran haften. Dieser Vorgang, bei dem Pollen auf die Narbe gelangt, heißt **Bestäubung**.

Bis hierhin ist alles noch einfach zu verstehen. Aber das, was nun weiter geschieht, kann man nur unter dem Mikroskop beobachten. Aus jedem *Pollenkorn* wächst ein *Pollenschlauch* heraus. Dieser dringt in das Narbengewerbe ein und wächst weiter durch den Griffel bis ins Innere des Fruchtknotens. Hier liegt die *Samenanlage*, in der sich eine *Eizelle* befindet. Der erste Pollenschlauch, der in die Samenanlage eindringt, platzt auf. Dabei wird ein Zellkern frei, der sich mit dem Kern der Eizelle vereinigt. Dieser Vorgang heißt **Befruchtung**."

Herr Knaut hält inne, um sich zu vergewissern, ob die Schüler alles richtig verstanden haben. Dann fährt er fort: „Erst jetzt, nach-

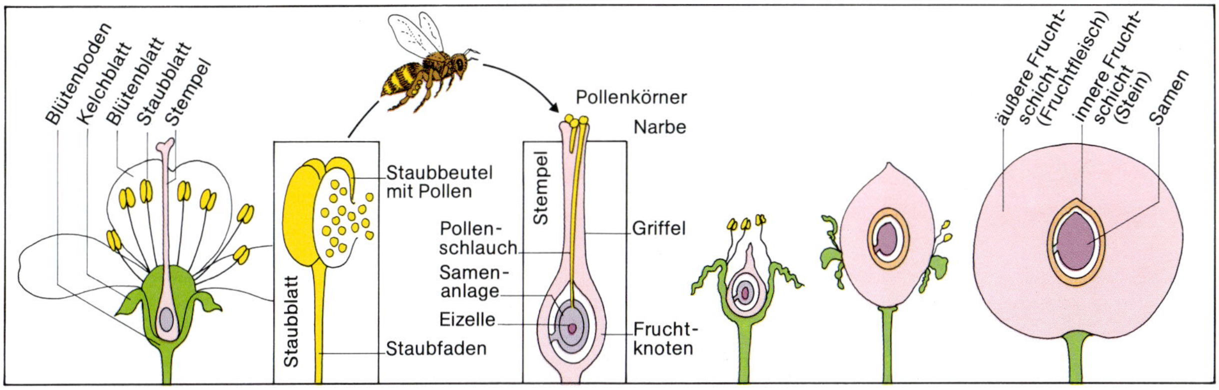

1 Von der Blüte zur Frucht: Bestäubung, Befruchtung und Fruchtentwicklung bei der Kirsche

2 Kirschblüten

3 Unreife Früchte

4 Reife Früchte

dem die Befruchtung erfolgt ist, entwickelt sich eine *Kirsche.* Die Blütenblätter welken und der grüne Fruchtknoten schwillt gewaltig an. Der becherförmige Teil des Blütenbodens wird gesprengt und fällt mitsamt den eingetrockneten Kelch- und Staubblättern ab. Die *Frucht* reift heran. Aus der Wand des Fruchtknotens entsteht sowohl das rote *Fruchtfleisch* als auch der harte *Kirschstein.* Aus der Samenanlage mit der befruchteten Eizelle wird der *Samen*, der sich im Inneren des Steines befindet. Wenn die reife Kirsche zu Boden fällt, kann der Samen im nächsten Frühjahr auskeimen und zu einem neuen Kirschbaum heranwachsen.

Ihr seht also, dass Bestäubung und Befruchtung der Fortpflanzung dienen. Das Staubblatt mit dem Pollen ist das männliche, der Stempel mit Samenanlage und Eizelle das weibliche Fortpflanzungsorgan. Da sich in der Kirschblüte männliche und weibliche Organe befinden, heißt die Blüte *zweigeschlechtig* oder *zwittrig.*

Ihr könntet nun einwenden, dass die Bienen für die Bestäubung einer Zwitterblüte gar nicht notwendig sind, weil sie sich doch selbst bestäuben könnte. Weit gefehlt! Ihr müsst nämlich wissen, dass in jeder einzelnen Kirschblüte zunächst die Narbe klebrig ist, d. h. die Eizelle ist dann reif: Die Staubbeutel sind zu dieser Zeit noch geschlossen; der Pollen reift später heran. Es muss deshalb eine *Fremdbestäubung* erfolgen. Den besten Ertrag erhält man, wenn die Blüten eines Kirschbaumes durch Pollen eines anderen bestäubt werden."

Herr Knaut merkt, dass seinen Zuhörern der Kopf von den vielen Begriffen brummt. Er lässt sich von den Schülern alles noch einmal wiederholen und schließt dann mit den Worten: „Nun vergesst ihr hoffentlich nicht mehr, wie meine Bienen dazu beitragen, dass ihr im Sommer Kirschen essen könnt."

Aufgaben

① Zeichne einen Längsschnitt durch die Kirschblüte in dein Heft. Beschrifte deine Zeichnung mit den Begriffen Blütenblatt, Blütenboden, Fruchtknoten, Griffel, Kelchblatt, Narbe, Staubbeutel und Staubfaden.

② Erkläre anhand von Abbildung 1 die Vorgänge bei Bestäubung, Befruchtung und Fruchtentwicklung.

1 Karthäusernelke

2 Goldnessel

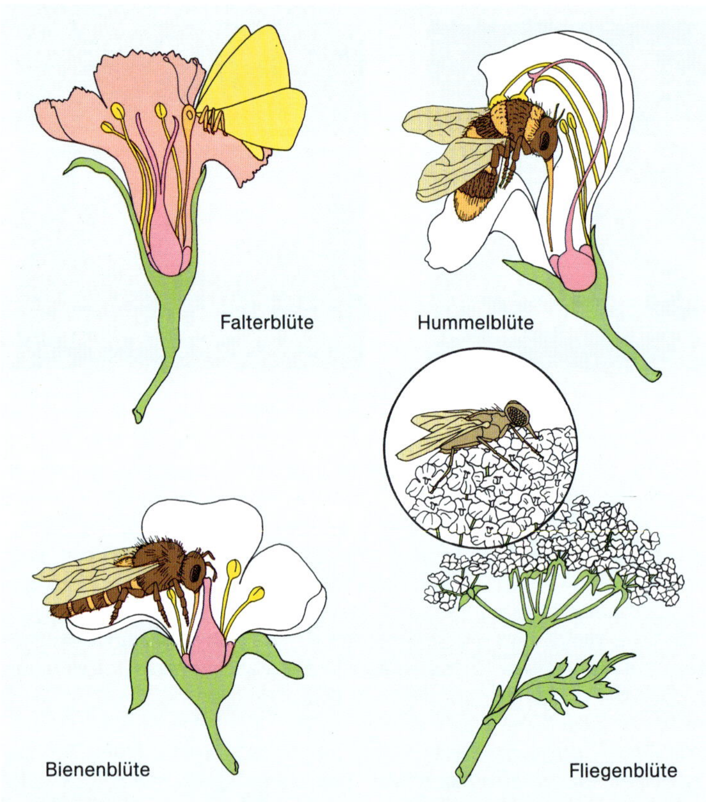

3 Bestäubung unterschiedlicher Blüten durch Insekten

4 Schlehdorn

5 Bärenklau

Blüten müssen bestäubt werden

Bei vielen Pflanzen verhält es sich ähnlich wie bei der Kirsche: nur Fremdbestäubung führt mit Sicherheit zu Befruchtung und Samenbildung. Deshalb müssen die unbeweglichen Pollenkörner von einer Pflanze zur anderen transportiert werden. Es nützt aber nichts, wenn Pollen einer Taubnessel auf der Narbe einer Karthäusernelke landet oder umgekehrt. Die Befruchtung ist nämlich nur innerhalb einer Pflanzenart möglich. Doch wie wird das erreicht.

Insekten helfen bei der Bestäubung

Es fällt auf, dass viele Insekten nur an ganz bestimmten Pflanzenarten anzutreffen sind; sie sind *blütenstet*. Einige Beispiele sollen verdeutlichen, wie Insekten und Blüten einander angepasst sind.

Die *Kärthäusernelke* wird von verschiedenen Tagfaltern besucht. Die Blütenröhre der Karthäusernelke ist sehr lang gestreckt. Der enge Innenraum ist von Staubfäden und dem Stempel so dicht erfüllt, dass nur ein sehr langer und dünner Saugrüssel bis zum Blütengrund und damit zum Nektar vordringen kann. Solch einen langen Saugrüssel besitzen nur diese Schmetterlinge.

Die *Goldnessel* bietet durch ihre Blütenform einen guten Landeplatz für eine Hummel. Während das Insekt mit seinem langen Saugrüssel in der Tiefe der Blütenröhre nach Nektar sucht, streift es mit seinem pelzigen Rücken an den Staubbeuteln entlang und wird mit Pollen eingepudert. Die nächste Blüte kann nun damit bestäubt werden.

Der *Schlehdorn* besitzt wie die Kirsche eine Blüte, die besonders Bienen anlockt. Auf den radförmig ausgebreiteten Blütenblättern können diese Insekten landen. Der Blütenboden ist nur wenig eingesenkt. Dadurch erreichen Bienen mit ihrem kurzen Rüssel den dort gebildeten Nektar. Die vielen Staubblätter werden dabei zur Seite gebogen und Pollen bleibt am haarigen Körper der Insekten haften. Gleichzeitig kann die Narbe durch den bereits mitgebrachten Pollen bestäubt werden.

Der *Bärenklau* lockt durch den uns unangenehmen, aasähnlichen Geruch seiner Blüten vor allem Fliegen und Käfer an. Diese Insekten besitzen zwar nur kurze Mundwerkzeuge, aber der Nektar liegt hier auch leicht zugänglich wie auf einem flachen Teller.

Die *Salweide* blüht im Vorfrühling und wird hauptsächlich durch Bienen bestäubt. Ihre unscheinbaren Blüten sind zu einem Blütenstand, dem *Kätzchen,* vereinigt. Es gibt gelb blühende männliche und grüne weibliche Kätzchen. Die Blüten der Salweide sind also nicht zwittrig, sondern *getrenntgeschlechtig.* Die männliche Einzelblüte besitzt auf einem schuppenförmigen Blättchen zwei Staubblätter, die weibliche einen Stempel. Kelch- und Blütenblätter fehlen.

Bei der Salweide sitzen beide Geschlechter auf verschiedenen Sträuchern; eine Pflanze ist also entweder männlich oder weiblich. Die Salweide ist *zweihäusig.* Im Frühjahr kann man die Sträucher von weitem an ihren gelblichen bzw. grünlichen Kätzchen unterscheiden. Ihr Nektar und Pollen gehören zur ersten Bienennahrung im Jahr. Deshalb soll man blühende Weidenzweige nicht mutwillig abbrechen.

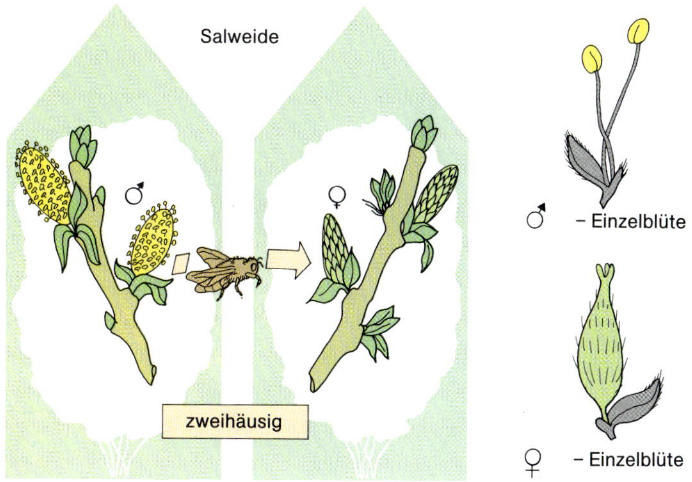

1 Insektenbestäubung bei der Salweide

Bestäubung durch den Wind

Ende Februar lockern sich die bräunlichen Kätzchen des *Haselstrauches* und entlassen bei der kleinsten Windbewegung ganze Wolken von gelbem Blütenstaub. Wenn wir ein Kätzchen untersuchen, so finden wir in regelmäßiger Anordnung drei Schuppenblättchen und darunter acht Staubbeutel. Stempel sind im ganzen Blütenstand nicht vorhanden. Die weiblichen Blüten entdecken wir, getrennt von den männlichen, am gleichen Strauch. Sie sind nur an den roten klebrigen Narbenzipfeln zu erkennen, die aus der Spitze einiger Knospen herausragen. Die zugehörigen Fruchtknoten liegen im Inneren der Knospe.

Die Bestäubung erfolgt beim Haselstrauch nicht durch Insekten, sondern durch den Wind. Das ist möglich, weil Haselpollen sehr trocken und leicht sind und deshalb kilometerweit verweht werden können. Die *Windbestäubung* wird zusätzlich dadurch gesichert, dass die Hasel blüht, bevor sich ihre Laubblätter entwickeln und den Pollenflug behindern. Aus dem gleichen Grund sind die Narben besonder groß und klebrig. Außerdem bildet die Hasel gewaltige Mengen an Pollen: mehr als 2 Millionen Pollenkörper kommen auf eine einzige Eizelle.

Nicht nur durch Insekten oder Wind werden Pollen übertragen. In tropischen Gebieten können manche Pflanzen auch von Kolibris, Nektarvögel oder Fledermäusen bestäubt werden.

Aufgaben

① Wiederhole anhand der Abbildung 178.3, wie Blütenform und Insekt einander angepasst sind.

② Achte bei blühenden Pflanzen darauf, von welchen Insekten sie besucht werden. Schreibe die Pflanzennamen auf und ordne nach Falter-, Hummel-, Bienen- oder Fliegenblüten.

③ Den Haselstrauch bezeichnet man als einhäusig, seine Blüten als getrenntgeschlechtig. Erkläre beide Begriffe.

④ Besorge dir Pollen von verschiedenen Pflanzen. Mikroskopiere und zeichne einige Pollenkörper. Schreibe den Namen der Pflanze dazu.

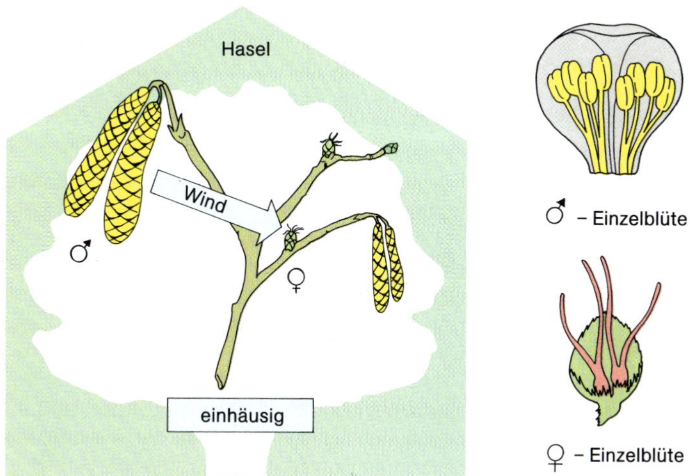

2 Windbestäubung bei der Hasel

1 Bestäubung beim Wiesensalbei

Besondere Bestäubungsmechanismen

Der Trick des Wiesensalbeis

Wiesensalbei (mit Honigbiene)

Der *Wiesensalbei* besitzt eine besondere Einrichtung, um die Bestäubung zu sichern. Diese Pflanze ist dadurch so bekannt geworden, dass der Vorgang sogar auf einer Briefmarke abgebildet worden ist.

Die Blütenblätter des Salbeis, die in einem fünfzipfeligen Kelch sitzen, sind miteinander verwachsen. Sie erinnern in ihrer Form an zwei Lippen. Man spricht deshalb von einer *Lippenblüte*. Bei einer jungen Blüte ragt nur das Griffelende mit der zweizipfeligen Narbe unter der Oberlippe hervor. Auf der Unterlippe landen häufig Bienen oder Hummeln. Um an den Nektar zu gelangen, drängen sie ihren Kopf ins Innere der Blütenblattröhre. Wie von Zauberhand bewegt, schlagen plötzlich die beiden Staubblätter, die bisher unter der helmförmigen Oberlippe verborgen waren, wie ein Schlagbaum auf den Rücken des Insekts und pudern es mit Pollen ein.

Für den Beobachter unsichtbar geschieht im Innern der Blüte Folgedes: Der Saugrüssel des Insekts kann nicht ungehindert zum Nektar gelangen. Er muss links und rechts eine Platte, die leicht beweglich am Staubfaden befestigt ist, nach hinten wergdrücken. Der Staubbeutel seinerseits sitzt am oberen Ende eines langen Hebels und ist so mit der Platte verbungen. Die Bewegungen des Insekts übertragen sich auf den Hebel und setzen so den Schlagbaummechanismus in Bewegung.

Ältere Blüten stäuben nicht mehr. Bei ihnen ist der Griffel in die Länge gewachsen und ragt weit aus der Oberlippe heraus. Die beiden Narbenenden haben sich gespreizt. Erst in diesem Zustand kann die Narbe bestäubt werden. Auf diese Weise wird Selbstbestäubung vermieden.

Die Pollenpumpe der Lupine

Von den fünf Blütenblättern der *Lupine* sind zwei schiffchenförmig miteinander verwachsen. Nur an der Spitze befindet sich eine kleine Öffnung. Genau darunter haben die Staubbeutel ihren Pollen entleert. Wenn ein Insekt beim Blütenbesuch das Schiffchen abwärts drückt, pressen die kolbenförmig verdickten Staubfäden den Blütenstaub gegen den Bauch des Tieres. Erst wenn der gesamte Pollen abgeholt ist, kommt auch der Griffel aus der Öffnung und kann mit fremden Pollen bestäubt werden.

Aufgaben

① Übertrage die Salbeiblüte von Abbildung 1 in dein Heft und beschrifte mit: Platte, Hebel, Staubbeutel, Griffel, Narbe, Fruchtknoten, Kelch, Unterlippe, Oberlippe.

② Die gelben Blüten der *Berberitze* (Sauerdorn) erscheinen im Mai. Berühre bei einer Blüte den Staubfaden mit einem spitzen Gegenstand an seiner Ansatzstelle (siehe Randabbildung). Beschreibe, was geschieht und erkläre die Bedeutung deiner Beobachtung.

2 Bestäubung bei der Lupine

1 Bestäubung bei der Schlüsselblume

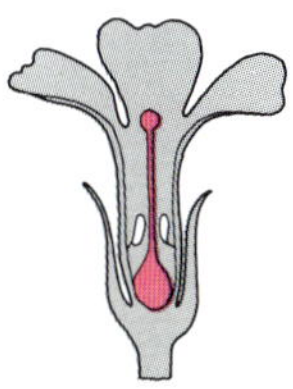

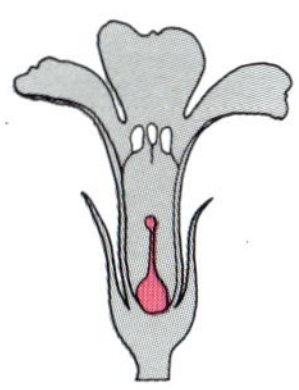

Die Schlüsselblume — Bestäubung in verschiedenen Etagen

Die gelben Blütenröhren der *Schlüsselblume* werden von Schmetterlingen und langrüsseligen Hummeln besucht. Wenn man einige Pflanzen untersucht, kann man eine Überraschung erleben. Es gibt nämlich zwei verschiedene Blüten.

Äußerlich sehen beide gleich aus: Der grüne, fünfzipfelige Kelch umhüllt die lang gestreckte, gelbe Röhre, die aus fünf Blütenblättern verwachsen ist. Im Inneren gibt es wichtige Unterschiede: Ein Teil der Blüten besitzt einen kurzen Griffel und die fünf Staubblätter sind am oberen Rand der Blütenröhre angewachsen. Bei anderen Blüten ist der Griffel so lang, dass die Narbe aus der Blütenröhre herausragt. Die Staubblätter sitzen dort dagegen eine Etage tiefer.

Landet eine Hummel auf einer *kurzgriffeligen Blüte,* um am Grund der Blütenröhre nach Nektar zu suchen, so bleibt Pollen von den hochsitzenden Staubbeuteln an ihrem Kopf haften. Fliegt sie weiter zu einer *langgriffeligen Blüte,* so wird dieser Blütenstaub auf der herausragenden Narbe abgeladen. Dabei nimmt das Insekt wiederum Pollen mit, diesmal an seinem Saugrüssel. Dieser muss nämlich bei der Suche nach Nektar tief in die Blütenröhre hineingesteckt werden. Dabei berührt der Saugrüssel die tiefsitzenden Staubblätter. Bei weiteren Blütenbesuchen streift das Insekt diesen Pollen auf der Narbe einer Blüte mit kurzem Griffel ab. Erst durch die verschiedenen Längen bei den Griffeln der Einzelblüten wird diese Form der Fremdbestäubung gesichert.

Aufgaben

① Erkläre anhand von Abbildung 1 mit eigenen Worten, wie bei der Schlüsselblume Fremdbestäubung erreicht wird.
② Wiederhole, wie bei Kirsche und Salweide Selbstbestäubung vermieden wird.

Die Gleitfalle des Aronstabs

Der Kolben des *Aronstabs* riecht wie Kot oder Aas und lockt dadurch Fliegen und Käfer an. Das *Hüllblatt* und der *Kolben* sind glattwandig. Insekten, die darauf zu landen versuchen, gleiten ab und rutschen in den Kessel. Hier befinden sich, getrennt übereinander, männliche und weibliche Blütenstände. Anfangs, wenn der Kolben besonders stinkt, sind nur die weiblichen Blüten reif. Hineinfallende Fliegen können mitgebrachten Pollen auf den weißlichen Narben abladen. Ein schleimiger Saft, der am Grund der Blüten abgeschieden wird, dient ihnen als Nahrung. Das ist nötig, denn die glatten Wände und eine Vielzahl von *Sperrborsten* halten die Tiere einige Zeit gefangen.

Ein bis zwei Tage später trocknen die Narben und die Sperrborsten welken. Gleichzeitig öffnen sich die Staubbeutel und die Fliegen und Käfer werden mit Pollen eingestäubt. Jetzt wird auch die glatte Wand des Kessels für die eingesperrten Insekten wieder begehbar und sie können entweichen. In der Nähe lockt dann oft schon die nächste Gleitfalle, in der die Tiere ihr Bestäubungswerk fortsetzen können.

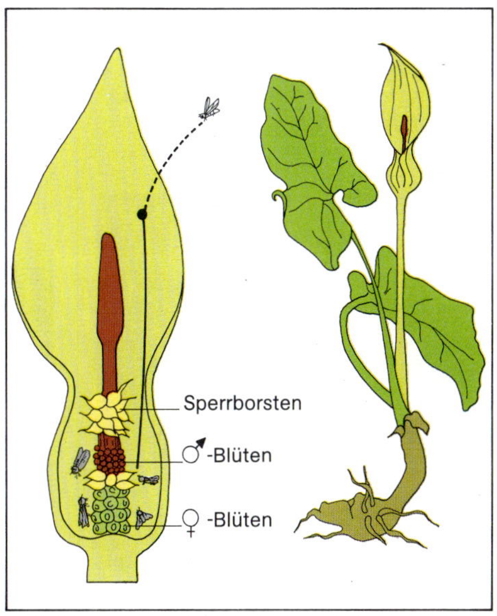

2 Bestäubung beim Aronstab

Lexikon
Lexikon
exikon
xikon
ikon
kon
on

Früchte

Wenn die Samen heranreifen, verändert sich das Aussehen der Blüte. Aus dem Fruchtknoten entwickelt sich die *Frucht*. Bei einer Schließfrucht *(Nuss, Beeren, Steinfrucht)* bleiben die Samen in der reifen Frucht eingeschlossen. Eine Streufrucht *(Kapsel, Hülse)* öffnet sich und die Samen werden ausgestreut. Daneben gibt es noch einige andere Fruchtformen.

Nuss

Die **Haselnuss** ist ein typisches Beispiel für eine Nuss. Bei ihr entwickelt sich die Fruchtknotenwand zu einer trockenen, manchmal sehr harten Schale. Im Inneren befindet sich in der Regel nur ein einziger Samen.

Esskastanie *(Marone)*, *Buchecker* und Eichel sind ebenso Nussfrüchte wie *Sonnenblumenkerne*. Nüsse sind nicht immer groß und essbar. Auch die Früchte vom *Hahnenfuß* und die Flugfrüchte vom *Löwenzahn* sind Nüsschen.

Beere

Früchte, bei denen die Wand des Fruchtknotens insgesamt fleischig bleibt, heißen *Beeren*. Im Inneren befinden sich häufig viele Samen. Dir sind sicher einige einheimische Beerensträucher bekannt. Zu ihnen gehören beispielsweise *Heidel-* und *Preiselbeere*. Im Garten werden *Stachel-* und **Johannisbeeren** gezogen. Sie liefern schmackhaftes Beerenobst.

Beeren sind nicht immer so klein wie die oben genannten Arten. *Gurke, Kürbis* und *Melone* sind besonders große Beerenfrüchte. Hättest du gewusst, dass auch *Tomaten* und *Paprika* Beeren sind, genauso wie die grünen Früchte der *Kartoffel*? Auch *Zitrone, Orange* und *Pampelmuse* sind Beerenfrüchte, allerdings ist das äußere Fruchtfleisch lederartig.

Beeren enthalten in der Regel viele Samen. Ausnahmen sind die *Weinbeere*, in der sich nur wenige Samen befinden, und die *Dattel*. Sie ist eine einsamige Beere.

Nicht alle Beeren sind essbar. Der **Bittersüße Nachtschatten** besitzt ungenießbare, leicht giftige Beeren. Deshalb solltest du niemals unbekannte Wildfrüchte essen, auch wenn sie noch so appetitlich aussehen.

Steinfrucht

Die Früchte des **Schlehdorns**, die erst spät im Jahr reifen und säuerlich schmecken, sind ein Beispiel für *Steinfrüchte*. Bei ihnen wird der Fruchtknoten in seinem äußeren Teil fleischig; sein Inneres entwickelt sich zu einer steinharten Schicht, die den Samen einschließt. Steinfrüchte besitzen sowohl Eigenschaften von Beeren als auch von Nüssen.

Pfirsich, *Kirsche, Pflaume* und *Aprikose* sind unter dem Begriff *Steinobst* bekannt. Bei ihnen wird nur der äußere, fleischige Teil der Frucht gegessen. Es gibt auch Steinfrüchte, bei denen der Samen sehr groß wird, während das Fruchtfleisch faserig und ungenießbar ist. Solche Steinfrüchte kennst du von *Walnuss* und *Kokosnuss*, die also in Wirklichkeit gar keine echten Nüsse sind. Wenn die Steinkerne sehr klein sind und im Fruchtfleisch kaum auffallen, kann man Steinfrüchte auch mit Beeren verwechseln. Ein Beispiel dafür sind die Steinfrüchte des **Schwarzen Holunders**, die man als Holunderbeeren bezeichnet.

Kapsel

Kapseln sind Streufrüchte von sehr unterschiedlicher Form. Bei der **Rosskastanie** öffnet sich die Kapsel spaltförmig und die Samen fallen heraus. Man spricht in diesem Fall von einer *Spaltkapsel.* Ähnlich ist es bei *Veilchen, Tulpe* und *Schwertlilie.*
Bei einer anderen Kapselform, der *Deckelkapsel,* öffnet sich die Frucht, indem sich der obere Teil wie ein Deckel abhebt. Die Samen liegen dann wie in einem offenen Topf und werden durch Windbewegungen ausgestreut. *Schlüsselblume* und *Bilsenkraut* sind Pflanzen mit Deckelkapseln.
Wenn sich in der Kapsel einzelne Löcher bilden, spricht man von einer *Porenkapsel.* Solche Früchte besitzen *Löwenmäulchen* und *Glockenblume.*

Besonders groß und auffällig ist diese Frucht beim **Klatschmohn**, einer häufigen Wegrandpflanze mit roten Blüten.

Balg

Als *Balg* bezeichnet man eine Streufrucht, die im Gegensatz zur Kapsel nur aus einem einzigen Fruchtblatt entstanden ist. Der Balg platzt mit einem schlitzförmigen Spalt an nur einer Seite auf. Dies unterscheidet ihn von der *Schote* und der *Hülse.* Diese Streufrüchte platzen an zwei Seiten auf.

Schote

Vom *Ackersenf* weißt du, dass sich eine *Schote* aus einem zweifächrigen Fruchtknoten entwickelt. Auch die Früchte von *Wiesenschaumkraut* und *Brunnenkresse* sind Schoten. Das **Hirtentäschelkraut** besitzt ein *Schötchen* als Frucht. Schote und Schötchen sind zweiklappige Kapseln.

Hülse

Sie ähnelt im Aussehen einer Schote, ist aber aus einem einfächrigen Fruchtknoten entstanden. Die Samen sitzen an der unteren Naht und nicht an der Scheidewand. *Ginster, Klee, Wicke* und *Lupine* besitzen Hülsen. Viele Hülsenfrüchte sind essbar. **Erbse**, *Bohne* und *Linse* sind dir bekannt. Auch die *Erdnuss* ist eine Hülsenfrucht.

Spalt- und Bruchfrucht

Manche mehrsamigen Früchte zerfallen bei der Reife in einsamige Teile. Bei der *Wegmalve* entstehen viele Teilfrüchte, so als würden Käseecken abgeschnitten. Die Frucht der Taubnessel zerfällt in vier Teile, die des *Kümmels* in zwei. Beim **Ahorn** sind die beiden Spaltfrüchte durch ihre großen Flügel besonders auffällig.

Sammelfrucht

Himbeere, *Brombeere* und *Erdbeere* sind *Sammelfrüchte* und keine echten Beeren. Die Einzelfrüchte der Himbeere und der Brombeere sind kleine Steinfrüchte. Bei der Erdbeere sind es Nüsschen, die sich auf der fleischigen Blütenachse befinden. Auch die *Hagebutte* ist eine Sammelfrucht mit vielen Nüsschen im Inneren.

Scheinfrucht

Da das Fleisch der *Erdbeere* nicht aus dem Fruchtknoten entstanden ist, kann man sie auch als *Scheinfrucht* bezeichnen. Ebenfalls Scheinfrüchte besitzt die **Eberesche**. Hier ist das Fruchtfleisch aus dem Blütenboden entstanden. Zwei andere bekannte Scheinfrüchte sind **Apfel** und *Birne.*

Die Verbreitung von Früchten und Samen

Wenn ihr im Schulgarten arbeitet, ärgert ihr euch sicher manchmal, dass in den Beeten viele Pflanzen keimen, die niemand gesät hat. Wo kommen ihre Samen her? Einige habt ihr selbst mitgebracht, ohne es zu wissen. Der Vogelknöterich zum Beispiel besitzt *Haftfrüchte*. Sie sind bei Nässe klebrig und können, genau wie die Samen des Breitwegerich, an euren Schuhsohlen hängen bleiben und dadurch verschleppt werden. Es gibt allerdings noch viele andere Möglichkeiten, wie Früchte und Samen verbreitet werden können.

Verbreitung durch Tiere

Manche Pflanzen besitzen auffällig gefärbte Früchte. Diese *Lockfrüchte* werden vor allem von Vögeln gefressen. Die unverdaulichen Samen werden später mit dem Kot wieder ausgeschieden und können – weit entfernt von der Mutterpflanze und gut gedüngt durch den Vogelkot – auskeimen. Schneeball, Holunder und Eberesche besitzen solche Lockfrüchte. Die Samen von Mistel und Eibe keimen sogar erst dann gut, wenn sie vorher durch den Darm eines Vogels gegangen sind.

Bucheckern, Eicheln, Kastanien und Haselnüsse sind *Trockenfrüchte*. Sie dienen zum Beispiel Eichhörnchen und Siebenschläfern als Nahrung. Da die Tiere außerdem Vorräte für den Winter anlegen, vergraben sie viele Früchte. Einige davon verlieren sie oder finden sie nicht mehr wieder. So können neue Bäume und Sträucher entstehen.

Flugsamen von Zanonia (Originalgröße)

1 Eine Singdrossel frisst die Lockfrüchte vom Schneeballstrauch

Auch Ameisen sind an der Verbreitung von Pflanzen beteiligt. Schöllkraut, Veilchen und Taubnessel besitzen *Ameisenfrüchte*. Ein kleines, fetthaltiges Anhängsel lockt die Tiere bei der Nahrungssuche an. Dabei werden die Samen verschleppt.

Die *Klettfrüchte* des Labkrauts und der Klette besitzen hakenförmige Fortsätze, die sich im Fell von Säugetieren oder im Gefieder von Vögeln verfangen. Auf diese Weise reisen die Früchte oftmals über weite Strecken als „blinde Passagiere“ mit.

Verbreitung durch den Wind

Viele Samen oder Früchte haben gute Flugeigenschaften und werden vom Wind oft über weite Strecken befördert. Die Samen des Klatschmohns sind *Körnchenflieger*. In der reifen Frucht liegen sie wie in einem Salzstreuer. Bei trockenem Wetter bläst der Wind die Samen aus der schwankenden Kapsel heraus. Wegen ihres vergleichsweise hohen Gewichtes sind die zurückgelegten Strecken allerdings nicht sehr groß. Der Klatschmohn bildet deshalb oft dichte Bestände. Besonders leicht sind die Samen einiger Orchideen, die deshalb als *Staubflieger* bezeichnet werden.

Die Früchte von Ulme und Birke sind kleinen fliegenden Untertassen vergleichbar. Wegen ihrer Form heißen sie *Scheibenflieger*. Bei den *Schraubenfliegern* von Ahorn, Hainbuche, Linde oder Kiefer bewegen sich die Früchte wie Propeller durch die Luft und legen so größere Strecken zurück. Die Samen der mit unserem Kürbis verwandten tropischen Pflanze Zanonia besitzen große, flügelförmige Tragflächen, die sie zu *Gleitfliegern* machen.

Auch haarähnliche Fortsätze ermöglichen vielen Früchten ein langes Schweben in der Luft. Die Früchte der Waldrebe sind *Federschweifflieger*, Weide und Pappel besitzen *Schopfflieger*. Bei ihnen sind die Früchte wie von einem Haarschopf umgeben. Die *Schirmflieger* sind die Fallschirmspringer unter den Früchten. Die „Pusteblume“ des Löwenzahns ist wohl jedem bekannt. Jedes Nüsschen hängt an einem Stiel unter einem Schirm aus feinen Haaren und wird bei trockenem Wetter sicher an einen neuen Standort getragen. Bei Regen sind die Früchte nicht flugfähig, denn die Härchen nehmen Wasser auf und legen sich zusammen.

Selbstverbreitung von Früchten

Aus den gelben Blüten des Springkrautes entwickeln sich *Schleuderfrüchte*. Wenn man eine reife Kapsel berührt, rollen sich die fünf Fruchtblätter so schnell ein, dass die Samen drei bis fünf Meter weit weggeschleudert werden. Umgangssprachlich wird diese Pflanze deshalb auch „Rühr-mich-nicht-an" genannt. Ähnliche Früchte besitzt der Storchschnabel. Bei Ginster und Hornklee platzen die Hülsen manchmal mit einem vernehmlichen Knall auf. Die Fruchtblätter rollen sich spiralig auf und schleudern die Samen aus. Die Früchte der Spritzgurke, die im Mittelmeergebiet vorkommt, besitzen einen Explosionsmechanismus. Wenn sich die reife Frucht vom Stiel löst, werden die Samen mit einer bitteren Flüssigkeit aus dem Inneren herausgespritzt. Allerdings können durch diese Art der Verbreitung keine großen Strecken zurückgelegt werden.

Verbreitung durch Wasser

Wasser- bzw. Uferpflanzen wie Seerose und Erle besitzen *Schwimmsamen*. Luftgefüllte Hohlräume verhindern, dass diese untergehen. So können sie durch die Wasserströmung über sehr weite Strecken verbreitet werden. Die Kokospalme ist dank ihrer *Schwimmfrüchte* auf den entlegensten Inseln der Südsee anzutreffen. Der Golfstrom hat Kokosnüsse sogar schon bis an die Küste Norwegens geschwemmt. Das sind mehr als 9000 km Reiseweg. Auch durch Schiffe und andere Verkehrsmittel werden ohne Absicht Pflanzen verbreitet. So kommt es, dass in Häfen und an Bahndämmen manchmal fremdländische Gewächse keimen.

Aufgaben

① Ordne den in Abbildung 2 dargestellten Früchten und Samen die im Text genannten Verbreitungsmechanismen zu. Nenne die Namen der zugehörigen Pflanzen.

② Sammle Früchte und Samen und ordne sie nach der Art ihrer Verbreitung.

③ Welche Voraussetzungen müssen Samen erfüllen, die vom Wind verbreitet werden?

④ Laß aus 2 m Höhe verschiedene Früchte und Samen fallen. Miss mit einer Stoppuhr die Fallzeiten. Entferne die Flugeinrichtungen und miss erneut. Vergleiche!

⑤ In Nordamerika wurde der Breitwegerich von europäischen Siedlern eingeschleppt. Erkläre, warum die Indianer die fremde Pflanze „Fußstapfen des Weißen Mannes" nannten.

1 Blüten und Früchte des Springkrauts

2 Verschiedene Früchte und Samen

Die Gartenbohne – aus dem Leben einer Blütenpflanze

Blüte und Frucht

Die Blüten der *Gartenbohne* besitzen unterschiedlich geformte Blütenblätter. Aus der Entfernung erinnern sie an einen kleinen Schmetterling. Blüten mit diesem Aussehen heißen *Schmetterlingsblüten.* Wie ist eine solche Blüte aufgebaut?

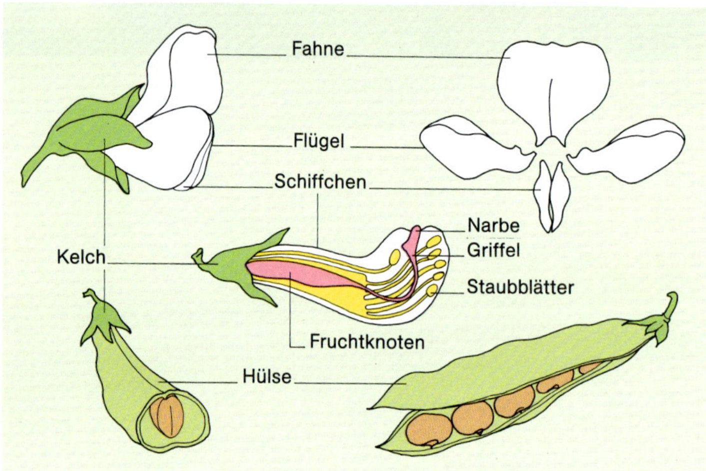

1 Aufbau von Schmetterlingsblüte und Hülse

Der fünfzipfelige, grüne *Kelch* ist glockenförmig. Nach oben ragt aus ihm ein besonders großes Blütenblatt, die *Fahne,* heraus. Die beiden seitlichen Blütenblätter, die den Schmetterlingsflügeln gleichen, heißen *Flügel.* Zwischen ihnen versteckt liegt ein kahnförmiges, gedrehtes Gebilde, das *Schiffchen.* Es besteht aus zwei miteinander verklebten Blütenblättern. Insgesamt besitzt die Blüte der Gartenbohne also fünf Blütenblätter. Sie ist *fünfzählig.*

Verborgen im Inneren des Schiffchens liegen zehn Staubblätter. Neun davon sind im unteren Abschnitt miteinander verwachsen. Sie bilden eine Rinne, die vom zehnten, freien Staubblatt abgedeckt wird. In dieser Rinne befindet sich der lang gestreckte Fruchtknoten. Er besteht aus einem einzigen Fruchtblatt. Der Griffel ist hakenförmig aufwärts gebogen. Die Narbe liegt also in unmittelbarer Nähe der Staubbeutel. Deshalb können reife Pollenkörner leicht auf die Narbe gelangen; es kommt regelmäßig zur *Selbstbestäubung.* Im Gegensatz zu vielen anderen Pflanzen ist bei der Gartenbohne keine Fremdbestäubung zur Samenbildung erforderlich.

Nach der Befruchtung entwickelt sich eine einfächrige Frucht, die *Hülse.* In ihrem Inneren reifen mehrere *Bohnensamen.* Aus jedem von ihnen kann eine neue Bohnenpflanze heranwachsen.

Zum Aufbau der Samen

Der Bohnensamen ist von einer *Samenschale* umgeben, an der deutlich der *Nabel* zu erkennen ist. An dieser Stelle war die Bohne in der Hülse angewachsen. Bei einem Samen, der über Nacht in Wasser gelegen hat, lässt sich die Samenschale leicht entfernen. Der geschälte Samen besteht aus zwei dicken, weißlichen Hälften. Dies sind die nährstoffhaltigen *Keimblätter.* Dazwischen liegt der *Keimstängel* mit den ersten Laubblättern und der *Keimknospe.* Die *Keimwurzel* ist ebenfalls deutlich zu erkennen. Das bedeutet: Der Samen einer Pflanze ist ein mit Vorratsstoffen ausgestatteter *Keimling* im Ruhezustand. Er ist ein vollständiges Pflänzchen, das nur noch heranwachsen muss.

Keimung und Wachstum

Solange die Samen der Gartenbohne nicht mit Feuchtigkeit in Berührung kommen, verändern sie ihr Aussehen nicht. Sie scheinen vollkommen leblos; sie befinden sich in *Samenruhe.* So überstehen sie ohne Schaden ungünstige Bedingungen, zum Beispiel lange Trockenheiten oder Frost.

Damit der Samen sich zu einer jungen Pflanze entwickeln kann, müssen einige Voraussetzungen erfüllt sein:
– Ohne Wasser kann kein Samen keimen.
– Die Temperatur beeinflusst die Keimung: Wärme fördert die Geschwindigkeit; Samen, die kühl gehalten werden, keimen weniger rasch.
– Wie alle Lebewesen benötigen keimende Samen auch den Sauerstoff der Luft. Licht und Erde sind dagegen für die Entwicklung der Keimpflanze zunächst nicht nötig. Erst die wachsende Pflanze ist darauf angewiesen.
Unerlässliche Keimungsbedingungen sind also *Wasser, Wärme* und der *Sauerstoff* aus der Luft.

In feuchter Erde nehmen die Samen der Gartenbohne Wasser auf, quellen und werden größer. Der dadurch entstehende Druck lockert das umgebende Erdreich und der Keimling kann beim Wachsen den Boden leichter durchdringen. Als erstes durchbricht die Keimwurzel die Samenschale. Sie wächst nach unten in die Erde und bildet dabei *Seitenwurzeln* aus. Erst jetzt wird der hakenförmig gebogene Stängel sichtbar. Er wächst nach oben und zieht die beiden Keimblätter aus der aufgeplatzten Samenschale heraus. Der weißliche Stängel richtet sich über der Erde auf und wird, ebenso wie die beiden Keimblätter, im Licht bald grün. Die ersten Laubblätter entfalten sich und der Spross wächst mit der Stängelknospe in die Länge. Gleichzeitig schrumpfen die Keimblätter, trocknen ein und fallen schließlich ab.

Der wachsende Stängel verfestigt sich und hält die Pflanze aufrecht. Das ist zum Beispiel bei den niedrig wachsenden *Buschbohnen* der Fall. *Stangenbohnen* dagegen benötigen eine Stütze, wenn sie größer werden. Sie führen beim Wachsen kreisende Suchbewegungen aus. Haben sie einen Halt gefunden, so winden sie sich um die Stütze herum. Dies geschieht immer in der gleichen Richtung. Die Bohne ist ein *Linkswinder,* d. h. sie dreht sich gegen den Uhrzeigersinn, wenn man von oben auf die Pflanze blickt.

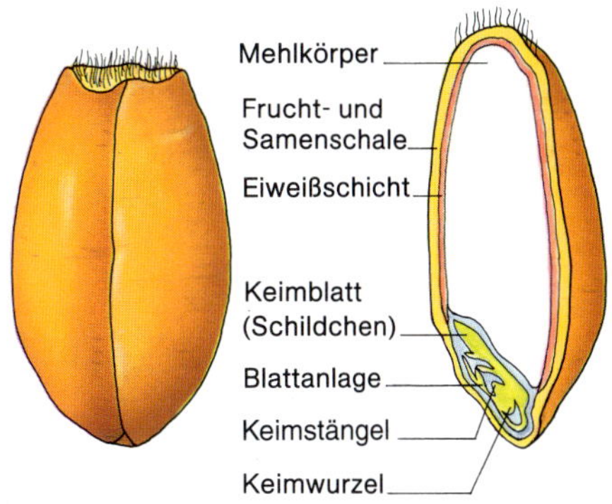

Weizenkorn (Aufsicht und Längsschnitt)

Das Weizenkorn

Der stärkehaltige *Mehlkörper* bildet die Hauptmasse des Weizenkorns. Er ist von einer gelblichen *Frucht-* und *Samenschale* umgeben, darunter liegt eine *Eiweißschicht.* Der Keimling befindet sich an einem Ende des Korns außerhalb des Mehlkörpers und besitzt nur ein Keimblatt, das *Schildchen.* Dieses versorgt den heranwachsenden Keimling mit Vorratsstoffen aus dem Nährgewebe des Mehlkörpers. Samen mit einem Keimblatt lassen sich im Gegensatz zu Bohnensamen nicht in zwei Hälften zerlegen.

Aufgaben

① Ziehe einen Bohnenkeimling heran (vgl. Praktikum). Zeichne die Keimblätter und eines der Folgeblätter. Beschreibe deren Form und nenne Unterschiede.
② Beschreibe die Stellung der Laubblätter einer Bohnenpflanze bei voller Beleuchtung und nach längerer Dunkelheit.
③ Man kann eine Hülse auf den ersten Blick leicht mit einer Schote (z. B. der Frucht des *Ackersenfs*) verwechseln. Vergleiche beide Fruchtformen und gib an, woran du eine Hülse bzw. eine Schote erkennst.
④ Untersuche einige Samen *(Erbse, Apfelkern, Haselnuss)* und Getreidekörner *(Roggen, Mais, Gerste).* Begründe, ob sie im Aufbau eher einem Bohnensamen oder einem Weizenkorn gleichen.
⑤ Lege einige dieser Samen und Getreidekörner ein paar Tage in feuchte Watte. Vergleiche dann die sich entwickelnden Keimlinge täglich unter der Lupe und versuche, sie zu zeichnen. Welche Unterschiede kannst du erkennen?

Quellung, Keimung, Wachstum

Quellung

Planzensamen kannst du aufbewahren, wenn du darauf achtest, dass sie trocken lagern. Durch Wasseraufnahme verändern sich Samen, sie *quellen.*

Aufgaben

① Wiege 100 Gramm trockene Erbsen oder Bohnen ab und schütte sie in ein Becherglas mit reichlich Wasser. Trockne die Samen nach 24 Stunden gut mit Küchenpapier ab. Stelle erneut das Gewicht fest und vergleiche.

② Miss die Länge eines trockenen Bohnensamens. Lege ihn über Nacht in Wasser und miss erneut. Was stellst du fest?

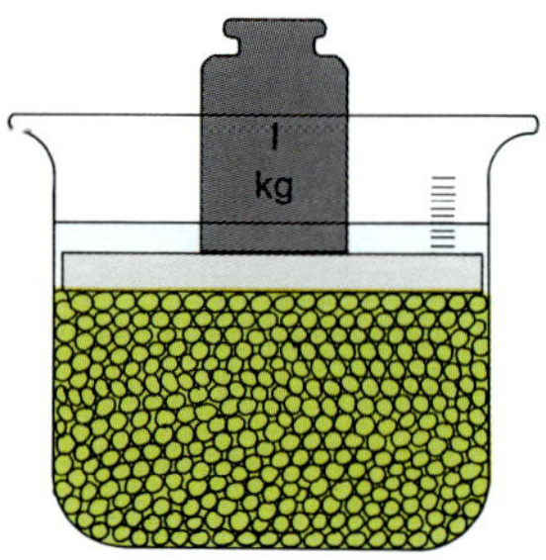

③ Lege in einem Glasgefäß auf trockene Erbsen eine Platte mit einem Gewicht. Markiere die Lage der Platte. Übergieße alles mit Wasser und kontrolliere am nächsten Tag.

④ Rühre in zwei Jogurtbechern jeweils halbvoll Gips an. Stecke bei einem Becher sechs Bohnensamen in den Gips und gieße den Inhalt des zweiten Bechers darüber. Lege den Gipsblock, nachdem er ausgehärtet ist, für zwei Tage in eine wassergefüllte Petrischale. Was bedeutet das Ergebnis für die Samen im Boden?

Keimung

Wenn du im Garten Bohnenpflanzen ziehen möchtest, so legst du im Frühjahr Bohnensamen ins feuchte Erdreich. Manchmal keimen Samen aber nicht. Woran kann das liegen?

Aufgaben

① Die Abbildungen zeigen Versuche, mit denen sich prüfen lässt, was eine Pflanze zum Keimen benötigt. Beschreibe die Versuchsanordnungen und führe die Experimente selbst durch. Zu welchen Ergebnissen kommst du?

② Damit du richtige Ergebnisse erhältst, musst du überprüfen, ob die verwendeten Samen überhaupt keimfähig sind. Für diesen Kontrollversuch legst du zehn Samen in feuchte Erde und schaffst natürliche Bedingungen. Die Keimung ist gelungen, wenn grüne Blättchen zu sehen sind.

③ Lege 10 ungequollene und 10 gequollene Samen für eine Woche in den Kühlschrank. Untersuche danach die Keimfähigkeit. Was bedeutet das Ergebnis für die natürlichen Verhältnisse?

④ Schäle einen gequollenen Bohnensamen. Brich ihn in zwei Teile auseinander. Betrachte das Innere mit der Lupe und zeichne.

⑤ Kratze die Oberfläche eines Bohnensamens ab. Bringe einen Tropfen Iodkaliumiodid darauf. Deute das Ergebnis.

⑥ Bringe in einem sandgefüllten Quarkbecher 10 Bohnensamen zum Keimen. Entnimm im Abstand von jeweils zwei Tagen einen Samen und zeichne die Keimlinge in natürlicher Größe. Achte genau auf Veränderungen im Aussehen von Wurzel und Spross (Lupe).

Wachstum

Wenn sich deine Keimpflanzen gut entwickelt haben, sind sie gewachsen: die Wurzeln ins Erdreich, der Spross nach oben. Auch das Wachstum lässt sich genauer untersuchen. Dazu wird täglich die Länge des Sprosses gemessen und protokolliert. Nach den gemessenen Werten kannst du eine *Wachstumskurve* zeichnen.

Aufgaben

① Miss drei Wochen lang den Blütentrieb, der aus der Zwiebel eines Rittersterns (Amaryllis) herauswächst. Erstelle eine Tabelle und zeichne die Wachstumskurve.

② Die folgende Tabelle zeigt eine solche Messung. Zeichne und vergleiche deine eigenen Ergebnisse mit den vorgegebenen Werten und auch mit Abbildung 1. Gibt es Unterschiede?

Tage	2	4	6	8	10
Länge (cm)	0,3	1,2	2,1	6,5	11,1

Tage	12	14	16	18	20
Länge (cm)	17	25	37	45	46

③ Bohnen werden in feuchtem Sand zum Keimen gebracht, bis Spross bzw. Wurzel 2 cm lang sind. Mit wasserlöslicher Tusche werden im Abstand von 1 mm Markierungsstriche angebracht. Nach vier Tagen wird kontrolliert. Die Ergebnisse sind in den nebenstehenden Abbildungen zusammengefasst. Beschreibe und vergleiche.

④ Führe die Versuche selbst mit Erbsen-, Kresse- oder Sonnenblumensprossen durch. Ebenso mit den Keimwurzeln bei Erbse, Eiche oder Rosskastanie.

⑤ Ziehe in vier Blumentöpfen einige Bohnenkeimlinge heran. Führe damit folgende Versuche durch:
a) Über einen Topf wird eine schwarz ausgekleidete Schachtel gestülpt.
b) Der zweite wird mit einem Dunkelkasten wie bei a) versehen. Diesmal wird durch eine Hülse eine Öffnung geschaffen. Das einfallende Licht muss die Spitze des Keimlings treffen.
c) Lege den dritten Blumentopf waagerecht hin.
d) Der vierte Topf dient als Kontrolle.

Beschreibe nach 14 Tagen das Aussehen der Keimlinge in den vier Töpfen. Achte bei c) auch auf die Keimwurzel! Vergleiche mit den Kontrollpflanzen und gib Gründe für das unterschiedliche Aussehen an.

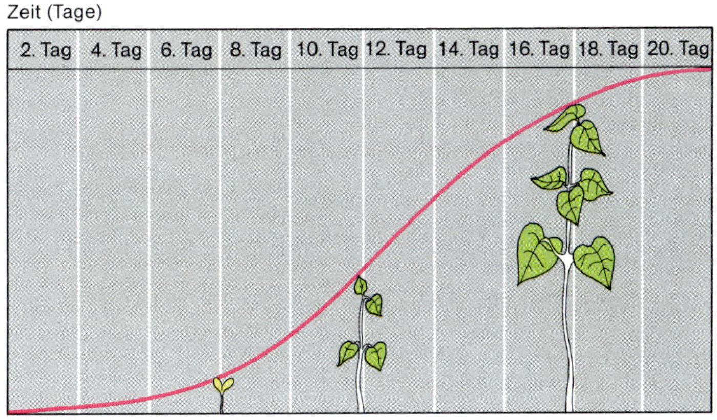

Wachstumskurve

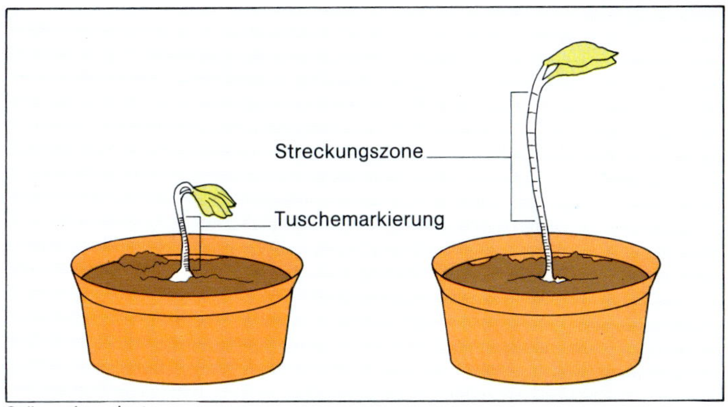

Stängelwachstum

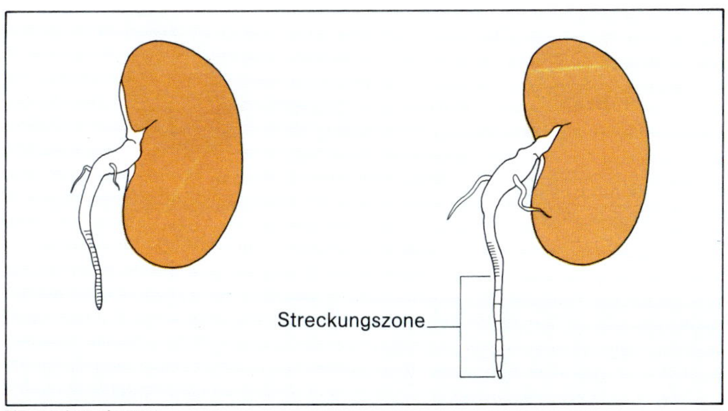

Wurzelwachstum

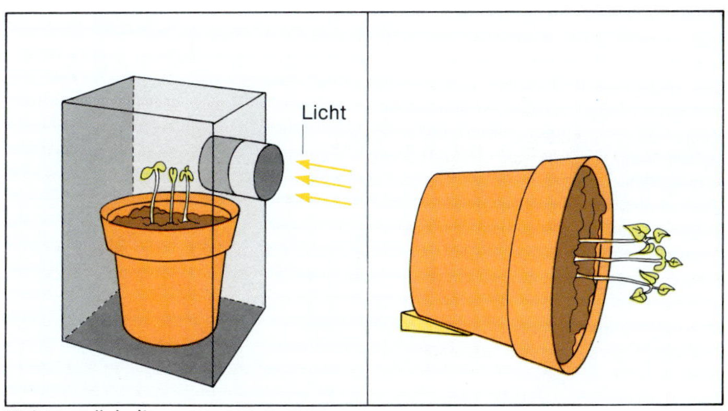

Lichtwendigkeit

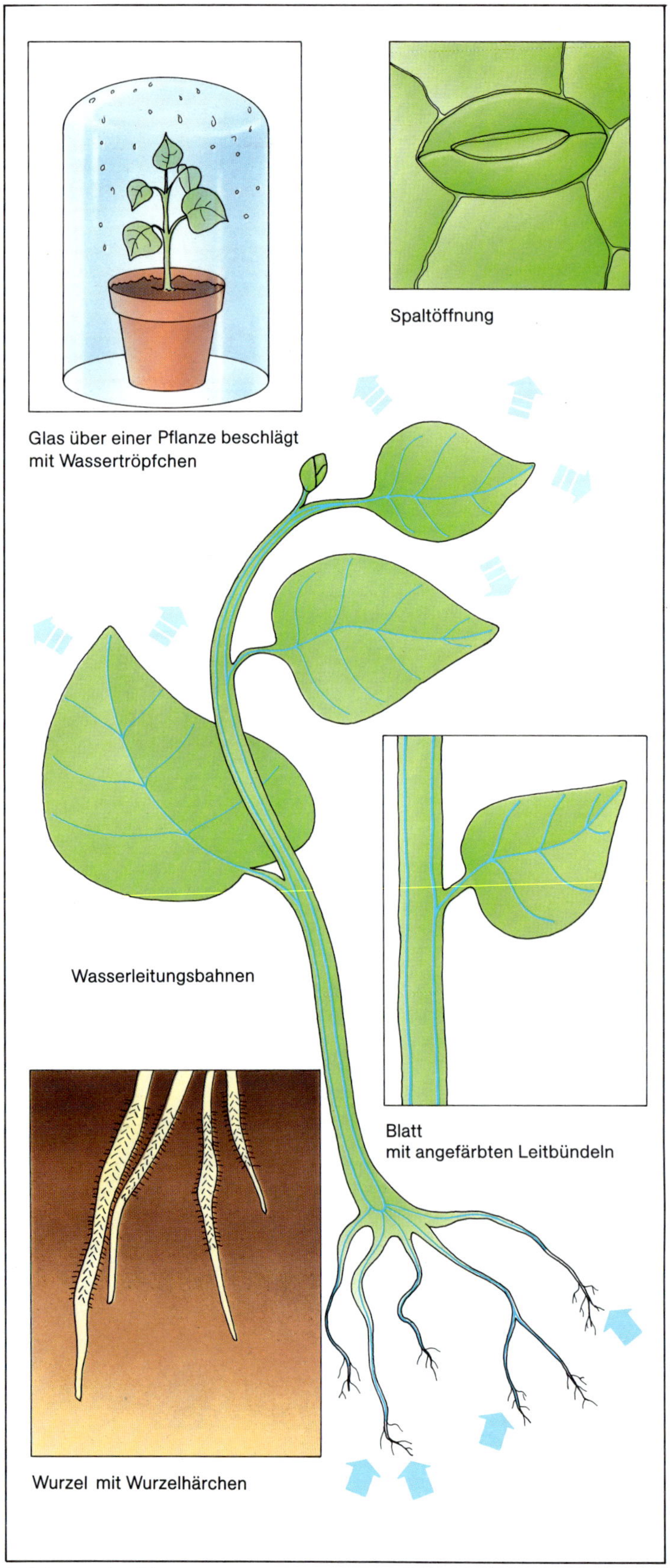

1 Schema des Wassertransportes in einer Pflanze

Die Ansprüche der Pflanzen an Wasser, Boden und Licht

Stülpt man eine Plastiktüte oder ein Glas über eine Pflanze, so beschlagen diese von innen mit Wassertröpfchen. Offenbar verdunstet das Wasser aus den Blättern der Pflanze. Mikroskopische Untersuchungen zeigen, dass die Blätter winzige *spaltförmige Öffnungen* besitzen. Diese befinden sich meist auf der Blattunterseite und sind mit der Lupe als dunkle Punkte zu erkennen. Im mikroskopischen Bild sieht man, dass der Spalt von zwei *bohnenförmigen Zellen* gebildet wird. Aus der dazwischen liegenden Öffnung verdunstet das Wasser. Die *Spaltöffnungen* können durch einen speziellen Mechanismus geöffnet und geschlossen werden. Dadurch wird die Wasserabgabe geregelt.

Wie gelangt nun ständig neues Wasser in die Blätter? Bringt man einen beblätterten Zweig in mit roter Tinte gefärbtes Wasser, so erkennt man den Verlauf des Wasserstroms bis in die Blattadern hinein. Den Transport in Spross und Blatt übernehmen bestimmte Wasserleitungsbahnen, die *Gefäßbündel*.

Die Pflanze nimmt das Wasser aus dem Erdreich auf. Kurz hinter der wachsenden Wurzelspitze befindet sich ein weißlicher, watteähnlicher Überzug, die *Wurzelhaare*. Durch ihre Oberfläche gelangt das Wasser in die Pflanze. Über die Gefäßbündel werden alle Pflanzenteile von der Wurzel aus mit Wasser versorgt. Eine Birke mittlerer Größe verdunstet auf diese Weise an warmen Sommertagen etwa 300 l Wasser. Das verdunstende Wasser kühlt die Blätter.

Der *Wasserstrom* in der Pflanze hat noch eine wichtige Aufgabe. Ein Versuch gibt darüber Aufschluss: Zwei Bohnenkeimlinge, die gleich weit entwickelt sind, werden in zwei Bechergläser gebracht, nachdem das Erdreich von ihren Wurzeln abgespült worden ist. In einem Glas befindet sich destilliertes Wasser; beim zweiten Glas wird in das Wasser ein Esslöffel Komposterde eingerührt. Die Pflanze im destillierten Wasser beginnt nach einiger Zeit zu kränkeln und wächst nur kümmerlich weiter; die zweite Pflanze entwickelt sich normal. Welchen Grund hat das?

In der Erde befinden sich Stoffe, die von Pflanzen für ihr Gedeihen benötigt werden. Diese lebensnotwendigen Stoffe sind *Mineralstoffe*. Sie werden durch das Wasser aus dem Boden herausgelöst und dann durch die Wurzeln in die Pflanze aufgenommen.

Auch das *Licht* beeinflusst das Gedeihen einer Pflanze. Zimmerpflanzen, die nur von einer Seite her Sonnenlicht erhalten, krümmen sich zum Fenster hin und wenden ihre Blätter mit der Blattfläche dem Lichteinfall zu. Bei Bäumen sind die Blätter häufig so angeordnet, dass sie sich möglichst wenig gegenseitig beschatten.

Pflanzen, die eine Zeit lang im Dunkeln gehalten werden, unterscheiden sich in ihrem Wachstum und Aussehen von gut belichteten Pflanzen. Ihr Spross wächst stark in die Länge, aber die Blätter bleiben klein und bleich. Eine grüne Pflanze kann sich nur dann gut entwickeln, wenn sie ausreichend Licht erhält. Ohne Licht geht sie schließlich zugrunde.

Aufgaben

① Stelle den Zweig einer Zimmerpflanze *(Buntnessel, Fleißiges Lieschen)* oder eines Laubbaumes *(Weide, Pappel)* für 24 Stunden in mit roter Tinte gefärbtes Wasser. Schneide den Zweig anschließend quer durch.
   a) Betrachte den Querschnitt mit der Lupe und zeichne, was du erkennst.
   b) Beschreibe und erkläre das Ergebnis.
   c) Verfahre ebenso bei einem Längsschnitt.

② Bringe je einen Tropfen Klebstoff auf die Ober- und Unterseite eines Laubblattes. Den getrockneten Klebstoff kannst du wie eine Haut abziehen. Betrachte dann die beiden Abdrücke mit der Lupe und unter dem Mikroskop. Vergleiche.

③ Bringe je einen Tropfen destilliertes Wasser, Leitungswasser und Flüssigdünger auf eine saubere Glasplatte. Lass das Wasser verdunsten und beschreibe deine Beobachtungen. Erkläre.

(destilliertes Wasser)

(Wasser mit Komposterde)

Düngung

Pflanzen entziehen dem Erdreich fortwährend Mineralstoffe. Diese gehen dem Boden jedoch nicht verloren. Beim herbstlichen Laubfall oder nach dem Absterben der Pflanzen gelangen diese Stoffe wieder in den Boden zurück. Sie können nach der Zersetzung erneut genutzt werden.

Aber dort, wo der Mensch in seinen Gärten oder auf den Feldern die Pflanzen aberntet und abtransportiert, verarmen die Böden. Dieser Verlust lässt sich durch natürlichen Dünger, wie Kompost oder Stallmist, wieder ausgleichen. Der Boden wird dadurch zusätzlich mit *Humusstoffen* angereichert. Das sind verweste, pflanzliche und tierische Stoffe, die ebenfalls zur Verbesserung des Bodens beitragen.

Auf Wiesen und Feldern wird häufig mit *Jauche* oder *Gülle* gedüngt. Diese flüssigen Dünger haben den Vorteil, dass sie sich leichter auf großen Flächen verteilen lassen. Ein Teil dieser Stoffe gelangt so allerdings auch in das Grundwasser. Dies hat in manchen Gegenden bereits zur Verschlechterung der Trinkwasserqualität geführt. Gülle darf deshalb nur zu bestimmten Zeiten ausgebracht werden, z. B. im zeitigen Frühjahr, kurz bevor das Pflanzenwachstum einsetzt und die Mineralstoffe dem Boden von den Pflanzen schnell wieder entzogen werden.

In der Landwirtschaft wird heute in großem Umfang *Mineraldünger* (Kunstdünger) benutzt. Je nach Bodenbeschaffenheit und Pflanzenart muss unterschiedlich gedüngt werden. Der Landwirt muss deshalb die Zusammensetzung des Ackerbodens und die Ansprüche seiner Kulturpflanzen genau kennen. Denn auch ein Zuviel an Mineralstoffen kann zu Schäden an den Pflanzen führen. Sie wachsen dann möglicherweise zu schnell oder sind anfälliger gegen ungünstige Witterungsverhältnisse und Schädlinge.

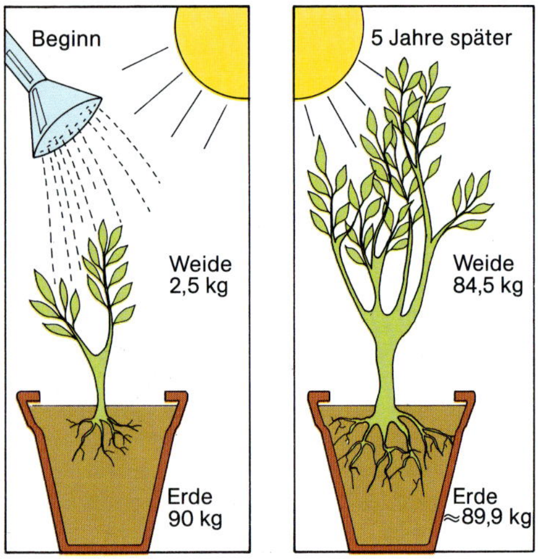

1 Van Helmonts Versuch

Pflanzen erzeugen Nährstoffe

Menschen und Tiere können nicht leben, ohne zu essen und zu trinken. Aber hast du dir schon einmal Gedanken darüber gemacht, wovon sich Pflanzen ernähren?

Bereits im Jahr 1640 beschäftigte sich der holländische Arzt van Helmont mit dieser Frage. Um sie zu beantworten, führte er folgenden Versuch durch. Er pflanzte ein Weidenbäumchen von 2,5 kg Gewicht in einen Kübel, in dem sich eine genau abgewogene Menge Erde befand. Fünf Jahre lang hat er die Pflanze nur mit Regenwasser gegossen und darauf geachtet, dass keine Erde hinzukam oder weggespült wurde. Die Weide hatte danach ein Gewicht von 84,5 kg, war also um 82 kg schwerer geworden. Das Nachwiegen der Erde ergab, dass sie nur um 57 g leichter geworden war.

Van Helmont meinte, die Frage nach der pflanzlichen Ernährung gelöst zu haben. Für ihn lautete die Antwort: Außer einer geringen Menge an *Mineralstoffen* benötigt die Pflanze für ihr Wachstum und ihre Gewichtszunahme nur ausreichend Wasser. Beides nimmt sie durch ihre Wurzeln aus dem Erdreich auf.

Aber ist das schon die vollständige Erklärung? Wir wollen einmal nachrechnen: Pflanzen bestehen zu einem großen Teil aus Wasser. Zum Beispiel werden 100 g frisches Gras durch Trocknung zu etwa 20 g Heu. Die restlichen 80 g sind Wasser und verdunsten beim Trocknen. Van Helmonts Weidenbäumchen, das um 82 g schwerer geworden ist, verliert beim Trocknen etwa 67 kg Wasser. Sein *Trockengewicht* beträgt also noch 15 kg. Das ist sehr viel im Vergleich zu den 57 g Mineralstoffen, die aus der Erde aufgenommen wurden. Selbst wenn noch etwas Wasser in der Pflanze zurückbleibt, lässt sich die Differenz von 15 kg nicht erklären. Was hat van Helmont übersehen?

Eine zufällige Beobachtung führte im Jahre 1772 einen Schritt weiter. Damals experimentierte der englische Naturforscher Priestley mit Pflanzen und Tieren, um zu untersuchen, wie sich die Luft durch Lebewesen verändert. Er stellte fest, dass eine Maus in einem luftdicht verschlossenen Gefäß nach kurzer Zeit ohnmächtig wurde. Eine brennende Kerze ging in der verbliebenen Luft sofort aus. Eine grüne Pflanze konnte erstaunlicherweise in der gleichen Luft weiterleben ohne abzusterben. In einem dritten Versuch zeigte sich zur Verblüffung von Priestley, dass die Maus bei Tageslicht in ihrem luftdichten Gefäß wesentlich länger ohne Schädigung überlebte, wenn sich gleichzeitig Pflanzen darin befanden.

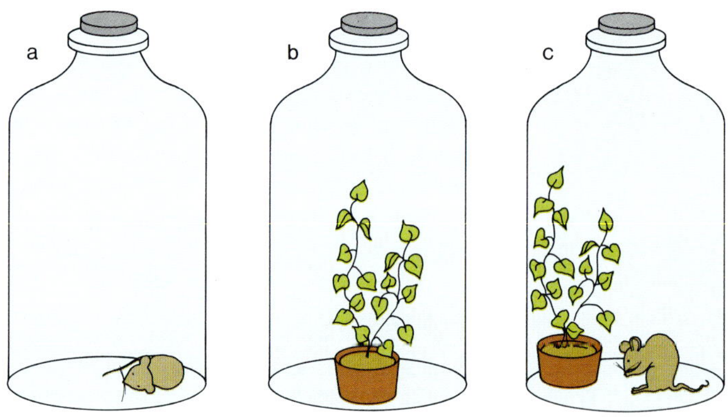

2 Versuche von Priestley

Wir erklären das heute so: Die Pflanze gibt den für die *Atmung* eines Tieres notwendigen *Sauerstoff* in die Luft ab. Gleichzeitig entzieht sie der Luft einen anderen Bestandteil, nämlich *Kohlenstoffdioxid*. Die rätselhafte Gewichtszunahme des Weidenbäumchens hängt auch mit Veränderungen der Luft zusammen. Pflanzen benötigen also nicht nur Wasser und Mineralstoffe aus dem Boden, sondern sie nehmen auch Kohlenstoffdioxid aus der Luft auf. Außerdem wissen wir, dass Pflanzen zum Leben auch Licht benötigen. Damit kommen wir der Antwort auf die Frage nach der Ernährung von Pflanzen, also auch deren Gewichtszunahme, wieder ein Stück näher.

Fotosynthese und Zellatmung

Welche Stoffe machen eigentlich neben dem Wasser das Gewicht einer Pflanze aus? In einer Kirsche befindet sich *Zucker*, in der Kartoffelknolle ist *Stärke* enthalten. Nüsse sind sehr *fettreich* und das Holz eines Weidenbäumchens besteht zum Teil aus *Zellulose*. Diese Stoffe – wir nennen sie allgemein „organische Stoffe" – müssen im Organismus der Pflanze gebildet worden sein.

Wie das geschieht, wurde in den vergangenen 200 Jahren durch viele Versuche erforscht. Heute weiß man, wie sich Pflanzen ernähren:

- Wasser und Mineralstoffe nimmt die Pflanze durch die Wurzeln auf.
- Kohlenstoffdioxid gelangt durch die Spaltöffnungen in die Blätter.
- Zucker und Stärke werden in den Blättern aus Kohlenstoffdioxid und Wasser gebildet.
- Licht und Blattgrün *(Chlorophyll)* müssen bei diesem Vorgang ebenfalls vorhanden sein.
- Sauerstoff wird dabei von den Pflanzen in die Luft abgegeben.
- Alle anderen organischen Stoffe werden unter Verwendung des Zuckers und der Mineralstoffe in der Pflanze hergestellt.

Die Ergebnisse lassen sich folgendermaßen zusammenfassen: *Die Pflanze stellt mithilfe von Sonnenlicht und Blattgrün aus Kohlenstoffdioxid und Wasser Zucker her. Dabei wird Sauerstoff freigesetzt.* Dieser Vorgang heißt **Fotosynthese**.

Grüne Pflanzen erzeugen also ihre Nährstoffe selbst und speichern sie zum Beispiel in Früchten, Knollen und Wurzeln. Menschen und Tiere sind auf diese organischen Stoffe angewiesen. Sie benötigen den *Zucker* für ihren *Stoffwechsel*. Zusammen mit *Sauerstoff* wird der Zucker dazu genutzt, um *Energie* zu gewinnen. *Kohlenstoffdioxid* und *Wasser* werden dabei freigesetzt. Dieser Vorgang heißt **Zellatmung**.

Auch Pflanzen leben von ihren Vorräten. Im Dunkeln können sie keine Fotosynthese betreiben. Sie müssen wie Menschen und Tiere Sauerstoff aufnehmen, also atmen. Grüne Pflanzen sind, wie andere Lebewesen auch, auf die Zellatmung angewiesen, wenn sie Energie für ihren Stoffwechsel freisetzen. Darüber hinaus sind sie zusätzlich zur Fotosynthese befähigt, wenn genügend Licht vorhanden ist.

Aufgaben

① Beschreibe anhand der Abbildung 1 den Gaswechsel bei der Fotosynthese bzw. bei der Zellatmung.

② Welche Beobachtung hätte PRIESTLEY gemacht, wenn er eine Maus und eine grüne Pflanze im Dunkeln in einem luftdicht verschlossenen Gefäß gehalten hätte?

③ Auch Wurzeln müssen mit Sauerstoff versorgt werden. Begründe.

④ Beschreibe den in der Randabbildung dargestellten Versuch. Erkläre seine Bedeutung für die Erforschung der Fotosynthese.

Versuch zur Fotosynthese

An einer Pflanze wird ein Blatt mit einem Alustreifen abgedeckt.

Nach einigen Tagen wird das Blatt abgeschnitten, der Alustreifen entfernt.

Durch Brennspiritus wird dem Blatt das Chlorophyll entzogen.

Nach Abwaschen und Hinzufügen von Iodkaliumiodid ist das Blatt mit Ausnahme der abgedeckten Stellen blauviolett gefärbt.

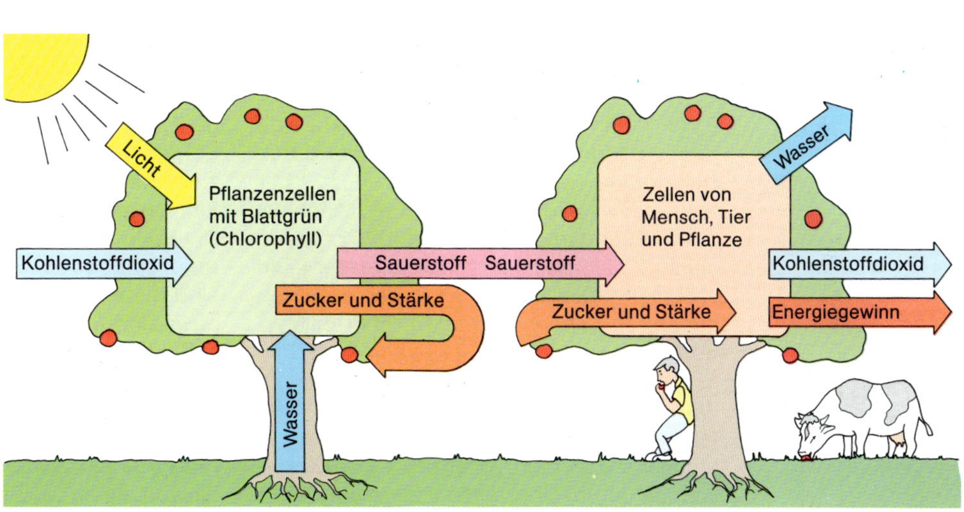

1 Schema von Fotosynthese und Zellatmung

1 Blühende Schneeglöckchen

Das Schneeglöckchen — Blüten im Schnee

Es ist Anfang Februar. Noch überzieht eine dünne Schneedecke den Boden, der durch Nachtfröste oberflächlich gefroren ist. Aber am Tage liegen die Temperaturen manchmal schon über dem Gefrierpunkt. Das Erdreich erwärmt sich und das Schmelzwasser kann versickern. Dies ist die Zeit, in der im Garten die ersten *Schneeglöckchen* als Frühlingsboten blühen.

Wer im Frühjahr Schneeglöckchen im Garten haben möchte, muss im Herbst Schneeglöckchenzwiebeln pflanzen. Im Längsschnitt durch eine solche *Zwiebel* ist die junge Pflanze schon zu erkennen. Die winzige Blütenknospe sitzt auf einem kurzen Stängel. Er verbreitert sich nach unten hin zur *Zwiebelscheibe,* aus der bald nach dem Einpflanzen kleine Wurzeln herauswachsen. Die Hauptmasse der Zwiebel wird von mehreren saftigen *Zwiebelschalen* gebildet. Das sind Blätter, die zu Nährstoffspeichern verdickt sind. Wie Knospen befinden sich zwischen ihnen *Ersatz-* und *Brutzwiebeln.* Die Zwiebel ist ein stark gestauchter Spross.

Noch vor Beginn des Winters wird am oberen Ende der Zwiebel eine Spitze sichtbar, die von einem weißlichen häutigen *Hüllblatt* eingeschlossen ist. Wenn im Frühjahr die ersten Sonnenstrahlen den Schnee zum Schmelzen bringen und den Boden erwärmen, gelangt Tauwasser an die Wurzeln. Der Spross beginnt zu wachsen. Aus dem Hüllblatt schieben sich zwei längliche *Laubblätter* hervor. Zwischen ihnen liegt gut geschützt der *Stängel* mit der *Blütenknospe*. Diese steht zunächst aufrecht und wird von zwei Hüllblättern umschlossen. Sie sind durch ein Häutchen miteinander verwachsen. Wegen ihrer Stellung am oberen Ende des Stieles werden sie als Hochblätter bezeichnet. Wenn der Blütenstiel etwa 15 cm lang geworden ist, geben die Hochblätter eine einzige *glockenförmige Blüte* frei.

Was geschieht, wenn ein neuer Kälteeinbruch mit Nachtfrost und eisigem Wind die jungen Pflanzen überrascht? Auch dann ist die Blüte nicht der Kälte ausgeliefert. Der Blütenstiel krümmt sich und legt sich mitsamt dem Blütenglöckchen waagerecht auf die Erde. So sind die Blüten der eiskalten Luft weniger ausgesetzt.

Wenn nach einigen Tagen wärmende Sonnenstrahlen auf die Pflanze treffen, richtet sich der Blütenstiel wieder auf. Dann besuchen die ersten umherfliegenden Bienen die Blüten, denn Pollen und Nektar dienen ihnen als Nahrung. Dabei werden auch die Blüten bestäubt. Das Schneeglöckchen ist allerdings nicht auf Fremdbestäubung angewiesen. Bleiben die Bienen aus, so kommt es zur Selbstbestäubung. Nach der Befruchtung entwickelt sich aus dem unterständigen Fruchtknoten eine dreifächerige *Kapsel*, in der die Samen heranreifen. Mit der Zeit neigt sich der Blütenstiel zum Boden hin. Die Frucht liegt auf der Erde und entlässt die reifen Samen, an denen sich ein *nährstoffhaltiges Anhängsel* befindet.

Bald werden die Laubblätter gelb und trocken. Im Sommer ist von den Schneeglöckchen dann nichts mehr zu sehen. Nur unter der Erde ruht wieder eine Zwiebel. Hat sie sich in der Zwischenzeit verändert?

Die Zwiebel ist ein *Speicherorgan*, in dem sich Reservestoffe befinden. Diese Reservestoffe werden im Frühjahr beim Austreiben des Schneeglöckchens aufgebraucht. Die Zwiebelschalen werden immer dünner. Wenn die Laubblätter entwickelt sind, wird die Ersatzzwiebel mit neuen Reservestoffen gefüllt. Sie ersetzt im nächsten Jahr die ausgetriebene Zwiebel an der gleichen Stelle. Eine oder mehrere Brutzwiebeln verdicken sich ebenfalls und liegen dann neben der Ersatzzwiebel. Auch aus ihnen kann eine neue Pflanze herauswachsen. Neben den Samen dienen also Brutzwiebeln der *Vermehrung.*

Aufgaben

① Ordne den Ziffern der Abbildung 1 die richtigen Begriffe zu. Gib an, durch welche Einrichtungen die Blüte des Schneeglöckchens gegen Kälte geschützt ist.
② Beschreibe anhand der Abbildung, wie sich das Aussehen einer Zwiebel im Jahresverlauf verändert.
③ Der Samen des Schneeglöckchens besitzt ein nährstoffhaltiges Anhängsel, das von Ameisen gerne gefressen wird. Welche Bedeutung hat das für die Schneeglöckchen?

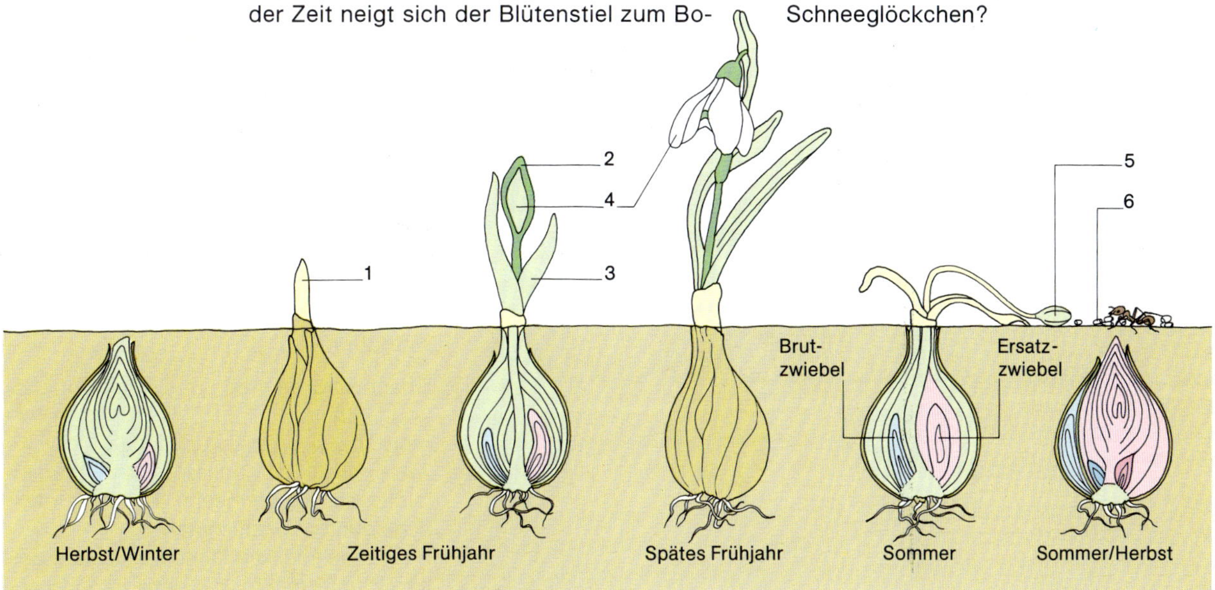

1 Das Schneeglöckchen im Jahreslauf

1 Buschwindröschen

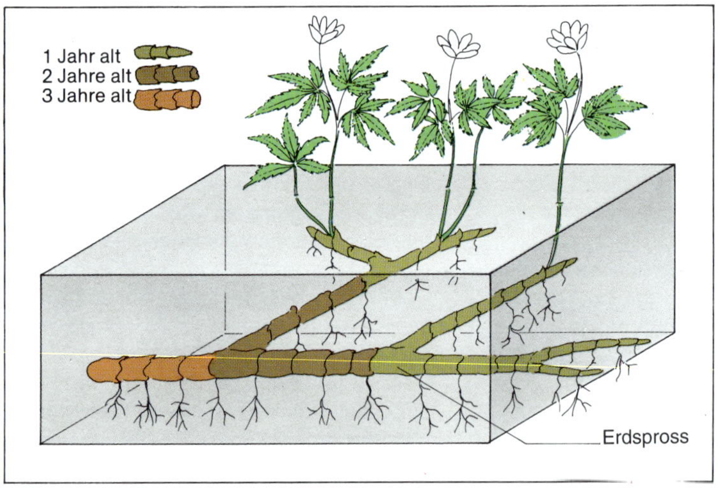

2 Erdspross des Buschwindröschens

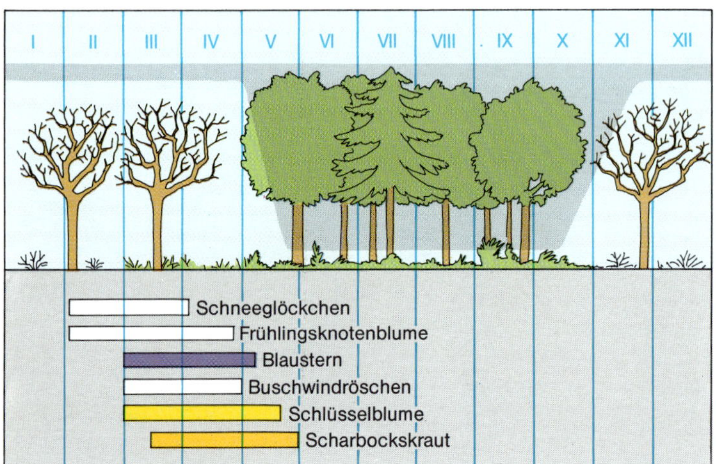

3 Blühzeiten verschiedener Frühblüher

Frühblüher leben vom Vorrat

Das *Buschwindröschen* blüht sehr zeitig im Jahr. Im März und April bedecken die weißen Blütensterne wie ein Teppich den Waldboden. Das Speicherorgan, das dem Buschwindröschen das frühe Blühen ermöglicht, ist ein unterirdischer Stängel. Er wird *Erdspross* genannt und wächst waagerecht im Boden. Dieser Erdspross besitzt winzige, schuppenförmige Blättchen. Er ist verdickt und enthält viele Reservestoffe. Aus seiner Unterseite wachsen dünne Wurzeln heraus.

Die *Blütenknospen* befinden sich im vorderen Teil des Erdsprosses. Drei Hüllblätter schützen sie während des Winters vor der Kälte. Im zeitigen Frühjahr wächst der Blütenstängel hakenförmig aus dem Erdreich heraus. Hoch am Blütenschaft entfalten sich die *Hüllblätter* zu einem Quirl von drei *Hochblättern.* Das einzige *Laubblatt* entwickelt sich häufig erst nach der Blüte.

Während der folgenden Monate wächst die Spitze des Erdsprosses weiter, die älteren Teile sterben ab. Die Blüten der gleichen Pflanze befinden sich also im folgenden Jahr an einer anderen Stelle. Wie das Buschwindröschen besitzen auch *Veilchen* und *Schlüsselblume* Erdsprosse.

Bei anderen Frühblühern befinden sich die Reservestoffe in rundlich verdickten Pflanzenteilen, den *Knollen.* Beim *Scharbockskraut* sind es die Wurzeln, die als Speicherorgane genutzt werden. Man spricht deshalb von *Wurzelknollen.* Aus jeder Wurzelknolle kann eine neue Pflanze entstehen. Der *Krokus* dagegen speichert Nährstoffvorräte in einem Stängelabschnitt, einer *Sprossknolle.* Sprossknollen besitzen oft Schuppenblättchen und sind dadurch von Wurzelknollen zu unterscheiden.

Frühblüher nutzen also verschiedene Organe als Speicher für Reservestoffe: den Stängel *(Sprossknolle, Erdspross)*, die Wurzeln *(Wurzelknolle)* oder die Blätter *(Zwiebel).*

Aufgaben

① Buschwindröschen und Scharbockskraut können sich auch ohne Samen vermehren. Erkläre diese Aussage.

② Zwiebeln und Knollen sind äußerlich leicht zu verwechseln. Nenne Unterscheidungsmöglichkeiten.

③ Begründe aus Abbildung 3, dass der zeitige Blühtermin für die genannten Pflanzen Vorteile mit sich bringt.

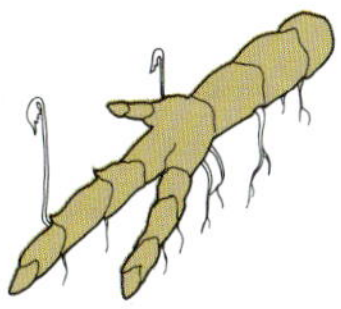
Erdspross

1 Wohlriechendes Veilchen. Standorte: Gärten, Waldränder, Gebüsche. Blüte: März bis April. Höhe: 5 bis 10 cm

2 Duftende Schlüsselblume. Standorte: Trockene Wiesen, Waldränder. Blüte: März bis Mai. Höhe: 10 bis 20 cm.

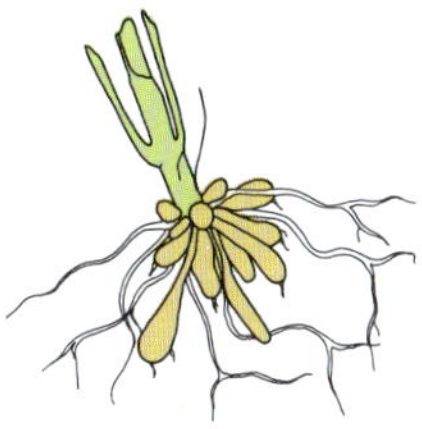
Wurzelknolle

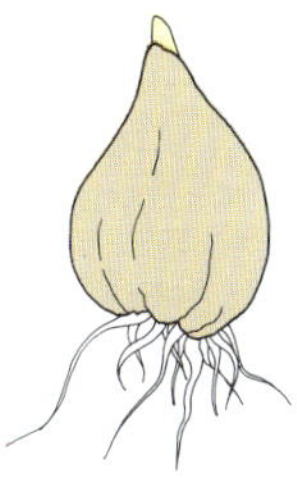
Sprossknolle

3 Scharbockskraut. Standorte: Laubwaldränder, Hecken, Wiesen. Blüte: Mitte März bis Ende Mai. Höhe: 10 bis 20 cm.

4 Krokus. Standorte: Wiesen, Gärten, Parkanlagen. Blüte: März bis April. Blütenfarbe: weiß, gelb oder blau. Höhe: 10 bis 15 cm.

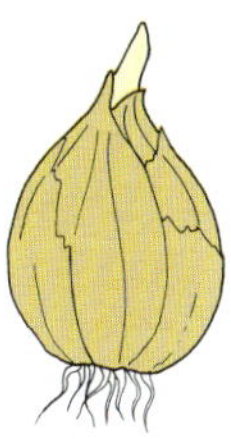
Zwiebel

5 Blaustern, Märzblümchen. Standorte: Wiesen in Laubwaldnähe und an Hecken. Blüte: März bis Anfang Mai. Höhe: 10 bis 20 cm.

6 Frühlingsknotenblume, Märzenbecher. Standorte: Gärten, Laubwälder, feuchte Wiesen. Blüte: Februar bis April. Höhe: bis zu 30 cm.

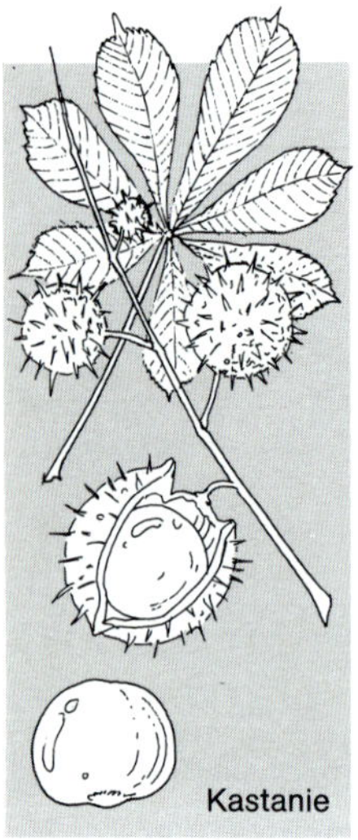

1 Rosskastanie im Herbst

Die Rosskastanie – wie ein Baum überwintert

Die *Rosskastanie* ist ein häufiger Park- und Alleebaum. An ihren Blättern und Früchten ist sie gut zu erkennen. Im Winter allerdings verändert sich das Aussehen des Baumes, denn Kälte und Schnee bringen verschiedene Gefahren für die Pflanze mit sich.

– Die niedrigen Lufttemperaturen können dazu führen, dass das Wasser in einzelnen Pflanzenteilen gefriert. Der Kältetod wäre dann die Folge.
– Belaubte Pflanzen sind auf ständige Wasserzufuhr angewiesen. Da der Frost das Wasser auch im Boden gefrieren lässt, können die Wurzeln kein Wasser mehr aufnehmen. Es bestünde die Gefahr, dass die Pflanze vertrocknet.
– Wenn sich Schnee in größeren Mengen auf den Blättern anhäuft, können Zweige und Äste abbrechen. Durch diese Verletzungen würde die Pflanze geschwächt.

Der *Laubfall* ist eine Anpassung, durch die unsere heimischen Laubbäume die Probleme des Winters meistern. Schon im Herbst verfärben sich die Blätter. Das ist das erste Anzeichen des bevorstehenden Laubabwurfs. Der wertvolle grüne Blattfarbstoff, das *Chlorophyll,* wird abgebaut. Seine Bestandteile werden durch die Leitbündel aus den Blättern abtransportiert und in den Zweigen gespeichert. Rote und gelbe Farbstoffe, die vorher auch schon im Blatt waren, aber von der Farbe des Blattgrüns überdeckt wurden, bestimmen die Färbung. Später, wenn die Blätter absterben, sind sie ganz braun und trocken.

Am Grunde des Blattstiels bildet sich als Abschlussgewebe eine *Korkschicht.* Diese ermöglicht erst den Laubwurf und bleibt, wenn das Blatt abgefallen ist, als *Blattnarbe* an den kahlen Zweigen deutlich sichtbar. Die ehemaligen Austrittsstellen der Leitbündel sind noch zu erkennen. Sie bilden eine halbkreisförmige Punktreihe, die *Blattspur.*

In den Zweigen ist nun kaum noch Wasser vorhanden. Dadurch ist die Gefahr des Erfrierens weitgehend gebannt. Da keine Blätter mehr vorhanden sind, verdunstet der Baum auch fast kein Wasser mehr. Die Wurzeln müssen also nicht für Nachschub aus dem eisigen Boden sorgen und Schnee ist für die kahlen Äste nur eine geringe Belastung.

Der Laubfall wirkt sich noch in anderer Hinsicht günstig aus. Die abgestorbenen Blätter bilden nämlich auf dem Erdboden eine schützende Schicht. So gefrieren der Boden und die Wurzeln an der Oberfläche nicht so schnell. Außerdem hält das Laub Feuchtigkeit zurück und verhindert das Austrocknen des Bodens.

Im Winter wirkt die Rosskastanie mit ihren kahlen Zweigen wie abgestorben. Das sieht aber nur so aus. In Wirklichkeit befindet sie sich nur in einem *Ruhezustand.* Die Vorbereitungen für das Austreiben im nächsten Frühjahr sind nämlich schon im Herbst abgeschlossen.

An den Zweigen der Rosskastanie befindet sich oberhalb jeder Blattnarbe eine Knospe, die man *Seitenknospe* nennt. An der Spitze

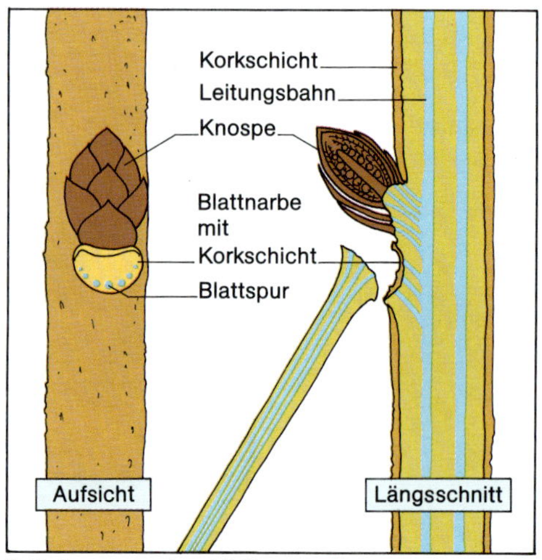

2 Schema des Laubfalls

des Zweiges sitzt eine besonders große Knospe, die *Endknospe.* Im Frühjahr entwickeln sich daraus beblätterte *Triebe* und *Blüten.* An der Endknospe fallen zunächst die harten, schuppenförmigen Hüllblätter auf, die *Knospenschuppen.* Sie liegen wie Dachziegel übereinander und sind durch eine *Harzschicht* miteinander verklebt. Das Innere ist dadurch gegen eindringende Nässe ebenso gut geschützt wie gegen Austrocknung. Da die harzige Masse unangenehm schmeckt, ist sie auch ein Schutz gegen Tierfraß. Im Längsschnitt durch eine solche Knospe erkennt man zusätzlich einen wichtigen Kälteschutz. Eine dicke Schicht aus filzigen Haaren umgibt die winzigen Laubblätter und schützt die ebenfalls behaarte Blütenanlage.

Die Knospen dienen der Erneuerung des Baumes im Frühjahr. In ihnen befindet sich die winzig kleine, aber vollständige Anlage eines neuen Triebes. Wenn die Wurzeln den Baum wieder mit Wasser versorgen, treiben die Knospen aus. Die Seitenknospen entfalten sich meist zu vier *Laubblättern.* Aus den Endknospen entwickelt sich zusätzlich der *Blütenstand.* Er wird als *Rispe* bezeichnet. An diesen „Blütenkerzen" ist die Rosskastanie im Frühling von weitem zu erkennen.

Aufgaben

① Besorge einen Winterzweig der Rosskastanie. Zeichne ihn und beschrifte mit den im Text genannten Begriffen.

② Stelle den Zweig ins Wasser und halte ihn an einem warmen Ort. Beobachte die Entwicklung der Knospen.

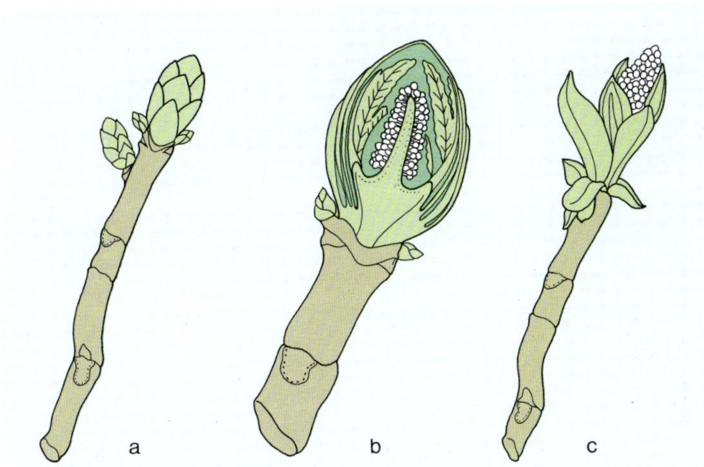

1 Winterzweig (a), Knospenlängsschnitt (b), und Austrieb der Endknospe (c)

2 Rosskastanie im Frühjahr.

Einjährig — zweijährig — mehrjährig

Bäume und Sträucher tragen *Erneuerungsknospen,* aus denen jedes Jahr neue Triebe hervorbrechen. Andere Pflanzen sterben nach der Fruchtreife vollkommen ab. Sie erneuern sich nur aus *Samen.* Die Zeit, die zwischen der Keimung und der Bildung neuer Samen vergeht, kann unterschiedlich lang sein. Bei *einjährigen Sommerpflanzen* (Ackersenf, Gartenbohne) verläuft die Entwicklung innerhalb eines Sommers. Andere Einjährige überwintern als kleine Pflanzen unter dem Schnee, da ihre Samen schon im Herbst keimen (Wintergetreide). *Zweijährige Pflanzen* entwickeln sich im ersten Jahr bereits kräftig und bilden häufig Speicherorgane (Zuckerrübe). Sie blühen jedoch erst im zweiten Jahr und sterben danach ab.

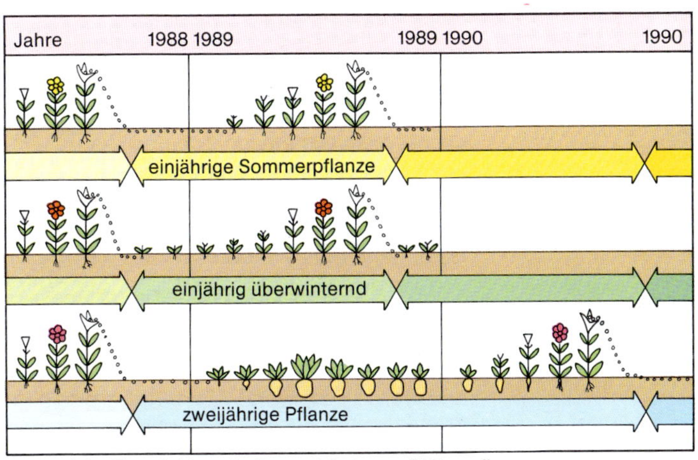

Verlauf der Entwicklung bei verschiedenen Blütenpflanzen

1 Blühender Strauch des Besenginsters mit Blatt und Wurzeln

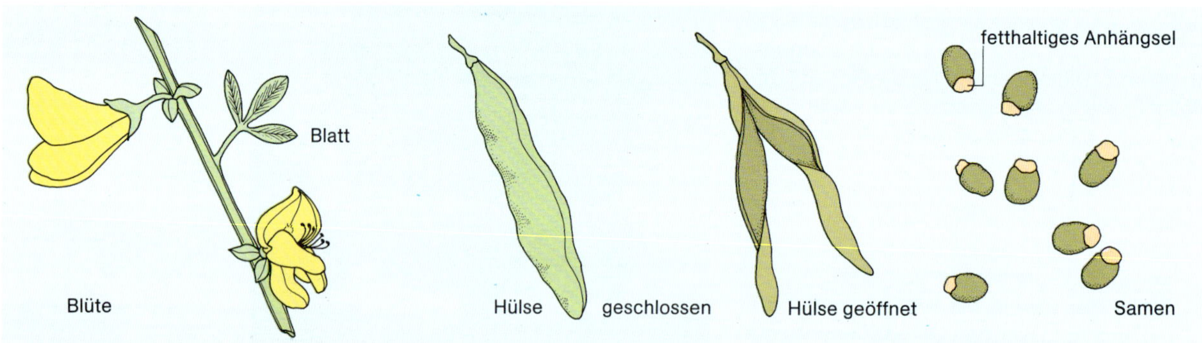

3 Blüte, Hülse und Samen des Besenginsters

Der Besenginster — ein Strauch auf kargem Boden

Der *Besenginster* ist weit verbreitet. Der gelb blühende *Strauch* kann bis zu 2 m hoch werden. Seinen Namen verdankt er der Tatsache, dass aus seinen rutenförmigen Zweigen früher Besen hergestellt wurden. Häufig ist der Besenginster in großen Beständen an sonnigen Hängen, an Waldrändern und in Heidegebieten zu finden.

Dieser wärmeliebende Strauch ist frostempfindlich. Deshalb sterben die Sprosse in kalten Wintern bis kurz über dem Boden ab und werden schwarz. Allerdings treiben im Frühjahr viele grüne Schösslinge aus den nicht erfrorenen Pflanzenteilen. So erholen sich die Bestände sehr schnell.

Der Besenginster gedeiht sogar auf kargen Sand- und Geröllböden. Solche Böden trocknen leicht aus. Das bedeutet für die Pflanze, dass sie mit wenig Wasser auskommen muss. Außerdem ist der Boden häufig arm an Mineralstoffen. Man hat festgestellt, dass er vor allem sehr wenig Kalk enthält. Durch sein Gedeihen weist der Besenginster also auf bestimmte Eigenschaften seines Standortes hin. Er ist eine *Zeigerpflanze* für *kalkarme Böden*.

Der Besenginster besitzt die gleichen Grundorgane wie alle Blütenpflanzen. Sie zeigen jedoch verschiedene Abwandlungen und Anpassungen an den Lebensraum.

Die Schösslinge des Besenginsters tragen kleine, häufig dreizählig gefingerte Blätter. Auf der Unterseite sind diese dicht behaart. Die Haare bilden einen guten *Verdunstungsschutz.* Wenn im Sommer die Temperaturen besonders hoch sind, kann manchmal schon der Laubfall beginnen. Die Pflanze verringert auf diese Weise die verdunstende Oberfläche und verliert weniger Wasser. Die Sprossachse übernimmt zum Teil die Funktion der Blätter. Das ist möglich, weil sich in der blattgrünhaltigen Rinde auch Spaltöffnungen befinden. Die Fotosynthese findet jetzt vor allem in den kantig gefurchten Zweigen statt.

Die fünfzähligen Blüten des Besenginsters besitzen Fahne, Flügel und Schiffchen. Sie sind also *Schmetterlingsblüten.* Staubblätter und Stempel sind im Schiffchen verborgen. Die Bestäubung erfolgt durch Insekten. Das nach oben gerichtete Blütenblatt, die Fahne, lockt durch rötliche Saftmale Hummeln an. Die schweren Insekten finden auf den seitlichen Blütenblättern, den Flügeln, einen guten Landeplatz. Da die Flügel durch Wülste hakig mit dem Schiffchen verbunden sind, überträgt sich das Gewicht auch darauf. Das Schiffchen platzt auf und explosionsartig rollen sich Staubblätter und Griffel nach oben hin auf. Sie schlagen gegen die behaarte Bauchseite der Hummel. Mitgebrachte Pollenkörner gelangen dabei auf die Narbe und das Insekt wird mit neuen Pollen eingepudert.

Aus dem behaarten Fruchtknoten entwickelt sich nach der Befruchtung eine mehrsamige Hülse. An warmen Augusttagen platzen die reifen Früchte mit einem deutlich hörbaren Knall, wobei sich die Fruchtwand spiralig aufrollt. Die Samen werden bis zu 5 m weit weggeschleudert. Sie besitzen ein fetthaltiges Anhängsel. Ameisen ernähren sich davon und verschleppen die Samen. Weit entfernt von der Mutterpflanze können diese dann wieder auskeimen.

Die *Wurzeln* des Besenginsters sind weit verzweigt und dringen tief in den Boden ein. So wird die Versorgung mit Wasser und Mineralstoffen auch in Trockenzeiten gewährleistet. In den jungen Wurzeln siedeln sich bestimmte Bakterien an. Sie bewirken die Bildung von „Knöllchen" in den Wurzeln. Das ist nicht schädlich für die Pflanze, im Gegenteil, es nützt ihr. Denn diese *Knöllchenbakterien* können den *Luftstickstoff* binden, was dem Besenginster beim Wachstum zugute kommt.

Zeigerpflanzen geben Auskunft über den Boden

Für das Gedeihen einer Pflanze spielt der *Boden,* auf dem sie wächst, eine wichtige Rolle. Da sich verschiedene Böden im *Mineralstoffgehalt* ganz erheblich voneinander unterscheiden, gibt es eine ganze Reihe natürlicher *Bodenarten.* Mithilfe einiger typischer Pflanzen lassen sich bestimmte Merkmale des Bodens feststellen. Solche Pflanzen, von denen man weiß, dass sie nur auf einem bestimmten Boden gut gedeihen, nennt man *Zeigerpflanzen.*

Heidelbeere

Huflattich

Während Besenginster und Heidelbeere *kalkarmen Boden* bevorzugen, zeigen beispielsweise Huflattich und Ackerrittersporn *kalkreichen Boden* an. Brennnesseln weisen ebenso wie die Vogelmiere auf *stickstoffreichen Boden* hin.

Gänsefingerkraut

Margeriten

Es gibt auch Zeigerpflanzen für den Wassergehalt des Bodens. Gänsefingerkraut und Kriechender Hahnenfuß zeigen *stauende Nässe* an, während Wiesensalbei und Margerite hauptsächlich an *trockenen Standorten* wachsen.

Lexikon
Lexikon
e**x**ikon
x**i**kon
i**k**on
k**o**n
o**n**

Pflanzen verschiedener Standorte

Nicht an jedem Standort finden Pflanzen geeignete Lebensbedingungen. Um im Schatten oder in extremer Trockenheit zu gedeihen, sind besondere Anpassungen nötig.

Streben nach Licht

Um Fotosynthese betreiben zu können, benötigen grüne Pflanzen ausreichend *Licht*. Deshalb werden die Blätter in eine möglichst vorteilhafte Stellung gebracht. Um aus dem Schatten von Bäumen und Sträuchern herauszukommen, klettert der **Efeu** an Baumstämmen, Felsen und Mauerwerk empor. Auf der lichtabgekehrten Seite seines Sprosses bilden sich *Haftwurzeln,* mit denen er sich in Spalten und Ritzen fest verankert. Die unscheinbaren Blüten öffnen sich erst im Herbst. Die giftigen, schwarzen Beeren reifen dann im darauf folgenden Frühjahr.

Die **Zaunrübe** benutzt eine andere Klettertechnik, um ans Licht zu gelangen. Sie besitzt *Ranken,* mit deren Spitze sie sich an Zweigen und Ästen festhält, wobei sie diese mehrfach umschlingt. Der Rankenstiel windet sich zusätzlich wie eine Spiralfeder auf. In der Mitte ändert sich seine Wicklungsrichtung ähnlich wie beim Kabel eines Telefonhörers. So wird die Pflanze federnd mit ihrer Stütze verbunden.

Die *Gemüsebohne* hast du als Windepflanze bereits kennen gelernt. Sie ist *Linkswinder.* Es gibt aber auch *Rechtswinder*, wie zum Beispiel den *Hopfen.* In tropischen Wäldern findet man Schlingpflanzen, deren Stängel verholzen. Solche Kletterpflanzen werden als *Lianen* bezeichnet.

Leben im Schatten

Der **Sauerklee** ist auf feuchtem Waldboden anzutreffen. Die zarte Schattenpflanze benötigt nur wenig Licht. Manchmal findet man dicht nebeneinander Pflänzchen mit unterschiedlichem Aussehen. Bei Blättern, die im Schatten liegen, sind die drei Fiederblättchen weit ausgebreitet. Volles Sonnenlicht vertragen sie dagegen nicht. Blätter, die von der Sonne beschienen werden, sind zusammengefaltet. Dadurch wird gleichzeitig die Verdunstung herabgesetzt. Auch abends nehmen die Blätter diese Stellung ein.

Unterschiedliche Böden

Zeigerpflanzen weisen darauf hin, dass sich Böden in ihrem Mineralstoffgehalt unterscheiden. Manchen Böden fehlen bestimmte Mineralstoffe. Dazu gehören die ausgesprochen stickstoffarmen Hochmoore. Hier gedeiht der **Sonnentau**. Er ist in der Lage, sich eine zusätzliche Stickstoffquelle zu erschließen: Er verdaut kleine Tiere, vor allem Insekten. Auf seinen Blättern sitzen viele gestielte *Drüsenknöpfchen.* Sie duften leicht nach Honig und locken dadurch Insekten

an. Diese bleiben wie an einer Leimrute kleben und werden anschließend verdaut. Man spricht deshalb von einer „Fleisch fressenden" Pflanze. Außerdem betreibt der Sonnentau, wie alle grünen Pflanzen, zu seiner Ernährung auch Fotosynthese.

Ein anderer Bodenspezialist ist der **Queller.** Er gedeiht im *Watt.* Hier wird der Boden täglich zweimal vom stark salzhaltigen Meerwasser überspült. Das Wasser der Nordsee enthält etwa 3,5 % Salze, das sind 35 g in einem Liter. Wenn du mit solchem Wasser eine Zimmerpflanze gießt, geht sie unweigerlich ein. Nicht so der Queller. Er ist als *Salzpflanze* diesen Verhältnissen angepasst.

Trockene Standorte

Lebensräume mit lang anhaltenden Dürrezeiten und Böden, die schnell austrocknen, können nur von Spezialisten besiedelt werden.

Der **Mauerpfeffer** wurzelt in Felsspalten und Mauerritzen. Seine walzenförmigen Blätter sind klein und von einer *Wachsschicht* überzogen. Dadurch verdunsten sie wenig Wasser. Außerdem sind die Blätter fleischig und dienen als Wasserspeicher.

Kakteen, die in den Wüstengebieten Nord- und Mittelamerikas vorkommen, besitzen gar keine Blätter. Die ganze grüne Sprossachse dient als großer Wasserbehälter. So können sie Trockenzeiten, die manchmal zwei bis drei Jahre lang dauern, überstehen.

Die **Besenheide** besitzt lederartige Blättchen, die nach unten hin eingerollt sind. Die Wasserabgabe, die nur durch die Spaltöffnungen auf der Blattunterseite erfolgt, ist dadurch stark vermindert. Die Blätter der *Königskerze* sind von einem weißlichen, dichten *Haarfilz* überzogen, der den Wasserverlust gering hält.

Trockenpflanzen besitzen also grundsätzlich einen wirksamen *Verdunstungsschutz.* Einige können außerdem Wasser speichern und sie haben häufig tiefreichende Wurzeln.

Wasser im Überfluss

Pflanzen an *immerfeuchten Standorten,* zum Beispiel im Uferbereich von Bächen oder am schattigen Boden feuchter Wälder, benötigen keinen Verdunstungsschutz. Da die Luftfeuchtigkeit dort sehr hoch ist, kann nur wenig Wasser in die Luft abgegeben werden. Ein dauernder Wasserstrom durch die Pflanze ist aber zur Mineralstoffaufnahme notwendig. Um ihn sicherzustellen, besitzen *Feuchtluftpflanzen* wie die **Sumpfdotterblume** großflächige, dünne Blätter ohne Wachsüberzug. Die Wurzeln sind oft nur schwach entwickelt, da Wasser im Überfluss vorhanden ist.

Wasserschwertlilie und *Rohrkolben* sind *Sumpfpflanzen.* Nur die Blätter und die Blütenstände ragen aus dem Wasser empor. Der Spross liegt ständig unter dem Wasserspiegel im Gewässerboden. Die Wurzeln müssen durch Lufträume, die in Blättern und Sprossachse verlaufen, mit Sauerstoff versorgt werden.

Pflanzen im Wasser

Schwimmblattpflanzen wie die **Seerose** nehmen Wasser und Mineralstoffe durch die Blattunterseite auf. Luftgefüllte Kammern ermöglichen den Blättern das Schwimmen. Die seil-

förmigen Blattstiele besitzen *Luftkanäle.* Sie versorgen Spross und Wurzeln mit Sauerstoff. Die Wurzeln selbst dienen nur noch der Verankerung im Gewässerboden.

Die **Wasserlinse** ist eine *Schwimmpflanze.* Sie besitzt an ihrem blattförmigen Spross nur eine kleine, frei ins Wasser ragende Wurzel.

Überall, wo Licht, Temperatur und Wasserverhältnisse es erlauben, ist die Erde von Pflanzen bedeckt. Und überall dort, wo Menschen leben, haben sie diese natürliche Pflanzendecke nach ihrem Willen verändert. Sie haben Äcker, Wiesen, Weinberge und Wälder angelegt und bauen hier solche Pflanzen an, die ihnen in irgendeiner Form nützen.

Vielfalt und Nutzen der Blütenpflanzen

Gräser werden beispielsweise in einem Park oder auf einem Sportplatz geschätzt, als Weidepflanzen liefern sie reichlich Futter für Stalltiere und als Getreide dienen sie der menschlichen Ernährung.

Will man die Vielzahl der Pflanzen ordnen, so kann man sie entsprechend ihrer Bedeutung für den Menschen in Nutzpflanzen und Wildkräuter einteilen. Dieses Vorgehen führt jedoch nicht zu einem eindeutigen Ergebnis: Die gleichen Gräser, die der Mensch auf einer Rasenfläche pflegt und düngt, bezeichnet er wenige Meter weiter in einem Gemüsebeet als unnütz und hackt sie um. Pflanzen muss man also nach anderen Gesichtspunkten ordnen. Aber wie?

1 Verwandtschaft bei Pflanzen

1 Brennnessel

2 Weiße Taubnessel

Brennnessel und Taubnessel

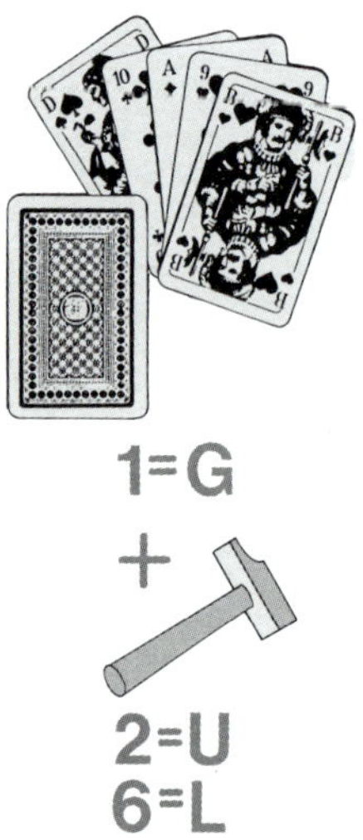

Bilderrätsel
Brennnesselblüten werden durch den Wind bestäubt. Die Lösung des Bilderrätsels ergibt einen häufigen Bestäuber der Taubnessel.

An Wegrändern und Hecken findet man häufig dichte Bestände von kniehohen, krautigen Pflanzen, die durch ihre Belaubung auffallen. Die Blätter stehen einander paarweise gegenüber. Sie sind borstig behaart und der Blattrand ist gesägt. Wenn man die Blätter dieser Pflanzen berührt, kann man ein heftiges Brennen auf der Haut verspüren. Sie rötet sich und es bilden sich kleine, juckende Bläschen. Einige Meter weiter stehen oft ganz ähnlich aussehende Pflanzen. Fasst man sie an, so spürt man kein Brennen. Woran liegt das?

Die erste Pflanze war eine *Brennnessel.* Sie besitzt *Brennhaare,* die durch winzige Einstiche die Haut verletzen. Eine ätzende Flüssigkeit dringt aus dem Inneren des Brennhaares hervor. Die Haare der zweiten Pflanze brennen nicht; sie gehören zu einer *Taubnessel.* Beide Pflanzen können miteinander verwechselt werden, da die Ähnlichkeit von Blättern und äußerer Gestalt groß ist.

Wenn Brennnessel und Taubnessel jedoch blühen, wird deutlich, dass sich diese Pflanzen außer in den Brennhaaren noch in weiteren Merkmalen unterscheiden. Die Brennnessel besitzt *lockere Blütenstände* mit kleinen, unscheinbaren Blüten. Die Taubnessel dagegen entwickelt weithin sichtbare *Lippenblüten.*

Wegen dieser Unterschiede im Blütenbau ordnet man Brennnessel und Taubnessel zwei verschiedenen **Pflanzenfamilien** zu, der Familie der *Brennnesselgewächse* und der Familie der *Lippenblütler.* Man will damit ausdrücken, dass beide Pflanzen trotz vieler Übereinstimmungen nicht nah verwandt sind. Zu einer gemeinsamen Familie fasst man solche Pflanzen zusammen, die sich in vielen Merkmalen, besonders aber im Bau ihrer Blüten gleichen. Diese Verwandtschaftsbezeichnung wird benutzt, da man davon ausgeht, dass alle Mitglieder einer Familie von gemeinsamen Vorfahren abstammen.

Die Familie der Lippenblütler

An der Taubnessel lassen sich die Merkmale der Lippenblütler gut erkennen.

- Die *fünf Blütenblätter* sind in ihrem unteren Teil zu einer Röhre verwachsen. Nach oben hin bilden sie zwei unterschiedlich gestaltete *Lippen* aus. Auch die *Kelchblätter* sind miteinander verwachsen.
- Wenn die *Samen* reif sind, zerfällt der Fruchtknoten in vier *Teilfrüchte*. Schon an der blühenden Pflanze ist diese Vierteilung des Fruchtknotens zu erkennen.
- Der *Stängel* eines Lippenblütlers ist vierkantig und hohl.
- Die Blätter sind gegenständig, wobei aufeinander folgende Blattpaare jeweils um 90° am Stängel versetzt sind. Sie stehen also *gekreuzt-gegenständig.*

Allerdings gibt es oft deutliche Unterschiede zwischen den Pflanzen einer Familie. *Salbei* und *Günsel* zum Beispiel besitzen die genannten Familienmerkmale, gehören also auch zu den Lippenblütlern. Der Salbei hat aber nur zwei Staubblätter, während es bei Günsel und Taubnessel vier sind. Beim Günsel wiederum ist die Oberlippe nicht helmförmig ausgebildet, sondern im Vergleich zur Unterlippe sehr klein. Auch die Form der Blätter ist anders als bei der Taubnessel. Wegen dieser Unterschiede werden die Pflanzen einer Familie verschiedenen Gruppen, den **Gattungen**, zugeordnet. Taubnessel, Salbei und Günsel sind drei Gattungen der Familie der Lippenblütler.

Bei aller Ähnlichkeit können aber auch verschiedene Pflanzen der *Gattung Taubnessel* Unterschiede aufweisen. So gibt es Taubnesselpflanzen mit weißen, roten oder gelben Blüten. Die weiß blühenden gleichen sich weitgehend und sie können sich untereinander fortpflanzen. Ebenso verhält es sich bei den rot und den gelb blühenden Taubnesseln. Zwischen weißen, roten und gelben ist die Befruchtung dagegen unmöglich. In diesem Fall spricht man von verschiedenen **Arten**: der *Weißen Taubnessel*, der *Roten Taubnessel* und der *Goldnessel*. Zum Gattungsnamen Taubnessel kommt noch ein Zusatz, häufig ein Eigenschaftswort, das die Art genau kennzeichnet.

Zu den Lippenblütlern gehören mehr als 3000 Arten. Besonders viele findet man im Mittelmeerraum. Zu ihnen gehören Gattungen, die als Heil- oder Gewürzpflanzen bekannt sind: *Salbei, Lavendel, Melisse, Thymian, Majoran, Rosmarin* und *Bohnenkraut*.

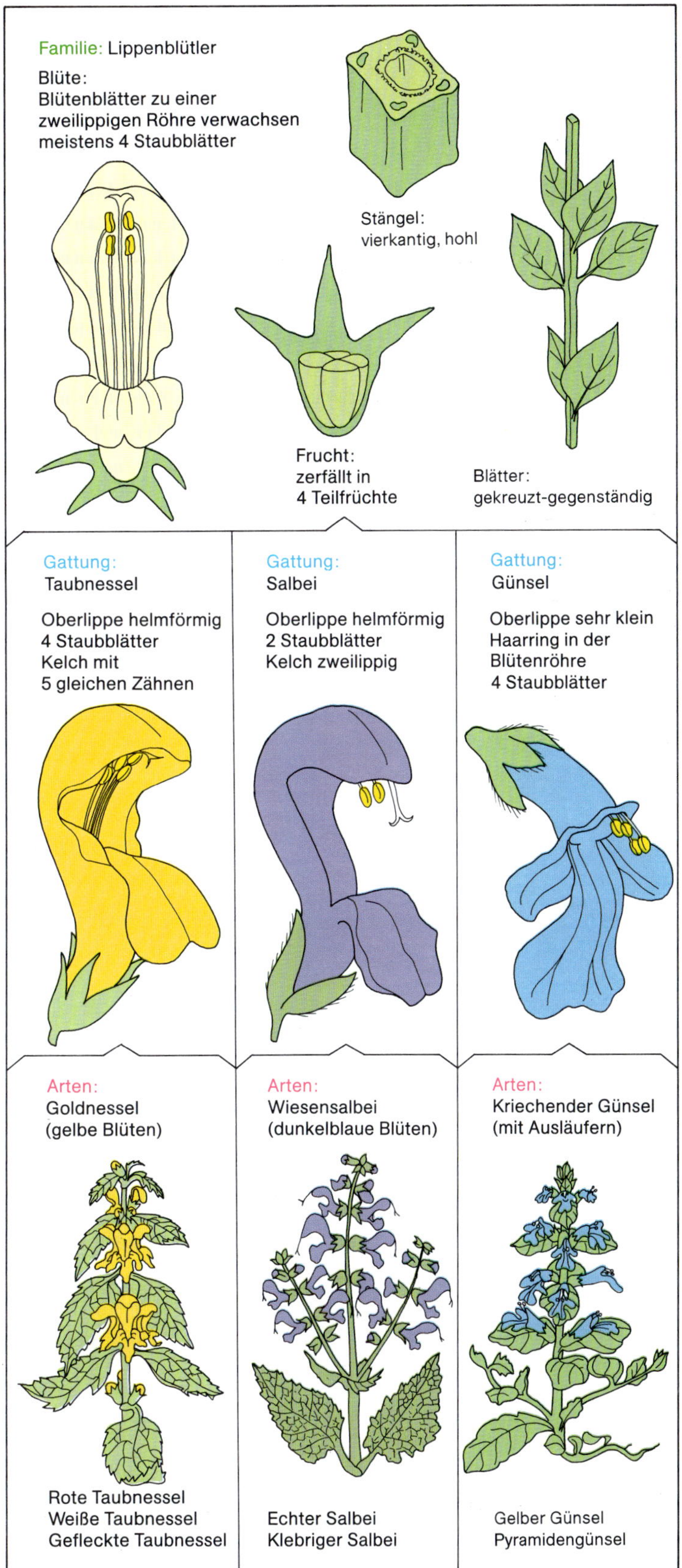

1 Ähnlichkeiten und Unterschiede in der Familie der Lippenblütler

1 Blüte vom Scharfen Hahnenfuß

2 Verschiedene Arten der Gattung Hahnenfuß

Der Scharfe Hahnenfuß hat viele Verwandte

Der *Scharfe Hahnenfuß* ist bei uns so häufig, dass seine Blüten im Mai manche Wiese gelb erscheinen lassen. Jede seiner Blüten besitzt fünf Kelch- und fünf Blütenblätter. Auf dem gewölbten Blütenboden sitzen viele Stempel, die jeweils aus einem grünen Fruchtknoten mit einer gelblichen, gebogenen Narbe bestehen. Die Blütenblätter glänzen wie lackiert. An ihrem unteren Ende wird von einem tütenförmigen Schüppchen Nektar gebildet. Wegen dieser Besonderheit bezeichnet man die Blütenblätter auch als *Honigblätter*.

Die Blattspreite ist beim Scharfen Hahnenfuß tief eingeschnitten; dadurch entstehen fünf fingerförmige Zipfel. Die am Stängel weiter oben sitzenden Blätter sind nur dreizipfelig und sehen dem Fuß eines Hahnes ähnlich. Von dieser Blattform ist der Name „Hahnenfuß" wahrscheinlich abgeleitet.

Weidetiere meiden den Scharfen Hahnenfuß. Die Pflanze enthält, wie fast alle Hahnenfußgewächse, ein Gift, an dem die Tiere erkranken können. Das Heu kann man allerdings als Viehfutter verwenden, denn das Gift verliert beim Trocknen der Pflanzen seine Wirkung.

Zur *Gattung Hahnenfuß* gehören viele gelb blühende und einige weiß blühende Arten. Sie sind teilweise schwer zu unterscheiden.

Die Merkmale der Gattung Hahnenfuß lassen sich bei vielen anderen Gattungen der **Familie Hahnenfußgewächse** wiederfinden. Besonders häufig kommt eine ähnliche Form der Blätter vor. Oft findet man auch eine fünfzählige Blüte mit vielen Staubblättern und mehreren, einzeln stehenden Stempeln. Die Blütenformen sind zum Teil unterschiedlich. Bei der Gattung *Akelei* besitzen die fünf Honigblätter lange, spornförmige Fortsätze. Beim *Rittersporn* ist nur ein Sporn vorhanden. Der *Eisenhut* verbirgt den Nektar unter einem helmförmig aufgewölbten Blütenblatt.

Manche Hahnenfußgewächse besitzen mehr als fünf Blütenblätter *(Scharbockskraut, Leberblümchen)*, andere haben keine Kelchblätter *(Sumpfdotterblume, Trollblume)*. Dennoch fassen die Wissenschaftler sie zu einer Familie zusammen. Um die Verwandtschaft festzustellen, wird auch der innere Aufbau der Pflanzen untersucht. Manchmal werden sogar chemische Untersuchungen nötig. Zur Familie der Hahnenfußgewächse gehören weltweit etwa 1500 Arten. Es sind meist Kräuter und Stauden.

Aufgaben

① Besorge dir von einer Wiese, auf der der Scharfe Hahnenfuß reichlich blüht, eine vollständige Pflanze.
   a) Zeichne ein grundständiges Blatt und je ein Blatt von der Mitte und vom oberen Teil des Stängels. Gib die Unterschiede an.
   b) Untersuche ein Honigblatt mit der Lupe und zeichne es.

② Schreibe Unterscheidungsmerkmale der vier Hahnenfußarten von Abbildung 2 in dein Heft. Versuche, diese Arten im Freien wiederzuerkennen.

Gattung: Hahnenfuß

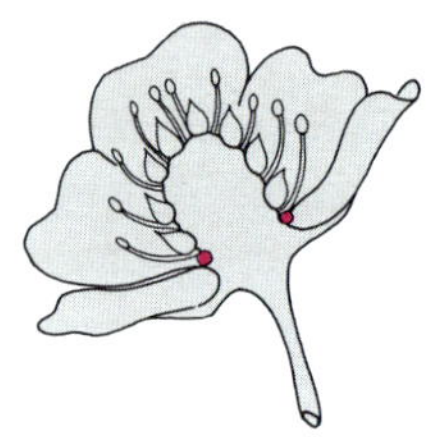

Gattung: Rittersporn

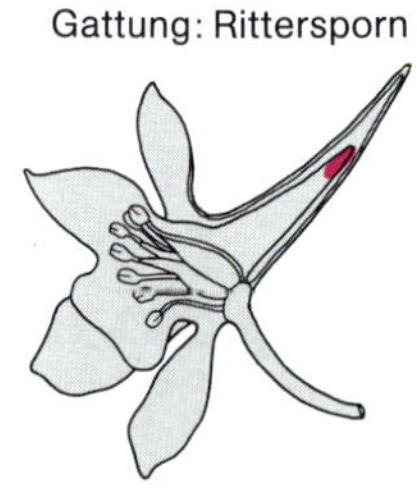

Gattung: Eisenhut

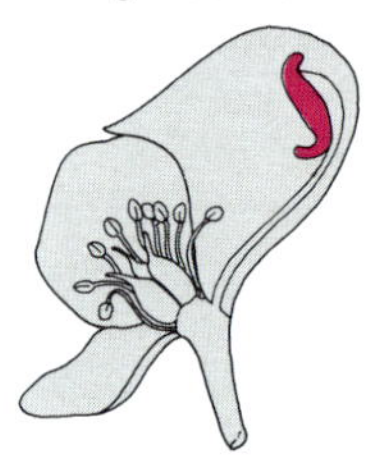

Gattung: Akelei

1 Verschiedene Arten aus der Familie Doldengewächse

2 Blütenstand der Wilden Möhre

Die Wilde Möhre ist ein Doldengewächs

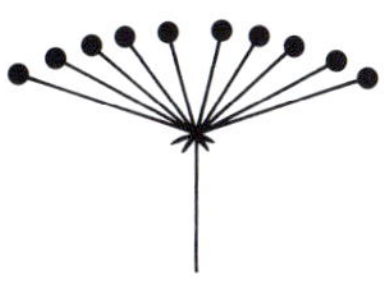

Dolde

zusammengesetzte Dolde

Die *Wilde Möhre* kommt an trockenen und warmen Standorten vor. Sie ist eine *zweijährige* Pflanze. Im ersten Jahr speichert sie Reservestoffe in ihrer verdickten *Pfahlwurzel.* Im zweiten Jahr bildet sie Blüten und Früchte; danach stirbt sie ab. Ihr Blütenstand ist eine *Doppeldolde*, die wie eine einzige, riesige Blüte wirkt. Dadurch ist die Pflanze auffällig und lockt Fliegen und Käfer an. Diese kurzrüsseligen Insekten finden reichlich Nektar, der auf einem Griffelpolster abgeschieden wird. Bei ihrem Besuch bestäuben die Insekten die Blüten.

Die *Einzelblüten* sind eher unscheinbar. Ihr fünfblättriger Kelch ist winzig klein und kaum zu entdecken. Die Blüten besitzen fünf weiße Blütenblätter, fünf Staubblätter und einen unterständigen Fruchtknoten. Dieser besteht aus zwei Fruchtblättern mit je einer Samenanlage. Die Frucht zerfällt in zwei einsamige Teilfrüchte. Sie tragen kurze Widerhaken, mit denen sie an Tieren hängen bleiben. Dadurch werden sie verbreitet.

Ein besonderes Kennzeichen der Wilden Möhre ist eine rotbraune Blüte in der Mitte des Blütenstandes. Sie heißt *Mohrenblüte.* Wahrscheinlich hat die Pflanze ihren Namen von diesem „Möhrchen".

Pflanzen, die einen ähnlichen Blütenbau und eine *Dolde* oder *Doppeldolde* als Blütenstand besitzen, gehören zur **Familie der Doldengewächse**. Es sind meist krautige Pflanzen, die mit Rüben oder Erdsprossen überwintern. Der Stängel ist hohl und besitzt verdickte Knoten. Die Blätter sind häufig gefiedert.

Die Familie der Doldengewächse umfasst 2600 Arten, von denen in Mitteleuropa etwas mehr als 100 wild vorkommen. Viele Nutz- und Gewürzpflanzen wie *Dill, Kerbel, Petersilie, Anis, Kümmel* und *Liebstöckel,* außerdem *Mohrrübe, Fenchel* und *Sellerie* gehören dazu.

Aufgabe

1. Bei vielen Doldengewächsen haben die Blüten am Rand des Blütenstandes eine andere Form als die in der Mitte.
   a) Beschreibe anhand der Abbildung 3 die Unterschiede im Aussehen von Rand- und Mittelblüten.
   b) Welche Bedeutung könnte die Form der Randblüten haben?

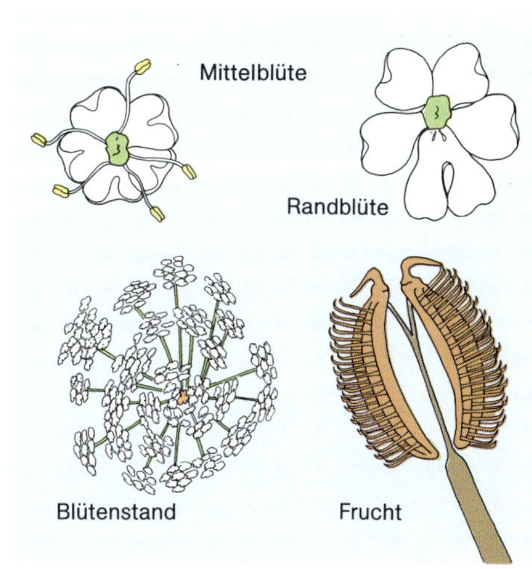

3 Blütenstand, Blüte und Frucht (Schema)

Die Familie der Korbblütler

Sonnenblumen werden wegen ihrer ansehnlichen *Blütenscheiben*, vor allem aber wegen der fettreichen Früchte angebaut. Die Pflanze ist trotz ihrer stattlichen Größe einjährig. Da alle Pflanzenteile im Winter absterben, muss man in jedem Jahr wieder *Sonnenblumenkerne* aussäen, um neue Pflanzen zu erhalten.

Untersucht man im Sommer eine der riesigen Blütenscheiben, so erlebt man eine Überraschung. Sie ist dicht besetzt mit vielen röhrenförmigen Blütchen. Auch die gelben, zungenförmigen Blätter am Rand stellen sich als besonders geformte *Einzelblüten* heraus. Was beim ersten Hinsehen die Blüte der Sonnenblume zu sein scheint, ist in Wirklichkeit ein *Blütenstand.* Er ist von vielen grünen *Hüllblättern* umgeben und erinnert in seiner Form an ein Körbchen. Dieser Blütenstand ist ein wichtiges Merkmal für die **Familie der Korbblütler.** Er hat ihr den Namen gegeben.

Die *Zungenblüten* am Rand des Körbchens sind in ihrem unteren Abschnitt zu einer kurzen Röhre verwachsen. Sie besitzen weder Griffel noch Staubblätter. Ein Fruchtknoten ist zwar vorhanden, aber er kann keine Samen bilden. Die Zungenblüten der Sonnenblume sind also unfruchtbar *(steril).* Sie haben nur die Aufgabe, den Blütenstand weithin sichtbar zu machen und Insekten anzulocken. Man nennt sie *Lockblüten.*

Die *Röhrenblüten* stehen dicht gedrängt im Inneren des Blütenkorbes. Sie sitzen in der Achsel eines Spreublattes. Auf dem unterständigen Fruchtknoten erkennt man zwei winzige Kelchblätter. Die Blütenblätter sind zu einer fünfzipfeligen, gelbbraunen Röhre verwachsen. Die Röhrenblüten öffnen sich nacheinander von außen nach innen. Zunächst reift der Pollen in den fünf, zu einer Röhre verwachsenen Staubbeuteln. Er wird von dem wachsenden Griffel nach oben geschoben. Erst später spreizen sich die beiden Narbenäste und können durch fremde Pollen bestäubt werden. Nach der Befruchtung entwickelt sich aus jeder Blüte ein Sonnenblumenkern, also viele hundert in einem Blütenstand.

Auch der **Löwenzahn** gehört zu den Korbblütlern. Sein gelbes Blütenkörbchen sitzt auf einem hohlen Stängel, der aus der Mitte einer *Blattrosette* emporwächst. Beim Abpflücken quillt aus den verletzten Pflanzenteilen ein weißer, klebriger *Milchsaft* heraus.

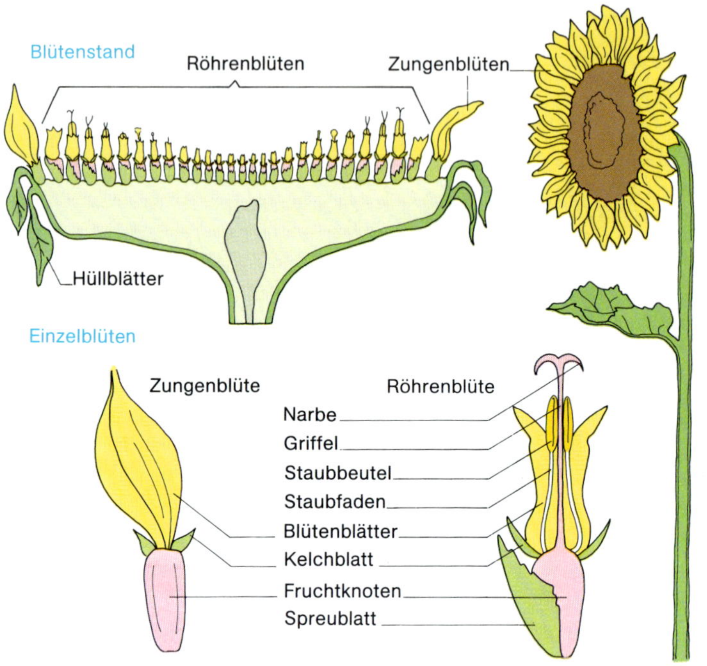

1 Blütenstand und Einzelblüten der Sonnenblume

Im Blütenkörbchen des Löwenzahns befinden sich ausschließlich Zungenblüten. Sie sind nur in ihrem unteren Abschnitt zu einer Röhre verwachsen. Spreublätter und Kelchblätter sind nicht vorhanden. Stattdessen sitzt auf dem Fruchtknoten ein Haarkelch, aus dem sich bei der reifen Frucht der „Fallschirm" entwickelt. Dieser ermöglicht die Verbreitung der Früchte durch den Wind.

Die Familie der Korbblütler ist mit 14 000 Arten über die ganze Erde verbreitet. In Europa kommen etwa 300 Arten vor. Einige Korbblütler besitzen ausschließlich Zungenblüten. Diese Pflanzen enthalten fast immer Milchsaft. Salatpflanzen wie *Endivie* und *Chicoree* gehören dazu. Bei anderen Korbblütlern wie *Distel* und *Flockenblume* sind nur Röhrenblüten vorhanden. Diese Pflanzen führen keinen Milchsaft. Viele röhrenblütige Korbblütler besitzen zusätzlich zungenförmige Randblüten. So ist es bei *Margerite, Aster* und *Gänseblümchen.*

Aufgaben

① Vergleiche die Röhrenblüten der Sonnenblume mit den Zungenblüten des Löwenzahns.

② Sammle auf Wiesen oder am Wegrand einige Korbblütler und ordne sie nach Röhren- bzw. Zungenblütigen.

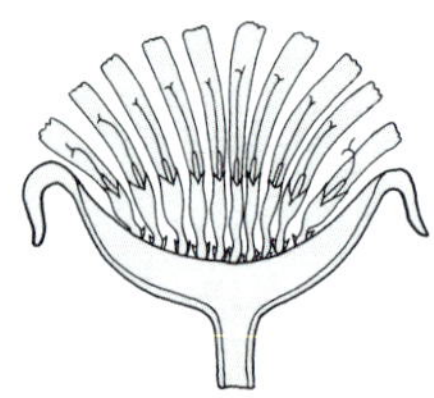

Längsschnitt Blütenkörbchen

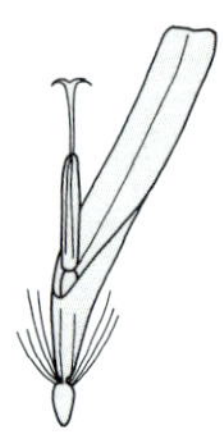

Einzelblüte

Fallschirmfrucht

Löwenzahn

Löwenzahn, Kuhblume. 15 – 30 cm hohe Staude, blüht von April bis September auf feuchten Wiesen.

Wegwarte. 30 – 150 cm hohe Staude, von Juli bis Oktober auf Weiden und an trockenen Wegrändern.

Habichtskraut. 10 – 25 cm hohe Staude, blüht von Mai bis Sept., es gibt viele ähnliche Arten.

1 Zungenblütige Korbblütler

Rainfarn. 60 – 120 cm hohe Staude, blüht von Juli bis September an Wegrändern, Hecken und Ufern.

Filzige Klette. Zweijährig, Höhe: 60 – 120 cm, blüht von Juli bis Sept. an Zäunen und Gebüschen.

Kornblume. Einjährig, 30 – 60 cm hoch, blüht von Juni bis Okt. auf Äckern, oft im Wintergetreide.

Gemeine Schafgarbe. 15 – 50 cm hohe Staude, von Juni bis Okt. auf trockenen Wiesen und Ödland.

Echte Kamille. 15 – 40 cm hohe Staude, blüht von Mai bis August auf Äckern und an Wegrändern.

Jakobskreuzkraut. Zweijährig, 30 – 100 cm hoch, Juli bis Sept. an sonnigen Hängen und Wegen.

2 Röhrenblütige Korbblütler

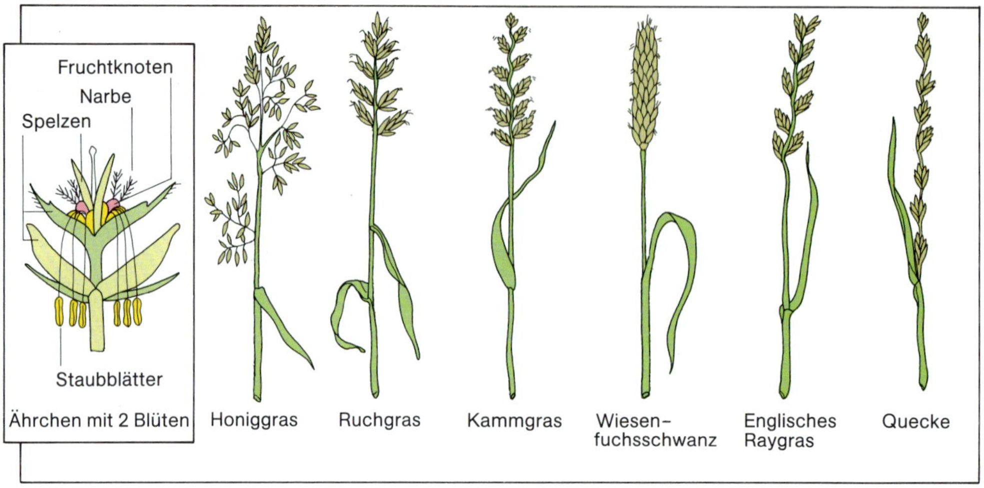

1 Verschiedene Arten von Süßgräsern

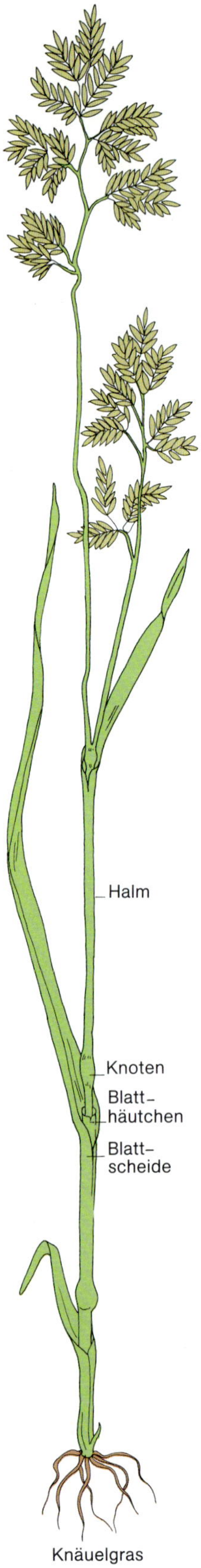

Die Familie der Süßgräser

Den größten Anteil der Wiesenpflanzen machen die **Süßgräser** aus. An einigen typischen Baumerkmalen sind sie leicht zu erkennen. Sie besitzen einen runden, hohlen Stängel *(Halm)*, der durch *Knoten* in kürzere Abschnitte gegliedert ist. Die Blätter sind lang und schmal. Sie besitzen parallel verlaufende Blattadern und ihr Rand ist glatt und scharf. Der untere Teil des Blattes bildet eine *Blattscheide,* die den Halm bis zum nächsten Knoten umschließt. Die Festigkeit des Halmes wird dadurch erhöht. Knickt er dennoch einmal um, so richtet er sich durch einseitiges Wachstum an einem Knoten mit der Zeit wieder auf.

Die Blüten der Gräser sind klein und unauffällig. Sie besitzen bei allen Süßgräsern einen ähnlichen Bau. Jede einzelne Blüte besteht aus dem Fruchtknoten mit federförmigen Narbenästen, drei Staubblättern und verschiedenen Spelzen. Sie schützen die Blüten und besitzen manchmal einen haarähnlichen Fortsatz, die *Granne*. Mehrere solcher *Blüten*, meistens zwei bis fünf, stehen in einem *Ährchen* eng beisammen. Die Vielzahl der Ährchen bildet den Blütenstand. Nach der Art des Blütenstandes lassen sich die Gräser in drei Gruppen unterteilen.

Ährengräser: Alle Ährchen sitzen ungestielt am Halm und bilden zusammen die Ähre. Das *Englische Raygras* ist eine wichtige Futter- und Rasenpflanze, denn sie verträgt sogar häufigen Schnitt sehr gut. Sehr widerstandsfähig ist auch ein anderes Ährengras, die *Quecke*. In Gärten und auf Äckern ist sie ein lästiges Wildkraut, da sich die Pflanze durch lange unterirdische Ausläufer weit verbreitet. Selbst aus sehr kurzen Abschnitten dieser Erdsprosse kann sich wieder eine vollständige Pflanze entwickeln.

Rispengräser: Bei ihnen sitzen die Ährchen an deutlich gestielten und teilweise mehrfach verzweigten Seitenästen. Zwei häufige Rispengräser sind das *Honiggras* und das *Knäuelgras*.

Ährenrispengräser: Im Aussehen ähneln die Blütenstände dieser Gräser einer Ähre. Man spricht deshalb auch von *Scheinährengräsern.* Die einzelnen Ährchen sind jedoch kurz gestielt und sitzen nicht direkt am Halm. Das ist oft nur zu erkennen, wenn wir den Blütenstand stark umbiegen. Der *Wiesenfuchsschwanz,* das *Kammgras* und das *Ruchgras* gehören zu den Ährenrispengräsern.

Neben den Süßgräsern findet man auf nassen und kalkarmen Wiesen **Sauer-** oder **Riedgräser**. Sie sind leicht von den Süßgräsern zu unterscheiden: ihre Stängel sind dreikantig, nicht hohl und besitzen keine Knoten. Sauergräser sind kaum als Futterpflanzen geeignet. Ihr Heu ist sehr hart und wird vom Vieh nicht gefressen.

Aufgabe

① Gräser lassen sich leicht sammeln und pressen. Lege eine Gräsersammlung an und unterscheide zwischen Süß- und Sauergräsern. Ordne die Süßgräser nach den Blütenstandsformen.

1 Kiefernbestand

Die Waldkiefer — ein Nadelbaum

Die *Waldkiefer* ist ein häufiger Baum unserer Wälder. Sie benötigt viel Licht. An die Bodenbeschaffenheit und das Klima stellt sie wenig Ansprüche. Auf trockenen Sandböden ist die Kiefer ebenso anzutreffen wie in nassen Mooren. Sie verträgt heiße Sommer und lang andauernde, strenge Winter.

Ihre Blätter, die *Nadeln,* sind lang gestreckt und schmal. Sie sitzen jeweils paarweise an einem Kurztrieb. Die kleine Oberfläche der Nadeln und ein zusätzlicher Wachsüberzug vermindern die Wasserverdunstung des Baumes. Das ist besonders im Winter wichtig, weil der Baum auch dann noch benadelt ist und aus dem gefrorenen Boden kein Wasser aufnehmen kann.

Die Kiefer blüht im Mai. Bei ihr sitzen männliche und weibliche Blüten an verschiedenen Trieben auf der gleichen Pflanze. Sie ist also *getrenntgeschlechtlich* und *einhäusig*. Die *männlichen Blütenstände* stehen am Grund der jungen Maitriebe in einem dichten Büschel beisammen. Sie enthalten viele Staubbeutel. Bei trockenem Wetter entlassen sie Millionen von Pollen, die der Wind zu den weiblichen Zapfenblüten weht.

In den weiblichen *Blütenständen*, die an der Spitze der Maitriebe sitzen, befinden sich in regelmäßigem Wechsel *Deckschuppen* und *Fruchtschuppen* übereinander. Mit einer starken Lupe erkennt man auf jeder Fruchtschuppe zwei *Samenanlagen*. Sie sind nicht — wie bei allen bisher beschriebenen Pflanzen — von einem Fruchtknoten umschlossen, sondern liegen unbedeckt, gleichsam „nackt" auf der Fruchtschuppe. Die Kiefer wird deshalb, wie alle anderen Nadelbäume, zu den **Nacktsamern** gezählt.

Nach der Bestäubung werden die rötlichen Deckschuppen grün und verkleben mit Harz. Die Befruchtung erfolgt allerdings erst im März des folgenden Jahres im Inneren der grünen *Zapfen*. Bis zur Samenreife dauert es ein weiteres Jahr. Dann sind die Zapfen braun und verholzt. Bei trockenem Wetter spreizen sich ihre Schuppen ab und die geflügelten Samen, die jeweils zu zweien zwischen Frucht- und Deckschuppe liegen, werden vom Winde herausgeweht.

Wie die Kiefer sind auch *Fichte* und *Tanne* immergrüne Nadelbäume mit nacktsamigen Zapfenblüten, die zur **Familie der Kieferngewächse** gehören.

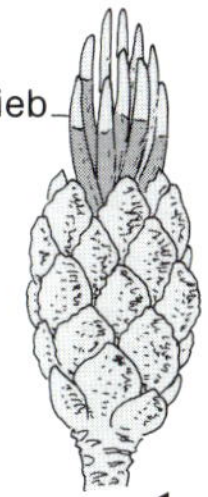

Zapfenblüte ♂

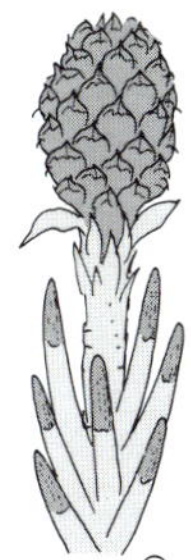

Zapfenblüte ♀

junger Zapfen

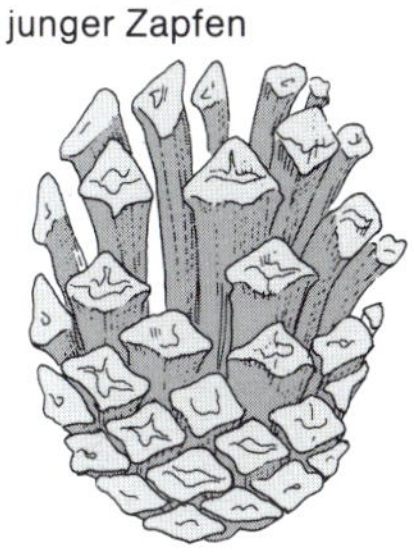

reifer Zapfen (2 Jahre alt)

2 Männliche (links) und weibliche (rechts) Zapfenblüten einer Kiefer

1 Wiesenblumen und Heustadeln auf gemähter Wiese

Die Wiese – Pflanzengemeinschaft durch den Einfluss des Menschen

Wiesen sind bei uns fast immer landwirtschaftliche Nutzflächen. Sie werden ein- oder mehrmals im Jahr gemäht und gedüngt, um Heu für die Tierhaltung zu gewinnen. Je nach Pflanzenbestand und Jahreszeit haben sie ein unterschiedliches Aussehen. Die Zusammensetzung der Pflanzenarten, die gemeinsam auf einer Wiese vorkommen, ist nicht zufällig. Von der Bodenart und der Wasserführung hängt es ab, welche Pflanzengemeinschaft anzutreffen ist.

Feuchte Fettwiesen treten häufig in Tälern oder in Flussnähe auf. Ein hoher Grundwasserspiegel sorgt für reichlich Wasserzuführung im nährstoffreichen Boden. Leitpflanzen, die regelmäßig in solchen Wiesen vorkommen, sind *Kriechender Hahnenfuß, Kohlkratzdistel* und *Kuckuckslichtnelke.* Bei den Gräsern ist das *Honiggras* besonders stark vertreten.

Trockene Fettwiesen sind am Vorkommen des *Wiesensalbeis* zu erkennen. Außerdem sind *Echtes Labkraut, Wundklee* und *Wiesenmargerite* Leitpflanzen dieses Wiesentyps. Das *Wiesenrispengras* und die *Wilde Möhre* kommen ebenfalls häufig vor.

Trockenrasen sind auf Böden anzutreffen, in denen das Wasser schnell versickern kann. Sie sind trocken und nährstoffarm. Leitpflanzen sind *Silberdistel* und *Thymian.* Auch seltene Pflanzen, wie das zu den Orchideen gehörende *Helmknabenkraut,* gedeihen hier.

Der Landwirt unterscheidet die Wiesen weniger nach der Pflanzengemeinschaft als vielmehr nach dem Nutzen. Auf *Grünfutterwiesen* wird mehrmals im Jahr frisches Gras für die Stalltiere geerntet. Solche Wiesen werden häufig gedüngt, um den Ertrag zu erhöhen. *Heuwiesen* werden für die Winterfütterung der Tiere genutzt. Wenig ergiebige Wiesen bezeichnet man als *Streuwiesen,* weil sie das Einstreumaterial für die Ställe liefern. Grasflächen, auf denen Vieh gehalten wird, heißen *Weiden.*

Wiesen sind *Kulturlandschaften,* die stark unter dem Einfluss des Menschen stehen. In unseren Breiten würden Grasflächen, die weder gemäht noch beweidet werden, nach einiger Zeit zuwachsen, weil Bäume und Sträucher sich ausbreiten würden.

An den jahreszeitlichen Veränderungen im Aussehen einer Heuwiese ist deutlich zu erkennen, wie der Mensch in den Entwicklungsablauf der Wiesenpflanzen eingreift.

Im Winter sind die meisten oberirdischen Pflanzenteile abgestorben. Die Wiese zeigt eine graugrüne Färbung. Bis Ende März dauert dieser erste Tiefstand. Wenn es wärmer wird, setzt das Wachstum ein. *Wiesenschaumkraut* und *Schlüsselblume* blühen zuerst. Neben den Gräsern bestimmen vor allem *Löwenzahn* und *Scharfer Hahnenfuß* das Bild der Wiese. Bis zum ersten Hochstand können noch *Wiesenkerbel, Wiesenglockenblume* und andere Arten hinzukommen.

Die Heuernte erfolgt Mitte Juni. Die Wiese im zweiten Tiefstand ähnelt einer Rasenfläche. Bis Ende August erfolgt ein neuer Wachstumsschub und der zweite Hochstand wird erreicht. Jetzt bestimmen vor allem die *Doldengewächse* mit ihren weißen Blütenständen das Bild. Einige Pflanzen wie *Gänseblümchen, Hahnenfuß* und *Kerbel* blühen ein zweites Mal. Nach dem zweiten Schnitt befindet sich die Wiese im dritten Tiefstand. In günstigen Lagen wird manchmal noch ein wesentlich niedrigerer dritter Hochstand erreicht. In dieser Zeit kann die Heuwiese auch als Weide genutzt werden. Aber oft setzt nach der zweiten Mahd bereits die Winterruhe ein.

Nicht jede Pflanze verträgt das mehrmalige Mähen. Die Pflanzen einer Heuwiese müssen also daran angepasst sein. Der *Löwenzahn* blüht schon im April. Noch vor dem ersten Hochstand sind die Samen reif und die Früchte der „Pusteblume" können durch den Wind verbreitet werden. Nach dem ersten Schnitt bildet die Pflanze neue Blätter aus und speichert Reservestoffe in ihrer kräftigen Pfahlwurzel. So kommt es, dass der Löwenzahn nach dem zweiten Schnitt noch einmal blühen kann.

Der *Bärenklau* wächst erst ab Juni zur vollen Größe aus. Bis dahin ist die Pflanze noch sehr klein. Die Grundblätter und viele Blütenknospen überstehen den ersten Schnitt unbeschadet. Dann entwickeln sich die Blütendolden innerhalb kurzer Zeit und noch vor dem zweiten Hochstand reifen seine vielen Früchte.

Süßgräser bilden in der Regel die Hauptmasse der Wiesenpflanzen. Bei ihnen ist es gleichgültig, ob sie zur Blüte gelangen oder nicht. Nach dem ersten Schnitt bilden sich nämlich an den unteren Stängelknoten Seitentriebe aus, das Gras „bestockt" sich. Außerdem besitzen viele Gräser Ausläufer, aus denen neue Halme emporwachsen.

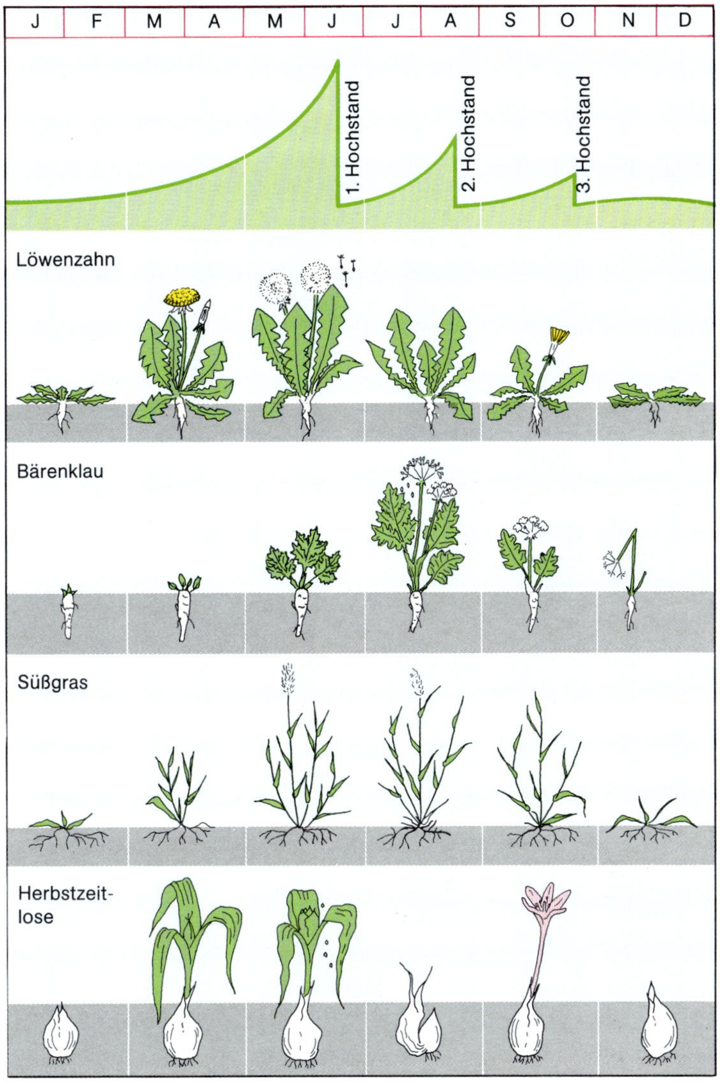

1 Jahreslauf in einer Fettwiese

Eine Sonderstellung nimmt die *Herbstzeitlose* ein. Diese Pflanze treibt erst Ende August ihre Blüten aus den Sprossknollen in der Erde. Der Fruchtknoten bleibt im Boden; Laubblätter sind nicht zu entdecken. Nach der Bestäubung welken die Blüten. Den Winter überdauert die Pflanze als Sprossknolle im Boden. Im Frühling entwickelt die Herbstzeitlose dann viele Blätter. Der Fruchtknoten wird aus dem Boden gehoben und reift noch vor der ersten Mahd zu einer Kapsel heran. Die herausfallenden Haftsamen werden dann bei Feuchtigkeit durch Tiere verbreitet.

Gräser dienen der Ernährung

Heimische Getreidearten

Hafer
- Rispe
- vereinzelt kurze Grannen
- längliche Körner

Weizen
- sechszeilige Ähre
- nur ganz kurze Grannen
- rundliche Körner mit Härchen an der Spitze

Roggen
- vierzeilige Ähre
- Grannen halb so lang wie Ähre
- lange, walzenförmige Körner

Gerste
- meist zweizeilige Ähre
- Grannen länger als die Ähre
- länglich ovale Körner

Gräser spielen nicht nur als Futterpflanzen eine wichtige Rolle. Zur Familie der Süßgräser gehören auch alle für die Ernährung der Menschen wichtigen *Getreidearten*, die aus Wildformen gezüchtet wurden.

Hafer ist besonders leicht verdaulich. Die Körner werden gequetscht und getrocknet als *Haferflocken* gegessen. Hafer wird auch an Pferde und Geflügel verfüttert. Das weiche Haferstroh wird als Tierfutter verwendet.

Weizen benötigt mineralstoffreichen Boden. Die Pflanzen wachsen schnell und die Ernte kann schon ab Ende Juli erfolgen. In der Ähre befinden sich dann die trockenen, vollreifen Körner. Mit modernen Erntemaschinen wird in einem Arbeitsgang gemäht und gedroschen und die *Körner* werden von der *Spreu* getrennt. Beim Mahlen werden die äußeren, eiweiß- und fetthaltigen Schichten des Weizenkorns und der Keimling abgesondert. Sie bilden zusammen die *Kleie*. Je nachdem, wie fein gemahlen und gesiebt wird, entstehen *Schrot, Graupen, Gries* oder *Mehl*. Aus Grieß werden Teigwaren wie Nudeln hergestellt; aus Mehl bäckt man vor allem Brot.

Roggen ist ebenfalls ein wichtiges Brotgetreide. Roggenmehl ist nicht so hell wie Weizenmehl. Es liefert dunkle, kräftig schmeckende Brotsorten, die lange frisch bleiben. Wird beim Mahlen die Kleie nicht abgetrennt, so entsteht *Vollkornmehl*. Das daraus hergestellte Vollkornbrot enthält alle Nährstoffe des Getreidekorns und die für die Verdauung wichtigen *Ballaststoffe*. Es ist deshalb besonders gesund.

Gerste wird zu einem großen Teil als Tierfutter genutzt. Nur die Saatgerste wird zur Herstellung von *Malz* verwendet. Als Malz bezeichnet man angekeimte und anschließend geröstete Gerstenkörner. Es wird zum Bierbrauen benötigt.

Neben den heimischen Getreidearten haben **Reis** und **Hirse** große Bedeutung für die Ernährung der Menschheit. Reis ist das wichtigste Grundnahrungsmittel in den asiatischen Ländern, Hirse spielt vor allem im tropischen Afrika eine Rolle. **Mais** wurde früher nur wegen der Körner angebaut. Heute erntet man die ganze Pflanze kurz vor der Reife und verwendet sie als Tierfutter. Sie wird klein gehäckselt und in Silos unter Luftabschluss eingelagert. Dieser saftige Silomais ist ein wertvolles Winterfutter.

Ein Brotrezept:
500 g Roggenmehl, 500 g Weizenmehl, 60 g Hefe, ½ l lauwarmes Wasser, 2 EL Weizenkeime, ½ TL Salz. Stelle das Mehl warm. Krümele die Hefe in die Mitte des Mehls. Verrühre Mehl, Hefe, Weizenkeime und Salz mit lauwarmem Wasser. Lasse 30 Minuten gehen. Knete den Teig tüchtig. Forme einen Laib und gib ihn in eine gefettete Kastenform. Lasse mindestens 60 Minuten gehen. Backe das Brot 100 Minuten bei 180 °C.

Kartoffel und Zuckerrübe

Die Heimat der **Kartoffel** ist das Hochland von Peru in Südamerika. Die ersten Pflanzen gelangten etwa 1560 nach Europa. Zunächst hat man nur die giftigen, grünen *Beerenfrüchte* gegessen. Das führte zu Erkrankungen, weshalb in Preußen der Genuss der Kartoffel verboten wurde. Erst vor etwa 200 Jahren erkannte man den Wert der *Kartoffelknollen*. Ihre Bedeutung als Grundnahrungsmittel liegt, wie beim Getreide, im hohen Stärkegehalt. Außerdem enthält die Kartoffel Vitamin C und etwas Eiweiß.

Die Pflanze ist sehr anspruchslos. Sie gedeiht auf fast allen Böden, auch auf kargem Sandboden, der für den Getreideanbau weitgehend ungeeignet ist. Nur Frost verträgt sie nicht. Im Frühjahr werden Kartoffelknollen ins Erdreich gelegt. Bald treiben sie aus und die weißlichen Triebe durchbrechen den Boden. Sie werden grün und bilden Laubblätter aus. Später folgen die Blüten.

Inzwischen haben sich unterirdisch an den Trieben viele Wurzeln entwickelt, die senkrecht nach unten wachsen. Außerdem findet man waagerechte Ausläufer mit kleinen, schuppenförmigen Blättern. Diese *Seitentriebe* verdicken sich am Ende und bilden neue Kartoffelknollen. An ihnen sind noch die Reste der Schuppenblättchen als „Augen" sichtbar. Daran ist zu erkennen, dass die Kartoffel keine Wurzelknolle, sondern eine *Sprossknolle* ist. Durch frühzeitiges Anhäufeln der oberirdischen Pflanzenteile erreicht der Landwirt, dass sich viele solcher Seitensprossen mit Knollen bilden.

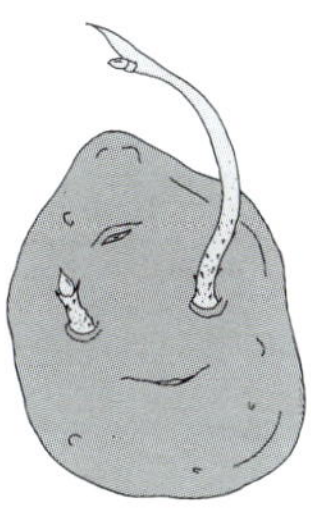

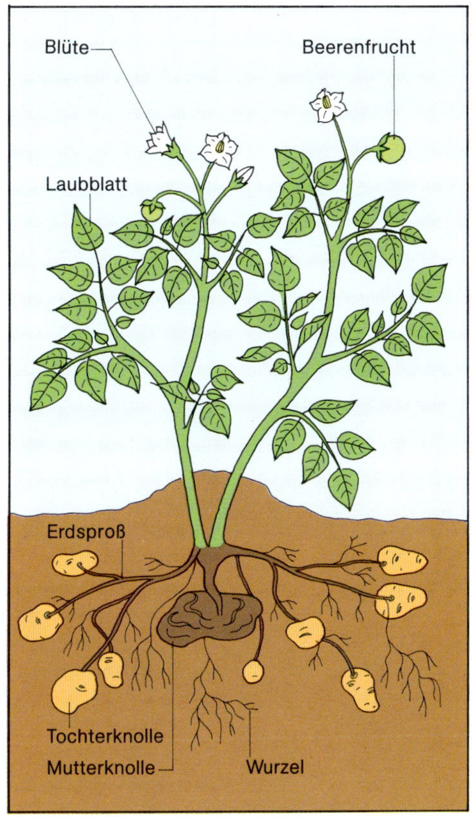

1 Kartoffelpflanze

Die **Zuckerrübe** benötigt fruchtbare Böden und ist sehr frostempfindlich. Den mannshohen Blütenstand der Zuckerrübe mit seinen mehr als zehntausend unscheinbaren Blüten kennt kaum jemand. Der Grund dafür ist, dass die Pflanze erst im zweiten Jahr nach der Aussaat blüht, sie ist *zweijährig*. Die Ernte der Zuckerrüben erfolgt aber schon im Herbst des ersten Jahres. Die Pflanze hat dann in ihrer verdickten *Pfahlwurzel* Zucker als Reservestoff gespeichert. Er kann ein Viertel des Rübengewichtes ausmachen. In Zuckerfabriken wird aus den Rüben dann der Zucker gewonnen.

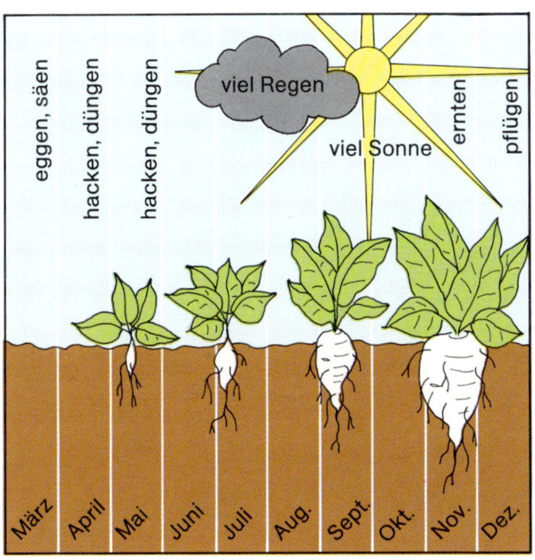

2 Entwicklung der Zuckerrübe

Aufgaben

① Der Landwirt spricht von „Saatkartoffeln" und „Hackfrüchten". Was ist an diesen Aussagen biologisch falsch?

② Wie kannst du nachweisen, dass Kartoffeln Stärke enthalten?

③ Kartoffeln, die beim Wachsen an der Erdoberfläche liegen und Licht erhalten, werden grün. Welche Schlüsse kannst du daraus ziehen?

④ Beschreibe anhand der Abbildung 2, welche Arbeiten beim Zuckerrübenanbau notwendig werden.

Viele Gemüsepflanzen sind Kreuzblütler

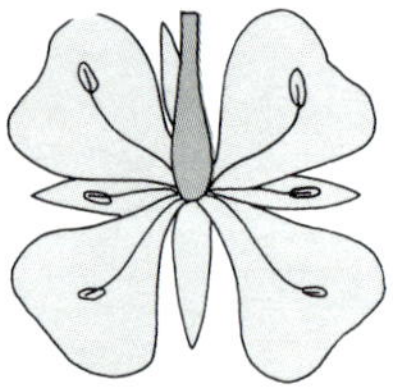

Die Nutzpflanzen, die wir im Garten als Gemüse anbauen, kommen in dieser Form wild nicht vor. Sie stammen jedoch von Wildpflanzen ab und sind das Ergebnis jahrhundertelanger *Züchtung*. Als die Menschen sesshaft wurden, haben sie in der Umgebung ihrer Behausungen gezielt verschiedene Pflanzenarten ausgewählt und angebaut. Diese Pflanzen besaßen Eigenschaften, die den Menschen für ihre Ernährung besonders wertvoll erschienen.

Zufällig traten dann im Laufe der Zeit einzelne Pflanzen auf, die noch mehr Vorzüge besaßen. Vielleicht war die essbare Wurzel etwas dicker oder die Früchte waren geschmackvoller. Die Samen solcher Pflanzen wurden dann zur Weiterzucht genutzt, um wieder Nachkommen von ähnlichem Aussehen oder Geschmack zu erhalten. Diese fortwährende *Auslese* von gewünschten Eigenschaften führte zu den heutigen *Kulturpflanzen*.

Beim *Wildkohl* sind die Zuchterfolge besonders beeindruckend. Von ihm stammen alle Kulturformen des Kohls ab. Fast jedes Organ dieser Pflanze ist durch Auslesezüchtung verändert worden. Beim *Blumenkohl* wird der gesamte Blütenstand mit den fleischigen Blütenstielen gegessen; am *Grünkohl* schätzt man die zarten Blätter; der *Kohlrabi* ist ein fleischig verdickter Stängelabschnitt. Der gesamte Spross bleibt bei den *Kopfkohlen* (z. B. dem Weißkohl) kurz gestaucht und wird als Gemüse genutzt. Beim *Rosenkohl* werden nur die dicken Seitenknospen geerntet.

Erst wenn diese Pflanzen blühen, erkennt man, dass sie miteinander verwandt sind. Ihre Blüten besitzen vier Kelch- und vier Blütenblätter. Neben vier langen Staubblättern stehen noch zwei kurze; die Frucht ist eine Schote. Dieser Blütenbau ist das Kennzeichen der *Familie der Kreuzblütler*. Zu ihr gehören neben *Radieschen, Rettich* und *Kresse* noch weitere Nutzpflanzen. Aus den fetthaltigen Samen des *Rapses* wird Öl gepresst; beim *Schwarzen Senf* dienen die Samen der Senfherstellung.

Nicht nur bei Kreuzblütlern gibt es wichtige Gemüsepflanzen. *Bohnen, Gurken, Tomaten* und *Spargel* stammen aus anderen Pflanzenfamilien. Für die menschliche Ernährung ist Gemüse, gekocht oder als Rohkost, unentbehrlich. Sein Wert liegt vor allem in dem hohen Gehalt an Vitaminen, Mineral- und Ballaststoffen. *Möhren* liefern zum Beispiel viel Vitamin A, *Paprika* ist reich an Vitamin C. Außerdem sind die Geschmacksstoffe vieler Gemüsepflanzen appetitanregend und verdauungsfördernd. Aus diesen Gründen ist Gemüse wichtiger Bestandteil einer ausgewogenen Ernährung.

Aufgabe

① Lege eine Tabelle an, in der du Gemüsepflanzen und Salate aufschreibst, die du schon einmal gegessen hast. Schreibe dazu, welchen Pflanzenteil man isst und zu welcher Familie die Pflanze gehört.

Pflanze	**Essbarer Teil**	**Familie**
Möhre	Wurzel	Doldengewächse
Erbse	Samen	....

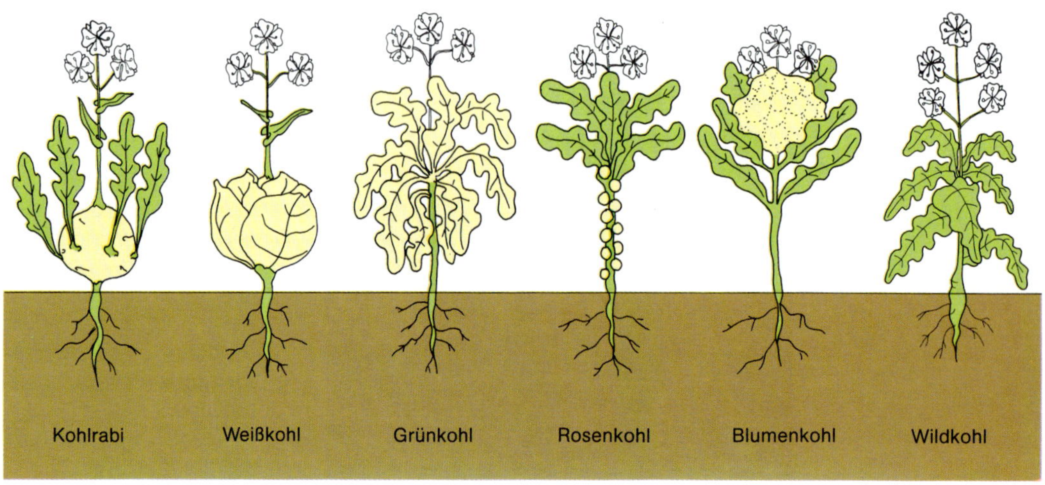

1 Wildkohl und verschiedene Kohlsorten

Pflanzen in Haus und Garten

In einem Garten gibt es das ganze Jahr über etwas zu tun: umgraben, ernten, hacken, jäten, düngen, harken, pflanzen, gießen, säen.

① Gib an, was man bei diesen Arbeiten jeweils tun muss.

② Zu welchen Jahreszeiten sind die genannten Tätigkeiten besonders notwendig?

③ Für jede Gartenarbeit gibt es geeignete Geräte. Benenne die abgebildeten Gartengeräte und erkläre, bei welchen Arbeiten sie eingesetzt werden.

④ Im Volksmund gibt es viele Bauernregeln, die den Landwirten und Gärtnern als Wachstums- und Wetterregeln dienen, zum Beispiel: „Mai nicht zu kalt und nass, füllt die Scheuer und das Fass." Sammle ähnliche Sprüche für die verschiedenen Jahreszeiten und erkläre ihren Inhalt.

⑤ Versuche herauszubekommen, was man unter den „Eisheiligen" versteht und berichte.

⑥ Nach einem Regenguss bildet sich an der Erdoberfläche oft eine harte Kruste. Sie muss mit dem Grubber wieder gelockert werden. Erkläre anhand der Abbildungen, welche Bedeutung das regelmäßige Hacken für die Belüftung und die Wasserführung des Bodens hat.

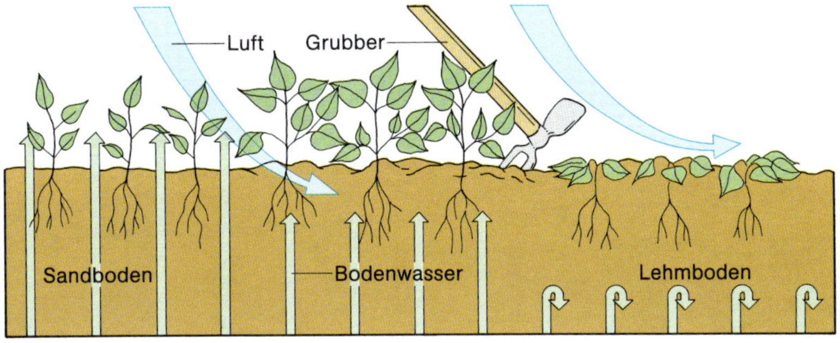

⑦ Im Herbst wird der Garten umgegraben. Die groben Erdschollen lässt der Gärtner liegen. Mache dazu folgenden Versuch: Fülle ein kleines Becherglas (50 ml) randvoll mit Wasser und verschließe es luftdicht mit einem Stück Haushaltsfolie und einem Gummiring. Stelle das Gefäß über Nacht in ein Tiefkühlfach. Beschreibe das Ergebnis und erkläre damit die Wirkung des Frostes auf das Erdreich.

⑧ Manche Küchenkräuter (Petersilie, Schnittlauch, Bohnenkraut u. a.) lassen sich in einem Blumentopf, einem Balkonkasten oder einem eigens dafür hergestellten Anzuchtkasten ziehen. In solchen Kästen können im Frühjahr auch Tomaten, Kohl- und Salatpflanzen herangezogen werden, bevor sie im Mai im Freien ausgepflanzt werden. Säe selbst einige Gewürzkräuter aus.

⑨ In einem Anzuchtkasten oder -topf lassen sich auch Zimmerpflanzen heranziehen. Schneide von Geranien, Fuchsien oder Efeupflanzen einige junge Triebe ab und bringe sie in einen Anzuchttopf. Wenn die Stecklinge Wurzeln getrieben haben, werden sie einzeln in kleinere Töpfe umgesetzt.

⑩ In fast jeder Wohnung findet man verschiedene Zimmerpflanzen, die in Blumentöpfen wachsen. Manche entwickeln prächtige Blüten, andere werden als Blattpflanzen gehalten. Zum guten Gedeihen benötigen diese Pflanzen ähnliche Bedingungen wie an ihrem natürlichen Standort. Schreibe auf, welche Zimmerpflanzen bei dir zu Hause oder in der Schule gehalten werden.

⑪ Stelle Namensschilder her und bringe sie am Topf der betreffenden Pflanze an.

⑫ Wähle eine Pflanze aus, die dir besonders gefällt.

a) Erkundige dich in einer Gärtnerei, wie diese Pflanze gepflegt werden muss. Frage insbesondere nach Licht- und Wasserbedarf, nach Art und Häufigkeit des Düngens und nach notwendigen Ruhepausen.

b) Schreibe diese Pflegevorschriften auf und trage sie in der Klasse vor.

⑬ Topfpflanzen steht nur wenig Erde zur Verfügung. Wenn das Wurzelwerk die Erde völlig durchsetzt hat, muss man einen größeren Behälter nehmen und die Pflanze umtopfen. Das geschieht am besten im Frühjahr. Beschreibe anhand der Abbildung, wie man beim Umtopfen vorgeht.

1 Gepfropfter Zweig an einem Obstbaum

2 Zwei Apfelsorten auf einem Baum

3 Formen der Veredlung: Pfropfen, Okulieren, Kopulieren

Obst- und Ziergehölze werden veredelt

Geschlechtliche Fortpflanzung:
Nach Befruchtung der Eizelle entstehen Samen

Ungeschlechtliche Vermehrung:
Geht ohne Blüten und Samen

Wenn einem Gärtner die *Zucht* einer neuen Kulturpflanze gelungen ist, so ist er bestrebt, die guten Eigenschaften auf die folgenden Pflanzengenerationen zu übertragen. Den Samen für die Weiterzucht erhält er nach Bestäubung und Befruchtung. Diese *geschlechtliche Fortpflanzung* ist allerdings langwierig und schwierig. Es kommt nämlich oft vor, dass die auf diese Weise entstandenen Nachkommen der Mutterpflanze nicht in allen gewünschten Eigenschaften gleichen. Deshalb werden Kulturpflanzen häufig *ungeschlechtlich* vermehrt, um schnell zu besseren Erträgen zu kommen.

Bei Holzgewächsen wendet der Züchter ein besonderes Verfahren an, die **Veredlung**. Dabei wird von der Kulturpflanze ein kleiner Zweig oder eine Knospe abgeschnitten. Dieser Pflanzenteil, *Edelreis* genannt, wird auf einer Empfängerpflanze der gleichen Art, der *Unterlage*, befestigt. Beide können nun zu einer neuen Einheit mit den gewünschten Eigenschaften verwachsen. Verschiedene Formen der Veredlung sind heute üblich: *Pfropfen, Okulieren* und *Kopulieren.*

Wenn die Unterlage im Vergleich zum Edelreis wesentlich stärker ist, so kann man die Methode des *Pfropfens* anwenden. Dabei wird ein Ast glatt abgeschnitten und das Edelreis in einen Spalt hinter der eingeschnittenen Rinde eingefügt. Nach dem Veredeln muss die Wunde mit *Baumwachs* abgedichtet werden.

Ziergehölze wie Rosen werden meistens *okuliert.* Im Juli oder August wird von der Edelsorte eine Knospe mit einem schildförmigen Rindenstück entnommen. Dieses Auge wird in einen t-förmig eingeschnittenen Rindenschlitz der Unterlage geschoben.

Beim *Kopulieren* muss das Edelreis etwa genau so stark wie die Unterlage sein. Beide werden so zugeschnitten, dass die schrägen Schnittstellen genau aufeinander passen.

Am häufigsten werden Obstbäume, Rosen und Weinstöcke veredelt. Als Unterlage für das Edelreis wählt man Pflanzen, die frostbeständig und wenig krankheitsanfällig sind. Sogar verschiedene Sorten auf einer Unterlage sind möglich.

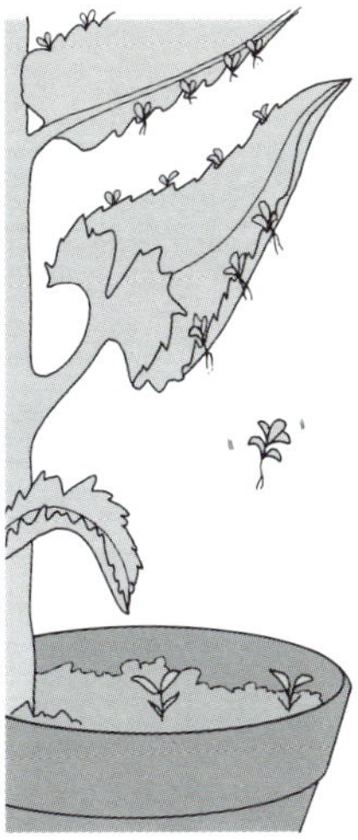

Brutblatt mit Ablegern

Viele Nutzpflanzen werden ungeschlechtlich vermehrt

Ungeschlechtliche Vermehrung ist bei einigen Pflanzen auch unter natürlichen Bedingungen anzutreffen. Das Schneeglöckchen bildet Brutzwiebeln aus, die sich von der Mutterpflanze lösen. Jede Kartoffelknolle kann austreiben und eine eigenständige Pflanze entwickeln. Der Züchter nutzt diese und andere Möglichkeiten, um Kulturpflanzen auf ungeschlechtlichem Weg zu vermehren. Das hat einige Vorteile:

- Alle Nachkommen haben die gleichen Eigenschaften wie die Mutterpflanze.
- Bei Pflanzen, die erst nach mehreren Jahren zur Blüte kommen, geht die Vermehrung wesentlich schneller.
- Manche Pflanzen kommen in unserem Klima gar nicht zur Samenreife. Sie lassen sich hier nur ungeschlechtlich vermehren.
- Früchte wie Apfelsinen und Mandarinen schätzt man mehr, wenn sie kernlos sind. Diese Eigenschaft kann nur ungeschlechtlich weitergezüchtet werden.

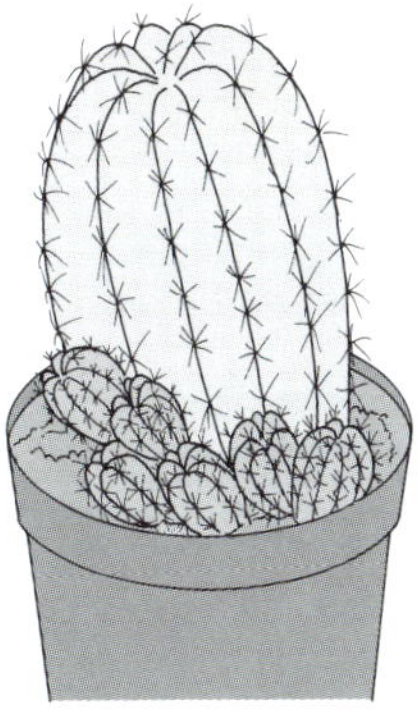

Kaktus mit „Kindeln“

Teilung: Viele Stauden im Garten nehmen jedes Jahr an Umfang zu. Diese kräftigen Pflanzen kann man ausgraben und in mehrere kleinere teilen. Man muss nur darauf achten, dass jedes Teilstück genügend Wurzeln trägt. *Primel* und *Rittersporn* lassen sich so vermehren. Besonders einfach ist die Teilung beim *Sonnenhut* und bei manchen *Kakteen.* An der Mutterpflanze bilden sich mehrere kleine Tochterpflanzen. Der Gärtner nennt sie „Kindel“. Nach dem Abtrennen kann man sie einzeln eingraben und erhält neue Pflanzen.

2 Blattsteckling vom Usambaraveilchen

1 Ausläufer bei Erdbeerpflanzen

Ausläufer: *Erdbeerpflanzen* bilden schon während der Blütezeit lange oberirdische Seitentriebe. Wenn ein solcher Ausläufer mit seiner Spitze den Boden berührt, schlägt er Wurzeln und bildet Blätter. Dieser Vorgang kann sich mehrmals wiederholen. Diese Pflänzchen wachsen heran und werden schließlich selbstständig. Bei *Himbeersträuchern* sind diese Ausläufer unterirdisch.

Senker: An *Brombeersträuchern* bilden sich manchmal besonders lange Triebe. Sie wachsen schräg aufwärts, biegen sich dann aber zum Boden zurück. Wo sie das Erdreich berühren, entwickeln sich Wurzeln und noch im gleichen Jahr entsteht hier ein neuer Spross. Im folgenden Jahr wird der Senker selbstständig. Der Gärtner wartet nicht das zufällige Wachsen eines Senkers ab. Er biegt Triebe um und erzwingt damit, dass sie den Boden berühren und dadurch neue Pflanzen bilden.

Stecklinge: Die Fähigkeit, dass sich einzelne Pflanzenteile neu bewurzeln, spielt bei der Stecklingsvermehrung eine große Rolle. Ein kurzer Zweig, der *Steckling*, wird abgeschnitten, in Wasser gestellt oder in feuchte Erde gesteckt. Bei *Weiden, Geranien* und *Fuchsien* bilden sich so besonders leicht neue Wurzeln. *Usambaraveilchen* kann man als *Blattstecklinge* vermehren.

Ableger: Das *Brutblatt*, eine Zimmerpflanze, vermehrt sich durch Ableger. Das sind winzige Tochterpflanzen, die sich am Blattrand der Mutterpflanze entwickeln. An ihnen sind schon Blättchen und kleine Wurzeln zu erkennen. Wenn sie abfallen, wachsen sie am Boden fest.

Lexikon
Lexikon
exikon
xikon
ikon
kon
on

Nutzpflanzen

Schon seit mehr als 10 000 Jahren bauen die Menschen gezielt bestimmte Pflanzen an. Das weiß man von Grabbeigaben und Bildnissen, die man bei Ausgrabungen aus jenen Zeiten gefunden hat. Sie zeigen Menschen bei der Wein- oder Feigenernte und beim Bestellen von Feldern. Die Kulturpflanzen wurden damals wie heute in vielerlei Hinsicht genutzt; vor allem dienten sie der Ernährung.

Kohlenhydratpflanzen: Neben der *Zuckerrübe* ist vor allem **Zuckerrohr** ein wichtiger Zuckerlieferant. Die Halme der bis zu 5 m hohen, grasähnlichen Pflanze werden ausgepresst. Aus dem süßen Sirup wird der Zucker gewonnen. *Getreidearten* und *Kartoffeln* sind die wesentlich stärkehaltigeren Pflanzen.

Eiweißpflanzen: Einen hohen Eiweißgehalt besitzen die Hülsenfrüchte vieler Schmetterlingsblütler. Dazu gehören *Bohne, Erbse* und *Linse.* Für viele Menschen ist die *Sojabohne* der wichtigste Eiweißlieferant.

Öl- und Fettpflanzen: Fette werden vor allem in Früchten und Samen gespeichert. Das Fleisch der Kokosnuss, die Kopra, ist ein wichtiger Grundstoff für die Margarineherstellung.

Die **Kokospalmen** sind sehr wärmebedürftig; sie benötigen Temperaturen, die auch im kältesten Monat des Jahres nicht unter 20 °C liegen dürfen.

Im Mittelmeergebiet ist der *Ölbaum* beheimatet. Seine Früchte, die Oliven, besitzen bis zu 25 % Fett in ihrem Fruchtfleisch. Auch aus den Samen vieler anderer Pflanzen wird Öl gepresst: *Sonnenblumen, Mohn, Lein, Klette, Distel, Raps, Senf* und *Sesam.*

Gemüsepflanzen: „Gemüse“ hängt mit dem Wort Mus zusammen und bezeichnet essbare Pflanzenteile, die gekocht sind. Viele Gemüsesorten werden auch als Rohkost verzehrt. Man spricht dann von „Salat“. Viele Zuchtformen und ausländische Gemüsesorten sind das ganze Jahr über auf dem Markt und bereichern unseren Speisezettel. Nur wenige Pflanzen werden als Wildgemüse oder Salat gesammelt.
Wie der **Kürbis** werden fast alle heimischen Arten großflächig auf Feldern oder in Treibhäusern angebaut.

Obstpflanzen: Süß schmeckende, fleischige Früchte werden als Obst bezeichnet. Es wird in der Regel roh gegessen. Pflaume, Pfirsich und Kirsche sind *Steinobstsorten,* Birne und Apfel zählen zum *Kernobst.*

Als *Südfrüchte* fasst man alle Obstsorten zusammen, die in unseren Breitengraden nicht gedeihen und eingeführt werden müssen. Zu ihnen gehören die *Zitrusfrüchte,* die sich durch ihren hohen Gehalt an Vitamin C auszeichnen. *Zitrone, Apfelsine, Mandarine* und *Pampelmuse* werden von Oktober bis Februar geerntet. Da die Früchte am Baum kaum faul werden, kommt es vor, dass zur Blütezeit noch die Früchte des Vorjahres hängen.
Der **Apfelsinenbaum** stammt wahrscheinlich aus China. Er wird bis zu 5 m hoch. Schon im Alter von drei

Jahren tragen die Bäumchen die ersten Früchte. Das Höchstalter beträgt etwa einhundert Jahre.
Einige andere, bei uns nicht heimische Früchte sind *Ananas, Dattel, Feige, Kiwi, Mango* und *Litchi.*

Die **Bananenstaude** wird etwa 6 m hoch. Trotz dieser Größe ist die Pflanze kein Baum. Sie ist nicht verholzt; der Scheinstamm besteht aus den zusammengerollten Blattscheiden. Die Blätter sehen wie riesige Palmwedel aus. Die Kulturformen der Banane entwickeln keine Samen. Zur ungeschlechtlichen Vermehrung benutzt man die Erdsprosse der Pflanze. Sie werden in kurze Stücke geschnitten und wieder eingegraben.

Genussmittelpflanzen: Genussmittel wie *Kaffee* oder *Tee* besitzen keinen Nährwert. Sie werden wegen ihrer anregenden Wirkung geschätzt.

Der **Kaffeestrauch** kann etwa 5 m hoch werden. Die Pflanze ist immergrün und besitzt ledrige Blätter. Die Entwicklung von der Blüte zur Frucht dauert etwa ein Jahr. An einer Pflanze findet man deshalb nebeneinander Blüten, unreife grüne und reife rote Kaffeekirschen. Im Inneren dieser Früchte liegen zwei Samen, die *Kaffeebohnen*. Sie werden geröstet und gemahlen. Neben den

Aromastoffen enthält Kaffee das Gift *Coffein*. In geringen Mengen regt es den Kreislauf und die Muskeltätigkeit an. Übermäßiger Coffeingenuss führt zu Schlaflosigkeit und Überreizung.

Der *Teestrauch* wird vor allem in den Gebirgsregionen der Tropen und Subtropen angebaut. Seine Blätter enthalten ebenfalls Coffein. Vor allem die jungen Blättchen ergeben ein aromatisches Getränk.

Die Blüten des *Kakaobaumes*, der 8 – 12 m hoch wird, treiben unmittelbar aus dem Stamm oder aus dicken Ästen hervor. Im Inneren der etwa 20 cm langen und bis 500 g schweren Frucht liegen viele kastaniengroße Samen. Diese Kakaobohnen sind sehr fetthaltig. Aus dem Fett, der Kakaobutter, wird durch Zuckerzugabe Schokolade hergestellt. Die entölten Samen werden zu Kakaopulver verarbeitet.

Ein besonders fragwürdiges Genussmittel ist der Tabak. Er enthält das Gift *Nikotin*, das beim Rauchen inhaliert wird.

Es gilt als erwiesen, dass Tabakgenuss den menschlichen Körper auf Dauer stark schädigt. Vor allem die im Zigarettenrauch enthaltenen Teerstoffe können zu schweren Erkrankungen *(Krebs)* der Atmungsorgane führen. Tabak wird aus den getrockneten Blättern der **Tabakpflanze** hergestellt.

Heil- und Giftpflanzen: Viele Pflanzen liefern wertvolle Heilmittel. Aus der Wurzel der *Baldrianpflanze* werden beruhigende, aus den Blüten der *Echten Kamille* entzündungshemmende Arzneien hergestellt. Auch aus den Blättern des **Roten Fingerhutes** und

den Blüten der **Arnikapflanze** gewinnt man wirksame Heilmittel. Allerdings dürfen die Inhaltsstoffe nur in sehr geringen Mengen enthalten sein, sonst kommt es zu Vergiftungen. Weitere bekannte Giftpflanzen sind *Herbstzeitlose, Tollkirsche* und *Maiglöckchen*. Beim *Goldregen* sind vor allem die Samen stark giftig.

Gewürzpflanzen: Neben den einheimischen Küchenkräutern haben einige tropische Pflanzen große Bedeutung für das Würzen von Speisen. Der *Pfefferstrauch* ist eine Kletterpflanze. Er wird ähnlich wie bei uns der Hopfen an Stangen gezogen. Seine unreifen, roten Früchte liefern getrocknet den

Schwarzen Pfeffer. Werden die reifen Früchte geschält, so bleiben die Samen als *Weißer Pfeffer* übrig.
Der „Rote Pfeffer" hat mit dem Pfefferstrauch nichts zu tun; zu seiner Herstellung werden besonders scharfe **Paprikasorten** getrocknet und fein gemahlen.
Der *Zimtbaum* wird regelmäßig gestutzt. Die neu austreibenden, rutenförmigen Zweige werden im Alter von 2 bis 3 Jahren abgeschnitten. Ihre Rinde wird abgelöst und getrocknet. Sie rollt sich zusammen und nimmt eine goldbraune Farbe an. In dieser Form oder gemahlen kommt sie in den Handel.
Auch aus Blüten werden Gewürze hergestellt. Die Griffeläste einer Krokusart liefern *Safran*. Die Blütenknospen des Nelkenbaumes werden zu Gewürznelken getrocknet.

Faserpflanzen: Einige Pflanzen liefern mit ihren Fasern das Rohmaterial für Textilien. Aus *Flachs* wird Leinen und Damast hergestellt. Die größte wirtschaftliche Bedeutung besitzt die *Baumwollpflanze*. Ihre erbsengroßen Samen sind rundum von 5 cm langen Haaren umgeben. Diese werden gesponnen und zu Stoffen verwebt.
Die Liste der Nutzpflanzen lässt sich fast beliebig fortsetzen. Achte selbst einmal darauf, wo dir im Alltag Pflanzen oder ihre Produkte begegnen!

1 Waldgoldstern

2 Erdnussplatterbse

3 Zaungiersch

4 Wiesenschaumkraut

Welche Pflanzenfamilie ist es?

Auf dieser Seite sind Pflanzen aus verschiedenen Familien abgebildet. Gelingt es dir, sie richtig zuzuordnen? Versuche es einmal! Wenn man nicht nur die Familie, sondern auch den Gattungs- und Artnamen einer Pflanze wissen möchte, muss man auf mehrere Unterscheidungsmerkmale achten. Der Blütengrundriss allein genügt nicht. Folgende Fragen können dann weiterhelfen:

- Wie sind die Blätter geformt?
- Wie sehen die Blüten aus?
- Welche Farbe besitzen sie?
- Wann blühen die Pflanzen?
- Gibt es auffällige Früchte?
- Wie groß wird die Pflanze?
- Wie sieht ihr Standort aus?

5 Feldthymian

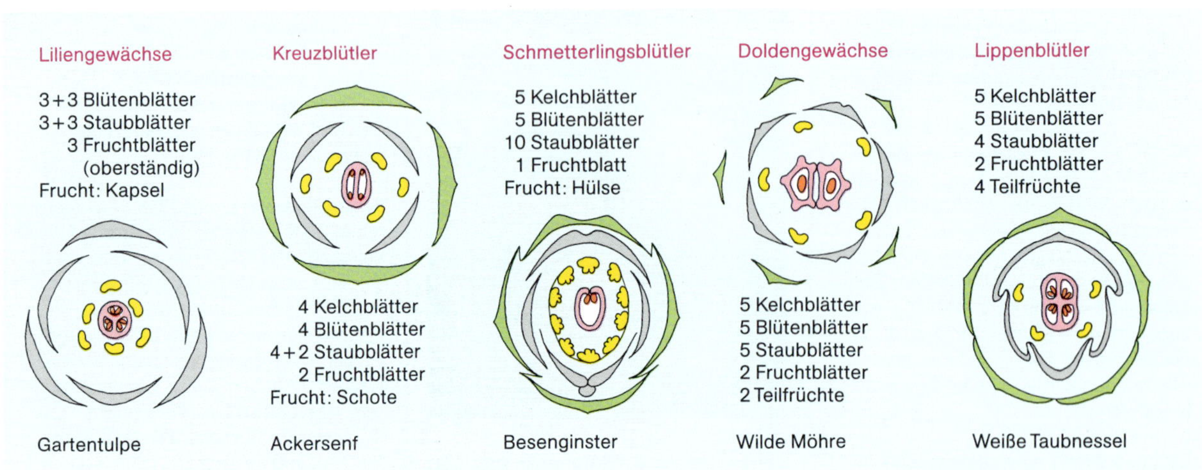

6 Blütengrundrisse verschiedener Pflanzenfamilien

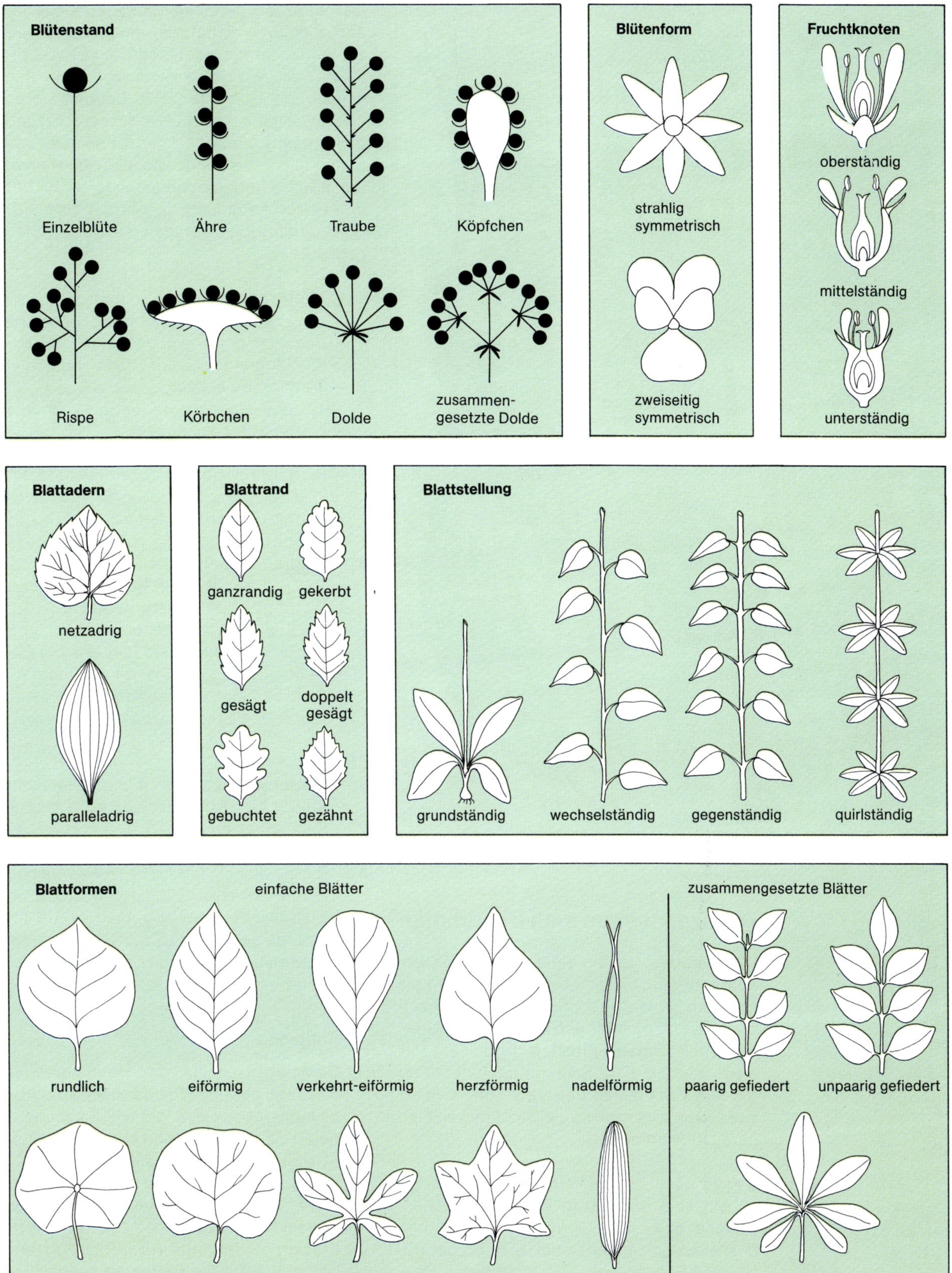

1 Unterscheidungsmerkmale für die Bestimmung von Pflanzen

1 Blätter einiger heimischer Baumarten

Pflanzen lassen sich bestimmen

Will man den Namen einer Pflanze wissen, so benötigt man dazu ein Buch, in dem die Pflanzen genau beschrieben sind. Ein solches *Bestimmungsbuch* kann zum Beispiel nur Abbildungen enthalten. In diesem Fall muss man Seite für Seite durchblättern und die Bilder mit seiner Pflanze vergleichen. Irgendwann wird man so vielleicht den Namen herausbekommen.

Das ist nicht immer leicht. Manche Arten ähneln sich nämlich in vielen Merkmalen. Anhand einer Abbildung allein kann man deshalb nicht immer sicher sein, ob der gefundene Pflanzenname der richtige ist. Besser ist es, wenn das Buch einen *Bestimmungsschlüssel* enthält.

Das ist eine trickreiche Sache. Zu einer bestimmten Eigenschaft der gesuchten Pflanze werden immer zwei Möglichkeiten abgefragt. Dort, wo mit ja geantwortet werden kann, geht es weiter. Der Bestimmungsschlüssel führt dann über weitere Fragen bis hin zum richtigen Pflanzennamen. Das folgende Beispiel zeigt, wie man den Namen der Bäume herausbekommt, deren Blätter in unserer Abbildung dargestellt sind. Für Blatt ⓐ sind die richtigen Antworten blau gedruckt.

1 – Blätter mit deutlicher Blattspreite ________ ja, dann weiter bei Nummer **2**
– Blätter nadelförmig, paarweise zusammenstehend ______ ja, dann *Waldkiefer*
2 – Blattspreite einfach ________ ja, dann weiter bei Nummer **4**
– Blätter zusammengesetzt ________ ja, dann weiter bei Nummer **3**
3 – Blätter fingerförmig zusammengesetzt ________ ja, dann *Rosskastanie*
– Blätter unpaarig gefiedert ________ ja, dann *Walnuss*
4 – Blattrand deutlich gebuchtet ________ ja, dann weiter bei **Eichen**
– Blattrand anders, nicht gebuchtet ________ ja, dann weiter bei Nummer **5**
5 – Blätter ganzrandig, am Rande leicht gewellt, ________ ja, dann *Rotbuche*
– Blattrand stachelig gezähnt ________ ja, dann *Esskastanie*

Eichen:
1 – Blätter länger als 12 cm ______ *Roteiche*
– Blätter 8 – 12 cm lang ________ **2**
2 – Blattlappen zugespitzt ______ *Zerreiche*
– Blattlappen stumpf ________ **3**
3 – Blätter flaumig behaart ______ *Flaumeiche*
– Blätter unbehaart ________ **4**
4 – Blattstiel 1 – 3 cm lang, Blattspreite am Grunde keilförmig ______ *Traubeneiche*
– Blattstiel kürzer, Blattspreite am Stiel öhrchenförmig ________ *Stieleiche*

Aufgaben

① Bestimme mithilfe der Bestimmungsschlüssel dieser Seite und anhand der Abbildungen von Seite 227 alle Baumarten, deren Blätter links oben abgebildet sind. (Keines der Blätter ist flaumig behaart.)

② Versuche für die sechs Frühblüher von Seite 197 eine Bestimmungstabelle zu erstellen. Benutze dazu den kurzen Steckbrief, der unter jeder Pflanze steht und achte auf die Blütenfarbe. Gib diesen Schlüssel einem Mitschüler und lasse ihn die Pflanzen danach bestimmen.

Stieleiche
Traubeneiche
Flaumeiche
Zerreiche
Blattstiel sehr kurz
Blattstiel 1–3 cm
unbehaart
flaumig behaart
Blattlappen stumpf
Blattlappen zugespitzt
Roteiche
Rotbuche
Esskastanie
ganzrandig gewellt
stachelig gezähnt
8–12 cm lang
länger als 12 cm
ganzrandig oder gezähnt
gebuchtet
nadelförmige Blätter
einfache Blätter
zusammengesetzte Blätter

Herbarium

Weiß du, was man unter einem Herbarium versteht? *Herba* ist lateinisch und heißt Kraut. Ein Herbarium ist eine Sammlung von gepressten und getrockneten Pflanzen. Das klingt im ersten Augenblick nach einer ziemlich uninteressanten Angelegenheit. Ein sorgfältig angelegtes Herbarium kann jedoch viel Freude bereiten.
Und so geht man dabei vor:

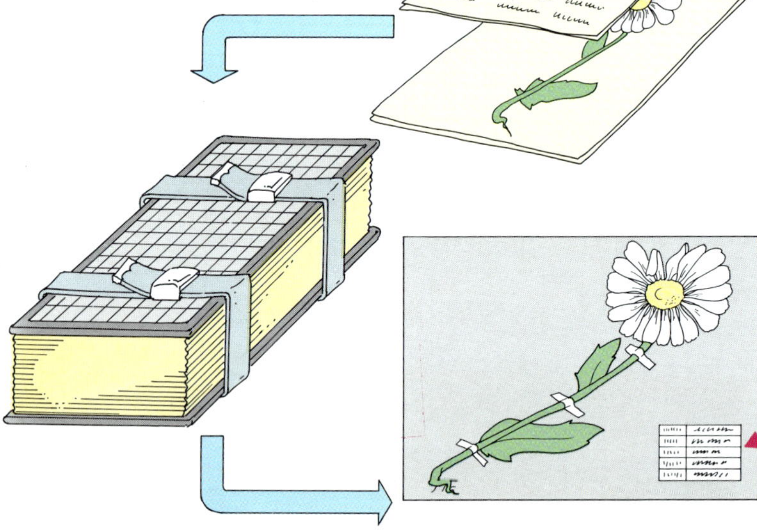

Art	
Gattung	
Familie	
Fundort	
Datum	

Pflanzen sammeln und bestimmen
Am besten beginnst du damit, Blätter von verschiedenen Bäumen oder Sträuchern zu sammeln. Du wirst dich wundern, wie viele Blattformen es gibt und wie leicht du lernst, Bäume und Sträucher daran zu unterscheiden.

Später kannst du dir eine Wiese oder ein Stück Wegrand vornehmen. Versuche bereits an Ort und Stelle, den Namen der Pflanzen anhand eines Bestimmungsbuches herauszubekommen. Wenn du unsicher bist, ob es sich um eine geschützte Pflanze handelt, musst du sie auf jeden Fall stehen lassen. Beim Sammeln ist darauf zu achten, dass Stängel, Blüte und Laubblätter vorhanden sind. Notiere den Fundort und bewahre die gepflückte Pflanze in einem Plastikbeutel auf. So bleibt sie für kurze Zeit frisch.

Pflanzen beschriften
Kontrolliere zu Hause bei jeder Pflanze, ob du sie richtig bestimmt hast. Schreibe den Gattungs- und Artnamen auf ein Etikett. Notiere ebenso die Pflanzenfamilie, den Fundort und das Datum, an dem die Pflanze gepflückt wurde.

Pflanzen ausbreiten
Die Pflanzen werden nun einzeln zwischen gefaltetes Zeitungspapier gelegt und in möglichst natürlicher Lage leicht angedrückt. Das ausgefüllte Etikett wird dazugelegt.

Pflanzen pressen
Die Zeitungen mit den Pflanzen werden aufeinander gestapelt, mit einem schweren Gegenstand beschwert oder in eine *Gitterpresse* gelegt. Damit sich kein Schimmel bildet, müssen die Zeitungen mehrmals ausgewechselt werden.

Pflanzen aufziehen
Die getrocknete Pflanze wird rückseitig an einigen Stellen mit einem Alleskleber bestrichen und auf einen Bogen festes Papier geklebt. Das Etikett mit der Beschriftung wird als Letztes neben der Pflanze angebracht.

Pflanzen aufbewahren
Die fertigen Herbarblätter werden nach Familien sortiert und in einem Ordner gesammelt. Zur Übersicht beschriftet man für jede Familie ein eigenes Deckblatt und legt ein Inhaltsverzeichnis an.

Ordnung schaffen im Pflanzenreich

Es gibt auf der Erde etwa 400 000 Pflanzenarten. Diese große Zahl erfordert eine möglichst übersichtliche Ordnung. Zur Zeit des ARISTOTELES (384 – 322 v. Chr.) kannte man bereits etwa 10 000 Arten und gliederte sie nach Bäumen, Kräutern und Sträuchern. Man unterschied zwischen Land- und Wasserpflanzen, zwischen „wilden" und „zahmen" Pflanzen. Später hat man Pflanzen nach ihrem medizinischen und landwirtschaftlichen Nutzen zu Gruppen zusammengefasst. Diese Art der Gliederung nach Lebensräumen oder Bedeutung nennt man ein *künstliches System*.

CARL VON LINNE, ein schwedischer Naturforscher (1707 – 1778), war der Erste, der den Bau der pflanzlichen *Fortpflanzungsorgane* verglichen und daraus ein weiteres Ordnungssystem entwickelt hat. So legte er die Grundlagen zu dem, was heute als *natürliches System* bezeichnet wird. Dabei werden möglichst viele Baumerkmale verglichen. Sehen wir uns das Ergebnis einmal am Beispiel der *Gemüsebohne* an.

Alle Pflanzen dieser **Art** gleichen sich weitgehend und können sich untereinander fortpflanzen. Ähnliche Arten fasst man zur **Gattung** *Bohnen* zusammen; Gattungen mit vielen gemeinsamen Merkmalen, z. B. mit gleichem Blütenbau, bilden eine **Familie**, hier die *Schmetterlingsblütler*. In gleicher Weise fasst man Familien zu Ordnungen und diese wieder zu Klassen zusammen. In unserem Beispiel ist das die **Ordnung** der *Hülsenfrüchtler* und die **Klasse** der *Zweikeimblättrigen*. Unterscheidungsmerkmale sind dabei erstens die Fruchtform und zweitens die Zahl der Keimblätter.

Achtet man nun darauf, ob die Samenanlagen in einem Fruchtknoten eingeschlossen sind oder frei auf einer Fruchtschuppe liegen, so erhält man zwei weitere systematische Gruppen, die *Bedecktsamer* und die *Nacktsamer*. Man bezeichnet sie als **Unterabteilungen** der **Abteilung** *Blütenpflanzen*. Zu dieser Abteilung gehört mehr als die Hälfte aller Pflanzenarten. Daneben gibt es noch *blütenlose Pflanzen*, die keine Samen bilden, z. B. *Algen, Pilze, Moose* und *Farne*. Sie bilden weitere Abteilungen des Pflanzenreiches. Diese systematische Ordnung, die es ähnlich auch für Tiere gibt, ermöglicht es, Lebewesen nach dem Grad ihrer Verwandtschaft vergleichend zu betrachten und zu ordnen.

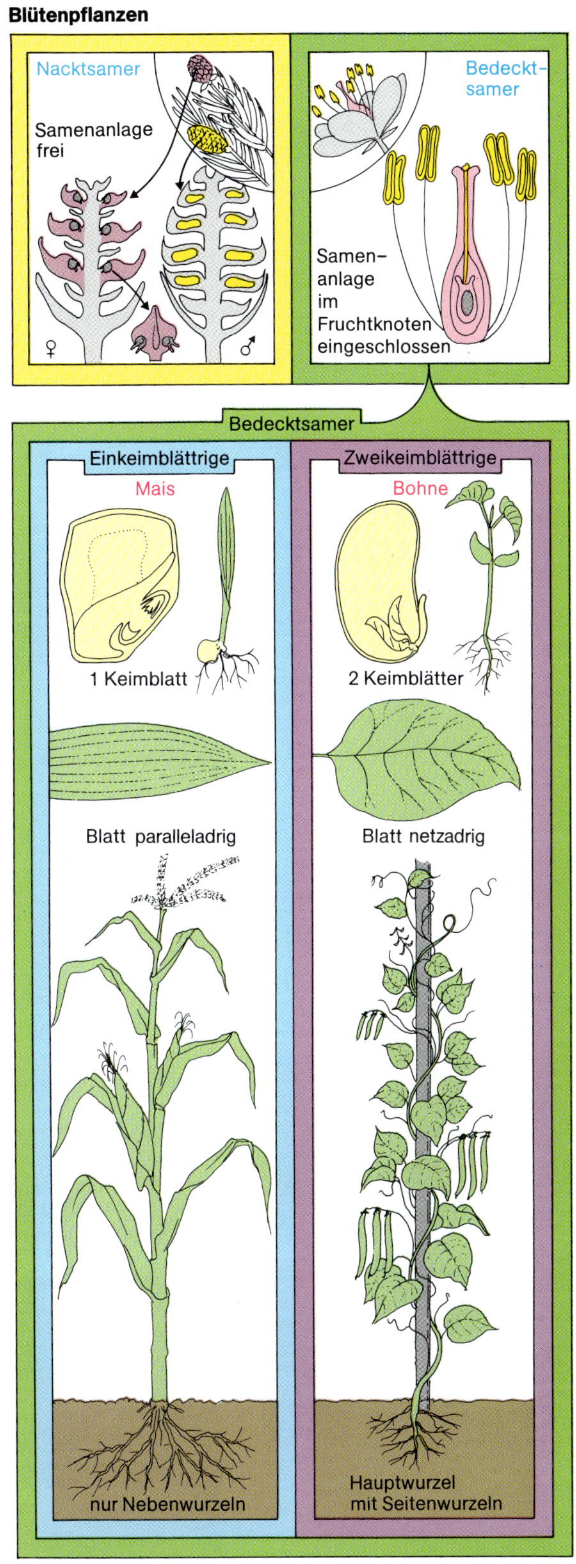

Lexikon
Lexikon
exikon
xikon
ikon
kon
on

Blütenpflanzen in der Übersicht

Nacktsamer

Bei allen Pflanzen, die zur Unterabteilung der Nacktsamer gehören, ist die Samenanlage nicht im Fruchtknoten eingeschlossen, sondern liegt frei auf einer Fruchtschuppe. Aus den weiblichen Blütenständen entwickeln sich *Zapfen.* Das sind keine echten Früchte, da sie nicht aus einem Fruchtknoten entstehen. Alle Nacktsamer sind *Holzgewächse.* Sie besitzen häufig schmale und spitze Blätter, die *Nadeln.*

Kieferngewächse: *Kiefer, Fichte* und *Tanne* sind die bekanntesten einheimischen Nadelhölzer. Bei *Zeder* und *Lärche* sind die Nadeln büschelförmig an Kurztrieben angeordnet; allerdings wirft die Lärche im Winter ihre Nadeln ab.

Eibengewächse: Bei der **Eibe** ist der Samen von einem leuchtend roten, fleischigen Samenmantel umhüllt. Er ist der einzige nicht giftige Teil der Pflanze und wird von vielen Vögeln gefressen. Eiben sind fast nur in Gärten und Parks zu finden.

Zypressengewächse: *Zypressen* und *Lebensbäume* (Thuja) mit ihren immergrünen, schuppenförmigen Blättchen sind häufig in Gartenanlagen und auf Friedhöfen angepflanzt. Der *Wacholder* ist ein Bäumchen von säulenförmigem Wuchs. Er ist auf Heideflächen, auf Trockenweiden und in lichten Nadelwäldern anzutreffen. Er besitzt blaue Beerenzapfen. Seine Nadeln stehen jeweils zu dritt in einem Quirl.

Ginkgogewächse: Diese Familie besitzt nur eine Gattung mit einer einzigen Art, dem *Ginkgobaum.* Er ist wie die Eibe zweihäusig. Seine Früchte sind kirschgroß und gelb. An seinen Blättern ist der Ginkgo leicht zu erkennen. Ihre Form erinnert an einen dreieckigen Fächer. Sie sind in der Mitte gespalten und die Blattadern verlaufen ebenfalls fächerartig.

Bedecktsamer

Die meisten Blütenpflanzen gehören zur Unterabteilung der Bedecktsamer. Bei ihnen entwickeln sich die Samen im Inneren des Fruchtknotens.

Einkeimblättrige Pflanzen

Pflanzen aus der Klasse der Einkeimblättrigen besitzen häufig parallele Blattadern. Die Blüten sind in der Regel dreizählig. Die Hauptwurzel stirbt zeitig ab und wird durch Wurzeln ersetzt, die am unteren Ende des Sprosses neu entstehen.

Liliengewächse: Wie die Tulpe besitzen alle Pflanzen dieser Familie regelmäßige, dreizählige Blüten mit oberständigem Fruchtknoten.

Beim **Maiglöckchen** und der *Traubenhyazinthe* sind die sechs Blütenblätter miteinander verwachsen. *Schnittlauch, Porree* und *Knoblauch* werden als Gemüse- oder Gewürzpflanzen angebaut.

Narzissengewächse: Sie besitzen den gleichen Blütenbau wie die Liliengewächse, nur der Fruchtknoten ist unterständig. Gattungen: *Osterglocke, Märzenbecher, Schneeglöckchen* und *Ritterstern* (Amaryllis).

Schwertliliengewächse: Bei ihnen ist der Fruchtknoten ebenfalls unterständig, allerdings besitzen sie nicht sechs, sondern nur drei Staubblätter. Gattungen: *Schwertlilie, Krokus* und *Gladiole.*

Knabenkrautgewächse (Orchideen): Die Blüten der Orchideen sind in Form und Farbe sehr unterschiedlich. Von den sechs Blütenblättern ist das nach unten zeigende – die Lippe – besonders auffällig. Beim **Frauenschuh** ist dieses Blütenblatt pantoffelförmig.

Bei den *Ragwurzarten* ähnelt es einem Insekt. Bei der abgebildeten Art handelt es sich um eine **Fliegenragwurz**. Alle einheimischen Orchideenarten stehen unter Naturschutz. Tropische Arten werden vor allem als Zierpflanzen gezüchtet.

Weitere Familien: Süßgräser, Sauergräser, Binsen-, Ananas- und Bananengewächse sowie Palmen.

Zweikeimblättrige Pflanzen

Die Zweikeimblättrigen besitzen in der Regel netzadrige Blätter. Haupt- und Nebenwurzeln sind deutlich zu erkennen. Die Blüten sind meistens vier- oder fünfzählig. Die einzelnen Familien besitzen entweder nur freie oder nur verwachsene Blütenblätter.

Nelkengewächse: Zu dieser Familie gehören unscheinbare Wildkräuter wie *Sternmiere* und *Hornkraut.* Die Arten der Gattung *Nelke* sind dagegen sehr ansehnlich. Bei ihnen sind die fünf Blütenblätter häufig tief eingeschnitten.

Die **Kornrade** kam früher in Getreidefeldern sehr häufig vor. Es wird berichtet, dass auf einem Hektar bis zu einer halben Millionen Pflanzen standen. Das bedeutet, dass auf dieser Fläche etwa 72 Millionen Kornradensamen gebildet wurden. Nach der Ernte wurden diese Samen mit dem Getreide gemahlen. Da sie sehr giftig sind, kam es nach dem Genuss des Mehles zu Muskellähmungen. Heute wird das Saatgut gereinigt, deshalb ist die Kornrade sehr selten geworden. Weitere Gattungen: *Lichtnelke, Miere* und *Nachtnelke.*

Mohngewächse: Pflanzen aus dieser Familie besitzen häufig Milchsaft. Die Blüten sind zweizählig, die beiden Kelchblätter fallen kurz nach dem Aufblühen ab. Die vier gelben Blütenblätter des *Schöllkrauts* erinnern an eine Kreuzblüte, es sind jedoch viele Staubblätter vorhanden. Der gelbliche Milchsaft wirkt auf die Haut leicht ätzend. Er wurde deshalb als Mittel gegen Warzen angewendet. Der *Schlafmohn* wurde wegen seiner ölhaltigen Samen schon in der Jungsteinzeit angebaut. Der weiße Milchsaft dient als Rohstoff für die Herstellung von schmerzstillenden Medikamenten.

Der **Klatschmohn** bestimmte mit seinen leuchtend roten Blüten früher das Bild vieler Felder.

Rosengewächse: In dieser Familie findet man Bäume *(Kirsche, Apfel)*, Sträucher *(Heckenrose, Weißdorn, Himbeere)* und krautige Pflanzen *(Erdbeere, Frauenmantel)*. Viele liefern beliebte Obstsorten oder werden als Zierpflanzen angebaut. Außer an den fünfzähligen Blüten sind Rosengewächse daran zu erkennen, dass sie am Blattgrund Nebenblätter besitzen.

Schmetterlingsblütler: Bei *Lupine, Gartenbohne* und *Besenginster* ist der typische Bau der Schmetterlingsblüte dargestellt. Die Familie hat große wirtschaftliche Bedeutung. Einige wichtige Gattungen: *Erbse, Sojabohne, Linse, Wicke, Platterbse* und *Klee.*

Weitere Familien mit *freien Blütenblättern*: Hahnenfußgewächse, Kreuzblütler, Veilchengewächse.

Rachenblütler: Diese Familie ist sehr artenreich und vielgestaltig in Form und Farbe der meist fünfzähligen Blüten. Die Blätter stehen gekreuzt-gegenständig, der Stängel ist rund.

Wie das *Löwenmäulchen* besitzt das **Leinkraut** eine geschlossene Rachenblüte. Offen ist der Rachen bei den Gattungen *Braunwurz* und *Fingerhut.* Bei *Königskerze, Ehrenpreis* und *Augentrost* sind die Blüten flach. Einige Gattungen wie *Wachtelweizen* und *Klappertopf* besitzen besonders gestaltete Saugwurzeln, mit denen sie in andere Pflanzen eindringen und ihnen Nährstoffe und Wasser entnehmen. Sie sind Halbschmarotzer.

Primelgewächse: Bei dieser Familie sind – wie bei den Rachenblütlern und allen Folgenden – die Blütenblätter verwachsen. Zu ihr gehören zahlreiche Zierpflanzen, von denen neben den *Primeln* vor allem das *Alpenveilchen* bekannt ist.

Weitere Gattungen: *Gilbweiderich, Gauchheil, Schlüsselblume.*

Nachtschattengewächse: Diese Familie stellt viele Giftpflanzen, z. B. *Tollkirsche, Bilsenkraut* und *Nachtschatten* sowie einige wertvolle Nutzpflanzen wie *Kartoffel, Tomate* und *Paprika.*

Glockenblumengewächse: Wenn die Blüten der **Wiesenglockenblume** sich öffnen, sind die Staubblätter schon welk. Sie haben ihren Blütenstaub am oberen, behaarten Teil des Griffels, der Griffelbürste, abgelegt. Insekten, die sich in die Blütenglöckchen drängen, um an den Nektar zu gelangen, werden mit Pollen eingepudert.

Rauhblattgewächse: Pflanzen dieser Familie besitzen stark behaarte Blätter. Die Blüten sind meist blau oder violett. Oft sind die Blütenknospen rot, bevor sie sich endgültig färben. Gattungen: *Vergissmeinnicht, Lungenkraut* und *Borretsch.*

Weitere Familien mit *verwachsenen Blütenblättern*: Enziangewächse, Korbblütler, Lippenblütler, Wegerich- und Kürbisgewächse.

Braunbär
(Reproduktion von 1843)

Vor 2000 Jahren war Deutschland noch von *Urwäldern* bedeckt. In diesen lebten Braunbären, Wölfe und Wisente, die inzwischen bei uns ausgerottet worden sind. Menschen haben die natürliche Umwelt im Laufe der Zeit zu einer *Kulturlandschaft* umgestaltet. Aus den Waldflächen wurden Äcker, Wiesen, Forste, Siedlungen und Straßen. Von 1981 bis 1985 wurden in der Bundesrepublik Deutschland 128 000 ha für Siedlungsflächen und 42 000 ha für Straßen verbraucht. Diese Flächen gingen den dort lebenden Pflanzen und Tieren als Lebensraum verloren.

Lebewesen in ihrer Umwelt

Unsere Umwelt lebenswert zu erhalten und Pflanzen und Tiere zu schützen, erfordert genaue Kenntnisse ihrer Ansprüche. Das folgende Kapitel soll einen Einblick geben, wie Pflanzen und Tiere in ihrer Umwelt leben und welche äußeren Bedingungen für sie lebenswichtig sind. Außerdem findest du Beispiele, wie Lebewesen und Lebensräume durch den Menschen gefährdet werden und auch, wie Menschen sich selbst gefährden. Darüber hinaus gibt es Hinweise und Anregungen, wie jeder einzelne von uns zum Schutz der Natur beitragen kann.

1 Stockwerke im Mischwald (Schema)

Die Stockwerke des Waldes

Unsere heutigen Wälder werden von Menschen gepflanzt, gepflegt und genutzt. *Bannwälder*, in denen Pflanzen und Tiere sich selbst überlassen sind, gibt es in Deutschland nur selten. Man unterscheidet zwischen reinen *Laubwäldern*, die mit Hainbuchen, Rotbuchen und Stieleichen bestanden sind, und *Nadelwäldern*, in denen Kiefern, Fichten, Tannen oder Lärchen überwiegen. In *Mischwäldern* wachsen verschiedene Laub- und Nadelbaumarten nebeneinander.

Am Rand eines Mischwaldes scheinen die Pflanzen ungeordnet zu stehen. Bei genauerer Beobachtung erkennt man jedoch im Inneren des Waldes einen geordneten Aufbau. Auf dem Waldboden wachsen Polster von Moosen. Darüber blühen zahlreiche Kräuter, die bis zu einem Meter hoch werden. Dazu gehören Leberblümchen, Salomonsiegel, Maiglöckchen und Fingerhut. Die nächste Etage bis in etwa 5 Meter Höhe besteht aus einem Buschwerk von Sträuchern und jungen Bäumen (z. B. Hasel, Weißdorn, Holunder). Über diese Schicht ragen die Stämme der älteren Bäume bis zu einer Höhe von 40 Metern auf. Häufig breiten sie erst in großer Höhe ihre Äste aus. Mit den Nachbarbäumen bilden sie ein geschlossenes Kronendach.

Ein Mischwald weist somit eine Gliederung in verschiedene Schichten auf: *Moosschicht, Krautschicht, Strauchschicht* und *Baumschicht.* Man vergleicht diesen Aufbau mit den Stockwerken eines Hauses und spricht daher vom **Stockwerkbau des Waldes**.

Auch in der Tiefe des Waldbodens setzt sich ein stockwerkartiger Aufbau fort. Die *Wurzeln* der Kräuter dringen oft nur wenige Zentimeter tief ins Erdreich ein. Manche Bäume, wie Fichte und Buche, bevorzugen als *Flachwurzler* die oberen Bodenschichten. *Tiefwurzler*, wie Kiefer und Erle, dringen oft bis zum Grundwasser vor.

Die Stockwerke des Waldes sind Wohn- und Nahrungsraum für viele Tiere. Dabei bietet der vielfältig gegliederte Mischwald viel mehr Tieren einen Lebensraum als der einförmige Nadelwald. Mäuse, Dachse und Füchse graben im Boden ihre Wohnhöhlen. Gut getarnt unter den Pflanzen der Krautschicht baut das Rotkehlchen sein Bodennest. In der Strauchschicht nisten zahlreiche Vogelarten, wie Amsel, Buchfink und Dompfaff. Auf der Rinde der Bäume picken Spechte, Kleiber und Baumläufer nach Insekten. In den Baumkronen errichten Greifvögel ihre Horste. Eichhörnchen und Marder klettern durch das Geäst. Sie suchen sowohl am Boden als auch auf Sträuchern und Bäumen nach Nahrung. So bilden alle Pflanzen und Tiere des Mischwaldes zusammen eine **Lebensgemeinschaft**.

Auf diese Lebensgemeinschaft wirken zahlreiche Umweltbedingungen ein. Das *Sonnenlicht* strahlt bis etwa Ende April fast unvermindert durch die blattlosen Zweige der Laubbäume. Die Sonne erwärmt den Boden, sodass die Frühblüher austreiben und blühen können. Bis zum Mai bilden sie Früchte und Reservestoffe. Nach der Belaubung der Bäume erreicht nur noch wenig Licht den Boden. Jetzt können nur Schattenpflanzen wie der Waldmeister, die mit sehr wenig Licht auskommen, blühen und fruchten.

Je nach Lage des Waldes herrschen in ihm bestimmte *Klimabedingungen.* Die Sommer- und Wintertemperaturen sowie die Menge und Verteilung der Niederschläge bestimmen das Wachstum der Pflanzen. Laubbäume treiben erst aus, wenn die Tagestemperatur im Durchschnitt etwa 10 °C beträgt. Der Wind kann bei Stürmen Äste abbrechen, Bäume knicken oder umwerfen.

Weitere wichtige Umweltbedingungen für Pflanzen sind die Zusammensetzung des Bodens und sein Wassergehalt. Sandböden besitzen einen geringen Nährstoffgehalt und können nur wenig Wasser speichern. Auf Sandböden wachsen noch Kiefern, während Buchen dort meist nicht mehr leben können.

Am Rande eines kleinen Waldbaches ist der Boden sehr feucht, sodass hier Moose und Farne, die viel Feuchtigkeit benötigen, gut gedeihen.

Alle diese natürlichen Umweltbedingungen gestalten einen **Lebensraum**. *Lebensraum* und *Lebensgemeinschaft* zusammen bilden ein **Ökosystem**. Der Wald ist ein Beispiel für ein solches Ökosystem.

Aufgaben

① Stelle einige Unterscheidungsmerkmale von Laub- und Nadelwald zusammen. Achte dabei auf die Anzahl der Baumarten, Lichtverhältnisse im Frühjahr und Sommer, Ausbreitung von Sträuchern und Dichte der Krautschicht. Lege eine Tabelle an.

② Begründe, warum viele Pflanzen der Krautschicht Frühblüher sind.

③ Die Stockwerke des Waldes sind Wohnräume und Nahrungsgrundlage verschiedener Tiere. Ordne folgende Tiere den einzelnen Stockwerken zu. Achte auf die Überschneidungsmöglichkeiten: Buchfink, Rötelmaus, Reh, Fuchs, Eichhörnchen, Ameise, Dachs, Kleiber, Baummarder, Maikäfer, Dompfaff.

1 Lebensraum und Lebensgemeinschaft bilden das Ökosystem

Lexikon
Lexikon
exikon
xikon
ikon
kon
on

Bäume des Waldes

Laubbäume

Im belaubten Buchenwald gelangt nur noch wenig Licht bis zum Boden. Die dichten Laubkronen auf den schlanken, silbergrauen Stämmen der *Rotbuchen* lassen kaum Unterholz aufkommen. Nur Frühblüher, wie das Buschwindröschen oder Schattenpflanzen wie der Waldmeister, können gedeihen. Ende April entwickeln sich gleichzeitig mit dem Blattaustrieb die unscheinbaren, getrenntgeschlechtlichen Blüten der Rotbuche. Nach der Bestäubung durch den Wind wachsen die Früchte, die *Bucheckern*, heran. Dies sind dreikantige Nüsse, die in einem stacheligen Fruchtbecher stehen. Sie sind ölhaltig, werden von Tieren gefressen oder als Wintervorrat verschleppt.

Die **Hainbuche** wird häufig mit der Rotbuche verwechselt, da sich beide im Stamm und in der Blattform ähneln. Am gesägten Blattrand und an den dreilappigen Flugfrüchten ist die Hainbuche aber von der Rotbuche gut zu unterscheiden.

Eichen sind leicht an ihren gebuchteten Blättern und ihren Früchten, den *Eicheln*, zu erkennen. Die Früchte sitzen in einem Becher und fallen, wenn sie reif sind, zu Boden. Sie sind sehr nährstoffreich und werden von Wildschweinen, Eichhörnchen und Eichelhähern gefressen. Die beiden einheimischen Arten, *Stiel-* und *Traubeneiche,* benötigen viel Licht für ihr Wachstum. Ihr Laubdach lässt aber noch genügend Sonnenstrahlen bis zum Boden durch, sodass sich dort eine artenreiche Kraut- und Strauchschicht ausbilden kann. Hier können dann eine Vielzahl von Tieren Nahrung und Unterschlupf finden.

Die **Birke** ist an ihrer weißen Borke leicht zu erkennen. Der Baum benötigt viel Licht. In reinen Birkenwäldern, wie sie in Nord- und Osteuropa vorkommen, stehen die Bäume locker in größeren Abständen. Bei uns sind Birken am Waldrand oder auf Lichtungen zu finden. Im Halbschatten ihrer lichtdurchlässigen Kronen können viele Gräser und Sträucher gedeihen. Die Früchte der Birke sind geflügelte Nüsschen, die durch den Wind verweht werden. Für Blaumeisen sind sie eine ergiebige Nahrungsquelle.

Andere Laubbäume

Die *Eberesche* oder *Vogelbeere* besitzt unpaarig gefiederte Blätter. Ihr wichtigstes Merkmal sind die roten, fleischigen Früchte, die Vögeln als Nahrung dienen. Ähnliche Blätter besitzt die *Esche*. Ihre Früchte sind einflügelige Nüsschen. *Ahornarten* sind an ihren handförmig gelappten Blättern zu erkennen. *Linden* haben eine herzförmige Blattspreite.

Nadelbäume

Die *Kiefer* ist auf nährstoffarmen Sandböden anzutreffen. Ihre langen Nadeln sitzen immer zu zweien beieinander. Bei der *Lärche* stehen die hellgrünen, weichen Nadeln an den älteren Trieben in Büscheln. Im Winter wirft die Lärche als einziger einheimischer Nadelbaum ihre Nadeln ab.

Die **Fichte** besitzt kurze, spitze und vierkantige *Nadeln.* Sie sind rund um den Trieb angeordnet und sitzen einzeln auf einem Höcker. Die Wuchsform des Baumes ähnelt einer spitzen Pyramide. Die reifen Zapfen hängen nach unten und fallen als Ganzes ab.
Die Fichte ist ein *Flachwurzler.* Wenn ein Baum bei einem Sturm umgestürzt ist, wird die riesige Tellerwurzel sichtbar. In vom Menschen gepflanzten jungen Fichtenbeständen kommt kaum eine andere Pflanze auf, weil nur sehr wenig Licht bis zum Waldboden gelangt. In Wäldern mit älteren Bäumen bildet sich eine Schicht von abgefallenen Nadeln; Heidelbeersträucher und Moose können darauf wachsen.

Die Nadeln der **Tanne** sitzen zweizeilig am Trieb. Sie sind flach und besitzen auf der Unterseite zwei weiße Wachsstreifen. Junge Bäume ähneln im Wuchs der Fichte, ältere haben eine abgestumpfte Krone. Die Zapfen stehen aufrecht. Tannen besitzen tiefreichende Wurzeln.

Tiere des Waldes

Der **Eichenwickler** ist ein kleiner grünlicher *Schmetterling.* Seine schwarzgrünen *Raupen* leben in zusammengerollten Eichenblättern, die ihnen als Nahrung dienen. Bei Störung lassen sich die Raupen an Spinnfäden aus diesen Wickeln herausfallen. Wenn sie in Massen auftreten, können die Raupen einen Eichenbestand völlig entlauben. Der Eichenwickler wird von den Förstern als Schädling bekämpft.

Meisen

Meisen sind Höhlenbrüter. Das Nest der *Kohlmeise* besteht aus Moos und wird mit Haaren und Federn ausgepolstert. Ein Gelege kann bis zu 12 Eier enthalten. Die Meiseneltern müssen viele Insekteneier, Spinnen, Raupen und Schmetterlinge herbeischaffen, um die Jungen aufzuziehen.

Die **Haubenmeise** trifft man nur im Nadelwald an. Hoch in den Baumkronen sucht sie nach Insekten. Sie frisst weniger Samen als andere Meisenarten. Ihr Nest baut sie in Baumlöchern.

Die **Tannenmeise** kommt in Nadel- und Mischwäldern vor. Sie ist mit ihrem Nistplatz nicht wählerisch und brütet sogar in Mauselöchern.

Die *Blaumeise* sucht ihre Nahrung in den Zweigspitzen von Laubbäumen. Birkensamen und Insekteneier gehören genauso dazu wie größere Samen, die sie mit den Füßen festhält und nach Meisenart mit ihrem spitzen Schnabel bearbeitet.

Der **Kleiber** bewohnt vorwiegend Eichenwälder. Er hat seinen Namen einer besonderen Eigenart beim Nestbau zu verdanken: Die Weibchen kleben den Eingang der Nisthöhle so lange mit lehmiger Erde zu, bis nur noch eine körpergroße Öffnung übrig bleibt. Der Kleiber sucht seine Nahrung am Baumstamm. Er ist der einzige einheimische Vogel, der dabei mit dem Kopf voran abwärts klettern kann. Im Sommer bilden Insekten die Hauptnahrungsquelle. Im Winter kommen fetthaltige Baumsamen hinzu.

Der **Fichtenkreuzschnabel** ist ein Vogel der Nadelwälder. Das Weibchen ist olivfarben, das Männchen rot gefiedert. Als Nahrung bevorzugt er Fichtensamen. Er hängt sich an einen Zapfen, steckt die Schnabelspitze unter die Schuppen und holt mit der Zunge die Samen heraus. Die *gekreuzte Schnabelform* ist an diese Ernährungsweise angepasst. Wenn reichlich Nahrung vorhanden ist, brütet der Kreuzschnabel auch im Winter.

Der **Waldkauz** verbringt den Tag in einem Versteck zwischen dichtem Blattwerk oder in einer Baumhöhle. Wie andere *Eulen* geht er erst in der Dämmerung und nachts auf Nahrungssuche. Er frisst kleine Säugetiere, Vögel, Frösche und Insekten. Der Waldkauz brütet einmal im Jahr. Schon im Februar legt das Weibchen zwei bis sechs rundliche, weiße Eier. Das Männchen versorgt das Weibchen während des Brutgeschäftes. Es brütet aber nicht selbst. Frühestens nach einem Monat verlassen die Jungen das Nest. Im nächsten Jahr besetzen sie ein eigenes Revier. Der Waldkauz wird etwa fünf Jahre alt.

Die **Waldmaus** verschläft die meiste Zeit des Tages in ihrem Bau. Dieser liegt versteckt im Wurzelwerk von Bäumen. Gegen Abend und in der Nacht geht die Waldmaus auf Nahrungssuche. Sie frisst Früchte und Samen von Sträuchern und Kräutern. Ein Waldmauspärchen kann in einem Sommer bis zu viermal Junge bekommen.

In einem Wurf werden fünf bis acht Junge geboren. Schon nach zwei Monaten sind diese selbst geschlechtsreif und können Junge bekommen. Waldmäuse können sich deshalb unter günstigen Bedingungen sehr schnell vermehren.

Nahrungsbeziehungen im Wald

In der Lebensgemeinschaft des Waldes lassen sich bei den Tieren verschiedene Ernährungsweisen beobachten. Waldmäuse fressen Gräser und Früchte. Eichhörnchen ernähren sich vorwiegend von Haselnüssen und Eicheln. Die Raupen des Eichenwicklers fressen nur Eichenblätter. Die Gemeinsamkeit in der Ernährung dieser Tiere besteht darin, dass sie sich von Pflanzen ernähren. Sie sind *Pflanzenfresser*.

Eine weitere Gruppe von Lebewesen ernährt sich von Tieren. Die Kohlmeise frisst Insekten und Spinnen. Waldkäuze, Füchse und Schlangen nehmen Waldmäuse als Nahrung zu sich. Der Habicht erbeutet Vögel wie den Buntspecht oder die Kohlmeise. Alle diese Tiere, die sich von anderen Tieren ernähren, bezeichnet man als *Fleischfresser*.

Lebewesen, die fressen und gefressen werden, gehören zu einer **Nahrungskette**. Sie sind durch ihre Ernährungsweise wie die Glieder einer Kette miteinander verbunden. Eichenblätter werden von einer Eichenwicklerraupe gefressen, diese wird von einer Kohlmeise verspeist, die selbst das Opfer eines Habichts werden kann.

Pflanzen- und Fleischfresser haben allerdings meistens verschiedene Ernährungsmöglichkeiten. So fressen Waldmäuse nicht nur die Samen von Gräsern, sondern auch Eicheln, Bucheckern und die frischen Knospen junger Pflanzen. Waldkäuze erbeuten neben Waldmäusen auch Stare, Tauben und junge Kaninchen. Pflanzen und Tiere gehören also häufig zu mehreren Nahrungsketten. Diese Nahrungsketten können miteinander verflochten sein wie die Maschen in einem Netz. Man spricht deshalb von einem **Nahrungsnetz**.

Aufgaben

① Benenne Pflanzen- und Fleischfresser in der Abbildung 1.

② Gib einige Nahrungsketten aus der Abbildung 1 an.

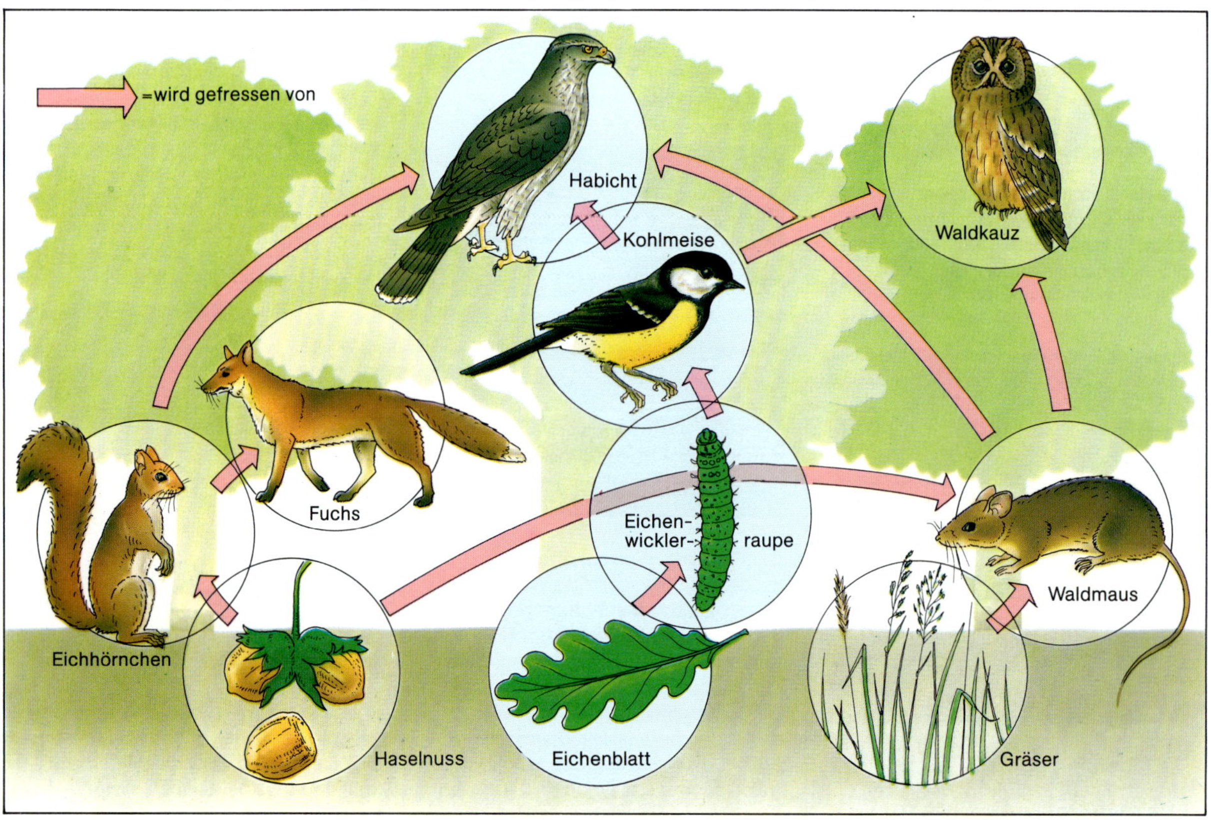

1 Verschiedene Nahrungsketten sind miteinander zum Nahrungsnetz verknüpft

Das biologische Gleichgewicht

In einem Waldökosystem hat man über viele Jahre den Bestand der Waldmäuse untersucht. Man stellte dabei fest, dass alle drei Jahre eine *Massenvermehrung* bei den Waldmäusen auftritt. Danach geht ihre Zahl zurück. Ähnliche Schwankungen sind bei Waldkäuzen beobachtet worden.

In den Jahren mit vielen Waldmäusen finden die Waldkäuze leichter Nahrung für sich und ihre Jungen. Die Waldmäuse stellen in dieser Nahrungsbeziehung die *Beute* und die Waldkäuze die *Feinde* dar. Die Weibchen der Waldkäuze legen dann mehr Eier pro Gelege und es können auch mehr Jungvögel aufwachsen. Die Anzahl der Waldkäuze in diesem Gebiet nimmt also zu. Geht im folgenden Jahr die Anzahl der Waldmäuse stark zurück, legen die Weibchen der Waldkäuze weniger Eier und weniger Jungtiere können aufgezogen werden. Schwache Vögel sterben dann häufig an Nahrungsmangel.

Da sich die Waldkäuze überwiegend von Waldmäusen ernähren, ist die Zahl der Waldkäuze von der Anzahl der Waldmäuse abhängig, das heißt:

- *je mehr Waldmäuse vorhanden sind, desto mehr Waldkäuze gibt es;*
- *je weniger Waldmäuse zu jagen sind, desto weniger Waldkäuze können leben.*

Aber auch die Waldkäuze wirken auf die Waldmäuse ein: Gibt es viele Waldkäuze im Ökosystem Wald, benötigen sie entsprechend viele Waldmäuse als Nahrung. Also verringern sie die Zahl der Waldmäuse. Gibt es wenige Waldkäuze, so werden nur wenige Waldmäuse als Nahrung erbeutet. Die Zahl der Waldmäuse steigt wieder an. Durch diese wechselseitige Abhängigkeit von Feinden und Beutetieren pendelt sich über längere Zeiträume ein Gleichgewicht zwischen den beiden Arten ein. Wenn Feinde und Beute in einem ausgewogenen Verhältnis zueinander stehen, spricht man von einem **biologischen Gleichgewicht**.

Aufgaben

① Baue ein Mobile als vereinfachtes Modell des biologischen Gleichgewichtes mit sechs Waldmäusen und einem Waldkauz. Bringe das Mobile in ein Gleichgewicht.

② Vergleiche dein selbst gebautes Mobile mit dem der Abbildung. Welche natürlichen Verhältnisse werden im abgebildeten Mobile besser wiedergegeben

1 Das biologische Gleichgewicht am Beispiel von Waldkauz und Waldmaus

2 Mobile als Modell des biologischen Gleichgewichts

1 Stoffkreislauf im Wald

Der Stoffkreislauf im Wald

Grüne Pflanzen können selbst Nährstoffe aufbauen. Sie sind *Erzeuger* der Nahrung für andere Lebewesen. Alle Nahrungsketten beginnen mit Pflanzen oder Pflanzenteilen. Tiere verzehren die Blätter, Samen, Früchte, Pflanzensäfte oder das Holz von Pflanzen. Sie gehören zu den Verbrauchern. Die Pflanzenfresser *(Erstverbraucher)* werden wiederum von den Fleischfressern *(Zweitverbraucher)* verzehrt. Am Ende der Nahrungsketten stehen dann die *Endverbraucher,* wie z. B. die Greifvögel.

Alle Verbraucher nehmen mit der Nahrung Nährstoffe auf, deren Energie sie nutzen oder in körpereigene Stoffe umwandeln können. Sterben Tiere und Pflanzen, so werden ihre Körper durch die *Zersetzer* abgebaut. Dazu gehören Regenwürmer, Käfer, Ohrwürmer und Schnecken, die Teile von abgestorbenen Pflanzen und Tieren fressen. Diese Tiere zerkleinern Blätter, bis nur noch die Blattrippen wie ein Skelett übrig bleiben. Man bezeichnet sie auch als *Abfallfresser*, die alle Abfälle zu Humus, das ist die oberste, schwarze Schicht des Waldbodens, zersetzen.

Die jetzt noch übrig gebliebenen Reste der Pflanzen und Tiere werden von Bakterien und Pilzen weiter zu Mineralstoffen, Kohlenstoffdioxid und Wasser zersetzt. Wegen dieser Fähigkeit nennt man Bakterien und Pilze auch *Mineralisierer.*

Pflanzen bauen aus Mineralstoffen, Wasser, Kohlenstoffdioxid und der Energie des Sonnenlichts wieder körpereigene Nährstoffe auf. So schließt sich der Weg der Stoffe im Wald. Alle Stoffe befinden sich in einem ständigen Kreislauf: Man spricht deshalb von einem **Stoffkreislauf** im Ökosystem.

Aufgaben

① Erläutere die Unterschiede in der Lebensweise von Erzeugern, Verbrauchern und Zersetzern.
② Beschreibe anhand der Abbildung mit eigenen Worten den Stoffkreislauf im Wald.
③ Menschen greifen in vielfältiger Form in die Lebensgemeinschaft des Waldes ein. Nenne Beispiele.

Vom Kreislauf der Stoffe im Teich

Auch in einem Teich gibt es zahlreiche Pflanzen als *Erzeuger*. Am Ufer wachsen Schilf und Teichrosen, im freien Wasser leben Millionen mikroskopisch kleiner Pflanzen. Eine Art dieser Pflanzen wird *Schwebesternchen* genannt. Alle grünen Pflanzen des Teiches benötigen Kohlenstoffdioxid, Wasser, Mineralstoffe und Lichtenergie, um selbst Nährstoffe aufbauen zu können. Dabei setzen sie Sauerstoff frei.

Verbraucher verzehren die Pflanzen. Kleintiere, wie Hüpferlinge oder Mückenlarven, fressen z. B. Schwebesternchenalgen auf. Diese Erstverbraucher setzen die pflanzlichen Nährstoffe in körpereigene Stoffe und Energie um. Bei diesen Vorgängen verbrauchen sie Sauerstoff und setzen Kohlenstoffdioxid frei, das aus dem Wasser wieder von Pflanzen aufgenommen werden kann. Hüpferlinge und Wasserflöhe werden im Teich häufig von Karpfen und diese wiederum von großen Raubfischen, wie dem Hecht, gefressen. Bei diesen Zweit- und Endverbrauchern läuft die Weitergabe der Stoffe in der Nahrungskette in gleicher Weise wie bei den Erstverbrauchern ab.

Am Boden des Teiches werden abgestorbene Pflanzen und Tiere von *Abfallfressern*, wie den Schlammröhrenwürmern, gefressen und zerkleinert. In nährstoffreichen Gewässern leben die Schlammröhrenwürmer in dichten Kolonien. Bakterien und Pilze zersetzen die Überreste der Pflanzen und Tierleichen zu Mineralstoffen und Kohlenstoffdioxid. Diese *Mineralisierer* verbrauchen für ihren Stoffwechsel Sauerstoff.

Befindet sich ein Teich im biologischen Gleichgewicht, so erzeugen die Pflanzen so viele Nährstoffe, wie die Tiere verbrauchen und die Zersetzer abbauen können. Die grünen Pflanzen setzen mindestens so viel Sauerstoff frei, wie die Tiere und Zersetzer zur Atmung benötigen. Das Kohlenstoffdioxid, das von Tieren und Zersetzern abgegeben wird, und die Mineralstoffe, die von den Zersetzern freigesetzt werden, benötigen die Erzeuger für ihren Stoffwechsel. So befinden sich auch im Ökosystem Teich alle Stoffe in einem ständigen Kreislauf.

Aufgaben

① Stelle anhand der Abbildung eine Nahrungskette im Teich auf.

② Beschreibe mit eigenen Worten den Kreislauf der Gase im Teich.

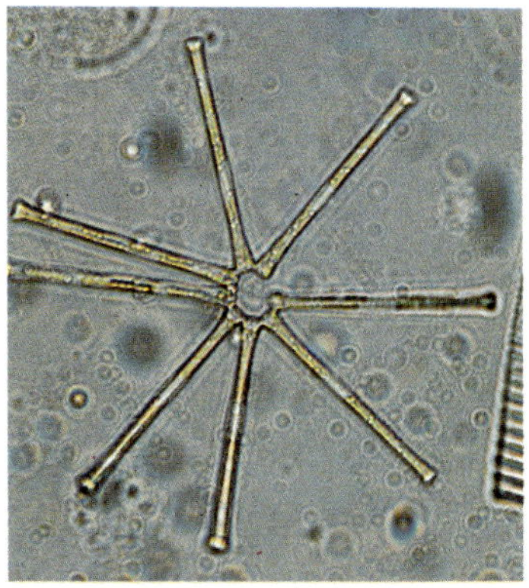

1 Schwebesternchenalge

2 Hüpferling

3 Mückenlarven

4 Schlammröhrenwürmer

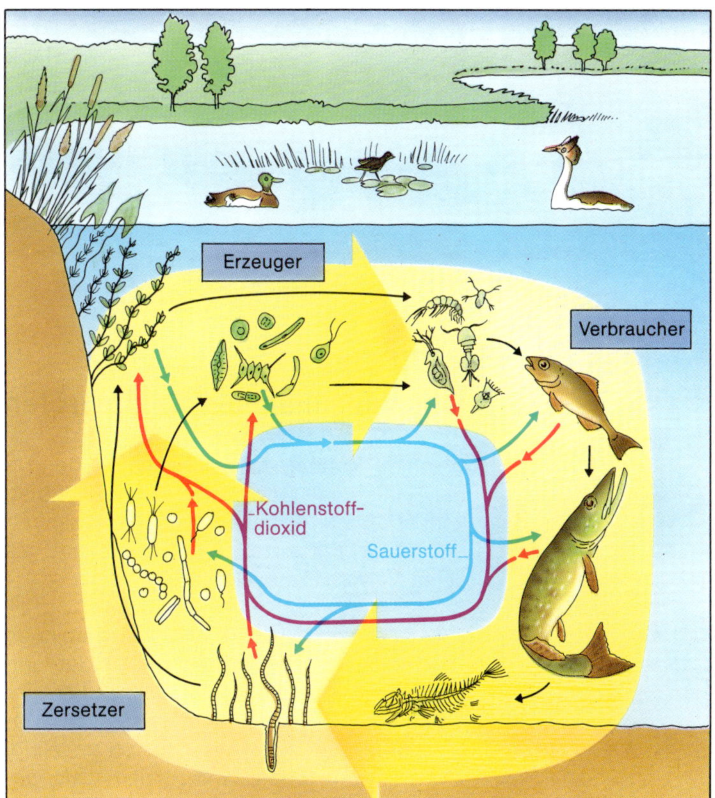

5 Stoffkreislauf im Teich

1 Erdkrötenpaar auf der Laichwanderung

2 So wird den Kröten geholfen

Schutzmaßnahmen für Erdkröten

Wenn du an einem milden Frühjahrsabend in der Nähe eines Gewässers unterwegs bist, kannst du manchmal auf der Straße zahlreiche *Erdkröten* entdecken. Es scheint, als seien sie vom Himmel gefallen.

In der Zeit von Mitte März bis April beginnen die Erdkröten in Nächten mit milder und feuchter Witterung fast gleichzeitig ihre *Frühjahrswanderung.* Sie verlassen ihr *Winterquartier,* ein feuchtes Erdloch im Wald, und wandern jedes Jahr zu dem *Laichgewässer,* in dem sie selbst aus dem Ei geschlüpft sind. Sie sind laichplatztreu.

Die Männchen ziehen meist etwas früher los und warten in einigem Abstand vor den Laichgewässern auf die Weibchen. Kommt ein Weibchen vorbei, dann klammert sich ein Männchen auf dem Rücken des Weibchens fest. So wird es von diesem den letzten Teil des Weges bis zum Wasser getragen.

Am flachen Ufer eines Teiches, wo Pflanzen wachsen und sich das Wasser durch die Sonne schneller erwärmt, laichen die Erdkröten. Die Weibchen legen den Laich in Eischnüren ab, zu dem die Männchen ihre Spermien geben. Aus den befruchteten Eizellen entwickeln sich dann die *Kaulquappen.*

Einige Tage später wandern die Männchen und Weibchen nach und nach in ihre *Sommerquartiere.* Diese liegen in Wiesen, Wäldern, Gebüschen oder Hecken. Die Erdkröten suchen dort ein feuchtes Tagesversteck. Nachts fangen sie in dessen Umgebung Insekten, Spinnen, Würmer und Nacktschnecken. Im Spätherbst wandern die Tiere zurück in die Winterquartiere im Wald. Das Erdloch, das sie sich graben, muss feucht und so tief sein, dass es frostsicher ist.

Auf ihrer Hochzeitsreise zu den Laichgewässern werden die Erdkröten, wenn sie Straßen überqueren müssen, oft in großer Zahl überfahren. Naturschützer haben deshalb in den letzten Jahren an vielen Orten Schutzmaßnahmen für Erdkröten und andere Lurche ergriffen. Mit Plastikfolie und Stöcken werden behelfsmäßig Fangzäune an Straßenabschnitten errichtet, die von vielen Erdkröten überquert werden. In regelmäßigen Abständen werden hinter dem Zaun Eimer eingegraben, in die die Erdkröten hineinfallen. Mehrmals täglich entleeren Helfer die Eimer auf der anderen Straßenseite, sodass die Erdkröten unversehrt weiterwandern können. Kurzzeitig können von der Polizei auch Straßen während der Frühjahrswanderung der Amphibien gesperrt werden.

Was könnte eigentlich für einen dauerhaften Schutz der Erdkröten und anderer gefährdeter Lurche getan werden? Das Beste wäre es sicherlich, deren Lebensraum zum *Naturschutzgebiet* zu erklären. Bei der Planung von Straßen oder Industriegebieten müsste geprüft werden, ob Lebensräume der Amphibien zerschnitten oder zerstört werden. Wäre dies der Fall, müsste eine Beeinträchtigung dieser Lebensräume unterbleiben.

Diese weitgehenden Naturschutzmaßnahmen können bisher nur selten verwirklicht werden. Man geht deshalb so vor, dass zunächst entlang der Wanderwege dieser Amphibien behelfsmäßige *Schutzzäune* errichtet werden. Wenn man die Erdkröten in den Fangeimern zählt und die Verteilung der Amphibien entlang der Straße über einen längeren Zeitraum protokolliert, kann man daraus die Hauptwanderwege erschließen. An den Kreuzungsstellen mit den Straßen können dann feste Schutzzäune aus feinmaschigem Draht aufgestellt und unter den Straßen Röhren eingebaut werden. Die Zäune leiten die wandernden Erdkröten dann zu den Röhren, die den Tieren als ungefährliche Wege zur Unterquerung der Straßen dienen können.

Eine andere Maßnahme zum Schutz der Lurche ist die Anlage neuer Laichgewässer *(Ersatzlebensräume)* auf der Straßenseite der Winterquartiere. In diese neuen Teiche bringt man wandernde Amphibien und hindert sie durch eine Umrandung daran, abzuwandern. Sie laichen dann dort ab. Die Amphibien, die aus den befruchteten Eizellen entstehen, werden später immer wieder zu ihrem Geburtsgewässer zurückkommen.

Bei der Anlage der Teiche muss darauf geachtet werden, dass in neu angelegten Gewässern keine Fische ausgesetzt werden, da sonst die Fische die Amphibienlarven fressen würden. Außerdem sollten durch die Landwirtschaft keine Gifte in die Lebensräume der Amphibien gelangen. Sie könnten die Beutetiere der Erdkröten töten oder auch die Erdkröten selbst vergiften.

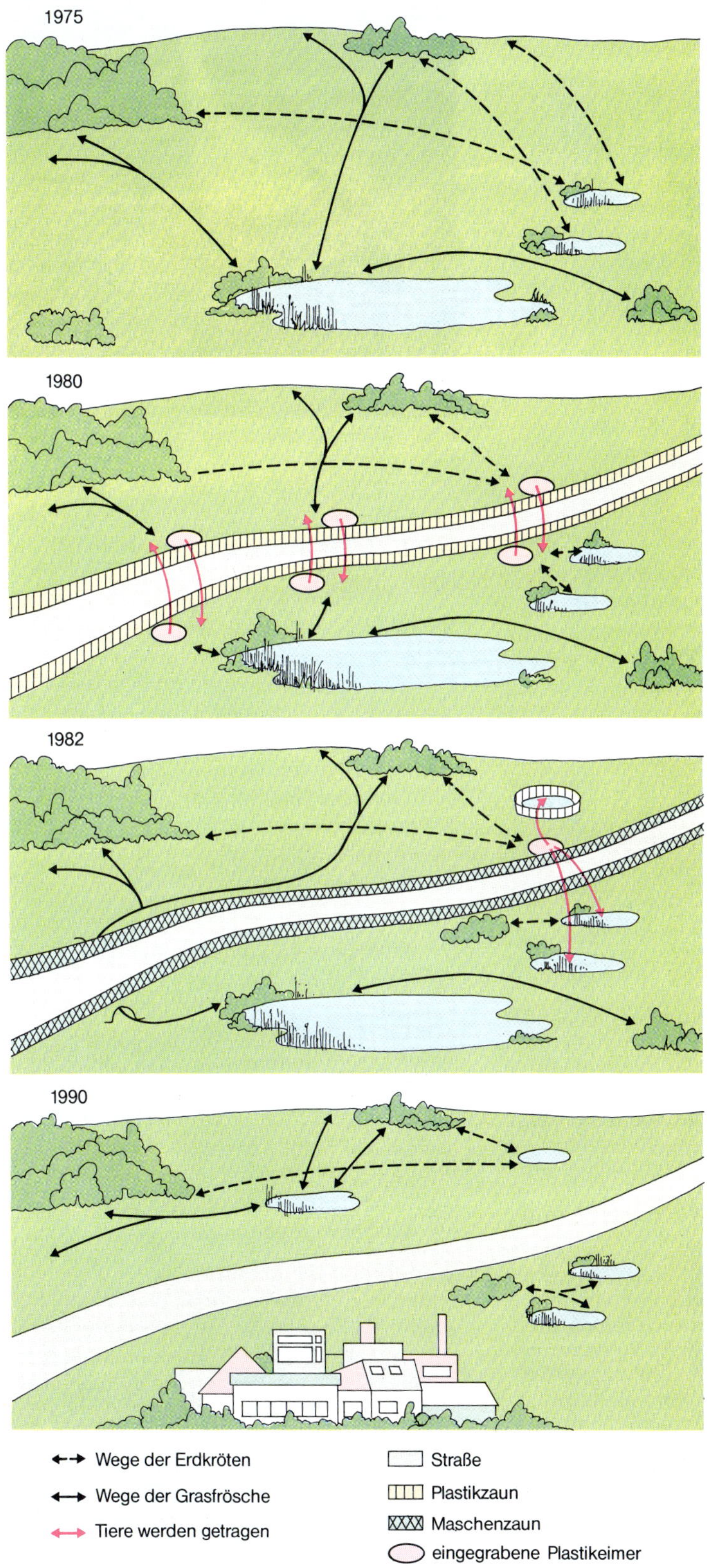

Aufgaben

① Begründe, warum erwachsene Erdkröten, die man zum Ablaichen in Ersatzgewässer gebracht hatte, im nächsten Jahr zu ihren ursprünglichen Laichgewässern zurückkehrten.

② Beschreibe die in der Abbildung dargestellten Maßnahmen zum Schutz gefährdeter Amphibien.

③ Erkundige dich bei Naturschutzverbänden, ob in deiner Umgebung Maßnahmen zum Schutz von Amphibien durchgeführt werden. Hier kannst du aktiv mitarbeiten. Berichte in der Klasse über Schutzmaßnahmen für Amphibien.

④ Besorge Unterlagen darüber, wie man einen Teich neu anlegt. Wo könnte man Land- und Wasserlebensräume für heimische Amphibien schaffen?

1 Der Weißstorch wird immer seltener

Ohne Feuchtgebiete kann der Storch nicht überleben

Weißstörche stehen bei uns schon lange unter Naturschutz. Trotzdem nimmt ihre Zahl immer mehr ab, sodass sie in der Bundesrepublik Deutschland vom Aussterben bedroht sind. Woran mag das liegen? Fehlende Nistmöglichkeiten können es nicht sein, da in vielen Dörfern zahlreiche Nistplätze leer bleiben. Normalerweise kehren die Störche jedes Jahr aus ihrem Winterquartier in Afrika zum gleichen Nest zurück; sie sind *nesttreu.*

Die wichtigste Ursache für den Rückgang der Störche ist die starke Abnahme der *Feuchtgebiete* in unserer Landschaft. Es gibt kaum noch geeignete Lebensräume, da in den letzten Jahrzehnten viele solcher Gebiete trockengelegt wurden. Aus ihnen wurden Wiesen, Äcker, Straßen und Siedlungsflächen. Als Folge der Veränderung der ehemaligen Lebensräume haben auch viele Beutetiere der Störche in ihrem Bestand stark abgenommen.

Die Störche benötigen Feuchtgebiete und offene Landschaften mit niedrigem Bewuchs (Wiesen, Felder) zur Nahrungssuche. Auf den langen Stelzenbeinen schreiten sie durch ihren Lebensraum. Die Beute ergreifen die Störche mit ihrem langen, kräftigen Schnabel. In Feuchtgebieten finden die Störche dabei immer reichlich Nahrung: zahlreiche Wasserinsekten und Frösche, gelegentlich Fische. Auf den umgebenden Wiesen und Feldern bevorzugen sie Mäuse, Regenwürmer und Insekten; seltener fangen sie Maulwürfe oder sogar Schlangen.

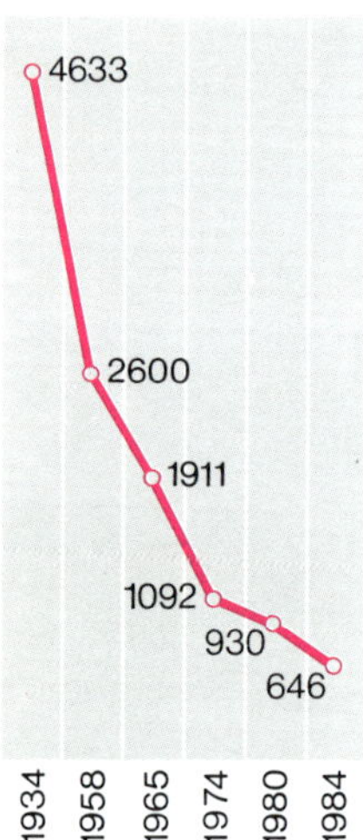

Nistpaare des Weißstorchs im Gebiet der westlichen Bundesländer

Zu den **Feuchtgebieten** gehören: Seen, Flüsse, Moore, Überflutungsbereiche, Feuchtwiesen, Wattflächen der Meere.

Außerdem wird der Bestand der Störche durch tödliche Unfälle an Stromfernleitungsdrähten oder -masten weiter verringert. Gifte, die in der Land- und Forstwirtschaft zur Schädlingsbekämpfung eingesetzt werden, schädigen über den Weg der Nahrungskette Gelege und Junge.

Was kann man nun zur Erhaltung des Weißstorchbestandes in der Bundesrepublik Deutschland tun? Am wichtigsten ist die Wiederherstellung von Feuchtgebieten in der Umgebung von Nistplätzen. Störche benötigen diese Lebensräume für ihre Nahrungssuche. Die Lebensgemeinschaften der Feuchtgebiete enthalten so viele Beutetiere des Storches, dass dadurch seine Ernährung gesichert ist. Erfolgreicher *Artenschutz* für den Storch ist also nur möglich, wenn man die Lebensräume und die Lebensgemeinschaften erhält, in denen die Störche leben können.

Die Erhaltung des Weißstorchbestandes könnte auch in unserem Land durch *Wiederansiedlungsversuche* unterstützt werden, wie sie in Altreu in der Schweiz seit 1948 durchgeführt werden. Für Jungstörche wurde dort eine Ansiedlungsstation errichtet, in der die Störche das ganze Jahr über Futter erhalten. Durch das Beschneiden der Schwungfedern werden die Vögel daran gehindert, zu ihren Winterquartieren zu fliegen. Nach der Geschlechtsreife bilden sie Paare und ziehen selbst Jungtiere auf. Da die Störche nesttreu sind, können sie dann freigelassen werden. Damit vergrößert sich der Storchenbestand in der Umgebung der Aufzuchtstation.

2 Nahrungstiere des Weißstorchs

1 Der Braunbär ist bei uns ausgestorben

Naturschutz ist nötig

Mit der gestiegenen Bevölkerungszahl und durch die veränderten Lebensansprüche haben die Menschen ihre natürliche Umwelt immer stärker zerstört. Siedlungen, Verkehrsflächen, Industrie und Landwirtschaft beanspruchen immer mehr Raum. Aus Mooren entstanden Äcker und Wiesen. Die *Flurbereinigung* fasste kleine Felder und Weiden zu großen Nutzflächen zusammen, um moderne Maschinen wirtschaftlich einsetzen zu können. Natürliche Lebensräume wild lebender Tiere wurden dabei verkleinert oder sogar ganz vernichtet.

Das sind einige Ursachen dafür, dass von den 94 früher für das Gebiet der heutigen Bundesrepublik Deutschland nachgewiesenen Säugetierarten inzwischen 44 ausgestorben oder gefährdet sind. Alle diese Arten werden in einem Katalog, der sogenannten *Roten Liste*, aufgeführt. Dort wird der Gefährdungsgrad von Pflanzen und Tieren mit folgenden Begriffen unterschieden. (Beispiele aus der Roten Liste von 1984):
Möglicherweise gefährdet: Alpensteinbock, Murmeltier, Habicht, Sperber, Alpenveilchen.
Gefährdet: Dachs, Eisvogel, Schleiereule, Schneeglöckchen, Gelbe Narzisse, Schlüsselblume.
Stark gefährdet: Wildkatze, Mausohrfledermaus, Brachvogel, Sonnentau, Schwertlilie, Edelweiß.
Vom Aussterben bedroht: Biber, Fischotter, Luchs, Weißstorch, Kornrade.
Ausgestorben oder verschollen: Braunbär, Fischadler, Quirlblättriger Kümmel.

Einige Auszüge aus dem *Bundesnaturschutzgesetz* von 1987 sollen Grundzüge und Ziele des Naturschutzes und der Landschaftspflege verdeutlichen:

„Natur und Landschaft sind im besiedelten Bereich so zu schützen, zu pflegen und zu entwickeln, dass 1. die Leistungsfähigkeit des Naturhaushaltes, 2. die Nutzungsfähigkeit der Naturgüter, 3. die Pflanzen- und Tierwelt sowie 4. die Vielfalt, Eigenart und Schönheit von Natur und Landschaft als Lebensgrundlagen des Menschen und als Voraussetzung für seine Erholung in Natur und Landschaft nachhaltig gesichert sind.“

„Die wild lebenden Tiere und Pflanzen und ihre Lebensgemeinschaften sind als Teil des Naturhaushaltes in ihrer natürlichen und historischen gewachsenen Artenvielfalt zu schützen. Ihre Lebensräume (Biotope) sind zu schützen, zu pflegen, zu entwickeln und wiederherzustellen.“

In weiteren Abschnitten erläutert dieses Gesetz auch noch die Möglichkeiten, *Naturschutzgebiete, Nationalparke* und *Landschaftsschutzgebiete* zum besonderen Schutz von Natur und Landschaft neu einzurichten.

Aufgaben

① Erkundige dich bei Naturschutzverbänden, welche geschützten Pflanzen und Tiere in deiner Umgebung leben.
② Vergleiche die Aussage des Bundesnaturschutzgesetzes mit den Beobachtungen in deiner näheren Heimat. Berichte!

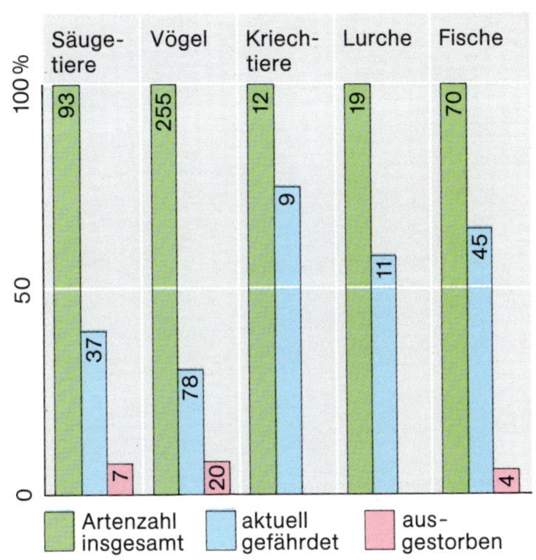

2 Gefährdungsgrad heimischer Wirbeltiere

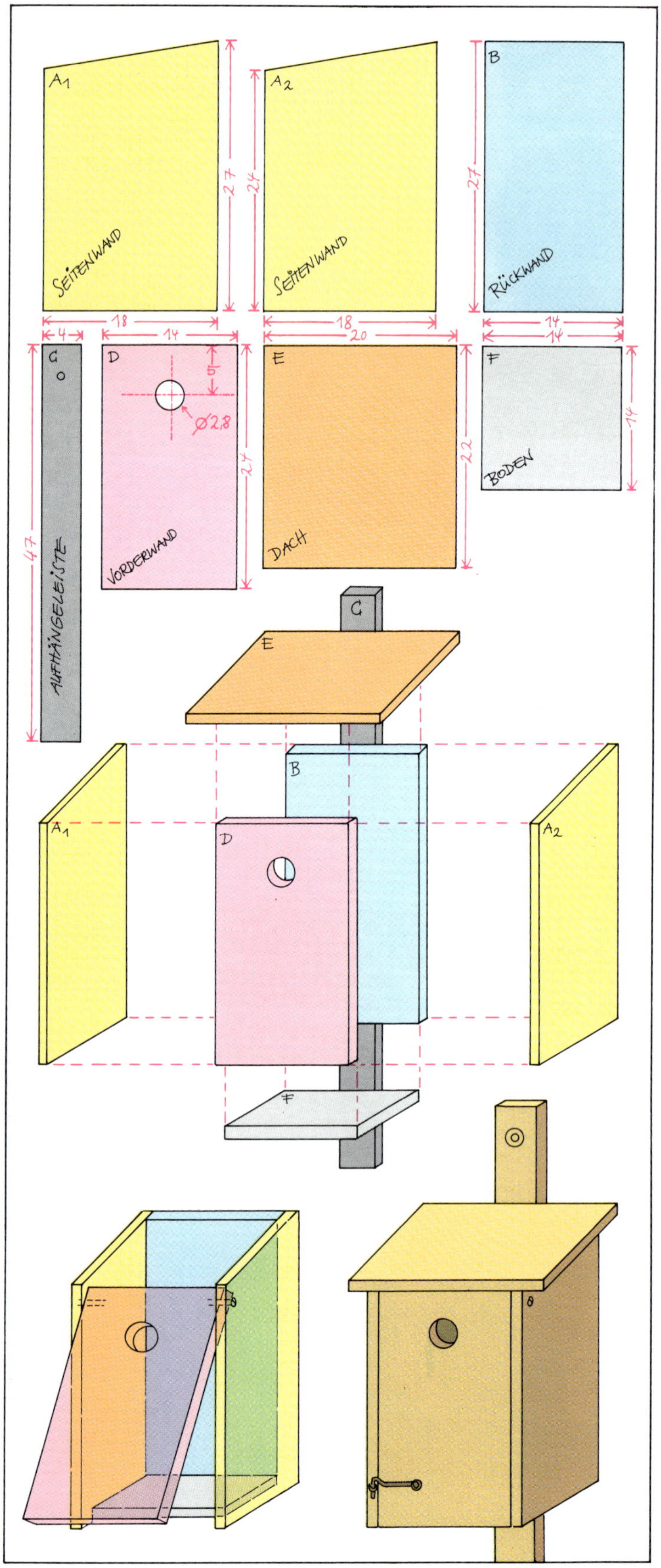

Nisthilfen als aktiver Vogelschutz

Von den 255 Vogelarten, die früher für die Bundesrepublik Deutschland nachgewiesen wurden, sind 78 gefährdet. Als Ursachen für ihre Gefährdung vermutet man, wie beim Weißstorch, den Verlust von Lebensräumen und Nahrung sowie Veränderungen in den Lebensgemeinschaften. Zusätzlich fehlt bei einigen Vogelarten, z. B. Blaumeisen und Mehlschwalben, eine ausreichende Zahl von *Nistplätzen*. Hier kannst du im *Vogelschutz* aktiv werden.

Für *Schwalben* kannst du Lehmpfützen anlegen, da es Schwalben heute häufig an genügend Lehm für ihren Nestbau mangelt, oder ihnen künstliche Nester anbieten. Für *Meisen* kannst du nach der folgenden Anleitung relativ einfach Nistkästen aus Kiefern- oder Fichtenholz bauen.

Säge alle Teile aus, nachdem du die Maßangaben der Abbildung (in cm) auf Holz gezeichnet hast. Bohre in die Vorderwand von außen nach schräg oben das Flugloch. Für *Blau-* und *Sumpfmeisen* muss der Durchmesser 28 mm, für *Kohlmeisen* 32 mm betragen. In das Bodenbrett bohrst du noch zwei kleinere Löcher, damit eingedrungenes Regenwasser ablaufen kann.

Nagle die Rückwand an die beiden Seitenteile und füge das Bodenbrett ein. Befestige dann das Dach. Mit zwei verzinkten Nägeln als Drehachse wird die Vorderwand eingehängt. Nach dem Öffnen des Riegels kann jeweils im Herbst das alte Nest entfernt und der Nistkasten gereinigt werden. Zum Schluss wird das Dach mit Dachpappe bedeckt und der ganze Nistkasten mit einem ungiftigen Holzschutzmittel *(Leinöl)* gestrichen.

Den Nistkasten kannst du dann im eigenen Garten oder auf dem Schulgelände aufhängen. Das Flugloch wird nach Osten oder Süden ausgerichtet, da bei uns Regen und Wind meist aus dem Westen kommen. Zur Sicherung gegen Katzen kannst du um den Stamm des Baumes Ringe aus Dornenzweigen wickeln. Die Nistkästen sollten rechtzeitig vor Beginn der Brutzeit der Vögel angebracht werden.

Wenn du für andere Vogelarten Bauanleitungen von Nistkästen haben oder mehr für den Vogelschutz unternehmen möchtest, kannst du Kontakte zu einer Vogelschutzvereinigung aufnehmen.

Winterfütterung von Vögeln

Solange kein Frost auftritt und kein Schnee liegt, können die gesunden und kräftigen *Standvögel* den Winter selbst überstehen. Erst bei geschlossener Schneedecke ist die Nahrung (Samen, Früchte und überwinternde Insekten) für die Vögel unerreichbar. Dann kannst du ein *Futterhäuschen* mit Sonnenblumenkernen, Samen und Früchten, die du im Sommer gesammelt hast, füllen. Für solch eine Vorratshaltung eignen sich Samen von Disteln und Löwenzahn, Früchte von Eberesche, Holunder und Weißdorn.

Bald wirst du am Futterplatz Sperlinge, Buchfinken, Grünfinken und manchmal auch Bergfinken beobachten können. Diese Vögel besitzen dicke, kegelförmige Schnäbel, mit denen sie hartschalige Samen aufschneiden oder quetschen können. Man bezeichnet sie als *Körnerfresser*. Die Meisen müssen Sonnenblumenkerne regelrecht aufmeißeln, um den Samen herausholen zu können. Rotkehlchen, Amseln und Zaunkönige bevorzugen normalerweise Insekten, Spinnen und Würmer. Für diese *Weichtierfresser* kannst du an einer geschützten Bodenfutterstelle ein Fettfuttergemisch und getrocknete Beeren anbieten.

Wenn mit der Winterfütterung begonnen wird, muss sie auch durchgehalten werden. Auf keinen Fall gehören auf Vogelfutterstellen gesalzene, menschliche Nahrungsmittel. Alle Futterplätze müssen regelmäßig gereinigt werden, damit durch den Vogelkot keine Krankheitskeime auf das Futter gelangen.

Aufgaben

① Bei den Namen der Vögel, die in der nebenstehenden Abbildung zu erkennen sind, sind die Buchstaben durcheinander geraten. Wenn du sie richtig ordnest, wirst du herausfinden, wie die Vögel heißen. Du kannst natürlich auch in einem Bestimmungsbuch nachschauen. Die Hinweisstriche in der Grafik weisen auf wichtige Artmerkmale hin.

1 KEIMSOHLE	7 BIGFRENK
2 MAUSLIEBE	8 SELMA
3 SPUMMSEIFE	9 LEHRT KOCHEN
4 KUFENRING	10 PHLINGSAUSER
5 FISTELKIND	11 PRILSENFGELD
6 ZWISCHENSANDE	

② Diskutiert in der Klasse das Für und Wider der Winterfütterung von Vögeln.

③ Stellt gemeinsam Regeln für eine vernünftige Winterfütterung auf.

1 Natürlicher Bachlauf

2 Begradigter Bachlauf

3 Kleinflächig bebaute Felder

4 Flurbereinigte Felder

Wie Menschen die Natur verändert haben

Von den Menschen weitgehend unberührte Landschaften verstehen wir als Natur. Solche Landschaften wie den Bayerischen Wald suchen wir Menschen im Urlaub zur Erholung auf und halten sie für schützenswert. Der weitaus größte Teil unseres heutigen Lebensraums ist aber durch menschliche Eingriffe geprägt. Es handelt sich um eine *Kulturlandschaft*, in der man nur geringe Überreste der ursprünglichen Natur wiederfinden kann.

Besonders deutlich wird der Einfluss des Menschen im Bereich der Gewässer. Bäche und Flüsse gibt es in allen Landschaftsformen, vom ruhig dahinfließenden Bach bis zum reißenden Strom. Sie bieten vielen Tieren und Pflanzen einen Lebensraum. Ein sich selbst überlassener Bach kann durch seine Pflanzen- und Tiervielfalt lange Zeiträume ohne tief greifende Veränderungen unbeschadet überdauern.

Erst die Forderungen der Landwirtschaft nach neuen, trockenen Anbauflächen und der Wasserbehörden nach schnellem Abfließen von Oberflächenwasser gefährdeten dieses intakte System. Gräben und Bäche wurden verbreitert, begradigt und befestigt. Beton und Holz zwangen die Bäche in eine neue Bahn. So wurden die Lebensräume vieler Pflanzen- und Tierarten zerstört.

So hat die Tätigkeit des Menschen in vielen Bereichen die natürliche Landschaft verändert. Noch vor wenigen Jahrzehnten bebauten die meisten Landwirte jeweils nur kleine Flächen. Es gab ein Nebeneinander der verschiedensten Ackerfrüchte. Felder mit Getreide standen neben Kartoffeläckern und Rübenflächen. Diese bunte Mischung ermöglichte es vielen Tierarten und Wildkräutern, auch auf den vom Menschen bearbeiteten Flächen zu überleben. Eingerahmt wurden die Felder von Wällen oder kleinen Feldgehölzen, die ebenfalls zur Bereicherung der Pflanzen- und Tierwelt beitrugen. Schädlingsbekämpfung brauchte kaum durchgeführt zu werden, da sich Schädlinge und Nützlinge die Waage hielten.

Mit zunehmender Bevölkerungszahl musste mehr Nahrung produziert werden. Die Forderung nach großen Mengen preiswerter Erzeugnisse führte zu starken Eingriffen in dieses Gleichgewicht. Bis dahin unterschiedlich genutzte, kleine Landstücke wurden zusammengelegt, um den Einsatz von großen Maschinen zu ermöglichen. Diese *Flurbereinigung* führte zu großen, einheitlichen Anbauflächen. Auf den Feldern werden heute entweder nur Getreidepflanzen, nur Kartoffeln oder nur Zuckerrüben gepflanzt. Kein Wildkraut behindert das Wachstum der Pflanzen. Mit Maschinen kann der Bauer in kurzer Zeit das ganze Feld bearbeiten. Solche Anlagen von *Monokulturen* erhöhen zwar die Erträge, die Zahl der frei lebenden Tiere und Pflanzen geht allerdings dadurch stark zurück.

Aufgabe

① Sammle Zeitungsberichte über Umweltbelastungen. Welche Auswirkungen haben diese auf die Natur und die Menschen?

1 Hausmüllabfuhr

2 Mülldeponie

Es ist Zeit zum Handeln und jeder kann mithelfen

Lange Zeit schien es so, dass hauptsächlich Pflanzen und Tiere von der Veränderung der Landschaft und der sich ausbreitenden Umweltverschmutzung betroffen seien. Genauso lange haben viele Menschen dieses wichtige Problem verdrängt. Inzwischen werden aber auch andere Probleme des Umwelt- und Naturschutzes immer bedrohlicher: z. B. die Belastungen von Boden, Wasser und Luft mit Schadstoffen unterschiedlicher Herkunft. Auch sie sind das Ergebnis einer falschen Einstellung gegenüber unserer natürlichen Umwelt.

Ein Beispiel der problematischen Folgen unserer Lebens- und vor allem Wirtschaftsweise ist die riesige Abfallmenge, die jährlich anfällt. Allein 1984 sind in der Bundesrepublik Deutschland 29,4 Millionen Tonnen *Hausmüll* entstanden. Wenn man den Müll zu einem Berg auftürmen würde, so erreichte er eine Höhe von knapp 3000 Metern. Dies entspricht der Gipfelhöhe der Zugspitze.

Vergleicht man diese Verhältnisse im Wirtschaftskreislauf mit dem Stoffkreislauf in Ökosystemen, so fällt schnell auf, dass der Kreislauf in unserer Wirtschaft heute unterbrochen ist. Die Industrie benötigt große Rohstoff- und Energiemengen, um die zahlreichen Produkte zu erzeugen. Die Produkte und das Verpackungsmaterial werden von den Verbrauchern gekauft und nach ihrer Verwendung als Müll weggeworfen.

Viele Menschen waren bis in die jüngste Vergangenheit der Meinung, dass man alle Abfälle ohne Gefahr für die Umwelt auf dem Festland ablagern oder im Meer versenken könne. Inzwischen steht aber fest, dass es so nicht weitergehen kann.

Da wir alle an der Entstehung des Müllberges und an der Umweltverschmutzung beteiligt sind, kann jeder seinen Teil dazu beitragen, dass Pflanzen, Tiere und Menschen nicht weiter gefährdet werden. Jeder kann sich Maßnahmen überlegen, wie er handeln kann, um das Müllaufkommen zu verringern und eine Verschmutzung der Umwelt zu vermeiden.

Auf jeden Fall ist es höchste Zeit zu handeln. Aber nicht nur Politiker und die Spitzen der Wirtschaft sind dazu aufgerufen! Jeder von uns ist Teil der Natur, trägt zu ihrer Gefährdung bei und ist daher auch für sie verantwortlich. Auch du darfst dich der Verantwortung nicht entziehen. Achte selbst darauf, was in deiner Umgebung verbesserungswürdig ist und wie du durch dein eigenes Verhalten die Umwelt besser schützen kannst.

Aufgaben

① In der Randspalte sind verschiedene Zeichen abgebildet. Wo hast du sie schon gesehen? Was bedeuten sie?

② Achte in deiner Umwelt auf Versuche, die Natur zu schützen. Notiere und berichte! Wie kannst du persönlich darüber hinaus zum Schutz deiner Umwelt beitragen?

Register

Bildnachweis

Fotos: 3.1 Farbbildarchiv G. + M. Köhler — 3.2 H. Reinhard — 3.3 H. Eisenbeiss — 6.1 H. Reinhard — 8.1 P. Rodach — 8.2 U. Neumann — 9.1 E. Pott — 9.2 U. Neumann — 9.3 H. Reinhard — 9.4 R. Herdtfelder — 9.5 T. Angermayer (H. Pfletschinger) — 9.6 A. Jung — 9.7 E. Pott — 11.1 H. Schneider — 12.1 J. Wirth — 12.2 Silvestris — 12.3-4 W. Wiemers — 14.1-5 H. Hommel — 20.1-2 Horstmüller — 21.1 P. Rodach — 22.1 Anthony Verlag: J. Otto — 23.1-4 R. Grimmel — 25.1 Bavaria (Binder) — 26.1 dpa (Agence France) — 26.2 Pressefoto Baumann — 30.1 ZEFA (Voigtmann) — 32.2 R. Frank — 36.1 H. Länge — 36.2 J. Lieder — 37.3 T. Zörlein — 40 Rd. Bavaria (Kment) — 41.1 dpa — 42.2 dpa (Wevers) — 44 Rd. L. Nilsson — 45.2 roebild (Röhrich) — 46.1, 3, 4 Silvestris (S. Kerscher) — 46.2 Silvestris (R. Scholz) — 48.2, 49.2 L. Nilsson — 53.1 Siemens AG, Erlangen — 53.2 A. Dieterle — 54.2 B. Hüdig — 55.1 Münchner Bilderdienst, Archiv Dr. J. Müller — 55.2 R. Wiemers — 55.3 W. Wiemers — 56.1 Silvestris (Frank Lane Picture Agency Ltd.) — 56.2 H. Reinhard — 56.3 Silvestris (Nill) — 56.4 T. Angermayer (Ziesler) — 58.1 Klett-Archiv — 59.1 K. Schickinger — 59.2 H. Reinhard — 62.1-2 E. Ziemen — 63.1 M. Baatz — 63.2 H. Reinhard — 63.3 M.Baatz — 63.4 T. Angermayer (Reinhard) — 63.5-7 T. Angermayer — 64.1 H. Reinhard — 65.2 H. Janus — 66.1 H. Reinhard — 66.2 T. Angermayer (Reinhard) — 66.3 K. Paysan — 68.1 T. Angermayer — 68.2, 69.1 T. Angermayer (Reinhard) — 69.2-3 H. Reinhard — 70.1 roebild (Schuster) — 71.2a H. Länge — 72.1 L. Bladt — 72.2 dpa (Sasse) — 73.1 Bildarchiv Preußischer Kulturbesitz — 73.2 H. Reinhard — 74.1 Bavaria (Kürschner) — 74.2 Bavaria (Than) — 74.3 H. Reinhard — 75.1a Silvestris Fotoservice (Meyers) — 76.1 T. Angermayer (Reinhard) — 76.2 H.Reinhard — 77.1 T. Angermayer — 77.2 Senckenberg-Museum, Frankfurt — 78.1 S. Meyers — 78.2 M. Danegger — 79.1 Angermayer (Reinhard) — 79.2 B. Siegemund — 80.1 M. Danegger — 80.2 H. Janus — 84.1, 85.1, 86.1 H. Reinhard — 87.1-2 E. Pott — 88.1-2, 89.1 H. Reinhard — 89.2 M. Danegger — 90.1-3, 90.5, 91.2, 4-6 H. Reinhard — 90.4, 91.1 M. Danegger — 91.3 Silvestris (Arndt) — 91.4-6 H. Reinhard — 92.1 K. W. Fink (Ardea London) — 93.1 E. Layer — 93.2 T. Angermayer (Ziesler) — 94.1b Silvestris (Cramm) — 94.2, 95.1-2 M. Danegger — 95.3 H. Reinhard — 96.1 F. Lazi — 97.2 Photo Center (Meyer) — 98.1 E. Pott — 99.1 T. Angermayer (Ziesler) — 99.2 M. Danegger — 100.1 Tierbilder Okapia — 101.1 roebild (Müller) — 106.1 E. Pott — 106.2 W. Layer — 106.3 H. Reinhard — 106.4 M. Danegger — 106.5, 108.1 E. Pott — 109.1 T. Hoepker (Agentur Anne Hamann) — 111.2 Ardea (Weisser) — 112.1 H. Schrempp — 113.1-4 E. Kuch — 115.1 agrar-press (Dr. W. Schiffer) — 115.2 Bavaria (Greulich) — 115.3-6 H. Reinhard — 115.7 T. Angermayer — 115.8 H. Reinhard — 117.1 GDT-Tierfoto (Groß) — 117.2 M. Danegger — 117.3 H. Schrempp — 117.4-6 H. Reinhard — 119.1 GDT-Tierfoto (Rubin/Silvestris) — 119.2 Silvestris (Skibbe) — 119.3 Silvestris — 120.1-10 P. Trötschel — 121.1 Silvestris (Brandl) — 122.1-2 M. Danegger — 124.1 Silvestris (Rohdich) — 124.2 E. Pott — 125.2-3 M. Danegger — 126.1 Silvestris (Stüer) — 126.2 S. Meyers — 127.1-4 M. Danegger — 127.5-6 E. Pott — 128.2, 129.1-6 H. Reinhard — 130.1 Silvestris (Arndt) — 130.2 H. Reinhard — 130.3 H.Schrempp — 132.1 H. Reinhard - 132.2 T. Angermayer (Pölking) — 132.3 H. Reinhard — 132.4 R.König — 132.5 Silvestris (Gross) — 133.1 Silvestris (Pölking) — 133.2 R. König — 133.3 T. Angermayer (Ziesler) — 133.4 Silvestris (Laue) — 133.5 T. Angermayer (Reinhard) — 134.1, 2, 4 H. Reinhard — 134.3 Silvestris (D.Singer) — 136.1 R. Grimmel — 138.1 H. Reinhard — 140.1 R. Grimmel — 140.2 H. Reinhard — 140.3-5 T. Angermayer (Heppner) — 141.1 H. Reinhard — 142.1 Bildarchiv Sammer — 142.2 E. Pott — 144.1-2 T. Angermayer (Reinhard) — 144.3 E. Pott — 144.4-6 T. Angermayer (Reinhard) — 145.1 E. Pott — 145.2 K. Paysan — 145.3 T. Angermayer (Reinhard) — 145.4 K. Paysan — 145.5, 6 ZEFA (Christian) — 146.1 J. Kinzer, Kiel — 148.1a T. Angermayer (Pfletschinger) — 148.1b Umweltbild: W. Mastmann — 149.1-4 T. Angermayer (Pfletschinger) — 150.1, 151.1 E. Pott — 151.2 H. Pfletschinger — 155.1 T. Angermayer (Pfletschinger) — 155.2 K. Paysan — 155.3 H. Reinhard — 155.4 T. Angermayer (Pfletschinger) — 155.5-6 E. Pott — 155.7-8 T. Angermayer (Pfletschinger) — 155.9 Umweltbild (Möbus) — 157.1 M. Danegger — 157.2-3, 157.5 T. Angermayer (Pfletschinger) — 157.6-7 H. Reinhard — 157.8 T. Angermayer (Pfletschiner) — 158.1 H. Reinhard — 158.3 T. Angermayer (Ziesler) — 159.1 H. Reinhard — 159.3 T. Angermayer — 161.1 T. Angermayer (Pfletschinger) — 161.2 T. Angermayer (Ziesler) — 161.3 Umweltbild (Möbus) — 161.4 T. Angermayer — 161.5 E. Pott — 161.6 T. Angermayer (Reinhard) — 161.7 Umweltbild (Mastmann) — 162.1 Archiv Staatl. Museum für Naturkunde, Stuttgart — 162.2 H. Krischel — 168.1 H. Reinhard — 168.2 M. Pforr — 168.3 T. Angermayer — 171.1W. Haas — 172.1 E. Pott — 172.2 H. Reinhard — 173.1 H. Länge — 174.1 R. König — 174.2 H. Reinhard — 174.3 Mauritius (Schwarz) — 175.1, 175.3 H. Reinhard — 176.1 G.Bauer — 176.2 Silvestris (Bruckner) — 177.2-4 O. Hahn — 178.1 E. Pott — 178.2 H. Reinhard — 178.4 Silvestris (Brockhaus) — 178.5 Silvestris (Partsch) — 182.1 E. Pott — 182.2 H. Reinhard — 182.3 Silvestris (Kuch) — 182.4 H. Reinhard — 182.5 Silvestris (Walz) — 182.6 H. Reinhard — 182.7 E. Pott — 183.1 Silvestirs (Kuch) — 183.2 Silvestris (Rodich) — 183.3 A. Jung — 183.4 Bildarchiv Sammer — 183.5 E. Pott — 183.6 Silvestris (Partsch) — 183.7 Silvestris (Willner) — 183.8 H. Reinhard — 184.1 T. Angermayer (Elfner) — 185.1 M. Pforr — 191.1 A. Jung — 191.2 Silvestris (Fick) — 194.1 H. Reinhard — 196.1 W. Layer — 197.1 Silvestris (Skibbe) — 197.2 S. Scholz — 197.3-5 E. Pott — 197.6 H. Reinhard — 198.1, 199.2 Photo Center (Greiner) — 200.1a H. Länge — 200.1b E. Pott — 200.1c H.Länge — 201.1 E. Pott — 201.2 Silvestris (Heitmann) — 201.3 Silvestris (GDT-Pforr) — 201.4 Silvestris — 202.1a-c H. Reinhard — 202.2 Silvestris (Bohler) — 202.3 Silvestris (Schwirtz) — 202.4-5 H. Reinhard — 203.1 Silvestris (Gebhard) — 203.2 E. Pott — 203.3-4 H. Reinhard — 203.5-6 E. Pott — 203.7 Silvestris (Wothe) — 204.1-2 H. Reinhard — 204.3 Silvestris (Stadler) — 204.4 Silvestris (Hanneforth) — 206.1-2 H. Reinhard — 208.1 A. Jung — 209.2 K. Brauner — 211.1 H. Reinhard — 211.2 E. Pott — 211.3 H. Reinhard — 211.4-6 E. Pott — 211.7 H. Reinhard — 211.8 E. Pott — 211.9 H. Reinhard — 213.1 E. Pott — 213.2 Photo Center — 214.1 H. Reinhard — 214.2 Anthony Verlag — 220.1 R. Wolf — 220.2 P. Backer — 221.1 Photo Center (Schrempp) — 221.2 D. Schmidtke — 222.1-2 E. Pott — 222.3 H. Reinhard — 222.4 E. Pott — 222.5, 223.1 H. Reinhard — 223.2 T. Angermayer (Lange) — 223.3 H. Reinhard — 223.4 E. Pott — 223.5 H. Reinhard — 223.6, 224.1 E. Pott — 224.2 R. Wolf — 224.3-4 H. Reinhard — 224.5, 230.1-4 E. Pott — 231.1 H. Reinhard — 231.2 R. Wolf — 231.3-4 H. Reinhard — 232.1 Silvestris (Lehmann) — 232.2, 4 Silvestris (Albinger) — 232.3 Silvestris (Conradi) — 232.5 aus: Oken's allgemeine Naturgeschichte; Hoffmannsche Verlags-Buchhandlung, Stuttgart 1843 — 236.1 H. Reinhard — 236.2 Photo Center (Greiner) — 236.3-4, 237.1-6 H. Reinhard — 241.1 E. Pott — 241.2 R. Mehnert — 241.3 T. Angermayer (Pfletschinger) — 241.4 R. Cramm — 242.1a F. Naroska — 242.1b T. Angermayer (Pfletschinger) — 242.2 E. Pott — 242.3 K. Wüstenberg — 244.1, 245.1 H. Reinhard — 248.1 Bildarchiv Sammer — 248.2 B. Schäfer — 248.3 U. Muuß (Freigabe Nr. SH 2553-151) — 248.4 H. Reinhard — 249.1 dpa (Wachsmann) — 249.2 Christoph + Mayer Fotoarchiv (T. Mayer)

Grafiken: K.Joas, Stuttgart (21 Rd., 38.1, 60 Rd., 64 Rd., 71.2, 75.1, 82.1, 83.1, 110.1, 143.1, 157.9, 171.3, 173.2, 202.2a, 243.1) Studio Schreiber/Wirth, Frankfurt, unter Mitarbeit von M. Forget und S. Scholz — alle übrigen